土木工程施工组织学

刘武成　主编

中 国 铁 道 出 版 社

2009 · 北 京

内 容 简 介

本书主要阐述工程组织学研究的对象和任务，施工组织设计的概念、内容、任务、作用和分类；施工组织的基本原则；流水施工原理；工程网络计划技术的理论、绘图、计算和优化。重点介绍了铁路工程施工组织设计的编制内容、编制方法；铁路路基工程、桥涵工程、隧道工程的施工组织设计的编制。同时对公路工程、房屋建筑工程施工组织设计的编制内容、方法也作了比较详细地介绍。为便于应用，本书选编了几个实例，供实践工作者参考。

本书可作为工程管理专业、土木工程专业及成人教育的教材或参考书，也可作为工程技术人员的学习参考用书。

图书在版编目(CIP)数据

土木工程施工组织学/刘武成主编. —北京：中国铁道出版社，2003.8(2009年5月重印)
ISBN 978-7-113-05416-8

Ⅰ. 土…　Ⅱ. 刘…　Ⅲ. ①土木工程-施工组织　②土木工程-施工管理　Ⅳ. TU7

中国版本图书馆CIP数据核字(2003)第069356号

书　名：土木工程施工组织学
作　者：刘武成

责任编辑：许士杰　　电话：(010)51873065　　电子信箱：syxu99@163.com
封面设计：冯龙彬

出版发行：中国铁道出版社
地　址：北京市宣武区右安门西街8号　　邮政编码：100054
网　址：www.tdpress.com　　电子信箱：发行部 ywk@tdpress.com
总编办 zbb@tdpress.com
印　刷：北京新魏印刷厂
版　次：2003年8月第1版　2009年5月第5次印刷
开　本：787mm×1092mm　1/16　印张：17.25　插页：1　字数：429千
(印　数：6 001 ~ 8 000册)
书　号：ISBN 978-7-113-05416-8/TU·744
定　价：30.00元

前　言

随着我国建筑业和建设管理体制改革的不断深化，特别是应对中国加入WTO和经济全球化的挑战，对建设项目的施工组织和管理提出了新的要求。施工组织学作为加强建设项目管理的一门学科，其理论研究和实践应用也愈来愈得到各方面的重视，并在实践中不断创新和发展。

本书为了更好地满足教学及施工生产的需要，坚持从实际出发，理论联系实际，系统总结了我国土木工程建设中施工组织管理的实践经验，分析了工程项目施工过程中生产诸要素的规律，阐明了施工组织学的研究对象和任务，施工组织的基本原理，施工组织设计的编制内容和编制方法。为了便于应用，本书选编了几则不同类型的工程施工组织实例，供实际工作者参考。

本书共分为十章，由中南大学刘武成主编。参加编写的有：刘武成（第一、二、三、四、八章）；中南大学王进（第五、七章）；铁道部专业设计院刘家锋（第六章）；中铁电气化局集团建筑公司杨玉庆（第九章）；中南大学勘测设计院黄斐娜（第十章）。

本书在编写过程中，得到了中南大学土木建筑学院工程管理系全体教师的关心和支持，特别是得到了中南大学铁道校区教材科的大力支持和帮助，在此一并表示感谢。

本书在编写过程中，撷取了一些专家、学者的论著、有关教材和资料，并加以引用，在此谨向他们表示衷心的感谢。

限于水平，教材中难免有不妥之处，敬请读者批评指正。

编　者

2003年4月

目　录

第一章　施工组织概论

第一节　建筑产品及其施工的特点

土木工程是通过勘察设计和施工，消耗大量资源（人力、物力、财力）而完成的土木工程建筑产品。与工业生产相比较，土木工程建设同样是一系列资源投入产出的过程，其施工生产的阶段性和连续性、组织上的专门化和协作化是一致的。但土木工程建筑产品具有许多不同点，主要是产品的形体庞大、复杂多样、整体难分、不能移动，由此而引出土木工程施工的流动性、单件性、生产周期长、易受气候影响和外界干扰等特点。这些特点，对土木工程施工组织与管理有很大影响。

一、建筑产品的特点

由于建筑产品的使用功能、平面与空间组合、结构与构造形式等特殊性，以及建筑产品所使用材料的物理力学性能的特殊性，决定了建筑产品的特殊性。其具体特点如下：

（一）建筑产品在空间上的固定性

一般的建筑产品均由自然地面以下的基础和自然地面以上的主体两部分组成。基础承受主体的全部荷载（包括基础的自重），并传递给地基，同时将主体固定在地球上。任何建筑产品都是在选定的地点上建造，与选定地点的土地不可分割，同时只能在建造的地方供长期使用。所以，建筑产品的建造和使用地点在空间上是固定的。

（二）建筑产品的多样性

由于建筑产品使用目的、技术等级、技术标准、自然条件以及使用功能不同，对于房屋建筑工程产品还要体现不同地区的民族风格、物质文明和精神文明，使建筑产品在规模、结构、构造、型式等诸方面千差万别、复杂多样。

（三）建筑产品形体庞大

建筑产品为了满足使用功能的要求，并结合建筑材料的物理力学性能，需要大量的物质资源，占据广阔的土地与空间，因而建筑产品具有形体的庞大性。

二、建筑产品施工的特点

建筑产品施工的特点是由建筑产品本身的特点所决定的。其具体特点如下：

（一）施工流动性大

建筑产品地点的固定性决定了建筑产品施工的流动性。由于建筑产品的固定性和施工顺序的严格性，因而要组织各类工作人员和各种机械围绕这一固定产品，在同一工作面不同时间，或同一时间不同工作面上进行施工活动，这就需要科学地解决这种空间布置和时间安排之间的矛盾。此外，当某一土木工程竣工后，还要解决施工队伍向新的施工现场转移的问题。

（二）施工的单件性

土木工程类型多、施工环节多、工序复杂，每项工程又具有不同的功能、不同的施工条件，不仅要进行个别设计，而且要个别组织施工。即使选用标准设计、通用构件或配件，由于建筑产品所在地区的自然、技术、经济条件的不同，也使建筑产品的结构和构造、建筑材料、施工组织和施工方法等因地制宜加以修改，从而使各建筑产品施工具有单件性。

（三）施工周期长

建筑产品的固定性和形体的庞大性决定了建筑产品施工周期长。建筑产品形体庞大，使得最终建筑产品的建成必然消耗大量的人力、物力和财力。同时，建筑产品的施工全过程还要受到工艺流程和施工程序的制约，使各专业、各工种之间必须按照合理的施工顺序进行配合和衔接。又由于建筑产品的固定性，使施工活动的空间具有局限性，从而导致建筑产品施工具有周期长，占用资金大的特点。

（四）受外界干扰及自然因素影响大

建筑产品的固定性和形体庞大的特点，决定了建筑产品施工露天作业多。因此，受自然条件的影响较大，如气候冷暖、地势高低、洪水、雨雪等。设计变更、地质情况、物资供应条件、环境因素等对工程进度、工程质量、工程成本等都有很大的影响。

（五）施工协作性高

由上述建筑产品施工的特点可以看出，建筑产品施工涉及面广。每项工程都涉及到建设、设计、施工等单位的密切配合，需要材料、动力、运输等各个部门的通力协作。因此，施工过程中的综合平衡和调度，严密的计划和科学的管理就显得尤为重要。

土木工程建设的这些特点，决定土木工程施工活动的特有规律，研究和遵循这些规律，对科学地组织和管理土木工程施工，提高土木工程建设的经济效益具有重要意义。

第二节　土木工程施工程序

施工程序是指施工单位从接受施工任务到工程竣工验收阶段必须遵守的工作顺序。

施工程序包括接受施工任务、签订工程承包合同、施工准备工作、组织施工和竣工验收各个阶段。

一、签订工程承包合同

目前，随着我国社会主义市场经济体制的建立和发展，施工企业接受施工任务主要通过参加投标，通过建筑市场平等竞争而取得。

接受工程项目时，首先应核查工程项目是否列入国家基本建设计划，必须有批准的可行性研究，初步设计（或施工图设计）及概（预）算文件方可签订总承包合同（或协议书），进行施工准备工作。

施工承包合同内容一般包括：承包的依据、方式、工程范围、工程质量、施工工期、开竣工日期、工程造价、技术物资供应、拨款结算方式、奖惩条款和各自应做的准备工作及配合关系。承包合同应满足工程施工的需要，反映工程的特点，合同内容要具体，责任要明确，条款要简明，文字解释要清楚，便于检查。

二、施工准备工作

施工单位接受施工任务后，即可着手进行施工准备工作。在工程开工之前，必须有合理的施工准备期，而且施工准备工作还应有计划、有步骤、分阶段地贯彻于整个工程项目的施工过程中。随着工程的进展,在各个分部分项工程施工之前,都要做好施工准备工作。施工准备工作的基本任务是掌握建设工程的特点和进度要求,摸清施工的客观条件,统筹安排施工力量,为拟建工程的施工建立必要的技术和物质条件。

工程项目的施工准备工作按其性质和内容通常包括技术准备、物资准备、劳动组织准备、施工现场准备。

(一)技术准备

技术准备是施工准备的核心。由于任何技术的差错或隐患都可能引起安全和质量事故,造成生命、财产和经济的巨大损失。因此,必须认真做好施工准备工作。具体内容如下:

1. 熟悉、核对设计文件、图纸及有关资料

组织有关人员熟悉、了解设计文件、图纸及有关资料,使施工人员明确设计意图,熟悉施工图的内容和结构物的细部构造,掌握各种原始资料。对设计文件和图纸必须进行现场核对,其主要内容是:

(1)各项计划的安排,设计图纸和资料是否符合国家有关方针、政策和规定,图纸是否齐全,图纸内容及相互之间有无错误和矛盾;

(2)掌握设计内容和技术条件,弄清工程规模,结构特点和形式;

(3)设计文件所依据的水文、地质、气象、岩土等资料是否准确、可靠、齐全;

(4)核对路线中线、主要控制点、转角点、三角点、基线等是否准确无误;重要构造物的位置、尺寸大小、孔径等是否恰当、能否采用先进技术或使用新材料;

(5)路线或构造物与农田、水利、铁路、电讯、管道、公路、航道及其他建筑物的互相干扰情况和解决办法是否恰当,干扰可否避免;

(6)工业项目审查生产工艺流程和技术要求,掌握配套投产的先后次序和相互关系,以及设备安装图纸与其相配合的土建施工图纸在坐标、标高上是否一致,掌握土建施工质量是否满足设备安装的要求;

(7)对不良地质地段采取的处理措施,对水土流失、环境影响的处理措施;

(8)施工方法、料场分布、运输方式、道路条件等是否符合实际情况;

(9)临时房屋、便道、便线、便桥、电力、电讯设备、临时供水、供电等场地布置是否恰当;

(10)各项协议书等文件是否完善、齐备。

现场核对发现设计不合理或错误之处,应提出修改意见报上级机关审批,然后根据批复的修改设计意见进行施工测量、补充图纸等工作。

2. 补充调查资料

进行现场补充调查,是为修改设计和编制实施性施工组织设计收集资料。调查研究、搜集资料是施工准备工作中不可缺少的内容。应重点做好以下两个方面的调查分析:

(1)自然条件的调查分析。建设地区自然条件的调查分析的主要内容有地区水准点和绝对标高等情况;地质构造、土的性质和类别、地基土的承载力、地震级别和裂度等情况;河流流量和水质、最高洪水和枯水期的水位等情况;地下水位高低变化情况,含水层的厚度、流向、流量和水质等情况;气温、雨、雪、风和雷电等情况;土的冻结深度和冬季施工期限等情况。

(2)技术经济条件的调查分析。建设地区技术经济条件调查分析的主要内容有:地方建筑施工企业的状况;施工现场的动迁状况;当地可利用的地方材料状况;地方能源和交通状况;地方劳动力和技术水平状况;当地生活供应、教育和卫生防疫状况;当地消防、治安状况和参加施工单位的力量状况。

3. 编制实施性施工组织设计、施工预算

实施性施工组织设计是施工准备工作的重要组成部分，是指导施工的重要技术经济文件。由于土木工程施工的特点，不可能采用一个定型的，一成不变的施工方法。所以，每个建设工程项目都需要分别确定施工方案和组织方法，故要求根据拟建工程的规模、结构特点和建设单位的要求，在施工调查资料分析的基础上，编制出一份能切实指导该工程全部施工活动的科学方案——施工组织设计。

施工预算是根据施工图预算、施工图纸、施工组织设计或施工方案、施工定额等文件编制的。它直接受施工图预算的控制，是施工企业内部控制各项成本支出、考核用工、"两算"对比，签发施工任务单、限额领料、基层队伍进行经济核算的依据。

(二)物资准备

材料、构(配)件、制品、机具设备是保证施工顺利进行的物资基础，这些物资的准备工作必须在工程开工之前完成。根据各种物资的需要量计划，分别落实货源、安排运输和储备，使其满足连续施工的要求。主要包括以下内容：

1. 建筑材料的准备

建筑材料的准备主要是根据施工预算进行分析，按照施工进度计划的要求，按材料名称、规格、使用时间、材料储备定额和消耗定额进行汇总，编制出材料需要量计划，为组织备料，确定仓库、场地堆放所需的面积和组织运输等提供依据。

2. 构(配)件、制品的加工准备

根据施工预算提供的构(配)件、制品的名称、规格、质量和消耗确定加工方案和供应渠道及进场后的储存地点和方式，编制出其需要量计划，为组织运输，确定堆场面积等提供依据。

3. 建筑安装施工机具的准备

根据采用的施工方案、安排施工进度，确定施工机械类型、数量和进场时间、确定施工机具的供应办法和进场后的存放地点和方式，编制工艺设备需要量计划，为组织运输，确定堆场面积提供依据。

4. 生产工艺设备的准备

按照拟建工程生产工艺流程及工艺设备的布置图，提出工艺设备的名称、型号、生产能力和需要量，确定分期分批进场时间及保管方式，编制工艺设备需要量计划，为组织运输，确定堆场面积提供依据。

(三)劳动组织准备

1. 建立拟建工程项目的领导机构

施工组织机构的建立应遵循以下原则：根据拟建工程项目的规模、结构特点和复杂程度，确定拟建工程项目的领导机构人选和名额；坚持合理分工与密切协作相结合；把有施工经验、有创业精神、有工作效率的人选入领导机构；认真执行因目标设事，因事设机构定编制，按编制设岗位定人员，以职责定制度授权利的原则。

2. 建立精干的施工队组

施工队组的建立要考虑专业、工种的合理配合，技工、普工的比例要满足合理的劳动组织，要符合流水施工组织方式的要求，确定建立施工队组(是专业施工队组，或是混合施工队组)，要坚持合理、精干的原则；同时制定出该工程的劳动力需要量计划。

3. 集结施工力量、组织劳动力进场

工地的领导机构确定之后，按照开工日期和劳动力需要量计划、组织劳动力进场。同时要进行安全、防火和文明施工等方面的教育,并做好职工生活后勤保障工作。

4. 向施工队组、工人进行施工组织设计、计划和技术交底

施工组织设计、计划和技术交底的目的是把拟建工程的设计内容、施工计划和施工技术等内容,详尽地向施工队组和工人讲解交待。它是落实计划和技术责任的有效方法。

施工组织设计、计划和技术交底的时间是在单位工程或分部分项工程开工之前及时进行,以保证工程严格地按照设计图纸、施工组织设计、安全操作规程和施工验收规范等要求进行施工。

施工组织设计、计划和技术交底的内容有工程的施工进度计划、月(旬)作业计划;施工组织计划,尤其是施工工艺、质量标准、安全技术措施、降低成本措施和施工验收规范的要求;新结构、新材料、新技术和新工艺的实施方案和保证措施;图纸会审中所确定的有关部位的设计变更和技术核定等事项。交底工作应按照管理系统逐级进行,由上而下直到工人队组。交底的方式有书面形式、口头形式和现场示范形式等。

队组、工人接受施工组织设计、计划和技术交底后,要组织其成员进行认真地分析研究,弄清关键部位、质量标准、安全措施和操作要领。必要时应进行示范,并明确任务及做好分工协作,同时建立健全岗位责任制和保证措施。

5. 建立健全各项管理制度

工地的各项管理制度是否建立、健全,直接影响其各项施工活动的顺利进行。通常内容如下:

工程质量检查与验收制度;工程技术档案管理制度;建筑材料(构件、配件、制品)的检查验收制度;技术责任制度;施工图纸学习与会审制度;技术交底制度;职工考勤、考核制度;工地及班组经济核算制度;材料出入库制度;安全操作制度;机具使用保养制度。

(四)施工现场准备

工程开工之前,一定要做好现场的各项施工准备工作。施工现场的准备应按施工组织设计的要求和安排进行。

(1)测出占地和征用土地范围、拆迁房屋、电讯设备等各种障碍物;

(2)平整场地、做好施工放样;

(3)修建便道、便桥、搭盖工棚和大型临时设施的修建;

(4)料场布置,安装供水、供电设备;

(5)做好施工现场的补充勘探;

(6)组织施工机具进场,并安装和调试;

(7)做好冬雨季施工的现场准备,设置消防、保安措施。

上述各项具体施工准备工作全部就绪后,即可向建设单位或工程师提出开工报告。必须坚持没有做好施工准备工作不能开工的原则。

三、组织施工

做好施工准备并报请批准后,才能进行正式施工。施工时应严格按照施工图纸进行,如需变动,应事先取得建设单位或工程师的同意。要按照施工组织设计确定的施工顺序、施工方法以及进度要求,科学、合理地组织施工,而且对施工过程要注意全面质量管理及成本控制。

对各分项工程,特别是地下工程和隐蔽工程,施工时要做好原始记录,每道工序施工完成并经工程师检验合格后,才能进行下一道工序。施工要严格按照设计要求和施工验收技术规

范的规定进行,保证质量,不留隐患,不留尾巴,发现问题及时解决。

对大、中型工程建设项目,要严格执行工程建设监理制度,要按有关规定严格实行投资控制、进度控制、质量控制和安全控制。

施工时必须精心组织,建立正常、文明的施工程序,合理使用劳动力、材料、机具、设备、资金等。施工方案要因地制宜,施工方法要先进合理,切实可行。施工中必须伴随施工过程的进行,对施工进度、质量、成本、安全等实行全面控制,以达到全面高效完成计划任务的目的。

四、竣工验收

所有建设项目和工程都要按照设计文件所规定的内容全部建成,完工后以批准的设计文件为依据,根据国家有关规定,评定质量等级,进行竣工验收,并经工程师签认。

第三节　施工组织研究的对象及任务

一、施工组织研究的对象

施工组织是研究建筑产品(一个建设项目或单位工程)生产(施工)过程中诸要素合理组织的学科。

要进行生产,就必须要有一定的劳动力、劳动资料和劳动对象,这就是生产的诸要素。生产就是具有一定生产经验与生产技能的人,借助于生产工具以改变劳动对象使之符合人类需要的过程。在这个过程中,人们一方面同自然对象和自然力发生关系,另一方面人们彼此之间也发生一定的关系,即生产力和生产关系。生产诸要素的组织问题,也就是生产力的组织问题。

本学科所涉及的生产力组织问题只是一个具体的建筑产品(建设项目、单位工程等)在生产(施工)过程中的诸要素,即直接使用的生产工人、施工机械和建筑材料与构件等的组织问题。

归纳起来说,施工组织研究的是如何根据工程项目建设的特点,从人力、资金、材料、机械和施工方法等五个主要因素进行科学合理地安排,使之在一定的时间和空间内,得以实现有组织、有计划、均衡地施工,使整个工程在施工中达到工期短、质量好和成本低的目的。

二、施工组织的任务

要多快好省地完成施工生产任务,必须有科学的施工组织,合理地解决好一系列问题。其具体任务是:

(1)确定开工前必须完成的各项准备工作;

(2)计算工程数量、合理布置施工力量,确定劳动力、机械台班、各种材料、构件等的需要量和供应方案;

(3)确定施工方案,选择施工机具;

(4)确定施工顺序,编制施工进度计划;

(5)确定工地上各种临时设施的平面布置;

(6)制定确保工程质量及安全生产的有效技术措施。

此外,工程项目的施工方案可以是多种多样的,我们应依据工程建设的具体任务特点、工期要求、劳动力数量及技术水平、机械装备能力、材料供应及构件生产、运输能力、地质、气候等自然条件及技术经济条件进行综合分析，从众多方案中选择出最理想的方案。

将上述各项问题加以综合考虑，并做出合理决定，形成指导施工生产的技术经济文件——施工组织设计。它本身是施工准备工作，而且是指导施工准备工作、全面安排施工生产、规划施工全过程活动、控制施工进度、进行劳动力和机械调配的基本依据，对于能否多快好省地完成土木工程的施工生产任务起着决定性的作用。

现阶段土木工程施工组织学科的发展特点是广泛利用数学方法、网络技术和计算技术等理论，为管理者和业务领导者确定最佳施工方案创造必要条件。

在土木工程施工中，占用着大量的劳动力、使用着大量的原材料、构(配)件、半成品，采用越来越多的施工机械，为了保证有节奏、连续地施工，保证在完成施工过程中各个工序都一致、准确地协同作业，必须不断改善施工计划和管理的组织工作。这就要求及时整理收集到的各种信息、迅速优质地编制作业计划。而传统的计算技术和工具，已不能很好地整理数量不断增加的，为熟练指挥施工组织所需的大量信息资料。所以，在施工管理中需要采用电子计算机技术。

目前，土木工程建设者已广泛利用网络技术和计算机来编制施工进度计划、施工作业计划和进行施工管理。在施工组织和计划中使用计算机技术，是与应用数学，首先是各种数学规划理论的发展密切联系着的。利用现代化的计算工具和应用数学有助于提高施工组织和管理水平，选择组织与计划工作的最佳方案，及时整理和处理有关信息及编制施工进度计划与作业计划，缩短建设工期、降低工程造价。

土木工程施工的领导者，必须熟悉和掌握与施工有关的主要经济和技术手段，同时还必须掌握必要的施工组织，计划和管理方面的知识，才能经济、有效、合理地组织施工，顺利完成施工任务。

第四节　施工组织设计

建筑产品作为一种特殊的商品，为社会生产、人民生活提供物质基础。一方面建设项目能否按合同工期顺利完成投产，直接影响业主的投资经济效果和经济效益的实现；另一方面，施工单位如何保质、安全高效的建成项目，对施工单位本身经济及社会效益都有着重要影响。

施工组织设计就是针对工程项目施工过程的复杂性，用系统的思想并遵循技术经济规律，对拟建工程的各阶段、各环节及所需的各种资源进行统筹安排的计划管理行为。它努力使复杂的施工过程，通过科学、经济、合理的规划安排，以达到建设项目能够连续、均衡、协调地进行施工，满足建设项目对工期、质量、投资和安全等各方面的要求。由于建筑产品的复杂多样性，没有一成不变的施工组织设计适用于任何建设项目，所以，如何根据不同工程的特点编制切实可行的施工组织设计则成为施工组织管理中重要的一环。

一、施工组织设计的概念及任务

施工组织设计是指导拟建工程项目进行施工准备、组织施工、指导施工活动、保证拟建工程项目正常进行的重要技术经济文件，是对拟建工程项目在人力和物力、时间和空间、技术和组织等方面所做出的全面科学合理的安排。

施工组织设计作为指导拟建工程项目的全局性文件，应尽量适应建筑安装施工过程的复杂性和具体施工项目的特殊性，并尽可能保持施工生产的连续性、均衡性和协调性，以实现生产活动的最佳经济效果。

施工过程的连续性是指施工过程的各阶段、各工序之间，在时间上紧密衔接的特性。保持施工过程的连续性、可缩短施工周期、保证产品质量和节约流动资金的占用；施工过程的均衡性是指工程项目的施工单位及其各施工生产环节，具有在相等的时间段内，产生相等或稳定递增的特性，即施工生产各环节不出现前松后紧、时松时紧的现象。保持施工过程的均衡性，可以充分利用设备和人力，减少浪费、保证安全生产和产品质量；施工过程的协调性，是指施工过程的各阶段、各环节、各工序之间，在施工机具、劳动力的配备及工作面积的占用上保持适当比例关系的特性，它是施工过程连续性的物质基础。施工过程只有按照连续生产、均衡生产和协调生产的要求去组织，才能得以顺利进行。

施工组织设计的基本任务是根据业主对建设项目的各项要求，选择经济、合理、有效的施工方案；确定合理、可行的施工进度；拟定有效的技术组织措施；采用最佳的劳动组织，合理确定施工中劳动力、材料、机具设备等的需要量；合理布置施工现场的空间及拟定各种临时设施，以确保全面高效地完成工程建设项目。

二、施工组织设计的作用

施工组织设计在每项建设工程中都具有重要的规划作用、组织作用和指导作用，具体表现在：

(1)施工组织设计是拟建工程项目施工准备工作的一项重要内容，同时又是指导各项施工准备工作的依据。

(2)施工组织设计可体现实现基本建设计划和设计的要求，可进一步验证设计方案的合理性与可行性。

(3)施工组织设计为拟建工程项目所确定的施工方案、施工进度和施工顺序等，是指导开展紧凑、有秩序施工活动的技术依据。

(4)施工组织设计所提出的拟建工程项目的各项资源需要量计划，直接为物资组织供应工作提供数据。

(5)施工组织设计对现场所作的规划和布置，为现场的文明施工创造了条件，并为现场平面管理提供了依据。

(6)施工组织设计对施工企业计划起决定和控制时作用。施工计划是根据施工企业对建筑市场所进行科学预测和中标为结果，结合本专业的具体情况，制定出的企业不同时期应完成的生产计划和各项技术经济指标。而施工组织设计是按具体的拟建工程项目开竣工时间编制的指导施工的文件。因此，施工组织设计与施工企业的施工计划二者之间有着极为密切、不可分割的关系。施工组织设计是编制施工企业施工计划的基础，反过来，制定施工组织设计又应服从企业的施工计划，两者相辅相成、互为依据。

(7)通过编制施工组织设计，可以合理地确定各种临时设施的数量、规模和用途。

(8)通过编制施工组织设计，可充分考虑施工中可能遇到的困难与障碍，主动调整施工中的薄弱环节，事先予以解决或排除，从而提高了施工的预见性，减少了盲目性，使管理者和生产者做到心中有数，为实现建设目标提供技术保证。

(9)施工组织设计除具有以上作用外，还是上级主管部门督促检查工作及编制概、预算的依据。

三、施工组织设计的分类

施工组织设计是一个总的概念，根据建设项目的类别、工程规模、编制阶段、编制对象和范围的不同，在编制深度和广度上也有所不同。

(一)按编制单位和编制阶段不同分类

具体分类详见表1—1。

表1—1 施工组织设计分类表

编制单位	编制阶段		分类名称		
			铁路工程	公路工程	房屋建筑工程
	预可行性研究阶段		概略施工组织方案意见		
	可行性研究阶段		施工组织方案意见		
设计单位	三阶段设计	初步设计		施工方案	施工组织设计大纲
		技术设计		修正施工方案	施工组织总设计
		施工图设计		施工组织计划	单位工程施工组织设计
	两阶段设计	初步设计	施工组织设计	施工方案	施工组织总设计
		施工图设计		施工组织计划	单位工程施工组织设计
	一阶段施工图设计		施工组织设计	施工方案	单位工程施工组织设计
施工单位	投标阶段		综合指导性施工组织设计(标前施工组织设计)		
	中标后施工阶段		实施性施工组织设计(标后施工组织设计)		

(二)按编制对象范围不同分类

施工组织设计按编制对象范围的不同分为施工组织总设计、单位工程施工组织设计、分部分项工程施工组织设计三种。

1. 施工组织总设计

施工组织总设计是以一个建筑群或一个建设项目为编制对象，用以指导整个建筑群或建设项目施工全过程的各项施工活动的技术、经济和组织的综合性文件。

2. 单位工程施工组织设计

单位工程施工组织设计是以一个单位工程(一个建筑物或构筑物，一个交工系统)为编制对象，用以指导其施工全过程各项施工活动的技术、经济和组织的综合性文件。

3. 分部分项工程施工组织设计

分部分项工程施工组织设计又叫分部分项工程工程生产作业设计。它是以分部(分项)工程为编制对象，由单位工程的技术人员负责编制，用以具体实施其分部(分项)工程施工全过程的各项施工活动的技术、经济和组织的综合性文件。一般对于工程规模大，技术复杂或施工难度大的建筑物或构筑物，在编制单位工程施工组织设计之后，常需对某些重要的又缺乏经验的分部(分项)工程再深入编制生产作业设计。例如深基础工程、大型结构安装工程、高层钢筋混凝土主体结构工程、地下防水工程等。

施工组织总设计、单位工程施工组织设计和分部分项工程施工组织设计，是同一建设项目，不同广度、深度和作用的三个层次。施工组织总设计是对整个建设项目的全局性战略部署。其内容和范围比较概括；单位工程施工组织设计是在施工组织总设计的控制下，以施工组织总设计和企业施工计划为依据，针对具体的单位工程，把施工组织总设计的内容具体化；分部分项工程施工组织设计是以施工组织总设计、单位工程施工组织设计和企业施工计划为依据编制的，针对具体的分部分项工程，把单位工程施工组织设计进一步具体化，它是专业工程具体的组织施工的设计。

四、施工组织设计的基本内容

施工组织设计的内容，决定于它的任务和作用。因此，它必须能够根据不同建筑产品的特点和要求，根据现有的和可能争取到的施工条件，从实际出发，决定各种生产要素的基本结合方式，这种结合方式的时间和空间关系，以及根据这种结合方式和该建筑产品本身的特点，决定所需工人、机具、材料等的种类与数量，及其取得的时间与方式。不切实地解决这些问题，就不可能进行任何生产。由此可见，任何施工组织设计必须具有以下相应的基本内容：

(1)施工方法与相应的技术组织措施，即施工方案；

(2)施工进度计划；

(3)施工现场平面布置；

(4)各种资源需要量及其供应。

在这四项基本内容中，第3、4项主要用于指导准备工作的进行，为施工创造物质技术条件。人力、物力的需要量是决定施工平面布置的重要因素之一，而施工平面布置又反过来指导各项物质的因素在现场的安排。第1、2两项内容则主要指导施工过程的进行，规划整个的施工活动。施工的最终目的是按照国家和合同规定的工期，优质、低成本地完成基本建设工程，保证按期投产和交付使用。因此，进度计划在组织设计中就具有决定性的意义，是决定其他内容的主导因素，其他内容的确定首先要满足它的要求、为它的需要服务，这样它也就成为施工组织设计的中心内容。从设计的顺序上看，施工方案又是根本，是决定其他所有内容的基础。它虽以满足进度的要求作为选择的首要目标，但进度最终也仍然要受到它的制约，并建立在这个基础之上。另一方面也应该看到，人力、物力的需要与现场的平面布置也是施工方案与进度得以实现的前提和保证，要对它们发生影响。因为进度安排与方案的确定必须从合理利用客观条件出发，进行必要的选择。所以，施工组织设计的这几项内容是有机地联系在一起的。互相促进，互相制约，密不可分。为了学习的方便，试把这种关系表示为图1—1(其中实线表示决定作用，虚线表示制约作用)。

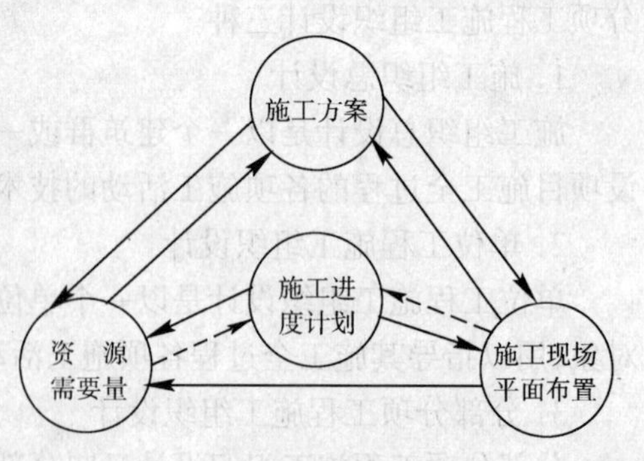

图1—1　施工组织设计基本内容及相互关系

至于每个施工组织设计的具体内容，将因工程的情况和使用的目的之差异，而有多寡、繁简与深浅之分。比如，当工程处于城市或原有的工业基地时，则施工的水、电、道路与其他附属生产等临时设施将大为减少，现场的准备工作的内容将因而少些；当工程在离城市较远的新开拓地区时，这部分内容就将变得复杂起来，内容也就要多一些；对于一般性的建筑，组织设计的内容就可较简单，对于复杂的民用建筑和工业建筑或规模较大的工程，内容就不能不较为复杂；为群体建筑作战略部署时，主要是解决重大的原则性问题，涉及的面也较广，组织设计的内容就浅一些；为单体建筑的施工战略部署，需要能具体指导建筑安装活动，涉及的面也较窄，其内容就要求深一些。除此以外,施工单位的经验和组织管理水平也可能对内容产生某些影响。比如对某些工程,如施工单位已有较多的施工经验,其组织设计的内容就可简略一些,对于缺乏施工经验的工程对象,其内容就应详尽一些、具体一些。所以,在确定每个组织设计文件的具体内容与章节时,都必须从实际出发,以适应为主,做到各具特点,少而精。

(一)施工方案

施工方案是指工、料、机等生产要素的有效结合方式。确定一个合理的结合方式,也就是从若干方案中选择出一个切实可行的施工方案来。这个问题不解决,施工就根本不可能进行。它是编制施工组织设计首先要确定的问题,它是决定其他内容的基础。施工方案的优劣,在很大程度上决定了施工组织设计的质量和施工任务完成的好坏。

1. 制订和选择施工方案的基本要求

(1)切实可行。制订施工方案首先必须从实际出发,一定要能切合当前的实际情况,有实现的可能性。选定的方案在人力、物力、技术上所提出的要求,应该是当前已有的条件或在一定的时期内有可能争取到的条件所能满足的。否则,任何方案都是不足取的。这就要求在制订方案之前,深入细致地做好调查研究工作,掌握主客观情况,进行反复的分析比较。方案的优劣,并不首先取决于它在技术上是否最先进,或工期是否最短,而是首先取决于它是否切实可行,只能在切实的范围内尽量求其先进和快速。两者须统一起来,但“切实”应是主要的、决定的方面。

(2)施工期限满足国家要求。保证工程特别是重点工程按期和提前投入生产或交付使用,迅速发挥投资的效果,是有重大的国民经济意义的。因此,施工方案必须保证在竣工时间上符合国家提出的要求,并争取提前完成。这就要求在制订方案时,在施工组织上统筹安排,在照顾到均衡施工的同时,在技术上尽可能动用先进的施工经验和技术,力争提高机械化和装配化的程度。

(3)确保工程质量和生产安全。基本建设是百年大计,要求质量第一,保证生产安全也是社会主义性质所决定的。因此,在制订施工方案时就要充分考虑工程的质量和生产的安全,在提出施工方案的同时要提出保证工程质量和生产安全的技术组织措施,使方案完全符合技术规范与安全规程的要求。如果方案不能确保工程质量与生产安全,则其他方面再好也是不可取的。

(4)施工费用最低。施工方案在满足其他条件的同时,也必须使方案经济合理,以增加生产的盈利。这就要求在制订方案时,尽力采用降低施工费用的一切正当的、有效的措施,从人力、材料、机具和间接费等方面找出节约的因素,发掘节约的潜力,使工料消耗和施工费用降低到最低的限度。

以上几点是一个统一的整体,是不可分的,在制订施工方案时应作通盘的考虑。现代施工技术的进步,组织经验的积累,每种工程的施工都可以用许多不同的方法来完成,存在着多种可能的方案,供我们选择。这就要求在决定方案时,要以上述几点作为衡量的标准,经多方面的分析比较,全面权衡,选出可能的最好的方案。在选择中进行经济比较是完全必要的,有重要的参考价值,但决不能以此作为决定方案的惟一标准。因为施工组织问题是政治、经济、技术的综合,而不是一个单纯的经济问题。

2. 施工方案的基本内容

施工方案包括的内容是很多的,但概括起来,主要是四项,这就是:(1)施工方法的确定;(2)施工机具的选择;(3)施工顺序的安排;(4)流水施工的组织。前两项属于施工方案的技术方面，后两项属于施工方案的组织方面，不过，机械的选择中也含有组织问题，如机械的配套；在施工方法中也有顺序问题，它是技术要求不可变易的顺序，而施工顺序则专指可以灵活安排的施工顺序。技术方面是施工方案的基础，但它同时又必须满足组织方面的要求，施工的组织方面把施工的技术方面，同时也把整个的施工方案同进度计划联系起来，从而反映进度计划对于施工方案的指导作用，两方面是互相联系而又互相制约着的。为把各项内容的关系更好地协调起来，使之更趋完善，为其实现创造更好的条件，施工技术组织措施也就成为施工方案各项内容的必不可少的延续和补充，成了施工方案的有机的组成部分。

（二）施工进度计划

施工进度计划是施工组织设计在时间上的体现。进度计划是组织与控制整个工程进展的依据，是施工组织设计中关键的内容。因此，施工进度计划的编制要采用先进的组织方法（如立体交叉流水施工）和计划理论（如网络计划、横道图计划等）以及计算方法（如各项参数、资源量、评价指标计算等），综合平衡进度计划，规定施工的步骤和时间，以期达到各项资源在时间、空间上的合理利用，并满足既定的目标。

施工进度计划包括划分施工过程、计算工程量、计算劳动量、确定工作天数和工人人数或机械台班数，编排进度计划表及检查与调整等项工作。为了确保进度计划的实现，还必须编制与其适应的各项资源需要量计划。

（三）施工现场平面布置

施工现场平面布置是根据拟建项目各类工程的分布情况，对项目施工全过程所投入的各项资源（材料、构件、机械、运输、劳力等）和工人的生产、生活活动场地做出统筹安排。通过施工现场平面布置图或总布置图的形式表达出来，它是施工组织设计在空间上的体现。因为施工场地是施工生产的必要条件，合理安排施工现场，绘制施工现场平面布置图应遵循方便、经济、高效、安全的原则进行，以确保施工顺利进行。

（四）资源需要量及其供应

资源需要量是指项目施工过程中所必要消耗的各类资源的计划用量，它包括：劳动力、建筑材料、机械设备以及施工用水、电、动力、运输、仓储设施等的需要量。各类资源是施工生产的物质基础，必须根据施工进度计划，按质、按量、按品种规格、按工种、按型号有条不紊地进行准备和供应。

五、施工组织设计的编制及实施

（一）施工组织设计编制原则

（1）认真贯彻党和国家对工程建设的各项方针和政策，严格执行建设程序。

（2）应在充分调查研究的基础上，遵循施工工艺规律、技术规律及安全生产规律，合理安排施工程序及施工顺序。

（3）全面规划，统筹安排，保证重点，优先安排控制工期的关键工程，确保合同工期。

（4）采用国内外先进施工技术，科学地确定施工方案。积极采用新材料、新设备、新工艺和新技术，努力提高产品质量水平。

（5）充分利用现有机械设备，扩大机械化施工范围。提高机械化程度，改善劳动条件，提高劳动效率。

（6）合理布置施工平面图，尽量减少临时工程，减少施工用地。降低工程成本。尽量利用正式工程，原有或就近已有设施，做到暂设工程与既有设施相结合、与正式工程相结合。同时，要注意因地制宜,就地取材以求尽量减少消耗,降低生产成本。

(7)采用流水施工方法、网络计划技术安排施工进度计划,科学安排冬、雨季项目施工,保证施工能连续地、均衡地、有节奏地进行。

(二)施工组织设计的编制依据

(1)国家计划或合同规定的进度要求;

(2)工程设计文件,包括说明书、设计图纸、工程数量表、施工组织方案意见、总概算等;

(3)调查研究资料(包括工程项目所在地区自然经济资料、施工中可配备的劳动力、机械及其他条件);

(4)有关定额(劳动定额、材料消耗定额、机械台班定额等)及参考指标;

(5)现行有关技术标准、施工规范、规则及地方性规定等;

(6)本单位的施工能力、技术水平及企业生产计划;

(7)有关其他单位的协议、上级指示等。

(三)编制程序及步骤

(1)计算工程量。通常可以利用工程预算中的工程量。工程量计算准确,才能保证劳动力和资源需要量计算得正确和分层分段流水作业的合理的组织,故工程量必须根据图纸和较为准确的定额资料进行计算。如工程的分层分段按流水作业方法施工时,工程量也应相应的分层分段计算。同时,许多工程量在确定了方法以后可能还须修改,比如土方工程的施工由利用挡土板改为放坡以后,土方工程量即应增加,而支撑工料就将全部取消。这种修改可在施工方法确定后一次进行。

(2)确定施工方案。如果施工组织总设计已有原则规定,则该项工作的任务就是进一步具体化,否则应全面加以考虑。需要特别加以研究的是主要分部分项工程的施工方法和施工机械的选择,因为它对整个单位工程的施工具有决定性的作用。具体施工顺序的安排和流水段的划分,也是需要考虑的重点。与此同时,还要很好地研究和决定保证质量与安全和缩短技术性中断的各种技术组织措施。这些都是单位工程施工中的关键,对施工能否做到多快好省、安全有重大的影响。

(3)组织流水作业,排定施工进度。根据流水作业的基本原理,按照工期要求、工作面的情况、工程结构对分层分段的影响以及其他因素,组织流水作业,决定劳动力和机械的具体需要量以及各工序的作业时间,编制网络计划,并按工作日排出施工进度。

(4)计算各种资源的需要量和确定供应计划。依据采用的劳动定额和工程量及进度可以决定劳动量(以工日为单位)和每日的工人需要量。依据有关定额和工程量及进度,就可以计算确定材料和加工预制品的主要种类和数量及其供应计划。

(5)平衡劳动力、材料物资和施工机械的需要量并修正进度计划。根据对劳动力和材料物资的计算就可绘制出相应的曲线以检查其平衡状况。如果发现有过大的高峰或低谷,即应将进度计划作适当的调整与修改,使其尽可能趋于平衡,以便劳动力的利用和物资的供应更为合理。

(6)设计施工平面图使生产要素在空间上的位置合理、互不干扰,加快施工进度。

(四)编制施工组织设计应注意的几个问题

我国从第一个五年计划开始,就在一些重点工程上采用了施工组织设计,并取得了很大的成绩,但也经历了几次起伏波折。现在,随着我国建设事业的发展和经验总结,施工组织设计已得到各建设有关部门和单位的普遍重视。为了使施工组织设计更好地起到组织和指导施工

的作用,在编制施工组织设计时要注意以下几个问题:

(1)编制时,必须对施工有关的技术经济条件进行广泛和充分的调查研究、收集各方面的原始资料,必须广泛地征求有关单位群众的意见。主持编制的单位应先召开交底会,组织基层单位或分包单位参加,请建设单位、设计单位进行建设条件和设计交底;然后根据提供的条件和要求,广泛吸收技术人员提意见、订措施,在此基础上,提出初稿,初稿完成后,还应讨论和审定。

(2)施工单位中标后,必须编制具有实际指导意义的标后施工组织设计。当建设工程实行总包和分包时,应由总包单位负责编制施工组织设计或分阶段施工组织设计。分包单位在总包单位的总体总署下,负责编制分包工程的施工组织设计。施工组织设计应根据合同工期及有关的规定进行编制,并且一定要广泛征求各协议施工单位的意见。

(3)对结构复杂、施工难度大以及采用新工艺和新技术的工程项目,要进行专业性的研究,必要时组织专门会议,邀请有经验的专业工程技术人员参加,挖掘群众的智慧,以便为施工组织设计的编制和实施打下坚实的群众基础。

(4)在施工组织设计编制过程中,要充分发挥各职能部门的作用,吸收他们参加编制和审定;充分利用施工企业的技术力量和管理能力、统筹安排、扬长避短,发挥施工企业的优势和水平,合理安排各工序间的立体交叉配合施工顺序。

(5)当施工组织设计的初稿完成后,要组织参加编制的人员及单位进行讨论,经逐项逐条地研究修改,最终形式正式文件,送主管部门审批。

(五)施工组织设计的贯彻、检查和调整

1. 施工组织设计的贯彻

编制施工组织设计,是为了给实施过程提供一个指导性文件,但如何将此纸上的施工意图变为客观实践,并且施工组织设计的经济效果如何,也必须通过实践验证。为了更好地指导施工实践活动,必须重视施工组织设计的贯彻与执行。在贯彻中要做好以下几个方面的工作;

(1)做好施工组织设计的技术交底。经过批准的施工组织设计,在开工前,一定要召开各级的生产、技术会议并逐级执行交底,详细地讲解其意图、内容、要求、目标和施工的关键与保证措施,组织群众广泛讨论,拟定完成任务的技术组织措施,作出相应的决策。同时责成计划部门,制定出切实可行和严密的施工计划;责成技术部门,拟定科学合理的具体技术实施细则,保证施工组织设计的贯彻执行。

(2)制定各项管理制度。施工组织设计能否顺利贯彻,还取决于施工企业的技术水平和管理水平。体现企业管理水平的标志,在于企业各项管理制度健全与否。施工实践证明,只有施工企业有了科学的、健全的管理制度,企业的正常生产秩序才能顺利开展,才能保证工程质量,提高劳动生产率,防止可能出现的漏洞或事故。因此,为了保证施工组织设计顺利贯彻执行,必须建立和健全各项管理规章制度。

(3)实行技术经济承包责任制。技术经济承包责任制是用经济的手段和方法,明确承发包双方的责任。它便于加强监督和相互促进,是保证承包目标实施的重要手段。为了更好地贯彻施工组织设计,应该推行技术经济承包责任制度,开展劳动竞赛,把施工过程中的技术经济责任同职工的物质利益结合起来。如开展评比先进,推行全国工程综合奖、节约材料奖、提前工期奖和技术进步奖等。

(4)搞好施工的统筹安排和综合平衡,组织连续施工。在贯彻施工组织设计时,一定要搞好人力、财力、材料、机械、施工方法、时间和空间等方面的统筹兼顾、合理安排,综合平衡各方面因素,优化施工计划,对施工中出现的不平衡因素应及时分析和研究,进一步完善施工组织设计,保证施工的节奏性,均衡性和连续性。

(5)切实做好施工准备工作。施工准备工作是保证均衡和连续施工的重要前提,也是顺利地贯彻施工组织设计的重要保证。"不打无准备之仗",不搞无准备之工程。开工之前不仅要做好一切人力、物力、财力和现场的准备,而且在施工过程中的不同阶段也要做好相应的施工准备工作。

2. 施工组织设计的检查

施工组织设计的检查,着重进行以下几个方面的检查:

(1)任务落实及准备工作情况的检查。工程开工前及施工各阶段之前,应检查任务落实,交底情况,各项准备工作情况,技术措施保证情况,以免影响工程进度和质量。

(2)完成各项主要指标情况的检查。跟踪检查各施工单位及队组完成各项主要技术经济指标的情况,并与计划指标相对照,及时发现问题和偏差,为分析原因和制定调整措施提供依据。检查的主要内容包括工程进度、工程质量、材料消耗、机械使用、安全措施和成本费用等。

(3)施工现场布置合理性的检查。施工现场必须按施工(总)平面图的规划进行布置,必须按规定建造临时设施、堆放建筑材料和构配件,敷设管网和运输道路,安置施工机具等。施工现场要符合文明施工的要求;施工的每个阶段都要有相应的施工(总)平面图,施工(总)平面图的改变必须经有关部门批准。

3. 施工组织设计的调整

施工组织设计的调整就是针对检查中发现的问题,通过分析其原因,拟定其改进措施或修定方案,对实际进度偏离计划进度的情况,在分析其影响工期和后续工作的基础上,调整原计划以保证工期;对施工(总)平面图中的不合理地方进行修改。通过调整,使施工组织设计更切合实际,更趋合理,以实现在新的施工条件下,达到施工组织设计的目标。

应当指出,施工组织设计的贯彻、检查和调整是贯穿工程施工全过程始终的经常性工作。又是全面完成施工任务的控制系统。

第二章　流水施工原理

第一节　流水施工的基本概念

一、几种施工组织方式的比较

在土木工程施工的实践中，通常有三种基本施工组织方式：顺序施工组织方式、平行施工组织方式和流水施工组织方式。其中以流水施工组织方式最为经济合理。为说明流水施工的优越性，现以四座小桥的下部建筑施工为例，阐明每种组织方式的特点以资比较。为了简化起见，假定各桥的工程数量相等，比较范围仅限于施工时间的长短与所需劳动力的数量间的相互关系。现分别比较如下：

1. 顺序施工组织方式

顺序施工组织方式是将拟建工程项目的整个建造过程分解成若干个施工过程，按照一定的施工顺序，前一个施工过程完成后，后一个施工过程才开始施工；或前一个工程完成后，后一个工程才开始施工。它是一种最基本、最原始的施工组织方式。对上述四座小桥的下部建筑施工如采用顺序施工组织方式建造，其施工进度计划如图 2—1“顺序施工”栏所示。

从图 2—1“顺序施工”栏可以看到，采用顺序施工组织方式时，施工现场的组织管理工作比较简单，投入的劳动力较少，单位时间投入的资源量较少，有利于资源供应的组织工作，适用于规模较小，工作面有限的工程。其突出的问题是由于没有充分利用工作面去争取时间，所以施工工期长；工作队不能实现专业化施工，不利于改进工人的操作方法和施工机具，不利于提高工程质量和劳动生产率；在施工过程中，由于工作面的影响很可能造成部分工人窝工。

2. 平行施工组织方式

在拟建工程任务十分紧迫、工作面允许以及资源保证供应的条件下，可以组织几个相同的工作队，在同一时间、不同的空间上进行施工，这种施工组织方式称为平行施工组织方式。在上例中如采用平行施工组织方式，其施工进度计划如图 2—1“平行施工”栏所示。

从图 2—1 可以看出，采用平行施工组织方式，可以充分地利用工作面，争取时间、缩短施工工期。但同时单位时间投入施工的资源量成倍增长，现场的临时设施也相应增加；施工现场组织、管理复杂；与顺序施工组织方式相同，平行施工组织方式工作队也不能实现专业化生产，不利于改进工人的操作方法和施工机具，不利于提高工程质量和劳动生产率，容易造成工人窝工。

3. 流水施工组织方式

流水施工组织方式是将拟建工程项目的整个建造过程分解成若干个施工过程，也就是划分成若干个工作性质相同的分部、分项工程或工序；同时将拟建工程项目在平面上划分成若干个劳动量大致相等的施工段；在竖向上划分成若干个施工层，按照施工过程分别建立相应的专业工作队；各专业工作按照一定的施工顺序投入施工，在完成第一个施工段的施工任务后，在专业工作队的人数、使用的机具和材料不变的情况下，依次地、连续地投入到第二、第三……直到最后一个施工段的施工，在规定的时间内，完成同样的施工任务，不同的专业工作队在工作时间上最大限度地、合理地搭接起来；当第一施工层各个施工段上的相应施工任务全部完成后，专业工作队依次地、连续地投入到第二、第三……施工层，保证拟建工程项目的施工全过程在时间上、空间上，有节奏、连续、均衡地进行下去，直到完成全部施工任务。如采用流水施工组织方式，则施工进度计划如图 2—1“流水施工”栏所示。

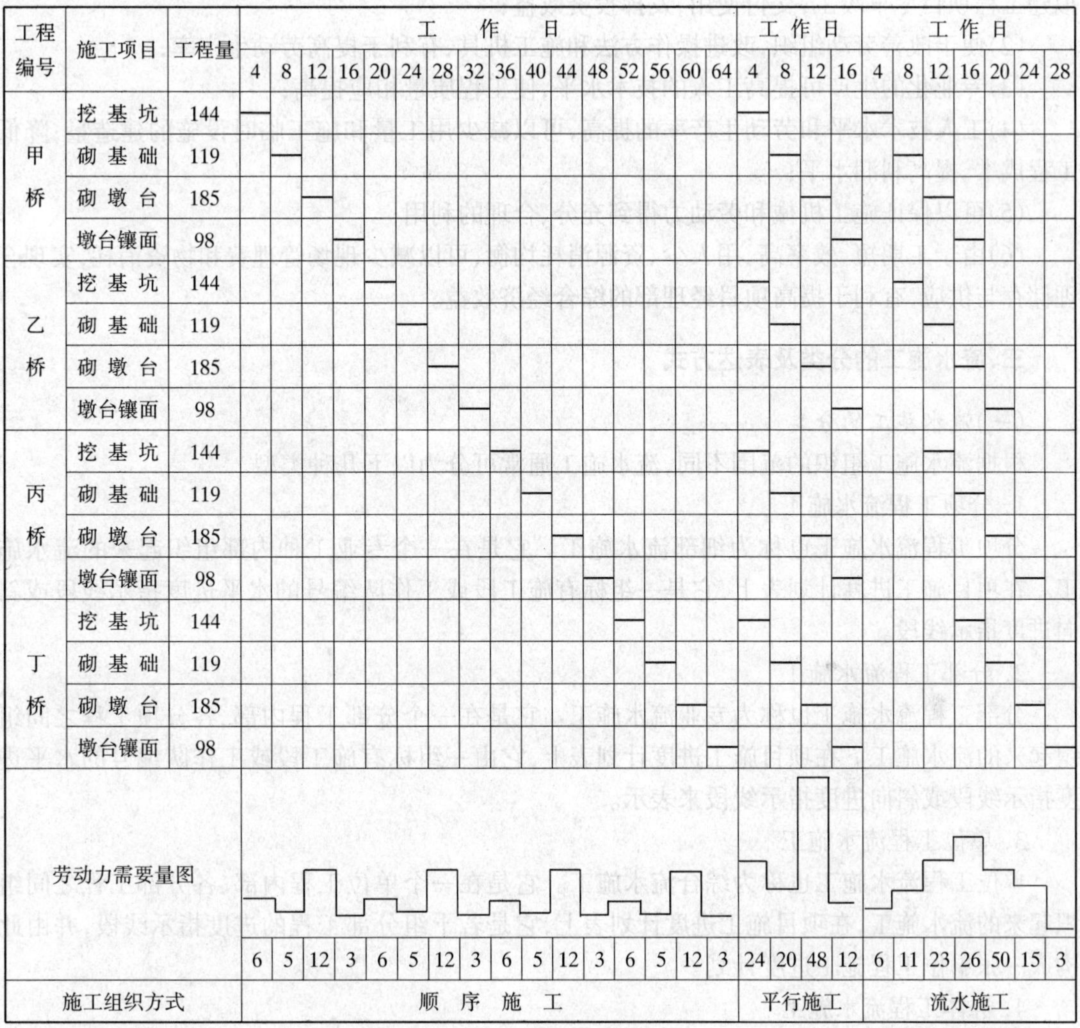

工程编号	施工项目	工程量	工作日																工作日				工作日						
			4	8	12	16	20	24	28	32	36	40	44	48	52	56	60	64	4	8	12	16	4	8	12	16	20	24	28
甲桥	挖基坑	144																											
	砌基础	119																											
	砌墩台	185																											
	墩台镶面	98																											
乙桥	挖基坑	144																											
	砌基础	119																											
	砌墩台	185																											
	墩台镶面	98																											
丙桥	挖基坑	144																											
	砌基础	119																											
	砌墩台	185																											
	墩台镶面	98																											
丁桥	挖基坑	144																											
	砌基础	119																											
	砌墩台	185																											
	墩台镶面	98																											
劳动力需要量图			6	5	12	3	6	5	12	3	6	5	12	3	6	5	12	3	24	20	48	12	6	11	23	26	50	15	3
施工组织方式			顺序施工																平行施工				流水施工						

图 2—1 工程进度横道图

从图 2—1 可以看出，流水施工综合了顺序施工和平行施工的优点，克服了它们的缺点，与之相比较，流水施工组织方式具有以下特点：

(1)科学地利用了工作面，争取了时间、工期比较合理；

(2)工作队及其工人实现了专业化施工，可使工人的操作技术熟练，更好地保证工程质量，提高劳动生产率；

(3)专业工作队及其工人能够连续作业，相邻的专业工作队之间实现了最大限度地合理地搭接；

(4)单位时间投入施工的资源量较为均衡，有利于资源供应的组织工作；

(5)为文明施工和进行现场的科学管理创造了有利条件。

二、流水施工的技术经济效果

流水施工在工艺划分、时间排列和空间布置上的统筹安排，必然会给相应的项目经理部带来显著的经济效果，具体可归纳为以下几点：

(1)由于流水施工的连续性，减少了专业队工作的间隔时间，达到了缩短工期的目的，可使拟建工程项目尽早竣工，交付使用，发挥投资效益；

(2)便于改善劳动组织，改进操作方法和施工机具，有利于提高劳动生产率；

(3)专业化的生产可提高工人的技术水平，使工程质量相应提高；

(4)工人技术水平和劳动生产率的提高，可以减少用工量和施工临时设施的建造量，降低工程成本，提高利润水平；

(5)可以保证施工机械和劳动力得到充分、合理的利用；

(6)由于工期短、效率高、用人少、资源消耗均衡，可以减少现场管理费和物资消耗，实现合理储存与供应，有利于提高项目经理部的综合经济效益。

三、流水施工的分类及表达方式

(一)流水施工的分类

根据流水施工组织的范围不同，流水施工通常可分为以下几种类型。

1. 分项工程流水施工

分项工程流水施工也称为细部流水施工。它是在一个专业工种内部组织起来的流水施工。在项目施工进度计划表上，它是一组标有施工段或工作队编号的水平进度指示线段或斜向进度指示线段。

2. 分部工程流水施工

分部工程流水施工也称为专业流水施工。它是在一个分部工程内部、各分项工程之间组织起来的流水施工。在项目施工进度计划表上，它由一组标有施工段或工作队编号的水平进度指示线段或斜向进度指示线段来表示。

3. 单位工程流水施工

单位工程流水施工也称为综合流水施工。它是在一个单位工程内部、各分部工程之间组织起来的流水施工，在项目施工进度计划表上，它是若干组分部工程的进度指示线段，并由此构成一张单位工程施工进度计划。

4. 群体工程流水施工

群体工程流水施工亦称为大流水施工。它是在若干单位工程之间组织起来的流水施工。反映在项目施工进度计划上，是一张项目施工总进度计划。

前两种流水是流水施工组织的基本形式。在实际施工中，分项工程流水的效果不大，只有把若干个分项工程流水组织成分部工程流水，才能得到良好的效果。后两种流水实际上是分部工程流水的扩充应用。

(二)流水施工的表达方式

流水施工进度图的表达方式，主要有线条式进度图和网络图两种表达方式。

1. 线条式进度图

(1)横道图。横道图即甘特图(Gantt Chart)，亦称"线条式进度图"，它是19世纪中叶，美国Fran kford兵工厂顾问H.L.Gantt设计的一种表示工作计划和进度的图示方法，也是建筑工程中安排施工进度计划和组织流水施工常用的一种表达方式。横道图中的横向表示时间进度,纵向表示施工过程,表中横道线条的长度表示计划中各项工作(施工过程、工序或分部工程、工程项目等)的作业持续时间和进度,表中横道线条所处的位置则表示各项工作的作业开始和结束时刻以及它们之间相互配合的关系。

利用横道图形式绘制进度计划比较简单,它所表达的计划内容(工作项目)排列整齐有序,标注具体详细(可以在横道图中加入各分部、分项工程量、机械需要量、劳动力需求量等,使横道图所表示的内容更加丰富),各项工作的进度形象直观,计划工期一目了然,对人力等资源的计算也便于据图迭加。但是横道图所提供的手段严格地说还没有构成完整的计划方法,它既没有一套协调整体计划方案的技术,也没有判断计划方案优劣的完善方法,实质上横道图只是计划工作者表达施工组织计划思想的一种简单工具,当计划内容比较复杂时,横道图不容易分辨计划内部工作的相互依存关系,不能反映出计划任务内在矛盾和关键。但由于横道图具有简单形象、易学易用等优点,所以至今仍是工程实践中应用最普遍的计划表达方式之一。

在土木工程施工实践中,横道图通常又有以下几种表达方式:

①水平指示图表。在流水施工水平指示图表的表达方式中,横坐标表示流水施工的持续时间,纵坐标表示开展流水施工的施工过程、专业工作队的名称、编号和数目;呈梯形分布的水平线段表示流水施工的开展情况,如图 2—2 所示。

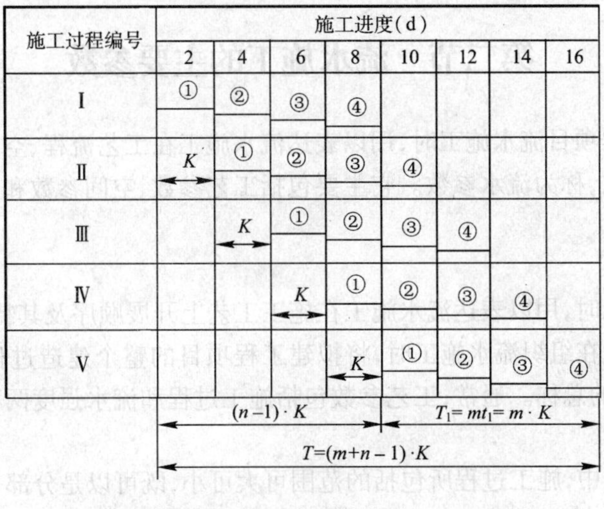

施工过程编号	施工进度(d)							
	2	4	6	8	10	12	14	16
Ⅰ	①	②	③	④				
Ⅱ	K	①	②	③	④			
Ⅲ		K	①	②	③	④		
Ⅳ			K	①	②	③	④	
Ⅴ				K	①	②	③	④

$(n-1)\cdot K$　　$T_1=mt_1=m\cdot K$

$T=(m+n-1)\cdot K$

图 2—2　水平指示图表

T—流水施工计划总工期;

T_1——一个专业工作队或施工过程完成其全部施工段的持续时间;

n—专业工作队数或施工过程数;m—施工段数;K—流水步距;t_i—流水节拍,

本图中 $t_i=K$;Ⅰ、Ⅱ、…—专业工作队或施工过程的编号;①②③④—施工段的编号。

②垂直指示图表。在流水施工垂直指示图表的表达方式中,横坐标表示流水施工的持续时间;纵坐标表示开展流水施工所划分的施工段编号;几条斜线段表示各专业工作队或施工过程开展流水施工的情况,如图 2—3 所示,图中符号的含义同图 2—2。

(2)纵横坐标进度图。纵横坐标进度图,是铁路、公路等大型线型工程所常用的施工进度图的表示形式。它以纵坐标表示时间,横坐标表示各项工程所在位置的里程,用竖直柱、斜线等表示工程施工进度。这种施工进度图集中反映了线型工程各种工程沿长度方向的延伸情况。

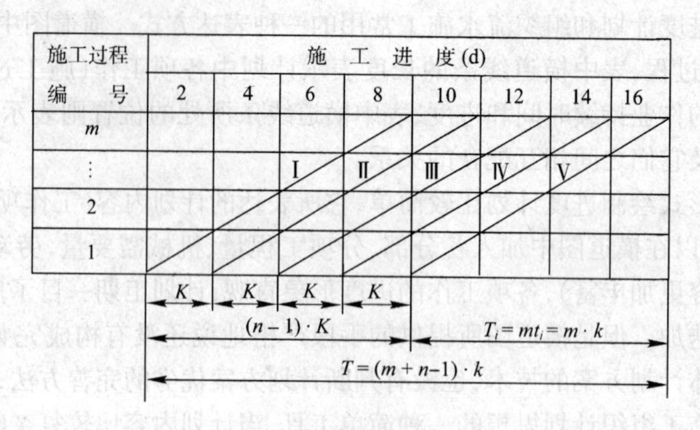

图 2—3　垂直指示图表

(3)形象进度图。形象进度图可以用来表示某种专业工程在不同区段或不同层次上的施工进度。它可直接将施工计划日期或完成日期标注在相应施工部位上，非常形象、直观，调整也很方便，只需修改计划日期或完成日期即可。诸如高层建筑、高耸结构、立式容量结构(热风炉)等均可采用这种进度图形式。

2. 网 络 图

有关流水施工进度网络图的表达方式，详见本书第三章。

第二节　流水施工的主要参数

在组织拟建工程项目流水施工时，用以表达流水施工在工艺流程、空间布置和时间排列等方面开展状态的参数，称为流水参数。它主要包括工艺参数、空间参数和时间参数等三类。

一、工艺参数

在组织流水施工时，用以表达流水施工在施工工艺上开展顺序及其特征的参数，称为工艺参数。具体地说是指在组织流水施工时，将拟建工程项目的整个建造过程可分解为施工过程的种类、性质和数目的总称。通常，工艺参数包括施工过程和流水强度两种。

(一)施工过程

在建设项目施工中，施工过程所包括的范围可大可小，既可以是分部、分项工程，又可以是单位、单项工程。它是流水施工的基本参数之一，根据工艺性质不同，它分为制备类施工过程，运输类施工过程和砌筑安装类施工过程等三种。划分的施工过程的数目，一般以 n 表示。

施工过程数要根据建筑物或构造物的复杂程度和施工方法来确定，太多、太细，给计算增添麻烦，在施工进度计划上会带来主次不分的缺点；太少则会使计划过于笼统，而失去指导施工的作用。

(二)流水强度

流水强度又称流水能力、生产能力，某一施工过程在单位时间内所完成的工程量，称为该施工过程的流水强度，一般用 V_i 表示。

1. 机械操作流水强度

$$V_i = \sum_{i=1}^{x} R_i \cdot S_i \qquad (2—1)$$

式中　R_i——某种施工机械台数；

S_i——该种施工机械台班产量定额；

x——用于同一施工过程的主导施工机械种类数。

2. 人工操作流水强度

$$V_i = R_i \cdot S_i \tag{2—2}$$

式中　R_i——投入施工过程 i 的专业工作队工人数；

S_i——投入施工过程 i 的专业工作队平均产量定额。

二、空间参数

在组织流水施工时，用以表达流水施工在空间布置上所处状态的参数，称为空间参数。空间参数主要有：工作面和施工段两种。

(一)工　作　面

工作面又称工作前线，是指某种专业工种的工人在从事建筑产品施工生产过程中，所必须具备的活动空间。它的大小可表明施工对象能安置多少工人操作和布置机械地段的大小，也即反映施工过程在空间布置上的可能性。在确定一个施工过程必要的工作面时，不仅要考虑前一施工过程为这个施工过程可能提供的工作面大小，也要遵守安全技术规程和施工技术规范的规定。

(二)施　工　段

为了有效地组织流水施工，通常把拟建工程项目在平面上划分成若干个劳动量大致相等的施工段落，这些施工段落称为施工段。施工段的数目，通常以 m 表示，它是流水施工的基本参数之一。一般情况下，一个施工段内只能安排一个施工过程的专业工作队进行施工。在一个施工段上，只有前一个施工过程的工作队提供足够的工作面，后一个施工过程的工作队才能进入该段从事下一个施工过程的施工。

1. 划分施工段的原则

划分施工段是组织流水施工的基础。施工段的划分，在不同的流水线中，可采用不同的划分方法，但在同一流水线中最好采用统一的划分办法。在划分时应注意施工段数要适当，过多，势必要减少工人数而延长工期，过少，又会造成资源供应过分集中，不利于组织流水施工。因此，为了使施工段划分得更科学、更合理，通常应遵循以下原则：

(1)为了保证拟建工程项目的结构整体完整性，不能破坏结构的力学性能，不能在不允许留施工缝的结构构件部位分段，应尽可能利用伸缩缝、沉降缝等自然分界线。

(2)为了充分发挥工人、主导施工机械的效率，每个施工段要有足够的工作面，使其所容纳的劳动力人数或机械台数，能满足合理劳动组织的要求。

(3)尽量使主导施工过程的工作队能连续施工。由于施工过程的工程量不同，所需最小工作面不同，以及施工工艺上的不同要求等原因，如要求所有工作队都能连续作业，所有施工段上都连续有工作队在工作，有时往往是不可能的，这时应保证主导施工过程能连续施工。例如多层砖混结构的房屋，主体工程施工的主导过程是砌砖墙，确定施工段数时，应使砌砖墙的工作队能连续施工。

(4)对于多层的拟建工程项目，既要划分施工段，又要划分施工层，以保证相应的专业工作队在施工段与施工层之间，组织有节奏、连续、均衡地施工。施工层的划分要按照工程项目的具体情况，根据建筑物的高度、楼层来确定。如砌筑工程的施工高度一般为1.2 m，室内抹灰、木装饰、油漆、玻璃和水电安装等，可按楼层进行施工层划分。

(5)对于多层或高层建筑物，施工段的数目，要满足合理流水施工组织的要求，应使 $m \geqslant n$。

2. 在循环施工(即含有施工层时)中，施工段数(m)与施工过程数(n)的关系

(1)当 $m > n$ 时

【例2—1】 某局部二层的现浇钢筋混凝土结构的建筑物，按照划分施工段的原则，在平面上将它分成四个施工段，即 $m = 4$；在竖向上划分两个施工层，即结构层与施工层相一致；现浇结构的施工过程为支模板、绑扎钢筋和浇注混凝土，即 $n = 3$；各个施工过程在各施工段上的持续时间均为3 d，即 $t_i = 3$；则流水施工的开展状况，如图 2—4 所示。

施工层	施工过程名称	施工进度(d)									
		3	6	9	12	15	18	21	24	27	30
Ⅰ	支模板	①	②	③	④						
	绑扎钢筋		①	②	③	④					
	浇混凝土			①	②	③	④				
Ⅱ	支模板					①	②	③	④		
	绑扎钢筋						①	②	③	④	
	浇混凝土							①	②	③	④

图 2—4 $m > n$ 时流水施工开展状况

由图 2—4 看出，当 $m > n$ 时，各专业工作队能够连续作业，但施工段有空闲，如图 2—4 中各施工段在第一层浇完混凝土后，均空闲3 d，即工作面空闲3 d。这种空闲，可用于弥补由于技术间歇、组织管理间歇和备料等要求所必需的时间。

在项目实际施工中，若某些施工过程需要考虑技术间歇等，则可用式(2—3)确定每层的最少施工段数：

$$m_{\min} = n + \frac{\sum Z}{K} \tag{2—3}$$

式中 $m_{\min}$——每层需划分的最少施工段数；

n——施工过程或专业工作队数；

$\sum Z$——某些施工过程要求的技术间歇时间的总和；

K——流水步距。

【例 2—2】 在例 2—1 中，如果流水步距 $K = 3$，当第一层浇注混凝土结束后，要养护6 d才能进行第二层的施工。为了保证专业工作队连续作业，至少应划分多少个施工段？

解：依题意，由式(2—3)可求得：

$$m_{\min} = n + \frac{\sum Z}{K} = 3 + \frac{6}{3} = 5\text{段}$$

按 $m = 5$，$n = 3$ 绘制的流水施工进度图表如图 2—5 所示。

施工层	施工过程名称	施工进度(d)											
		3	6	9	12	15	18	21	24	27	30	33	36
Ⅰ	支模板	①	②	③	④	⑤							
	绑扎钢筋		①	②	③	④	⑤						
	浇混凝土			①	②	③	④	⑤					
Ⅱ	支模板				Z=6 d		①	②	③	④	⑤		
	绑扎钢筋							①	②	③	④	⑤	
	浇混凝土								①	②	③	④	⑤

图 2—5 流水施工进度图

(2)当 $m = n$ 时

【例 2—3】 在例 2—1 中，如果将该建筑物在平面上划分成三个施工段，即 $m = 3$，其余不变，则此时的流水施工开展状况，如图 2—6 所示。

由图 2—6 看出：当 $m = n$ 时，各专业

工作队能连续施工,施工段没有空闲。这是理想化的流水施工方案,此时要求项目管理者,提高管理水平,只能进取,不能回旋、后退。

施工层	施工过程名称	施工进度(d)							
		3	6	9	12	15	18	21	24
Ⅰ	支模板	①	②	③					
	绑扎钢筋		①	②	③				
	浇混凝土			①	②	③			
Ⅱ	支模板				①	②	③		
	绑扎钢筋					①	②	③	
	浇混凝土						①	②	③

图 2—6 $m=n$ 时流水施工开展状况

施工层	施工过程名称	施工进度(d)						
		3	6	9	12	15	18	21
Ⅰ	支模板	①	②					
	绑扎钢筋		①	②				
	浇混凝土			①	②			
Ⅱ	支模板				①	②		
	绑扎钢筋					①	②	
	浇混凝土						①	②

图 2—7 $m<n$ 时流水施工开展状况

(3)当 $m<n$ 时

【例 2—4】 例 2—3 中,如果将其在平面上划分成两个施工段,即 $m=2$,其他不变,则流水施工开展的状况,如图 2—7 所示。

由图 2—7 可见:当 $m<n$ 时,专业工作队不能连续作业,施工段没有空闲;但特殊情况下,施工段也会出现空闲,以致造成大多数专业工作队停工。因一个施工段只供一个专业工作队施工,这样,超过施工段数的专业工作队就无工作面而停工。在图 2—7 中,支模板工作队完成第一层的施工任务后,要停工3 d才能进行第二层第一段的施工,其他队组同样也要停工3 d。因此,工期延长了。这种情况对有数幢同类型的建筑物,可组织各建筑物之间的大流水施工,来弥补上述停工现象;但对单一建筑物的流水施工是不适宜的,应加以杜绝。

从上面的三种情况可以看出:施工段数的多少,直接影响工期的长短,而且要想保证专业工作队能够连续施工,必须满足式(2—4):

$$m \geqslant n \tag{2—4}$$

应该指出,当无层间关系或无施工层(如某些单层建筑物、基础工程等)时,则施工段数不受式(2—3)和式(2—4)的限制,可按前面所述划分施工段的原则进行确定。

三、时间参数

在组织流水施工时,用以表达流水施工在时间排列上所处状态的参数,称为时间参数。它主要包括:流水节拍和流水步距两种。

1. 流水节拍

在组织流水施工时,每个专业工作队在各个施工段上完成相应的施工任务所需要的工作延续时间,称为流水节拍。通常用 t_i 表示,它是流水施工的基本参数之一。流水节拍的大小,可以反映出流水施工速度的快慢、节奏感的强弱和资源消耗的多少。

确定流水节拍应注意以下问题:

(1)流水节拍的取值必须考虑到专业工作队组织方面的限制和要求,尽可能不过多的改变原来劳动组织的状况,以便对施工队进行领导。专业工作队的人数应有起码的要求,以使他们具备集体协作的能力。

(2)流水节拍的确定,应考虑到工作面条件的限制,必须保证有关专业工作队有足够的施工操作空间,保证施工操作安全和能充分发挥专业工作队的劳动效率。

(3)流水节拍的确定,应考虑到机械设备的实际负荷能力和可能提供的机械设备数量。也要考虑机械设备操作场所安全和质量的要求。

(4)有特殊技术限制的工程,如有防水要求的钢筋混凝土工程、受潮汐影响的水工作业、受交通条件影响的道路改造工程、铺管工程,以及设备检修工程等,都受技术操作和安全质量等方面的限制,对作业时间长短和连续性都有限制和要求,在安排其流水节拍时,应当满足这些限制要求。

(5)必须考虑材料和构配件供应能力和水平对进度的影响和限制,合理确定有关施工过程的流水节拍。

(6)首先应确定主导施工过程的流水节拍,并以它为依据确定其他施工过程的流水节拍。主导施工过程的流水节拍应是各施工过程流水节拍的最大值,应尽可能是有节奏的,以便组织节奏流水。

2. 流水步距

在组织流水施工时,相邻两个专业工作队在保证施工顺序、满足连续施工、最大限搭接和保证工程质量要求的条件下,相继投入施工的最小时间间隔,称为流水步距。流水步距以 $K_{j,j+1}$ 表示,它是流水施工的基本参数之一。

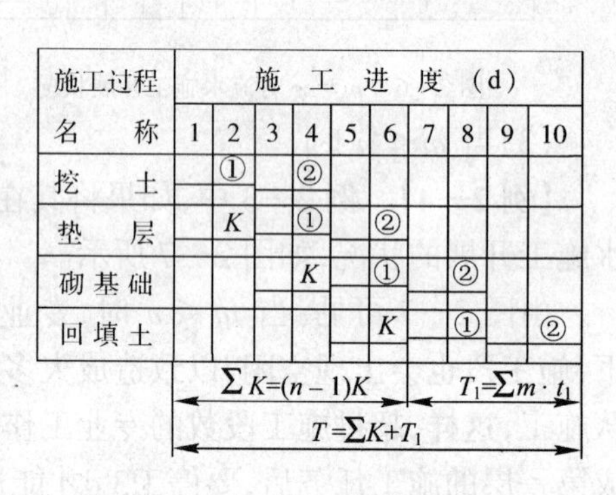

图 2—8 流水步距与工期的关系

(1)确定流水步距的原则。图 2—8 所示的基础工程,挖土与垫层相继投入第一段开始施工的时间间隔为2 d,即流水步距 $K=2$(本图 $K_{j,j+1}=K$,其他相邻两个施工过程的流水步距均为2 d。

从图 2—8 可知:当施工段确定后,流水步距的大小直接影响着工期的长短。如果施工段不变,流水步距越大,则工期越长;反之,工期就越短。

图 2—9 表示流水步距与流水节拍的关系。(a)图表示 A、B 两个施工过程,分两段施工,流水节拍均为2 d的情况,此时 $K=2$;(b)图表示在工作面允许条件下,各增加一倍的工人,使流水节拍缩小,流水步距的变化情况。

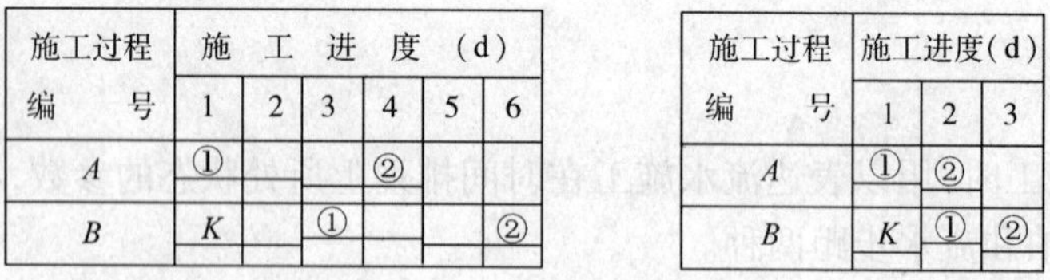

施工过程编号	施工进度(d) 1	2	3	4	5	6
A	①			②		
B	K		①			②

(a)

施工过程编号	施工进度(d) 1	2	3
A	①	②	
B	K	①	②

(b)

图 2—9 流水步距与流水节拍的关系

从图 2—9 可知,当施工段不变时,流水步距随流水节拍的增大而增大,随流水节拍的缩小而缩小。如果人数不变,增加施工段数,使每段人数达到饱和,而该段施工持续时间总和不变,则流水节拍和流水步距都相应地会缩小,但工期拖长了,如图 2—10 所示。

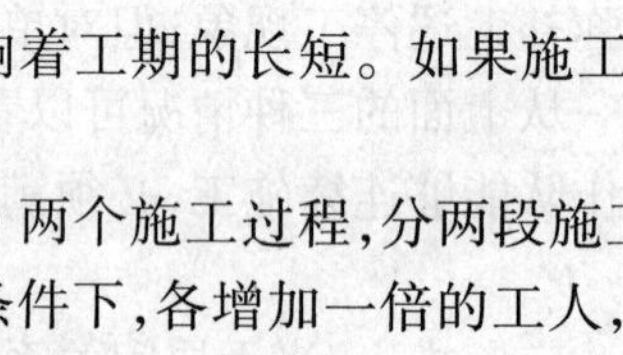

施工过程编号	施工进度(d) 1	2	3	4	5
A	①	②	③	④	
B		①	②	③	④

图 2—10 流水步距、流水节拍与施工段的关系

从上述几种情况的分析,我们可以得知确定流水步距的原则如下:

①流水步距要满足相邻两个专业工作队,在施工顺序上的相互制约关系;

②流水步距要保证各专业工作队都能连续作业；

③流水步距要保证相邻两个专业工作队，在开工时间上最大限度地、合理地搭接；

④流水步距的确定要保证工程质量，满足安全生产。

(2)确定流水步距的方法。流水步距的确定方法很多，而简捷实用的方法，主要有图上分析法、分析计算法和潘特考夫斯基法等；本书仅介绍潘特考夫斯基法。

潘特考夫斯基法也称为“最大差法”，简称累加数列法。此法通常在计算等节拍、无节奏的专业流水中，较为简捷、准确。其计算步骤如下：

①根据专业工作队在各施工段上的流水节拍，求累加数列；

②根据施工顺序，对所求相邻的两累加数列，错位相减；

③根据错位相减的结果，确定相邻专业工作队之间的流水步距，即相减结果中数值最大者。

【例 2—5】 某项目由四个施工过程组成，分别由 A、B、C、D 四个专业工作队完成，在平面上划分成四个施工段，每个专业工作队在各施工段上的流水节拍如表 2—1 所示，试确定相邻专业工作队之间的流水步距。

表 2—1

施工段 / 流水节拍(d) / 工作队	①	②	③	④
A	4	2	3	2
B	3	4	3	4
C	3	2	2	3
D	2	2	1	2

解：①求各专业工作队的累加数列：

A:4,6,9,11

B:3,7,10,14

C:3,5,7,10

D:2,4,5,7

②错位相减：

A 与 B：

$$\begin{array}{rrrrrr} & 4, & 6, & 9, & 11 & \\ -) & & 3, & 7, & 10, & 14 \\ \hline & 4, & 3, & 2, & 1, & -14 \end{array}$$

B 与 C：

$$\begin{array}{rrrrrr} & 3, & 7, & 10, & 14 & \\ -) & & 3, & 5, & 7, & 10 \\ \hline & 3, & 4, & 5, & 7, & -10 \end{array}$$

C 与 D：

$$\begin{array}{rrrrrr} & 3, & 5, & 7, & 10 & \\ -) & & 2, & 4, & 5, & 7 \\ \hline & 3, & 3, & 3, & 5, & -7 \end{array}$$

③流水步距：

因流水步距等于错位相减所得结果中数值最大者，故有

$$K_{A、B} = \max\{4,3,2,1,-14\} = 4\ \mathrm{d}$$

$$K_{B、C} = \max\{3,4,5,7,-10\} = 7\ \mathrm{d}$$

$$K_{C、D} = \max\{3,3,3,5,-7\} = 5\ \mathrm{d}$$

此外，在组织流水施工，确定计划总工期时，项目管理人员还应根据本项目的具体情况，考虑要确定以下几个时间参数的值。

(1)平行搭接时间。在组织流水施工时，有时为了缩短工期，在工作面允许的条件下，如果前一个专业工作队完成部分施工任务后，能够提前为后一个专业工作队提供工作面，使后者提前进入前一个施工段，两者在同一施工段上平行搭接施工，这个搭接的时间称为平行搭接时间，通常以 $C_{j,j+1}$ 表示。

(2)技术间歇时间。在组织流水施工时，除要考虑相邻专业工作队之间的流水步距外，有时根据建筑材料或现浇构件等的工艺性质，还要考虑合理的工艺等待间歇时间，这个等待时间称为技术间歇时间。如混凝土浇注后的养护时间、砂浆抹面和油漆面的干燥时间等；技术间歇时间以 $Z_{j,j+1}$ 表示。

(3)组织间歇时间。在流水施工中，由于施工技术或施工组织的原因，造成的在流水步距以外增加的间歇时间，称为组织间歇时间。如墙体砌筑前的墙身位置弹线，施工人员、机械转移，回填土前地下管道检查验收等等；组织间歇时间以 $G_{j,j+1}$ 表示。

在组织流水施工时，项目经理部对技术间歇和组织间歇时间，可根据项目施工中的具体情况分别考虑或统一考虑；但二者的概念、作用和内容是不同的，必须结合具体情况灵活处理。

第三节　流水施工组织形式

在土木工程施工实践中，在组织工程项目流水施工时，根据各施工过程时间参数的不同特点，流水施工通常可分为：等节拍流水、异节拍流水和无节奏流水等几种组织形式。

一、等节拍流水

等节拍专业流水是指在组织流水施工时，如果所有的施工过程在各个施工段上的流水节拍彼此相等，这种流水施工组织方式称为等节拍专业流水，也称为固定节拍流水或全等节拍流水或同步距流水。

(一)基本特点

(1)流水节拍彼此相等。

如有 n 个施工过程，流水节拍为，则：

$$t_1 = t_2 = \cdots = t_{n-1} = t_n = t(\text{常数})$$

(2)流水步距彼此相等，而且等于流水节拍，即：

$$K_{1,2} = K_{2,3} = \cdots = K_{n-1,n} = K = t(\text{常数})$$

(3)每个专业工作队都能够连续施工，施工段没有空闲。

(4)专业工作队数(n_1)等于施工过程数(n)。

(二)组织步骤

1. 确定项目施工起点流向，分解施工过程

2. 确定施工顺序,划分施工段

划分施工段时,其数目 m 的确定如下:

(1)无层间关系或无施工层时,取 $m=n$。

(2)有层间关系或有施工层时,施工段数目 m 分下面两种情况确定:

①无技术和组织间歇时,取 $m=n$;

②有技术和组织间歇时,为了保证各专业工作队能连续施工,应取 $m>n$。

若一个楼层内各施工过程间的技术、组织间歇时间之和为 $\sum Z_1$,楼层间技术、组织间歇时间为 Z_2。则每层的施工段数 m 可按式(2—5)确定:

$$m = n + \frac{\max\sum Z_1}{K} + \frac{\max\sum Z_2}{K} \tag{2—5}$$

3. 根据等节拍专业流水要求,计算流水节拍数值。

4. 确定流水步距,$K=t$。

5. 计算流水施工的工期:

(1)不分施工层时,可按式(2—6)进行计算:

$$T = (m + n - 1)\cdot K + \sum Z_{j,j+1} + \sum G_{j,j+1} - \sum C_{j,j+1} \tag{2—6}$$

式中 T——流水施工总工期;

m——施工段数;

n——施工过程数;

K——流水步距;

j——施工过程编号,$1\leqslant j\leqslant n$;

$Z_{j,j+1}$——j 与 $j+1$ 两施工过程间的技术间歇时间;

$G_{j,j+1}$——j 与 $j+1$ 两施工过程间的组织间歇时间;

$C_{j,j+1}$——j 与 $j+1$ 两施工过程间的平行搭接时间。

(2)分施工层时,可按式(2—7)进行计算:

$$T = (m \cdot r + n - 1)\cdot K + \sum Z_1^1 - \sum C_{j,j+1} \tag{2—7}$$

式中 r——施工层数;

$\sum Z_1^1$——第一个施工层中各施工过程之间的技术与组织间歇时间之和;

$$\sum Z_1^1 = \sum Z_{j,j+1}^1 + \sum G_{j,j+1}^1$$

其中 $\sum Z_{j,j+1}^1$——第一个施工层的技术间歇时间;

$\sum G_{j,j+1}^1$——第一个施工层的组织间歇时间。其他符号含义同前。

在式(2—7)中,没有二层及二层以上的 $\sum Z_1$ 和 $\sum Z_2$,是因为它们均已包括在式中的 $m\cdot r\cdot t$ 项内,如图 2—11 所示。

6. 绘制流水施工指示图表。

(三)应用举例

【例 2—6】 某项目由Ⅰ、Ⅱ、Ⅲ、Ⅳ等四个施工过程组成,划分两个施工层组织流水施工,施工过程Ⅱ完成后养护一天下一个施工过程才能施工,且层间技术间歇为一天,流水节拍均为一天。为了保证工作队连续作业,试确定施工段数,计算工期,绘制流水施工进度表。

解:①确定流水步距

因为　$t_i = t = 1$ d

所以　$K = t = 1$ d

②确定施工段数

因项目施工时分两个施工层,其施工段数可按式(2—5)确定。

$$m = n + \frac{\max \sum Z_1}{K} + \frac{Z_z}{K} = 4 + \frac{1}{1} + \frac{1}{1} = 6 \text{段}$$

③计算工期

由式(2—7)得

$$T = (m \cdot r + n - 1) \cdot K + \sum Z_1 - \sum C_{j,j+1}$$

$$= (6 \times 2 + 4 - 1) \times 1 + 1 - 0 = 16 \text{ d}$$

④绘制流水施工进度表

如图 2—11 所示。

施工层	施工过程名称	施工进度(d) 1	2	3	4	5	6	7	8	9	10	11	12	13	14	15	16
1	Ⅰ	①	②	③	④	⑤	⑥										
	Ⅱ		①	②	③	④	⑤	⑥									
	Ⅲ				①	②	③	④	⑤	⑥							
	Ⅳ					①	②	③	④	⑤	⑥						
2	Ⅰ								①	②	③	④	⑤	⑥			
	Ⅱ									①	②	③	④	⑤	⑥		
	Ⅲ										①	②	③	④	⑤	⑥	
	Ⅳ											①	②	③	④	⑤	⑥
		$(n-1) \cdot K + Z_1$				$m \cdot r \cdot t$											

图 2—11　分层并有技术、组织间歇时间的等节拍专业流水

二、异节拍专业流水

在进行等节拍专业流水施工时,有时由于各施工过程的性质、复杂程度不同,可能会出现某些施工过程所需要的人数或机械台数,超出施工段上工作面所能容纳数量的情况。这时,只能按施工段所能容纳的人数或机械台数确定这些流水节拍,这可能使某些施工过程的流水节

拍为其他施工过程流水节拍的倍数,从而形成异节拍专业流水。

例如,拟兴建四幢大板结构房屋,施工过程为:基础、结构安装、室内装修和室外工程,每幢为一个施工段。经计算各施工过程的流水节拍如表 2—2 所示。

表 2—2

施工过程	基　础	结构安装	室内装饰	室外工程
流水节拍(d)	5	10	10	5

从表 2—2 可知,这是一个异节拍专业流水,其进度计划如图 2—12 所示。

施工过程名称	施工进度(d)											
	5	10	15	20	25	30	35	40	45	50	55	60
基　础	①	②	③	④								
结构安装		①		②		③		④				
室内装修				①		②		③		④		
室外工程									①	②	③	④

图 2—12　异节拍专业流水

异节拍专业流水是指在组织流水施工时,如果同一个施工过程在各施工段上的流水节拍彼此相等,不同施工过程在同一施工段上的流水节拍彼此不等而互为倍数的流水施工方式,也称为成倍节拍专业流水。有时,为了加快流水施工速度,在资源供应满足的前提下,对流水节拍长的施工过程,组织几个同工种的专业工作队来完成同一施工过程在不同施工段上的任务,从而就形成了一个工期最短的、类似于等节拍专业流水的等步距的异节拍专业流水施工方案。这里我们主要讨论等步距的异工拍专业流水。

(一)基本特点

(1)同一施工过程在各施工段上的流水节拍彼此相等,不同的施工过程在同一施工段上的流水节拍彼此不同,但互为倍数关系;

(2)流水步距彼此相等,且等于流水节拍的最大公约数;

(3)各专业工作队都能够保证连续施工,施工段没有空闲;

(4)专业工作队数大于施工过程数,即 $n_1 > n$。

(二)组织步骤

1. 确定施工起点流向,分解施工过程。

2. 确定施工顺序,划分施工段。

(1)不分施工层时。可按划分施工段的原则确定施工段数。

(2)分施工层时。每层的段数可按式(2—8)确定;

$$m = n_1 + \frac{\max \sum Z_1}{K_b} + \frac{\max \sum Z_2}{K_b} \tag{2—8}$$

式中　n_1——专业工作队总数;

K_b——等步距的异节拍流水的流水步距。其他符号含义同前。

3. 按异节拍专业流水确定流水节拍。

4. 按式(2—9)确定流水步距:

$$K_b = 最大公约数\{t_1, t_2, \cdots, t_n\} \tag{2—9}$$

5. 按式(2—10)和式(2—11)确定专业工作队数:

$$b_j = \frac{t_j}{K_b} \tag{2—10}$$

$$n_1 = \sum_{j=1}^{n} b_j \tag{2—11}$$

式中　t_j——施工过程 j 在各施工段上的流水节拍；

b_j——施工过程 j 所要组织的专业工作队数；

j——施工过程编号，$1 \leqslant j < n$。

6. 确定计划总工期。可按式(2—12)或式(2—13)进行计算。

$$T = (r \cdot n_1 - 1) \cdot K_b + m^{zh} \cdot t^{zh} + \sum Z_{j,j+1} + \sum G_{j,j+1} - C_{j,j+1} \tag{2—12}$$

或

$$T = (m \cdot r + n_1 - 1) \cdot K_b + \sum Z_1^1 - \sum G_{j,j+1} \tag{2—13}$$

式中　r——施工层数，不分层时，$r=1$，分层时，$r=$实际施工层数；

m^{zh}——最后一个施工过程的最后一个专业工作队所要通过的施工段数；

t^{zh}——最后一个施工过程的流水节拍。其他符号含义同前。

7. 绘制流水施工进度表。

(三)应用举例

【例 2—7】　对本节表 2—2，若要求缩短工期，在工作面、劳动力和资源供应允许条件下，各增加一个安装和装修工作队，就组成了等步距异节拍专业流水，计算如下：

1. 求流水步距

$K_b =$ 最大公约数$\{5,10,10,5\} = 5$ d

2. 求专业工作队数

$$b_1 = \frac{5}{5} = 1 \text{个}$$

$$b_2 = b_3 = \frac{10}{5} = 2 \text{个}$$

$$b_4 = \frac{5}{5} = 1 \text{个}$$

所以 $n_1 = \sum_{j=1}^{4} b_j = 1 + 2 + 2 + 1 = 6$ 个

3. 计算工期

$$T = (m + n_1 - 1) \cdot K_b = (4 + 6 - 1) \times 5 = 45 \text{ d}$$

4. 绘制流水施工进度表

如图 2—13 所示。

施工过程名称	工作队	施工进度(d)								
		5	10	15	20	25	30	35	40	45
基础	Ⅰ	①	②	③	④					
结构安装	Ⅱa		①		③					
	Ⅱb			②		④				
室内装修	Ⅲa				①		③			
	Ⅲb					②		④		
室外工程	Ⅳ						①	②	③	④

图 2—13　流水施工进度图

三、无节奏专业流水

在项目实际施工中，通常每个施工过程在各个施工段上的工程量彼此不等，各专业工作队的生产效率相差较大，导致大多数的流水节拍也彼此不相等。不可能组织成等节拍专业流水或异节拍专业流水。在这种情况下，往往利用流水施工的基本概念，在保证施工工艺、满足施工顺序要求的前提下，按照一定的计算方法，确定相邻专业工作队之间的流水步距，使其在开工时间上最大限度地、合理地搭接起来，形成每个专业工作队能连续作业的流水施工方式，称为无节奏专业流水，也叫做分别流水。它是流水施工的普遍形式。

(一)基本特点

1. 每个施工过程在各个施工段上的流水节拍,不尽相等;

2. 在多数情况下,流水步距彼此不相等,而且流水步距与流水节拍二者之间存在着某种函数关系;

3. 各专业工作队都能连续施工,个别施工段可能有空闲;

4. 专业工作队数等于施工过程数,即 $n_1 = n$。

(二)组织步骤

1. 确定施工起点流向,分解施工过程;

2. 确定施工顺序,划分施工段;

3. 计算各施工过程在各个施工段上的流水节拍;

4. 按一定的方法确定相邻两个专业工作队之间的流水步距;

5. 按式(2—14)计算流水施工的计划工期;

$$T = \sum_{j=1}^{n-1} K_{j,j+1} + \sum_{i=1}^{m} t_i^{zh} + \sum Z + \sum G - \sum C_{j,j+1} \qquad (2—14)$$

式中 T——流水施工的计划工期;

$K_{j,j+1}$——j 与 $j+1$ 两专业工作队之间的流水步距;

t_i^{zh}——最后一个施工过程在第 i 个施工段上的流水节拍;

$\sum Z$——技术间歇时间总和;

$\sum C_{j,j+1}$——相邻两专业工作队 j 与 $j+1$ 之间的平行搭接时间之和($1 \leqslant j \leqslant n-1$)。

$$\sum Z = \sum Z_{j,j+1} + \sum Z_{k,k+1}$$

其中 $\sum Z_{j,j+1}$——相邻两专业工作队 j 与 $j+1$ 之间的技术间歇时间之和($1 \leqslant j \leqslant n-1$);

$\sum Z_{k,k+1}$——相邻两施工层间的技术间歇时间之和($1 \leqslant k \leqslant r-1$);

$\sum G$——组织间歇时间之和;

$$\sum G = \sum G_{j,j+1} + \sum G_{k,k+1}$$

其中 $\sum G_{j,j+1}$——相邻两专业工作队 j 与 $j+1$ 之间的组织间歇时间之和($1 \leqslant j \leqslant n-1$);

$\sum G_{k,k+1}$——相邻两施工层间的组织间歇时间之和($1 \leqslant k \leqslant r-1$);

6. 绘制流水施工进度表。

(三)应用举例

【例 2—8】 某项目经理部拟建一工程,该工程有Ⅰ、Ⅱ、Ⅲ、Ⅳ、Ⅴ等五个施工过程。施工时在平面上划分成四个施工段,每个施工过程在各个施工段上的流水节拍如表 2—3 所示。规定施工过程Ⅱ完成后,其相应施工段至少要养护2 d,施工过程Ⅳ完成后,其相应施工段要留有1天的准备时间。为了尽早完工,允许施工过程Ⅰ与Ⅱ之间搭接施工 1 天,试编制流水施工方案。

解:1. 根据题设条件,该工程只能组织无节奏专业流水。

Ⅰ:3,5,7,11

Ⅱ:1,4,9,12

Ⅲ:2,3,6,11

Ⅳ:4,6,9,12

Ⅴ:3,7,9,10

表　2—3

施工过程 / 流水节拍(d) / 施工段	Ⅰ	Ⅱ	Ⅲ	Ⅳ	Ⅴ
①	3	1	2	4	3
②	2	3	1	2	4
③	2	5	3	3	2
④	4	3	5	3	1

2. 确定流水步距

(1) $K_{Ⅰ,Ⅱ}$

$$\begin{array}{rrrrrr} & 3, & 5, & 7, & 11 & \\ -) & & 1, & 4, & 9, & 12 \\ \hline & 3, & 4, & 3, & 2, & -12 \end{array}$$

所以 $K_{Ⅰ,Ⅱ}=\max\{3,4,3,2,-12\}=4$ d

(2) $K_{Ⅱ,Ⅲ}$

$$\begin{array}{rrrrrr} & 1, & 4, & 9, & 12 & \\ -) & & 2, & 3, & 6, & 11 \\ \hline & 1, & 2, & 6, & 6, & -11 \end{array}$$

所以 $K_{Ⅱ,Ⅲ}=\max\{1,2,6,6,-11\}=6$ d

(3) $K_{Ⅲ,Ⅳ}$

$$\begin{array}{rrrrrr} & 2, & 3, & 6, & 11 & \\ -) & & 4, & 6, & 9, & 12 \\ \hline & 2, & -1, & 0, & 2, & -12 \end{array}$$

所以 $K_{Ⅲ,Ⅳ}=\max\{2,-1,0,2,-12\}=2$ d

(4) $K_{Ⅳ,Ⅴ}$

$$\begin{array}{rrrrrr} & 4, & 6, & 9, & 12 & \\ -) & & 3, & 7, & 9, & 10 \\ \hline & 4, & 3, & 2, & 3, & -10 \end{array}$$

所以 $K_{Ⅳ,Ⅴ}=\max\{4,3,2,3,-10\}=4$ d

3. 确定计划工期

由题给条件可知：

$Z_{Ⅰ,Ⅱ}=2$ d，$G_{Ⅳ,Ⅴ}=1$ d，$C_{Ⅰ,Ⅱ}=1$ 天，代入式(2—14)得：

$$T=(4+6+2+4)+(3+4+2+1)+2+1-1=28 \text{ d}$$

4. 绘制流水施工进度表

如图 2—14 所示。

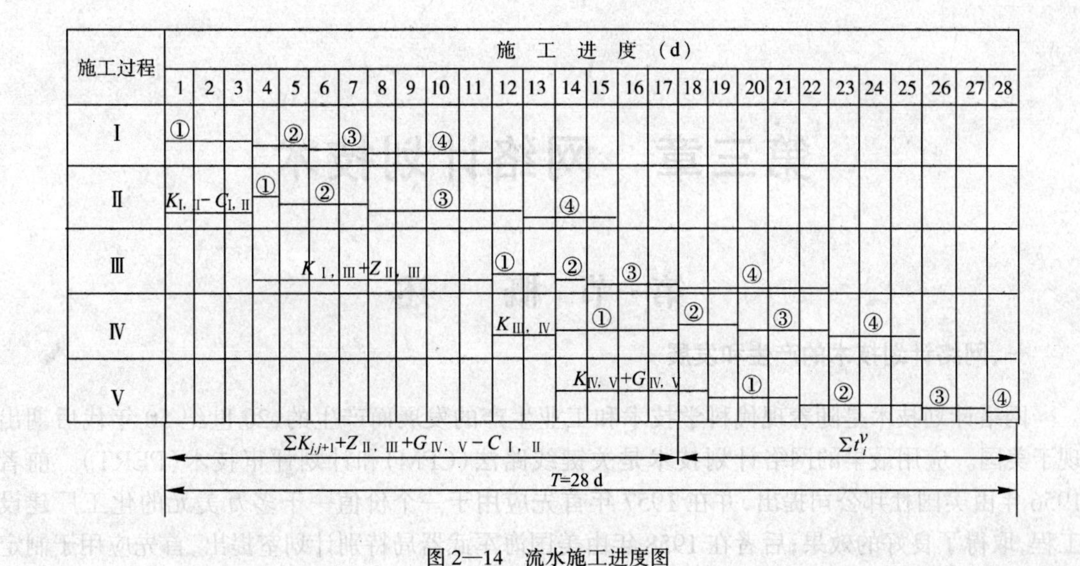

图 2—14　流水施工进度图

第三章　网络计划技术

第一节　概　述

一、网络计划技术的产生和发展

网络计划技术是随着现代科学技术和工业生产的发展而产生的,20世纪50年代后期出现于美国。应用最早的网络计划技术是关键线路法(CPM)和计划评审技术(PERT)。前者1956年由美国杜邦公司提出,并在1957年首先应用于一个价值一千多万美元的化工厂建设工程,取得了良好的效果;后者在1958年由美国海军武器局特别计划室提出,首先应用于制定美国海军北极星导弹研制计划。它使北极星导弹研制工作在时间和成本控制方面取得了显著的效果。

当前,世界上工业发达国家都非常重视现代管理科学,网络计划技术已被许多国家认为当前最为行之有效的、先进的、科学的管理方法而广泛应用在工业、农业、国防和科研计划与管理中。在工程领域,网络计划技术的应用尤为广泛,许多国家将其用于投标、签订合同及拨款业务;在资源和成本优化等方面也应用较多。国外多年实践证明,应用网络计划技术组织与管理生产一般能缩短时间20%左右,降低成本10%左右。美国、日本、德国和俄罗斯等国建筑界公认其为当前最先进的计划管理方法。由于这种方法主要用于进行规划、计划和实施控制,因此,在缩短建设周期、提高工效、降低造价以及提高生产管理水平方面取得了显著的效果。图3—1反映了国内外网络计划技术的发展概况。

我国从20世纪60年代中期,在已故著名数学家华罗庚教授的倡导下,开始在国民经济各部门试点应用网络计划方法。当时为结合我国国情,并根据“统筹兼顾、全面安排”的指导思想,将这种方法命名为“统筹方法”。此后,在工农业生产实践中有效地推广起来。1980年成立了全国性的统筹法研究会,1982年在中国建筑学会的支持下,成立了建筑统筹管理研究会。目前,全国近50所高校的土木和管理专业都开设了网络计划技术课。我国推行工程项目管理和工程建设监理的企业和人员均进行网络计划学习和应用。网络计划技术是工程进度控制的最有效方法。成功的应用实例已有千百项工程。许多工程的招标文件要求必须在投标书中编制网络计划。目前,已较好地实现了工程网络计划技术应用全过程的计算机化,即用计算机绘图、计算、优化、检查、调整与统计。还大力研究将网络计划与设计、报价、统计、成本核算及结算等形成系统,作到资源共享。网络计划技术与工程管理已经密不可分。

为了进一步推进网络计划技术的研究,应用和教学。我国于1991年发布了行业标准《工程网络计划技术》,1992年发布了《网络计划技术》三个国家标准(术语、画法和应用程序),将网络计划技术的研究和应用提升到新水平。近10年来,这些网络计划技术的标准化文件在规范网络计划技术的应用,促进该领域科学研究方面发挥了重要作用。新颁发的《工程网络计划技术规程》(JGJ/T 121—99)代替了原规程(JGJ/T 1001—91),于2000年2月1日起施行,必将进一步推进我国工程网络计划技术的发展和应用水平的提高。

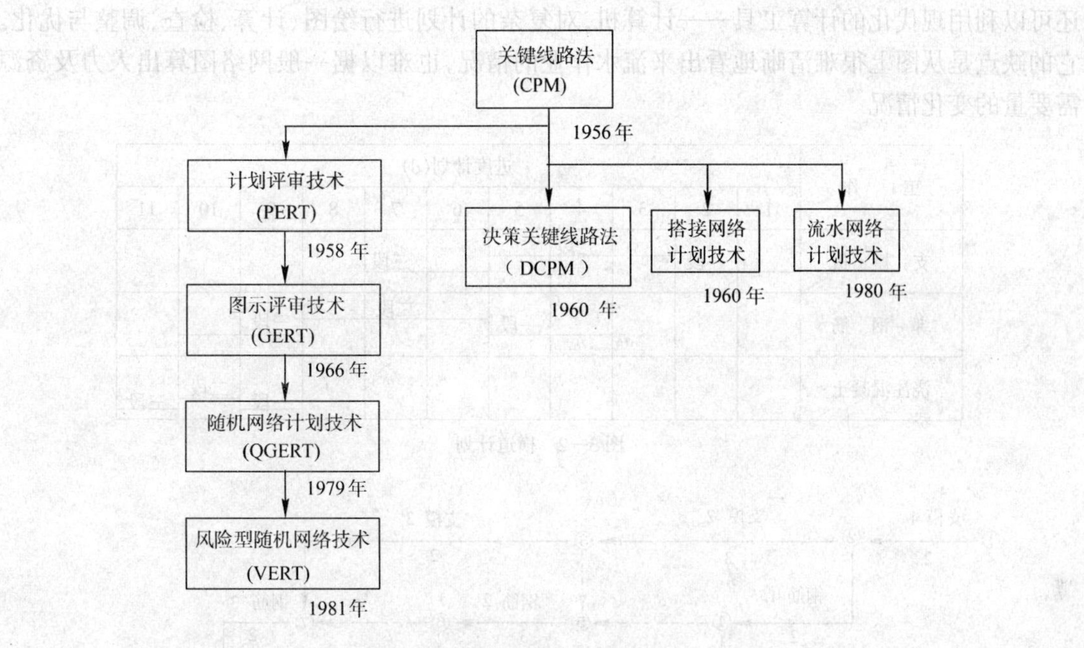

图3—1 国内外网络计划技术发展概况

二、网络计划技术的性质和特点

网络计划技术既是一种科学的计划方法,又是一种有效的生产管理方法。

网络计划技术的基本原理是:首先应用网络图来表示一项计划(或工程)中各项工作的开展顺序及其相互之间的关系;通过对网络图进行时间参数的计算,找出计划中的关键工作和关键线路;通过不断改进网络计划,寻求最优方案,以求在计划执行过程中对计划进行有效的监督和控制,保证合理地利用人力、物力和财力,以最小的消耗取得最大的经济效果。

网络计划技术的基本模型是网络图。所谓网络图,是指"由箭线和节点组成的,用以表示工作流程的有向、有序网状图形"。所谓网络计划,是"用网络图表达任务构成,工作顺序,并加注工作时间参数的进度计划"。

网络计划技术作为一种计划的编制和表达方法与我们一般常用的横道计划法具有同样的功能。对一项工程的施工安排,用这两种方法中的任何一种都可以把它表达出来,成为一定形式的书面计划。但由于表达形式不同,它们所发挥的作用也就各具特点。

横道计划以横向线条结合时间坐标来表示工程各工作的施工起讫时间和先后顺序,整个计划由一系列的横道组成。而网络计划则是以加注作业持续时间的箭线(双代号表示法)和节点组成的网络图来表示工程的施工进度。例如,有一项分三段施工的钢筋混凝土工程,用两种不同的计划方法表达出来,内容虽完全一样,但形式却各不相同(图3—2及图3—3)。

网络计划与横道计划相比较的优点是把施工过程中的各有关工作组成了一个有机的整体,因而能全面而明确地反映出各工作之间相互制约和相互依赖的关系。它可以进行各种时间计算,能在工作繁多、错综复杂的计划中找出影响工程进度的关键工作,便于管理人员集中精力抓施工中的主要矛盾,确保按时竣工,避免盲目抢工。通过利用网络计划中反映出来的各工作的机动时间,可以更好地运用和调配人力与设备,节约人力、物力,达到降低成本的目的。在计划的执行过程中,当某一工作因故提前或拖后时,能从计划中预见到它对其他工作及总工期的影响程度,便于及早采取措施以充分利用有利的条件或有效地消除不利的因素。此外,它还可以利用现代化的计算工具——计算机,对复杂的计划进行绘图、计算、检查、调整与优化。它的缺点是从图上很难清晰地看出来流水作业的情况,也难以据一般网络图算出人力及资源需要量的变化情况。

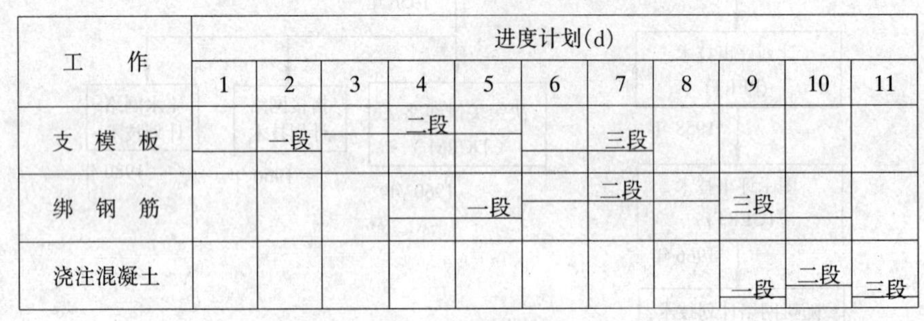

图 3—2　横道计划

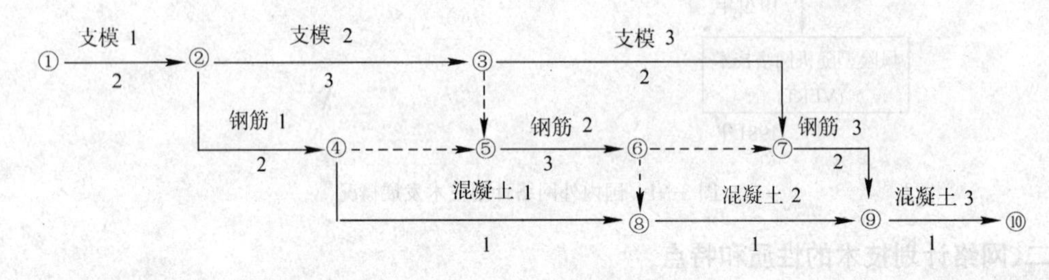

图 3—3　网络计划

网络计划技术的最大特点就在于它能够提供施工管理所需的多种信息,有利于加强工程管理。所以,网络计划技术已不仅仅是一种编制计划的方法,而且还是一种科学的工程管理方法。它有助于管理人员合理地组织生产,使他们做到心中有数,知道管理的重点应放在何处,怎样缩短工期,在哪里挖掘潜力,如何降低成本。在工程管理中提高应用网络计划技术的水平,必能进一步提高工程管理的水平。

根据以上分析,可以看出,采用网络计划技术和采用横道计划法一样,并不需要什么特别的物质技术条件。采用网络计划技术能加强管理,取得好快省的全面效果,也不是单纯的为了求快。

网络计划技术虽与施工技术有密切的联系,但两者的性质却是完全不同的。

施工技术是指某项工程或某项工作在一定的自然条件、物资(材料、装备等)条件和技术条件下采用的工程实施技术,如桁架的吊装技术,高炉基础的浇灌技术,多层无梁结构现浇或提升技术,等等。这中间包括机械的选择、工艺的确定、顺序的安排和流水的组织等,这些都必须在综合考虑当时、当地的具体条件后才能作出适当的决定,也只有具备了相应的条件之后才可能实现原来的设想。这也就是说,选择使用什么样的施工技术是需要一定物质技术条件的。

而网络计划技术则不同,它只是一种计划表达方法与管理方法。只要施工技术确定了,运用网络计划技术就一定可以把施工组织设计人员设想的施工安排,用网络图的形式在书面上正确地表达出来并应用于管理,运用网络计划技术不需要任何为决定施工技术所需的物质技术条件作为前提,在这点上它和横道计划是完全一样的,在任何条件下都可应用。

从网络计划技术的性质和特点来看,并非应用网络计划技术就一定能使施工进度加快到某种程度,因为物质技术条件和计划安排得是否合理对进度都有一定影响。网络计划技术只能反映在一定物质条件下作出的进度安排,它的作用实际上只限于给管理人员提供应在哪些工作上合理赶工以及工期与成本的关系等信息,以使增加的费用最少,成本最低,并避免盲目抢工。至于赶工能否实现,最终还是取决于施工组织方法,特别是物质技术条件,计划方法本身是无能为力的。

只要应用网络计划技术,它就一定能为我们提供对加强和改进工程管理大有用处的一些信息。利用这些信息,就可能在现有条件下合理地调整计划以加快工程进度,或者是在现有的条件下通过调整以节约人力和物力,降低工程的成本。利用这些信息就可使我们心中有数,胸有全局,分得清重点与一般,能预见到情况变化将要造成的影响,使我们经常处于主动地位。

三、网络计划的分类

按照不同的分类原则,可以将网络计划分成不同的类型。

(一)按性质分类

1. 肯定型网络计划

指工作、工作与工作之间的逻辑关系以及工作持续时间都肯定的网络计划。在这种网络计划中,各项工作的持续时间都是确定的单一的数值,整个网络计划有确定的计划总工期。

2. 非肯定性网络计划

指工作、工作与工作之间的逻辑关系和工作持续时间中一项或多项不肯定的网络计划。在这种网络计划中,各项工作的持续时间只能按概率方法确定出三个值,整个网络计划无确定的计划总工期。计划评审技术和图示评审技术就属于非肯定性网络计划。

(二)按表示方法分类

1. 单代号网络计划

这是指以单代号表示法绘制的网络计划。在网络图中,每个节点表示一项工作,箭线仅用来表示各项工作间相互制约、相互依赖关系,如图示评审技术和决策网络计划等就是采用的单代号网络计划。

2. 双代号网络计划

双代号网络计划是以双代号表示法绘制的网络计划。网络图中,箭线用来表示工作。目前,施工企业多采用这种网络计划。

(三)按目标分类

1. 单目标网络计划

这是指只有一个终点节点的网络计划,即网络图只具有一个最终目标。如一个建筑物的施工进度计划只有一个工期目标的网络计划。

2. 多目标网络计划

这是指终节点不只一个的网络计划。此种网络计划具有若干个独立的最终目标。

(四)按有无时间坐标分类

1. 时标网络计划

它是指以时间坐标为尺度绘制的网络计划。在网络图中,每项工作箭线的水平投影长度,与其持续时间成正比。如编制资源优化的网络计划即为时标网络计划。

2. 非时标网络计划

它是指不按时间坐标绘制的网络计划。在网络图中,工作箭线长度与持续时间无关,可按需要绘制。通常绘制的网络计划都是非时标网络计划。

(五)按层次分类

1. 分级网络计划

它是根据不同管理层次的需要而编制的范围大小不同,详细程度不同的网络计划。

2. 总网络计划

这是以整个计划任务为对象编制的网络计划,如群体网络计划或单项工程网络计划。

3. 局部网络计划

以计划任务的某一部分为对象编制的网络计划称为局部网络计划,如分部工程网络图。

(六)按工作衔接特点分类

1. 普通网络计划

工作间关系均按首尾衔接关系绘制的网络计划称为普通网络计划,如单代号、双代号和概率网络计划。

2. 搭接网络计划

按照各种规定的搭接时距绘制的网络计划称为搭接网络计划,网络图中既能反映各种搭接关系,又能反映相互衔接关系,如前导网络计划。

3. 流水网络计划

充分反映流水施工特点的网络计划称为流水网络计划,包括横道流水网络计划,搭接流水网络计划和双代号流水网络计划。

第二节　双代号网络计划

目前在我国工程施工中,经常用以表示工程进度计划的网络图是双代号网络图。这种网络图是由若干表示工作的箭线和节点所组成的,其中每一项工作都用一根箭线和两个节点来表示,每个节点都编以号码,箭线前后两个节点号码即代表该箭线所表示的工作,"双代号"的名称即由此而来。上节中图 3—3 表示的就是双代号网络图。

一、双代号网络图的组成

双代号网络图主要由工作、节点和线路三个基本要素组成。

1. 工　　作

(1)工作又称工序、活动,是指计划任务按需要粗细程度划分而成的一个消耗时间或也消耗资源的子项目或子任务。它是网络图的组成要素之一,在双代号网络图中工作用一条箭线与其两端的圆圈(节点)表示,见图 3—4,图中 i 为箭尾节点,表示工作的开始;j 为箭头节点,表示工作的结束。工作的名称写在箭线的上面,完成工作所需要的时间写在箭线的下面(如图 3—4(a)所示);若箭线垂直画时,工作名称写在箭线左侧,工作持续时间写在箭线右侧(如图 3—4(b)所示)。

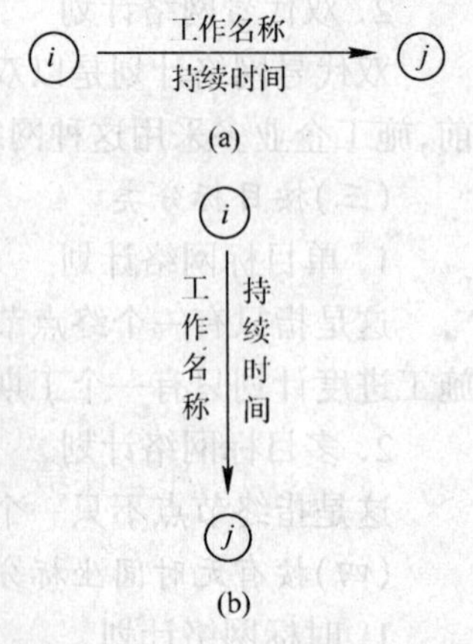

图 3—4　双代号表示法

工作根据一项计划(或工程)的规模不同,其划分的粗细程度、大小范围也不同。如对于一个规模较大的建设项目来讲,一项工作可能代表一个单位工程或一个构筑物;如对于一个单位工程,一项工作可能只代表一个分部或分项工作。

工作箭线的长度和方向,在无时间坐标的网络图中,原则上可以任意画,但必须满足网络逻辑关系，且在同一张网络图中，箭线的画法要求统一。箭线的长度按美观和需要而定，其方向尽可能由左向右画出。箭线优先选用水平方向。在有时间坐标的网络图中，其箭线的长度必须根据完成该项工作所需持续时间的大小按比例绘制。

(2)按照工作是否需要消耗时间或资源，工作通常可以分为三种：

①需要消耗时间和资源的工作(如浇筑基础混凝土)；

②只消耗时间而不消耗资源的工作(如混凝土的养护)；

③既不消耗时间，也不消耗资源的工作。

前两种是实际存在的工作，通常称其为“实工作”，用实箭线表示；后一种是人为的虚设工作，只表示相邻前后工作之间的逻辑关系，通常称其为“虚工作”，以虚箭线或在实箭线下标“0”表示。如图 3—5 所示。但实箭线加注零时间表示虚工作的方法实际中很少使用，我们也不予提倡。

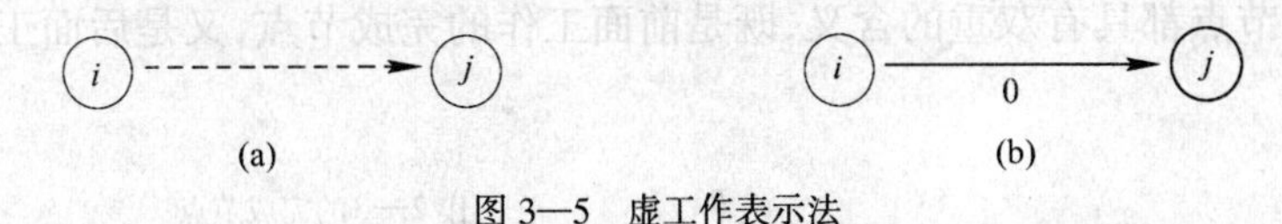

图 3—5　虚工作表示法

(3)按照网络图中工作之间的相互关系，可将工作分为：

①紧前工作，如图 3—6 所示。相对工作 $i—j$ 而言，紧排在本工作 $i—j$ 之前的工作 $h—i$，称为工作 $i—j$ 的紧前工作。即工作 $h—i$ 完成后本工作即可开始；若不完成，本工作则不能开始。

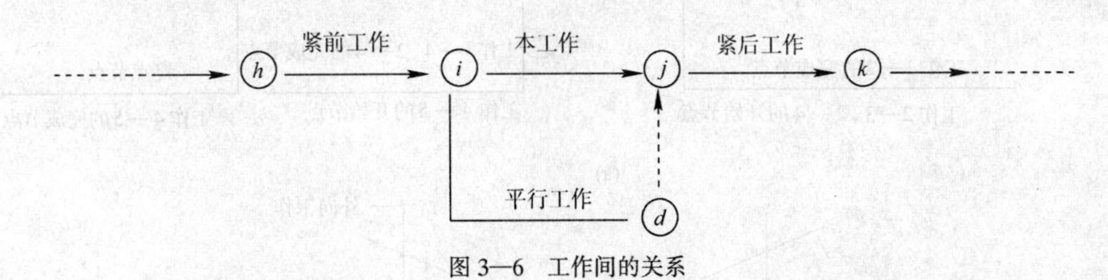

图 3—6　工作间的关系

②紧后工作，如图 3—6 所示。紧排在本工作 $i—j$ 之后的工作 $j—k$ 称为工作 $i—j$ 的紧后工作，本工作完成之后，紧后工作即可开始。否则，紧后工作就不能开始。

③平行工作，如图 3—6 所示，可以和本工作 $i—j$ 同时开始和同时结束的工作，如图中的工作 $i—d$ 就是 $i—j$ 的平行工作。

④起始工作，即没有紧前工作的工作。

⑤结束工作，即没有紧后工作的工作。

⑥)先行工作，自起点节点至本工作开始节点之前各条线路上的所有工作，称为本工作的先行工作。

⑦后续工作，本工作结束节点之后至终点节点之前各条线路上的所有工作，称为本工作的后续工作。

绘制网络图时，最重要的是明确各工作之间的紧前或紧后关系。只要这一点弄清楚了，其他任何复杂的关系都能借助网络图中的紧前或紧后关系表达出来。

2. 节　　点

在网络图中箭线的出发和交汇处通常画上圆圈，用以标志该圆圈前面一项或若干项工作的结束和允许后面一项或若干项工作的开始的时间称为节点(也称为结点、事件)。

在网络图中，节点不同于工作，它只标志着工作的结束和开始的瞬间，具有承上启下的衔接作用,而不需要消耗时间或资源。如图 3—7 中的节点 3,它表示工作 B 的结束时刻和工作 D、E 的开始时刻。节点的另一个作用如前所述,在网络图中,一项工作用其前后的两个节点的编号表示。如图 3—7 中,工作 E 用节点"3—5"表示。

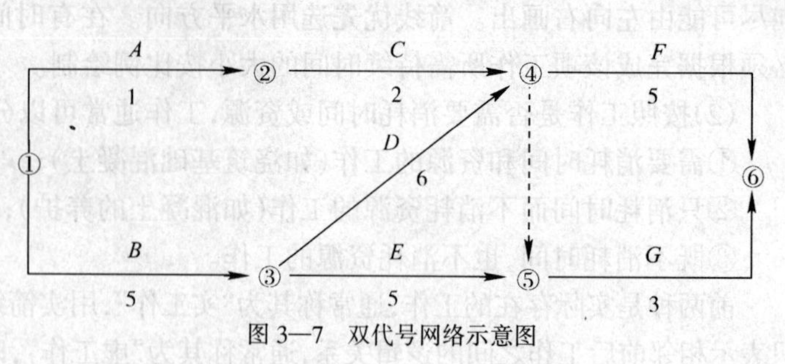

图 3—7　双代号网络示意图

箭线出发的节点称为开始节点,箭线进入的节点称为完成节点,表示整个计划开始的节点称为网络图的起点节点,表示整个计划最终完成的节点称为网络图的终点节点,其余称为中间节点。所有的中间节点都具有双重的含义,既是前面工作的完成节点,又是后面工作的开始节点(图 3—8a)。

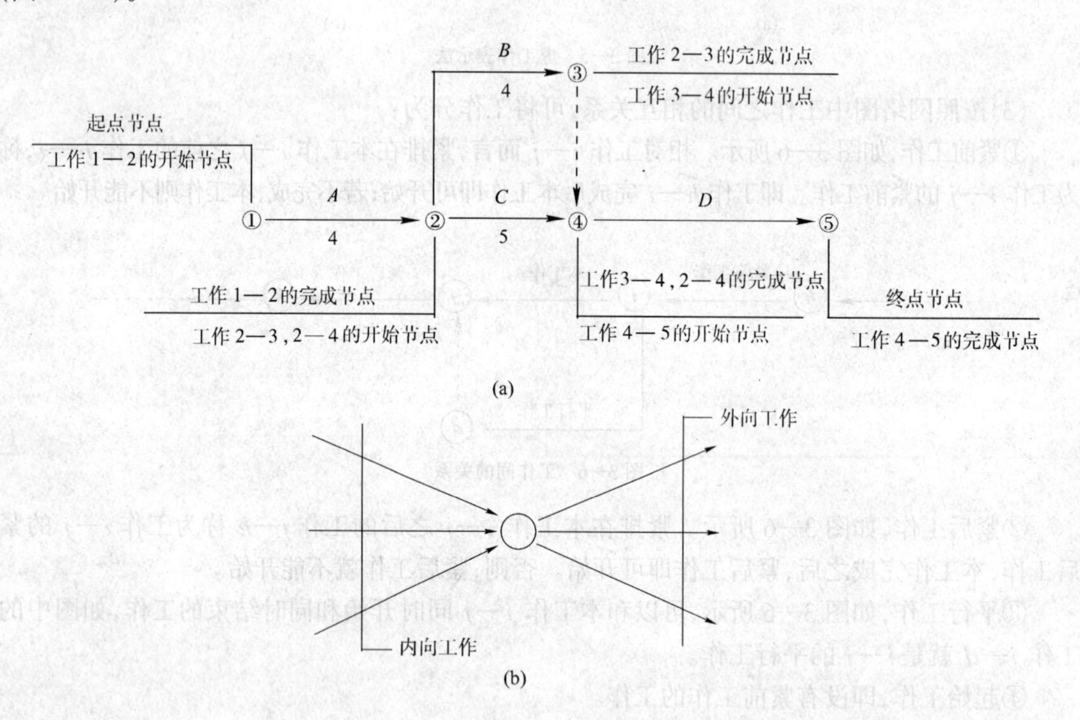

图 3—8　节点示意图

在一个网络图可以有许多工作通向一个节点,也可以有许多工作由同一个节点出发(图 3—8b)。我们把通向某节点的工作称为该节点的内向工作(或内向箭线);把从某节点出发的工作称为该节点的外向工作(或外向箭线)。

3. 线　　路

网络图中从起点节点开始,沿箭线方面连续通过一系列箭线与节点,最后到达终点节点所经过的通路,称为线路。每一条线路都有自己确定的完成时间,它等于该线路上各项工作持续时间的总和,称为线路时间。

如在图 3—7 中共有 5 条线路,其中线路 1—3—4—6 的线路时间最长,为 16 个时间单位。象这样在网络图中线路时间最长的线路称为关键线路,位于关键线路上的工作为关键工作。关键工作完成的快慢直接影响整个计划工期的实现。

在网络图中关键线路有时不止一条,可能同时存在几条关键线路,即这几条线路上的线路时间相同且是线路时间的最大值。但从管理的角度出发,为了实行重点管理,一般不希望出现太多的关键线路。

关键线路并不是一成不变的。在一定的条件下,关键线路和非关键线路可以相互转化。例如当采取了一定的技术组织措施,缩短了各工作的持续时间,就有可能使关键线路发生转移,使原来的关键线变成非关键线路,而原来的非关键线路却变成了关键线路。

位于非关键线路上的工作除关键工作外,其余为非关键工作,它具有机动时间(即时差),非关键工作也不是一成不变的,它可以转化为关键工作,利用非关键工作的机动时间可以科学的、合理的调配资源和对网络计划进行优化。

二、双代号网络图的绘制

(一)双代号网络图各种逻辑关键的正确表示方法

1. 逻辑关系

逻辑关系,是指工作进行时客观上存在的一种相互制约或依赖的关系,也就是先后顺序关系。在表示工程施工计划的网络图中,根据施工工艺和施工组织的要求,应正确反映各项工作之间的相互依赖和相互制约的关系,这也是网络图与横道图的最大不同之点。各工作间的逻辑关系是否表示得正确,是网络图能否反映工程实际情况的关键。如果逻辑关系错了,网络图中各种时间参数的计算就会发生错误,关键线路和工程的计算工期跟着也将发生错误。

要画出一个正确地反映工程逻辑关系的网络图,首先就要搞清楚各项工作之间的逻辑关键,也就是要具体解决每项工作的下面三个问题:

(1)该工作必须在哪些工作之前进行?

(2)该工作必须在哪些工作之后进行?

(3)该工作可以与哪些工作平行进行?

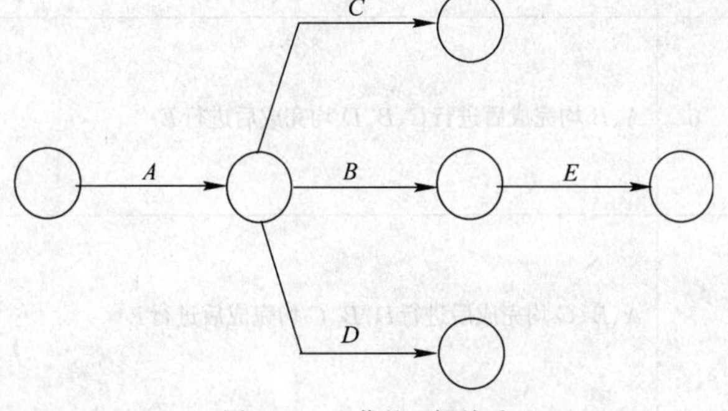

图3—9　工作的逻辑关系

图3—9中,就工作 B 而言,它必须在工作 E 之前进行,是工作 E 的紧前工作;工作 B 必须在工作 A 之后进行,是工作 A 的紧后工作;工作 B 可以与工作 C 和 D 平行进行,是工作 C 和 D 的平行工作。这种严格的逻辑关系,必须根据施工工艺和施工组织的要求加以确定,只有这样才能逐步地按工作的先后次序把代表各工作的箭线连接起来,绘制成一张正确的网络图。

2. 各种逻辑关系的正确表示方法

在网络图中,各工作之间在逻辑上的关系是变化多端的。表3—1所列的是网络图中常见的一些逻辑关系及其表示方法。表中的工作名称均以字母来表示。

(二)虚箭线在双代号网络图中的应用

通过前面介绍的各种工作逻辑关系的表示方法,可以清楚地看出,虚箭线不是一项正式的工作,而是在绘制网络图时根据逻辑关系的需要而增设的。虚箭线的作用主要是帮助正确表达各工作间的关系,避免逻辑错误。现将虚箭线的应用列举于后。

表 3—1　网络图中常见的各种工作逻辑关系的表示方法

序号	工作之间的逻辑关系	网络图中的表示方法
1	A 完成后进行 B 和 C	
2	A、B 均完成后进行 C	
3	A、B 均完成后同时进行 C 和 D	
4	A 完成后进行 C A、B 均完成后进行 D	
5	A、B 均完成后进行 D，A、B、C 均完成后进行 E，D、E 均完成后进行 F	
6	A、B 均完成后进行 C，B、D 均完成后进行 E	
7	A、B、C 均完成后进行 D，B、C 均完成后进行 E	
8	A 完成后进行 C，A、B 均完成后进行 D，B 完成后进行 E	
9	A、B 两项工作分成三个施工段，分段流水施工： A_1 完成后进行 A_2、B_1，A_2 完成后进行 A_3、B_2，A_2、B_1 完成后进行 B_2，A_3、B_2 完成后进行 B_3	有两种表示方法

1. 虚箭线在工作的逻辑连接方面的应用

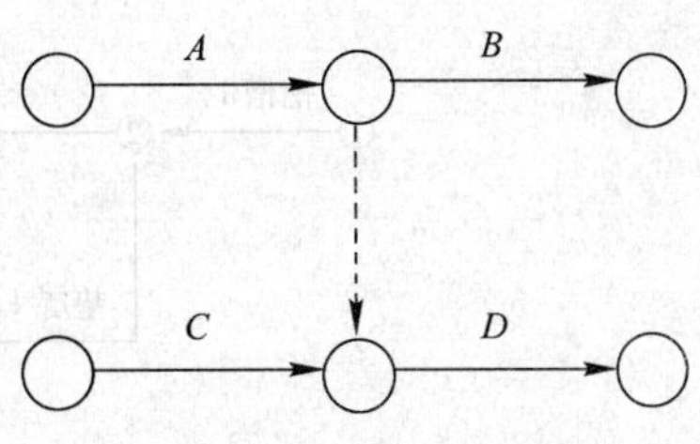

图 3—10　虚箭线的应用之一

绘制网络图时,经常会遇到图 3—10 中的情况,A 工作结束后可同时进行 B、D 两项工作。C 工作结束后进行 D 工作。从这四项工作的逻辑关系可以看出,A 的紧后工作为B,C 的紧后工作为D,但 D 又是A 的紧后工作,为了把A、D 两项工作紧前紧后的关系表达出来,这时就需要引入虚箭线。因虚箭线的持续时间是零,虽然 A、D 间隔有一条虚箭线,又有两个节点,但二者的关系仍是在 A 工作完成后,D 工作才可能开始。

2. 虚箭线在工作的逻辑"断路"方面的应用

绘制双代号网络图时,最容易产生的错误是把本来没有逻辑关系的工作联系起来了,使网络图发生逻辑上的错误。这时就必须使用箭线在图上加以处理,以隔断不应有的工作联系。用虚箭线隔断网络图中无逻辑关系的各项工作的方法称为"断路法"。产生错误的地方总是在同时有多条内向和外向箭线的节点处,画图时应特别注意,只有一条内向或外向箭线之处是不会出错的。

例如,绘制某基础工程的网络图,该基础共四项工作(挖槽、垫层、墙基、回填土),分两段施工,如绘制成图 3—11 的形式那就错了。因为第二施工段的挖槽(即挖槽 2)与第一施工段的墙基(即墙基 1)没有逻辑上的关系(图中用粗线表示),同样第一施工段回填土(回填土 1)与第二施工段垫层(垫层 2)也不存在逻辑上的关系(图中用双线表示),但

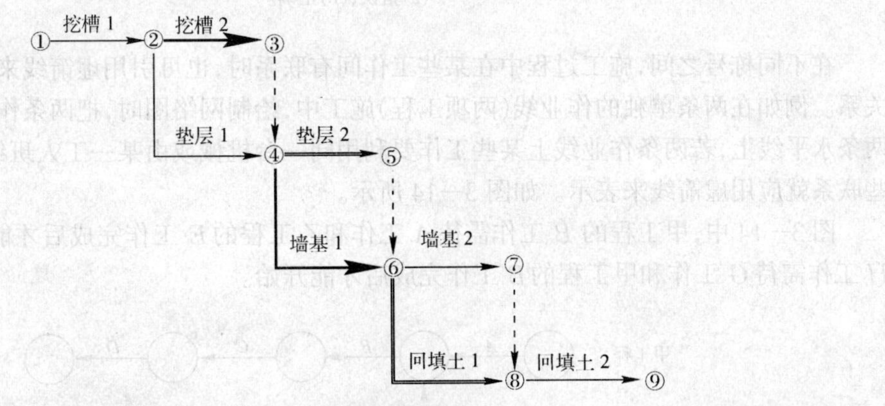

图 3—11　逻辑关系的错误

是,在图 3—11 中却都发生了关系,直接联系起来了,这是网络图中的原则性错误,它将会导致以后计算中的一系列错误。上述情况如要避免,必须运用断路法,增加虚箭线来加以分隔,使墙基 1 仅为垫层 1 的紧后工作,而与挖槽 2 断路;使回填土 1 仅为墙基 1 的紧后工作,而与垫层 2 断路。正确的网络图应如图 3—12 所示。这种断路法在组织分段流水作业的网络图中使用很多,十分重要。

3. 虚箭线在两项或两项以上的工作同时开始和同时完成时的应用

两项或两项以上的工作同时开始和同时完成时,必须引入虚箭线,以免造成混乱。

图 3—13(a)中,A、B 两项工作的箭线共用①、②两个节点,1—2 代号表示 A 工作又可表示B 工作,代号不清,就会在工作中造成混乱。而图 3—13(b)中,引进了虚箭线,即图中 2—3,这样 1—2 表示 A 工作,1—3 表示 B 工作,前面那种两项工作共用一个双代号的现象就消除了。

4. 虚箭线在不同栋号的工作之间互相有联系时的应用

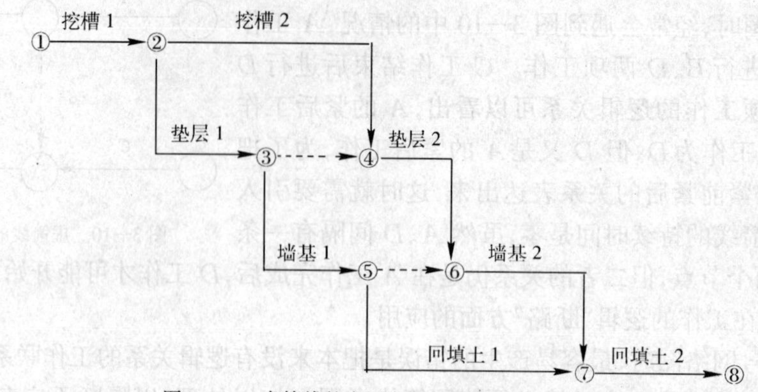

图 3—12　虚箭线的应用之二：正确表达逻辑关系

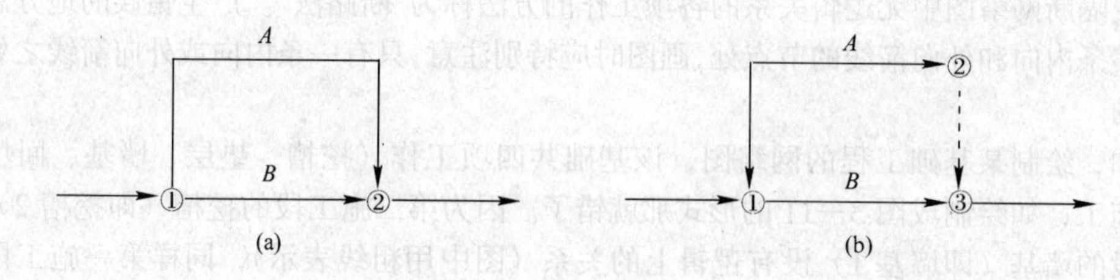

图 3—13　虚箭线的应用之三
(a)错误；(b)正确。

在不同栋号之间，施工过程中在某些工作间有联系时，也可引用虚箭线来表示它们的相互关系。例如在两条单独的作业线(两项工程)施工中，绘制网络图时，把两条作业线分别排列在两条水平线上，若两条作业线上某些工作要利用同一台机械或由某一工人班组进行施工时，这些联系就应用虚箭线来表示。如图 3—14 所示。

图 3—14 中，甲工程的 *B* 工作需待 *A* 工作和乙工程的 *E* 工作完成后才能开始：乙工程的 *H* 工作需待 *G* 工作和甲工程的 *B* 工作完成后才能开始。

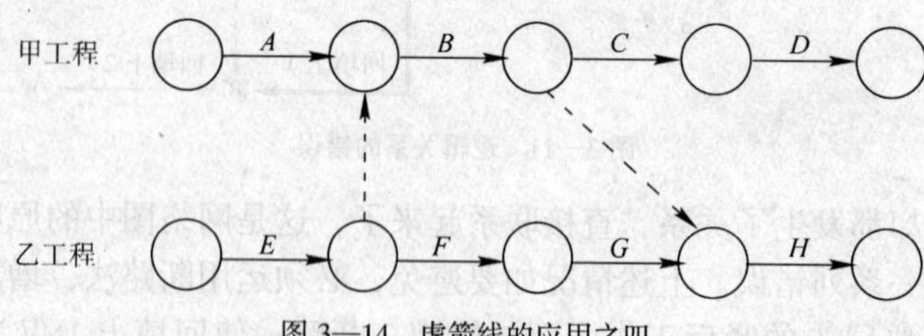

图 3—14　虚箭线的应用之四

上述不同栋号之间的联系，往往是由于劳动力或机具设备上的转移而发生的，在多栋号的建筑群体施工中，这种现象常会出现。

可以看出，在绘制双代号网络图时，虚箭线的使用是非常重要的，但使用又要恰如其分，不得滥用，因为每增加一条虚箭线，一般就要相应地增加节点，这样不仅使图面繁杂，增加绘图工作量，而且还要增加时间参数计算量。因此，虚箭线的数量应以必不可少为限度，多余的必须全数删除。此外，还应注意在增加虚箭线后，要全面检查一下有关工作的逻辑关系是否出现新的错误，不要只顾局部，顾此失彼。

(三)绘制双代号网络图的基本规则

绘制双代号网络图时,要正确地表示工作之间的逻辑关系和遵循有关绘图的基本规则。否则,就不能正确反映工程的工作流程和进行时间计算。绘制双代号网络图一般必须遵循以下一些基本规则:

1. 双代号网络图必须正确表达已定的逻辑关系

绘制网络图之前,要正确确定工作顺序,明确各工作之间的衔接关系,根据工作的先后顺序逐步把代表各项工作的箭线连接起来,绘制成网络图。

2. 双代号网络图中,严禁出现循环网络

在网络图中如果从一个节点出发顺着某一线路又能回到原出发点,这种线路就称作循环回路。例如图 3—15 中的 2→3→5→2 和 2→4→5→2 就是循环回路,它表示的逻辑关系是错误的,在工艺顺序上是相互矛盾的。

3. 双代号网络图中,在节点之间严禁出现带双向箭头或无箭头的连线

用于表示工程计划的网络图是一种有序有向图,沿着箭头指引的方向进行,因此一条箭线只有一个箭头,不允许出现方向矛盾的双箭头箭线和无方向的无箭头箭线,如图 3—16 中的 2—4 和 3—4。

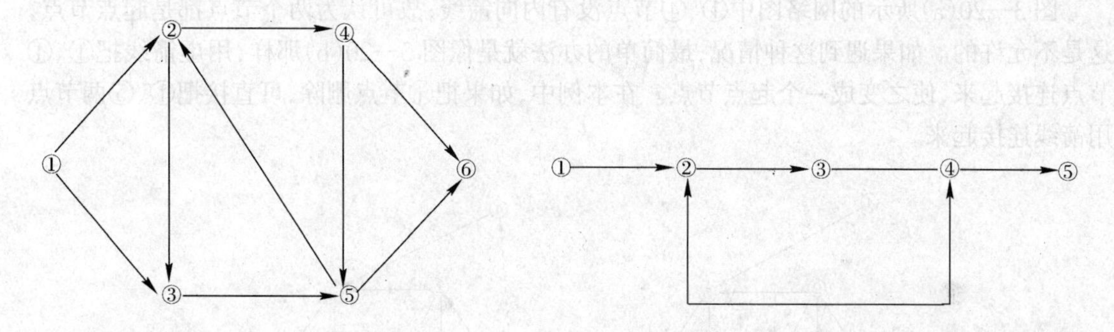

图 3—15 网络图中出现循环回路　　图 3—16 出现双向箭头箭线和无箭头箭线错误的网络图

4. 在双代号网络图中,严禁出现没有箭头节点或没有箭尾节点的箭线

图 3—17 中,图(a)出现了没有箭头节点的箭线;图(b)中出现了没有箭尾节点的箭线,都是不允许的。没有箭头节点的箭线,不能表示它所代表的工作在何处完成;没有箭尾节点的箭线,不能表示它所代表的工作在何时开始。

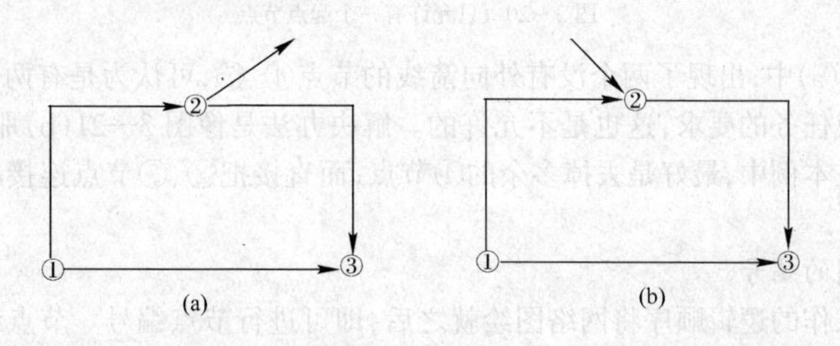

图 3—17 没有箭头节点的箭线和没有箭尾节点的箭线的错误网络图

5. 当双代号网络图的某些节点有多条内向箭线或多条外向箭线时,在不违反"一项工作应只有惟一的一条箭线和相应的一对节点编号"的规定的前提下,可使用母线法绘图。当箭线线型不同时,可在母线上引出的支线上标出。图 3—18 是母线的表示方法。

6. 绘制网络图时，箭线不宜交叉，当交叉不可避免时，可用过桥法或指向法。图 3—19 中，(a)为过桥法，(b)为指向法。

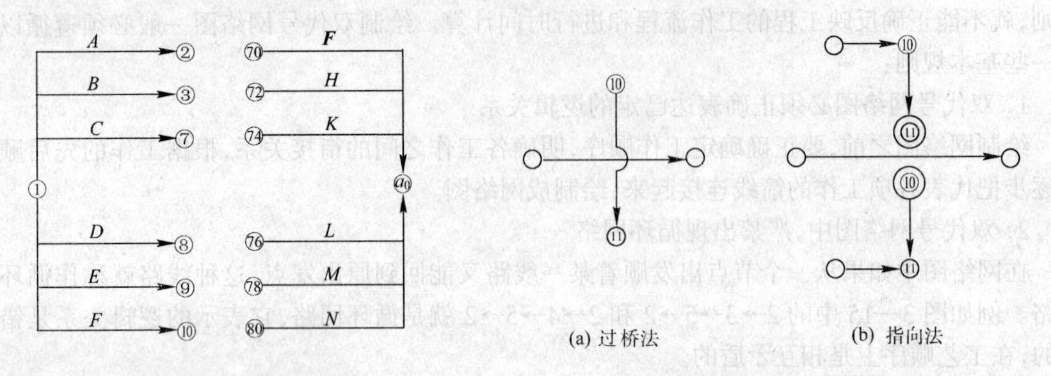

图 3—18　母线的表示方法　　图 3—19　过桥法交叉与指向法交叉

7. 双代号网络图中应只有一个起点节点；在不分期完成任务的网络图中，应只有一个终点节点；而其他所有节点均应是中间节点。

图 3—20(a)所示的网络图中①、④节点没有内向箭线，故可认为两个节点都是起点节点，这是不允许的。如果遇到这种情况，最简单的办法就是像图 3—20(b)那样，用虚箭线把①、④节点连接起来，使之变成一个起点节点。在本例中，如果把④节点删除，可直接把①、⑤两节点用箭线连接起来。

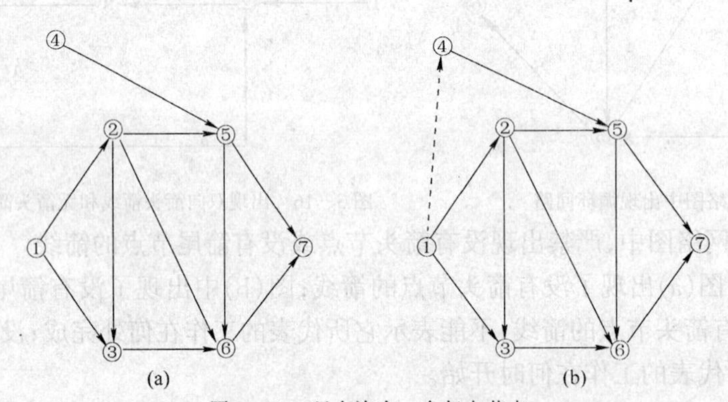

图 3—20　只允许有一个起点节点

在图 3—21(a)中，出现了两个没有外向箭线的节点④、⑦，可认为是有两个终点节点。如果没有分批完成任务的要求，这也是不允许的。解决办法是像图 3—21(b)那样，使它变成一个终点节点。在本例中，最好是去掉多余的④节点，而直接把②、⑦节点连接起来而形成一个终点节点⑦。

(四)网络图的编号

按照各项工作的逻辑顺序将网络图绘就之后，即可进行节点编号。节点编号的目的是赋予每项工作一个代号，并便于对网络图进行时间参数的计算。当采用计算机来进行计算时，工作代号就是绝对必要的。

1. 网络图节点编号应遵循以下两条规则

(1)一条箭线(工作)的箭头节点的编号“j”，一般应大于箭尾节点“i”，即 $i<j$，编号时号码应从小到大，箭头节点编号必须在其前面的所有箭尾节点都已编号之后进行。如图 3—22

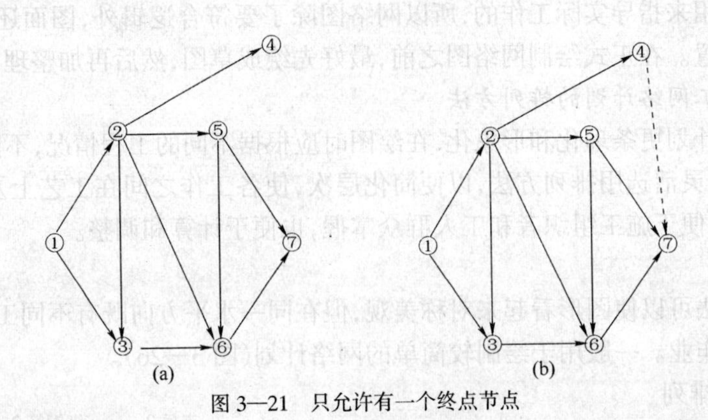

图 3—21　只允许有一个终点节点

中，为要给节点③编号，就必须先给①、②节点编号。如果在节点①编号后就给节点③编号为②，那原来节点②就只能编为③（如图 3—23 所示）。这样就会出现 3—2，即 $i>j$，以后在进行计算时就很容易出现错误。

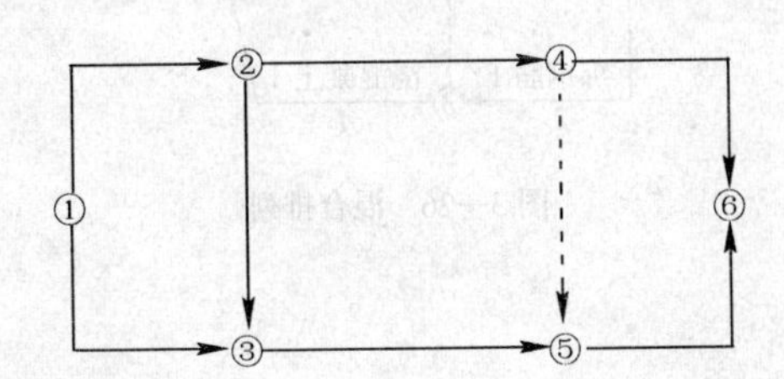

图 3—22　正确编号

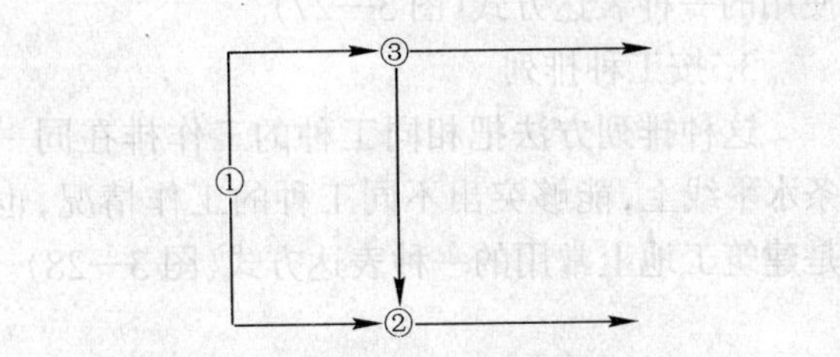

图 3—23　错误编号

（2）在一个网络计划中，所有的节点不能出现重复的编号。有时考虑到可能在网络图中会增添或改动某些工作，故在节点编号时，可预先留出备用的节点号，即采用不连续编号的方法，如 1，3，5…或 1，5，10…等等，以便于调整，避免以后由于中间增加一项或几项工作而改动整个网络图的节点编号。

2. 网络图节点编号的方法

网络图节点编号除应遵循上述原则，在编排方法上也有技巧，一般编号方法有两种，即水平编号法和垂直编号法。

（1）水平编号法。水平编号法就是从起点节点开始由上到下逐行编号，每行则自左到右按顺序编排，如图 3—24 所示。

（2）垂直编号法。垂直编号法就是从起点节点开始自左到右逐列编号，每列根据编号规则的要求或自上而下，或自下而上，或先上下后中间，或先中间后上下，如图 3—25 所示。

（五）网络图的结构

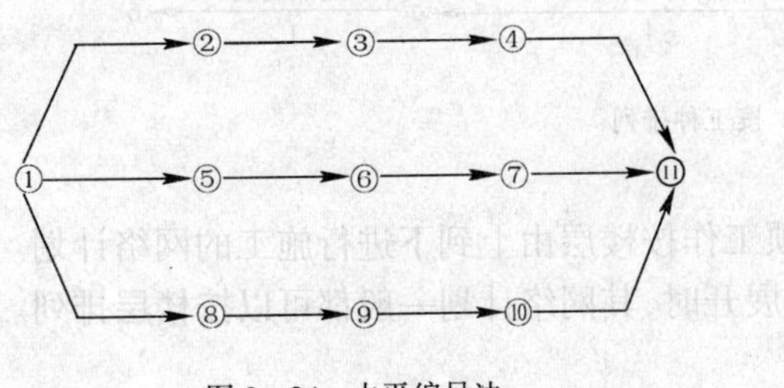

图 3—24　水平编号法

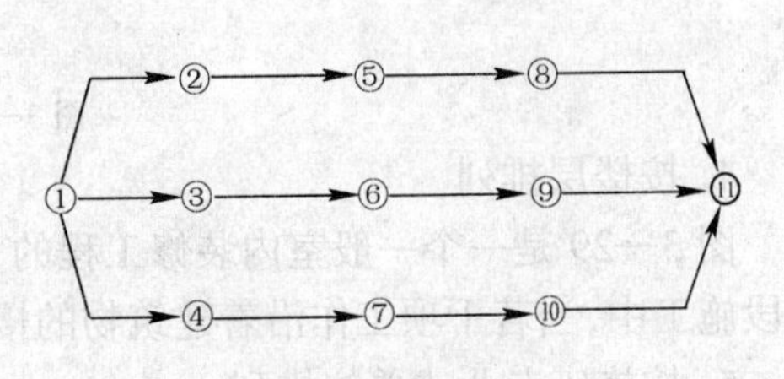

图 3—25　垂直编号法

网络计划是用来指导实际工作的，所以网络图除了要符合逻辑外，图面还必须清晰，要进行周密合理的布置。在正式绘制网络图之前，最好先绘成草图，然后再加整理。

（六）工程施工网络计划的排列方法

为了使网络计划更条理化和形象化，在绘图时应根据不同的工程情况，不同的施工组织方法及使用要求等，灵活选用排列方法，以便简化层次，使各工作之间在工艺上及组织上的逻辑关系准确而清晰，便于施工组织者和工人群众掌握，也便于计算和调整。

1. 混合排列

这种排列方法可以使图形看起来对称美观，但在同一水平方向既有不同工种的作业，也有不同施工段中的作业。一般用于绘制较简单的网络计划（图 3—26）。

2. 按流水段排列

这种排列方法把同一施工段的作业排在同一条水平线上，能够反映出工程分段施工的特点，突出表示工作面的利用情况，这是工地习惯使用的一种表达方式（图 3—27）。

3. 按工种排列

这种排列方法把相同工种的工作排在同一条水平线上，能够突出不同工种的工作情况，也是建筑工地上常用的一种表达方式（图 3—28）。

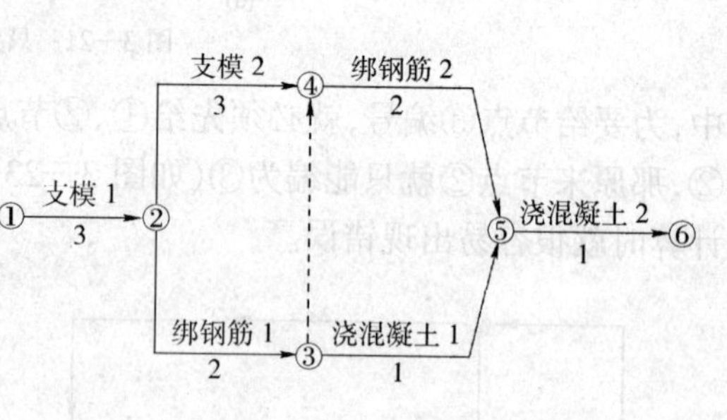

图 3—26 混合排列

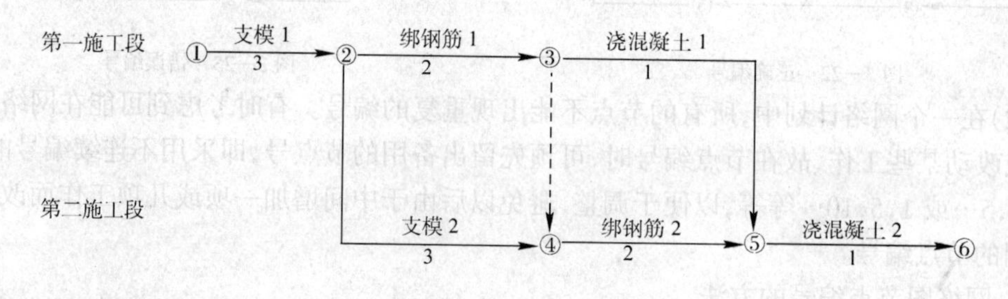

图 3—27 按流水段排列

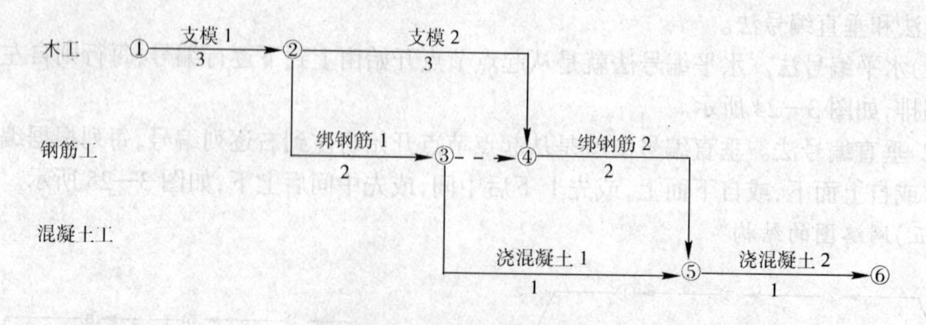

图 3—28 按工种排列

4. 按楼层排列

图 3—29 是一个一般室内装修工程的三项工作按楼层由上到下进行施工的网络计划。在分段施工中，当若干项工作沿着建筑物的楼层展开时，其网络计划一般都可以按楼层排列。

5. 按施工专业或单位排列

在许多施工单位参加完成一项单位工程的施工任务时，为了便于各施工单位对自己承包的部分有更直观的了解，网络计划就可以按施工单位来排列(图 3—30)。

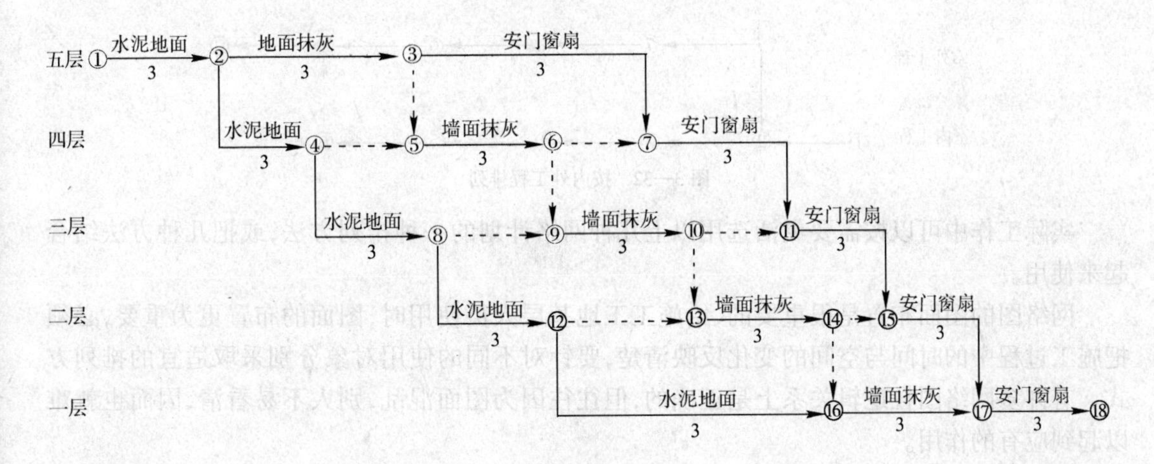

图 3—29　按楼层排列

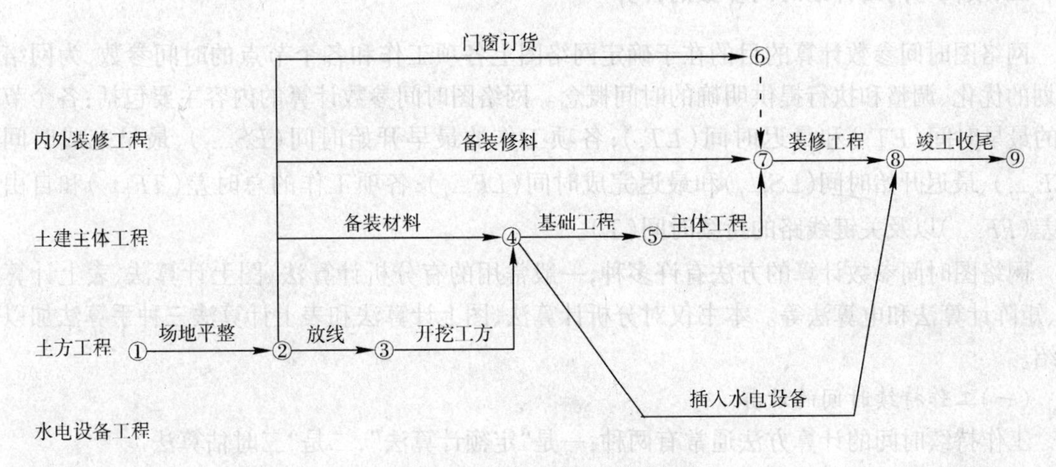

图 3—30　按施工专业或单位排列

6. 按工程栋号(房屋类别、区域)排列

这种排列方法一般用于群体工程施工中，各单位工程之间可能还有某些具体的联系。比如机械设备需要共用，或劳动力需要统一安排，这样每个单位工程的网络计划安排都是相互有关系的，为了使总的网络计划清楚明了，可以把同一单位工程的工作画在同一水平线上(图 3—31)。

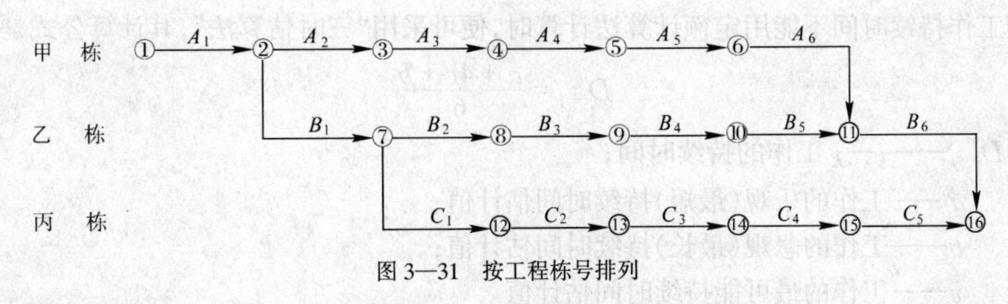

图 3—31　按工程栋号排列

7. 按内外工程排列

在某些工程中，有时也按建筑物的室内工程和室外工程来排列网络计划，即室内外工程或地上地下工程分别集中在不同的水平线上(图 3—32)。

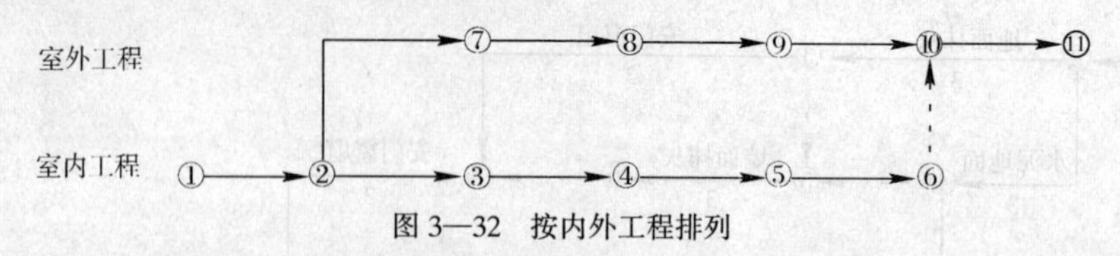

图 3—32　按内外工程排列

实际工作中可以按需要灵活选用以上几种网络计划的一种排列方法，或把几种方法结合起来使用。

网络图的图面布置是很重要的，给施工工地基层人员使用时，图面的布置更为重要，必须把施工过程中的时间与空间的变化反映清楚，要针对不同的使用对象分别采取适宜的排列方式。有许多网络图在逻辑关系上是正确的，但往往因为图面混乱，别人不易看清，因而也就难以起到应有的作用。

三、双代号网络计划时间参数的计算

网络图时间参数计算的目的在于确定网络图上各项工作和各个节点的时间参数，为网络计划的优化、调整和执行提供明确的时间概念。网络图时间参数计算的内容主要包括：各个节点的最早时间(ET_i)和最迟时间(LT_i)；各项工作的最早开始时间(ES_{i-j})、最早完成时间(EF_{i-j})、最迟开始时间(LS_{i-j})和最迟完成时间(LF_{i-j})；各项工作的总时差(TF_{i-j})和自由时差(FF_{i-j})以及关键线路的持续时间(T)。

网络图时间参数计算的方法有许多种，一般常用的有分析计算法、图上计算法、表上计算法、矩阵计算法和电算法等。本书仅对分析计算法、图上计算法和表上计算法三种手算法加以介绍。

(一)工作持续时间的计算

工作持续时间的计算方法通常有两种：一是“定额计算法”，二是“三时估算法”。

“定额计算法”的计算公式是：

$$D_{i-j}=\frac{Q_{i-j}}{R\cdot S} \tag{3—1}$$

式中　D_{i-j}——$i—j$ 工作持续时间；

Q_{i-j}——$i—j$ 工作的工程量；

R——投入 $i—j$ 工作的人数或机械台数；

S——产量定额。

当工作持续时间不能用定额计算法计算时，便可采用“三时估算法”，其计算公式是：

$$D_{i-j}=\frac{a+4c+b}{6} \tag{3—2}$$

式中　D_{i-j}——$i—j$ 工作的持续时间；

a——工作的乐观(最短)持续时间估计值；

b——工作的悲观(最长)持续时间估计值；

c——工作的最可能持续时间估计值。

虚工作必须视同工作进行计算，其持续时间为零。

(二)分析计算法

分析计算法是根据各项时间参数计算公式,列式计算时间参数的方法。

1. 节点最早时间的计算

节点最早时间是指双代号网络计划中,以该节点为开始节点的各项工作的最早开始时间。

节点 i 的最早时间 ET_i 应从网络计划的起点节点开始,顺着箭线方向,依次逐项计算,并应符合下列规定:

(1)起点节点 I 若未规定最早时间 ET_i 时,其值应等于零,即

$$ET_i = 0(i = 1) \tag{3—3}$$

(2)其他节点的最早时间 ET_j 为

$$ET_j = \max\{ET_i + D_{i-j}\}(i < j) \tag{3—4}$$

式中 ET_j——工作 $i—j$ 的完成节点 j 的最早时间;

ET_i——工作 $i—j$ 的开始节点 i 的最早时间。

2. 网络计划工期的计算

(1)网络计划的计算工期。网络计划的计算工期(T_c),是指根据时间参数计算得到的工期,它应按下式计算:

$$T_c = ET_n \tag{3—5}$$

式中 ET_n——终点节点 n 的最早时间。

(2)网络计划的计划工期的确定。网络计划的计划工期(T_p),指按要求工期和计算工期确定的作为实施目标的工期。其计算应按下述规定:

①当已规定了要求工期(T_r)时

$$T_p \leqslant T_r \tag{3—6}$$

②当未规定要求工期时

$$T_p = T_c \tag{3—7}$$

3. 节点最迟时间的计算

节点最迟时间指双代号网络计划中,以该节点为完成节点的各项工作的最迟完成时间。其计算应符合下述规定:

(1)节点 i 的最迟时间 LT_i 应从网络计划的终点节点开始,逆着箭线方向依次逐向计算;

(2)终点节点 n 的最迟时间 LT_n 应按网络计划的计划工期 T_p 确定,即:

$$LT_n = T_p \tag{3—8}$$

(3)其他节点 i 的最迟时间 LT_i 应为

$$LT_i = \min\{LT_j - D_{i-j}\}(i < j) \tag{3—9}$$

式中 LT_i——工作 $i—j$ 的开始节点 i 的最迟时间;

LT_j——工作 $i—j$ 的完成节点 j 的最迟时间。

4. 工作时间参数的计算

(1)工作最早开始时间和最迟完成时间计算。工作最早开始时间 ES_{i-j} 和最早完成时间 EF_{i-j} 反映工作 $i—j$ 与其紧前工作的时间关系,受开始节点 i 的最早时间控制。因此,ES_{i-j} 和 EF_{i-j} 的计算应以开始节点的时间参数为基础。其计算公式为

$$\left.\begin{aligned}ES_{i-j}&=ET_i\\EF_{i-j}&=ES_{i-j}+D_{i-j}\end{aligned}\right\}\tag{3—10}$$

(2)工作最迟完成时间和最迟开始时间的计算。工作最迟完成时间 LF_{i-j} 和最迟开始时间 LS_{i-j} 反映工作 $i—j$ 与其紧后工作的时间关系,受其完成节点 j 的最迟时间限制。因此,LF_{i-j} 和 LS_{i-j} 的计算应以其完成节点的时间参数为基础。其计算公式为

$$\left.\begin{aligned}LF_{i-j}&=LT_j\\LS_{i-j}&=LF_{i-j}-D_{i-j}\end{aligned}\right\}\tag{3—11}$$

(3)工作总时差的计算。工作总时差是指在不影响总工期的前提下,本工作可以利用的机动时间。工作 $i—j$ 的总时差计算公式如下:

$$TF_{i-j}=LT_j-ET_i-D_{i-j}=LF_{i-j}-EF_{i-j}=LS_{i-j}-ES_{i-j}\tag{3—12}$$

(4)工作自由时差的计算。工作自由时差是指在不影响其紧后工作最早开始时间的前提下,本工作可以利用的机动时间。其计算公式为

$$TF_{i-j}=ET_j-ET_i-D_{i-j}=EF_{i-k}-ES_{i-j}-D_{i-j}=ES_{i-k}-EF_{i-j}\tag{3—13}$$

5. 关键工作及关键线路的确定

(1)关键工作的确定。关键工作是指网络计划中总时差最小的工作。当计划工期与计算工期相等时,这个“最小值”为 0;当计划工期大于计算工期时,这个“最小值”为正;当计划工期小于计算工期时,这个“最小值”为负。

(2)关键线路的确定。关键线路是指自始至终全部由关键工作组成的线路,或线路上总的工作持续时间最长的线路。

在双代号网络计划中,将关键工作自左向右依次首尾相连而形成的线路就是关键线路。

(3)关键工作和关键线路的标注。关键工作和关键线路在网络图上应当用粗线或双线或彩色线标注其箭线。

【例 3—1】 为了进一步理解和应用以上计算公式,现以图 3—33 所示为例说明分析计算法的各个步骤。图中箭线下的数字是工作的持续时间,以 d 为单位。

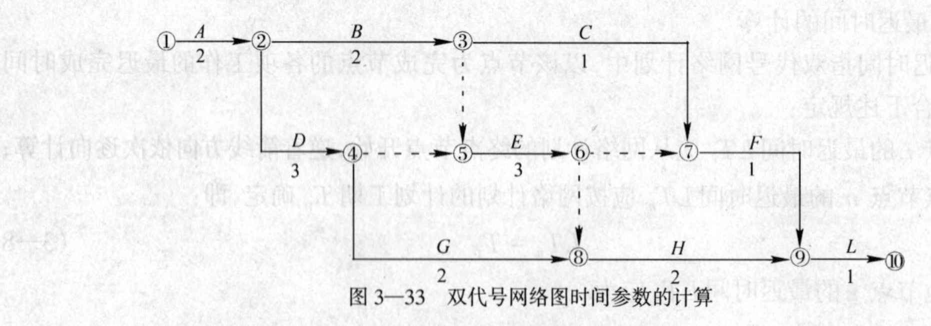

图 3—33　双代号网络图时间参数的计算

解:①计算 ET_i,确定 $ET_1=0$ 按式(3—4)可得

$$ET_2=ET_1+D_{1-2}=0+2=2$$

$$ET_3=ET_2+D_{2-3}=2+2=4$$

$$ET_4=ET_2+D_{2-4}=2+3=5$$

$$ET_5=\max\left\{\begin{matrix}ET_3+D_{3-5}\\ET_4+D_{4-5}\end{matrix}\right\}=\max\left\{\begin{matrix}4+0\\5+0\end{matrix}\right\}=5$$

…

计算结果见图 3—34。

②计算工期和计划工期的确定

按公式(3—5)可得：

$$T_c = ET_{10} = 11$$

在图 3—33 中，未规定要求工期，取其计划工期等于计算工期，即：

$$T_p = T_c = 11$$

③计算 LT_i，按公式(3—8)得 $LT_{10} = T_p = 11$，按式 3—9 得

$$LT_9 = LT_{10} - D_{9-10} = 11 - 1 = 10$$

$$LT_8 = LT_9 - D_{8-9} = 10 - 2 = 8$$

$$LT_7 = LT_9 - D_{7-9} = 10 - 1 = 9$$

$$LT_6 = \min\begin{Bmatrix} LT_7 - D_{6-7} \\ LT_8 - D_{6-8} \end{Bmatrix} = \min\begin{Bmatrix} 9-0 \\ 8-0 \end{Bmatrix} = 8$$

…………

计算结果见图 3—34。

④计算工作时间参数 ES_{i-j}，EF_{i-j}，LF_{i-j} 和 LS_{i-j} 分别按式(3—10)和式(3—11)计算得

工作 1—2：　$ES_{1-2} = ET_1 = 0$　　$EF_{1-2} = ES_{1-2} + D_{1-2} = 0 + 2 = 2$

$LF_{1-2} = LT_2 = 2$　　$LS_{1-2} = LF_{1-2} - D_{1-2} = 2 - 2 = 0$

工作 2—3：　$ES_{2-3} = ET_2 = 2$　　$EF_{2-3} = ES_{2-3} + D_{2-3} = 2 + 2 = 4$

$LF_{2-3} = LT_3 = 5$　　$LS_{2-3} = LF_{2-3} - D_{2-3} = 5 - 2 = 3$

…

计算结果见图 3—34。

⑤计算总时差 TF_{i-j} 和自由时差 FF_{i-j}，据式(3—12)和式(3—13)可得

工作 1—2：$TF_{1-2} = LS_{1-2} - ES_{1-2} = 0 - 0 = 0$　　$FF_{1-2} = ET_2 - EF_{1-2} = 2 - 2 = 0$

工作 2—3：$TF_{2-3} = LS_{2-3} - ES_{2-3} = 3 - 2 = 1$　　$FF_{2-3} = ET_3 - EF_{2-3} = 4 - 4 = 0$

…

计算结果见图 3—34。

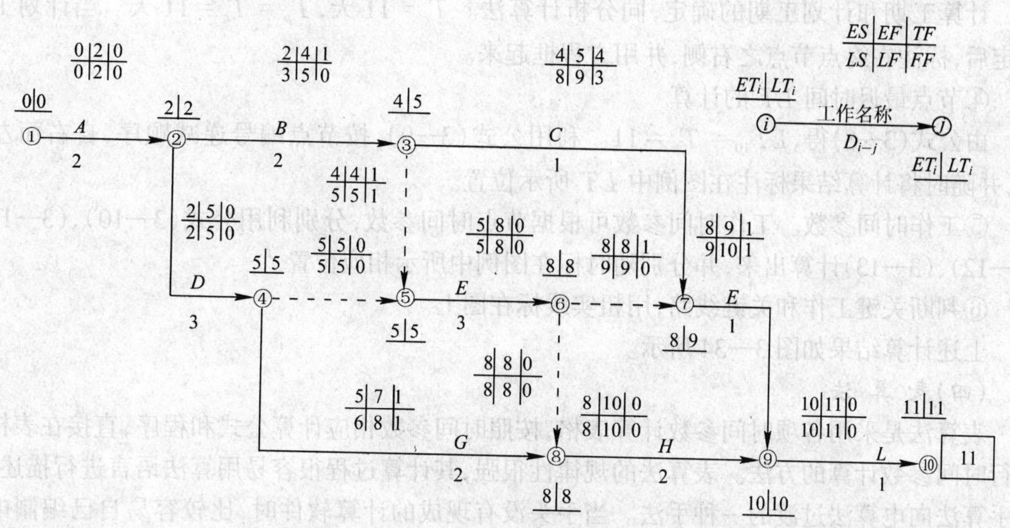

图 3—34　双代号网络图时间参数计算图示

⑥判断关键工作和关键线路。

根据关键工作的定义,图 3—33 中的最小总时差为零,故关键工作为 1—2,2—4,4—5,5—6,6—8,8—9,9—10,共 7 项。

将关键工作自左而右依次首尾相连而形成的线路就是关键线路。因此,图 3—33 的关键线路是 1—2—4—5—6—8—9—10。

(三)图上计算法

图算法是按照各项时间参数计算公式的程序,直接在网络图上计算时间参数的方法。由于计算过程在图上直接进行,不需列计算公式,既快又不易出错,计算结果直接标注在网络图上,一目了然,同时也便于检查和修改,故此比较常用。

1. 各种时间参数在图上的表示方法

节点时间参数通常标注在节点的上方或下方,其标注方法如图 3—35(a)所示。工作时间参数通常标注在工作箭线的上方或左侧,如图 3—35(b)所示。

2. 计算方法

图算法的计算方法与顺序与分析计算法相同, 计算时随时将计算结果填入图中相应位置。

【例 3—2】 试按图算法计算图 3—33 所示双代号网络计划的各项时间参数。

解: ①画出各项时间参数计算图例,并标注在网络图上。

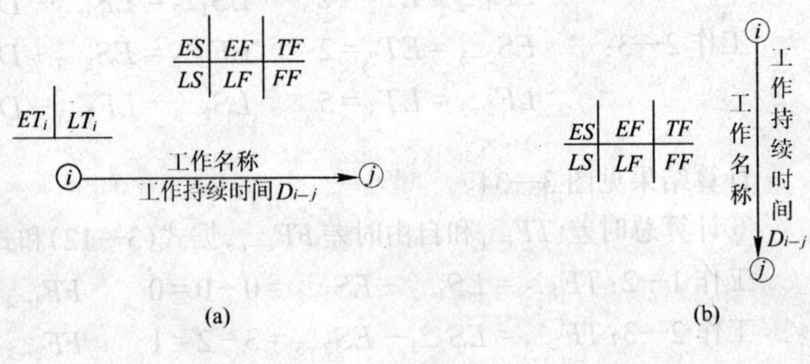

图 3—35 双代号网络图时间参数标注方法

②计算节点最早时间

节点最早时间 ET。假定 $ET_1=0$,利用式(3—4),按节点编号递增顺序,从左向右计算,并随时将计算结果标注在图例中 ET 所示位置。

③确定计算工期和计划工期

计算工期和计划工期的确定,同分析计算法。$T_c=11$ 天,$T_p=T_c=11$ 天。当计划工期确定后,标注在终点节点之右侧,并用方程框起来。

④节点最迟时间 LT 的计算

由公式(3—8)得,$LT_{10}=T_p=11$。利用公式(3—9),按节点编号递减顺序,自右而左进行,并随时将计算结果标注在图例中 LT 所示位置。

⑤工作时间参数。工作时间参数可根据节点时间参数,分别利用公式(3—10)、(3—11)、(3—12)、(3—13)计算出来,并分别随时标在图例中所示相应位置。

⑥判断关键工作和关键线路,用粗实线标在图上。

上述计算结果如图 3—34 所示。

(四)表 算 法

表算法是采用各项时间参数计算表格,按照时间参数相应计算公式和程序,直接在表格上进行时间参数计算的方法。表算法的规律性很强,其计算过程很容易用算法语言进行描述,是由手算法向电算法过渡的一种手法。当手头没有现成的计算软件时,比较容易自己编制电算程序,进行电算。表算法的计算表格有多种形式,表 3—2 为常用的一种表格。下面以图 3—

33 所示网络图为例。说明表算法的计算方法和步骤。

1. 将节点号、工作名称、工作代码、紧前工作数和工作持续时间，按网络图节点编号递增的顺序逐一分别填入表 3—2 所示表格的①、②、③、④、⑤栏中。

2. 自上而下计算各节点的最早时间 ET_i

(1)$ET_1=0$(计划从相对时间 0 天开始)填入表中第⑥栏。

(2)从表 3—2 可以看出，节点 2，节点 3，节点 4 的紧前工作都只有一个，则利用公式 $ET_j=ET_i+D_{i-j}$，得，$ET_2=2$，$ET_3=4$，$ET_4=5$ 填入表中第⑥栏。

(3)节点 5 的紧前工作有 3—5、4—5，现已知 $ET_3=4$，$ET_4=5$，则

$$ET_5=\max\{ET_3+D_{3-5},ET_{4-}\}=\max\{4+0,5+0\}=5$$

将 $ET_5=5$ 填入表中的第⑥栏。

(4)同理可求 $ET_6=8$，$ET_7=8$，$ET_9=10$，$ET_{10}=11$ 分别填入表中的第⑥栏。

3. 自下而上计算节点的最迟时间 LT_j

表 3—2 双代号网络计划时间参数计算表

工作一览表					节点时间参数		工作时间参数				工作时差		
开始节点	工作名称	工作代码	紧前工作数	工作持续时间	节点最早时间	节点最迟时间	工作最早开始时间	工作最早完成时间	工作最迟开始时间	工作最迟完成时间	工作总时差	工作自由时差	关键工作
i		$i—j$	m	D_{i-j}	ET_i	LT_i	ES_{i-j}	EF_{i-j}	LS_{i-j}	LF_{i-j}	TF_{i-j}	FF_{i-j}	CP
(1)	(2)	(3)	(4)	(5)	(6)	(7)	(8)	(9)	(10)	(11)	(12)	(13)	(14)
1	A	1—2	0	2	0	0	0	2	0	2	0	0	√
2	B	2—3	1	2	2	2	2	4	3	5	1	0	
	D	2—4	1	3			2	5	2	5	0	0	√
3	C	3—7	1	1	4	5	4	5	8	9	4	3	
	虚工作	3—5	1	0			4	4	5	5	1	1	
4	虚工作	4—5	1	0	5	5	5	5	5	5	0	0	√
	G	4—8	1	2			5	7	6	8	1	1	
5	E	5—6	2	3	5	5	5	8	5	8	0	0	√
6	虚工作	6—7	1	0	8	8	8	8	9	9	1	0	
	虚工作	6—8	1	0			8	8	8	8	0	0	√
7	F	7—9	2	1	8	9	8	9	9	10	1	1	
8	H	8—9	2	2	8	8	8	10	8	10	0	0	√
9	L	9—10	2	1	10	10	10	11	10	11	0	0	√
10					11	11							

(1)已知 $ET_{10}=11$，而且整个网络计划的终点(终点节点)的 LT 值在没有规定工期的时候，应与 ET 值相同，在此处 $LT_{10}=ET_{10}=11$，故将 $LT_{10}=11$，填入表中第⑦栏。

(2)由上表可以看出，节点 9，节点 8，节点 7 的紧后工作都只有一个，则有 $LT_9=LT_{10}-D_{9-10}=11-1=10$，同理 $LT_8=8$，$LT_7=9$，分别填入表中第⑦栏。

(3)节点 6 的紧后工作有工作 6—7 和工作 6—8 两个，现已知 $LT_7=9, LT_8=8$，则

$$LT_6=\min\{LT_7-D_{6-7}, LT_8-D_{6-8}\}=\min\{9,8\}=8$$

将 $LT_6=8$ 填入表中的第⑦栏。

(4)同理可求出其余节点的最迟时间，并分别填入表中的第⑦栏。

4. 计算工作时间参数(ES, EF, LS, LF)

(1)由 ES_{i-j}(表中第⑧栏) $=ET_i$(表中第⑥栏)可得工作最早开始时间，填入表中第⑧栏内。

(2)由 EF_{i-j}(表中第⑨栏) $=ES_{i-j}$(表中第⑧栏) $+D_{i-j}$(表中第⑤栏)可得工作最早完成时间，填入表中第⑨栏。

(3)由 LF_{i-j}(表中第 11 栏) $=LT_j$(表中第⑦栏)，在表中①栏找出工作相应的结束节点，查第⑦栏的节点最迟时间，可得工作最迟完成时间填入表中第 11 栏相应位置。

(4)由 LS_{i-j}(表中第⑩栏) $=LF_{i-j}$(表中第 11 栏) $-D_{i-j}$(表中第⑤栏)可得最迟开始时间填入表中第⑩栏相应位置。

5. 计算时差

分别用表中第⑩栏减去第⑧栏或第 11 栏减去第⑪栏得总时差填入第⑫栏相应位置。

自由时差的计算，可先从第①栏找到本工作的完成节点，查第⑥栏其完成节点最早时间，再减去第⑨栏该工作的最早完成时间。如工作 1—2 的完成节点 2，查得 $ET_2=2$ 减去从第⑨栏查得的 $EF_{1-2}=2$ 得 $FF_{1-2}=0$ 填入表中第⑬栏，以此类推。

6. 判别关键线路

因本例无规定工期，因此在表 3—2 中，凡总时差 $TF=0$ 的工作就是关键工作，在表的第 14 栏中注明"√"，由这些工作首尾相接而形成的线路就是关键线路。

第三节　单代号网络计划

一、单代号网络图的构成与基本符号

(一)单代号网络图的构成

单代号网络图以节点及其编号表示工作，以箭线表示工作之间的逻辑关系，如图 3—36 所示。

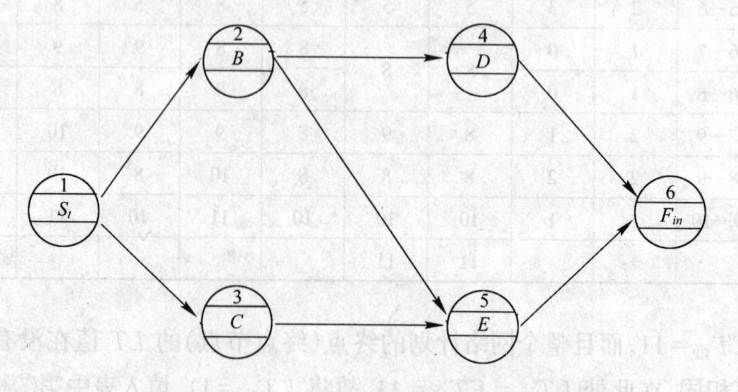

图 3—36　单代号网络图

(二)单代号网络图的基本符号

1. 节点及其编号

在单代号网络图中，节点及编号表示一项工作。该节点宜用圆圈或矩形表示，见图 3—37 所示节点必须编号，此编号即该工作的代号，由于代号只有一个，故称“单代号”。节点编号标注在节点内。可连续编号，亦可间断编号，但严禁重复编号。一项工作必须有惟一的一个节点和惟一的一个编号。

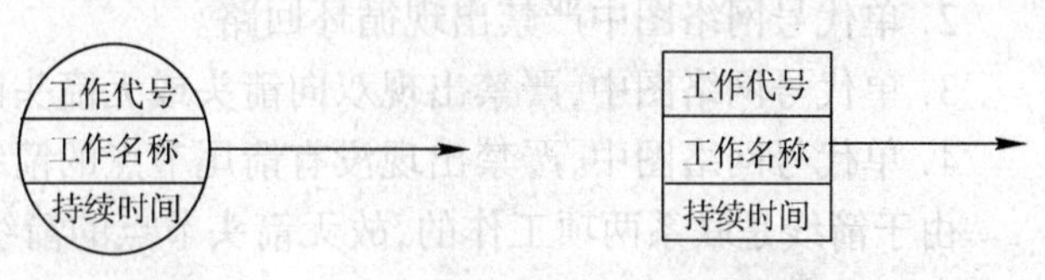

图 3—37　单代号网络图中节点的表示方法

2. 箭　线

单代号网络图中的箭线表示紧邻工作之间的逻辑关系，箭线应画成水平直线、折线或斜线，箭线水平投影的方向应自左向右，表示工作的进行方向。

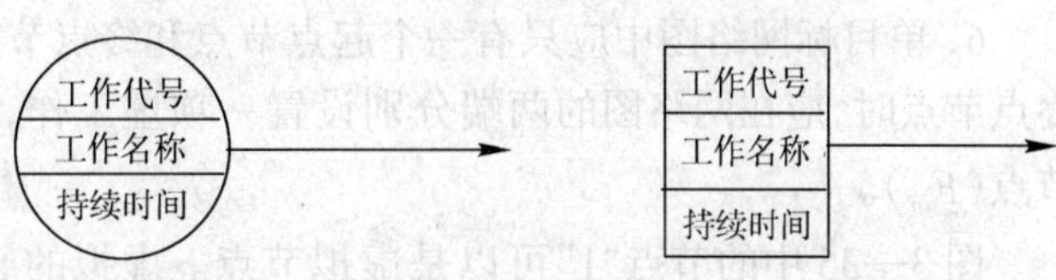

图 3—38　单代号网络图中工作的表示方法

箭线的箭尾节点编号应小于箭头节点的编号。

单代号网络图中不设虚箭线。

单代号网络图中一项工作的完整表示方法应如图 3—38 所示，即节点表示工作本身，其后的箭线指向其紧后工作。

二、单代号网络图的绘制方法

(一)单代号网络图逻辑关系的表示方法

单代号网络图的绘制比双代号网络图的绘制较易，也不易出错，关键是要处理好箭线交叉，使图形规则，容易读图。

单代号网络图工作关系表示方法见表 3—3。

表 3—3　单代号网络图逻辑关系表示方法

描　　述	图　示
A 工作完成后进行 *B* 工作	
B、*C* 工作完成后进行 *D* 工作	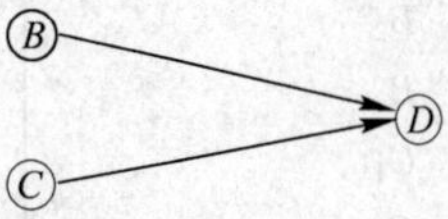
B 工作完成后，*D*、*C* 工作可以同时开始	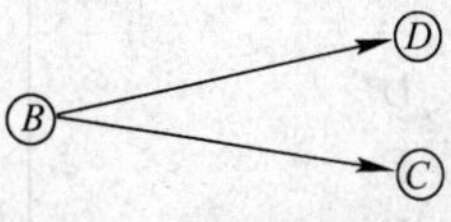
A、*B* 工作完成后进行 *C* 工作， *B* 工作完成后同时进行 *D* 工作	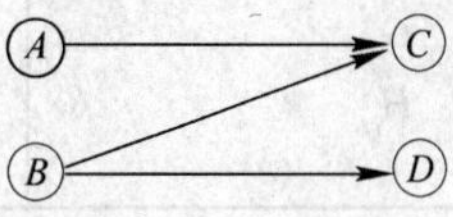

(二)单代号网络图的绘图规则

单代号网络图的绘图规则与双代号网络图的绘图规则基本相似，具体规定如下：

1. 单代号网络图必须正确表述已定的逻辑关系。

同双代号网络图一样，“逻辑关系”包括两类：一类是工艺关系，另一类是组织关系。在单代号网络图中,这两种关系的表达比双代号网络图更明确。

2. 单代号网络图中严禁出现循环回路。

3. 单代号网络图中,严禁出现双向箭头或无箭头的连线。

4. 单代号网络图中,严禁出现没有箭尾节点的箭线或没有箭头节点的箭线。

由于箭线是联系两项工作的,故无箭头节点的箭线和无箭尾节点的箭线都是没有意义的。

5. 绘制网络图时,箭线不宜交叉,当交叉不可避免时,可采用过桥法和指向法绘制。

6. 单目标网络图中应只有一个起点节点和终点节点;当网络图中有多项起点节点和多项终点节点时,应在网络图的两端分别设置一项虚工作,作为该网络图的起点节点(S_t)和终点节点(F_{in})。

图 3—36 中的节点"1"可以是虚拟节点。虚拟的起点节点要与多项起点用箭线相连;图 3—36 中的节点"6"也可以是虚拟节点。虚拟终点节点要与多项终点节点用箭线相连。没有这两个虚拟节点,网络计划将难以进行计算。

(三)单代号网络图的绘制

绘图时,要从左向右,逐个处理表中所给的关系。只有紧前工作都绘制完成后,才能绘制本工作,并使本工作与紧前工作用箭线相连。当出现多个"起点节点"或多个"终点节点"时,增加虚拟起点节点或终点节点,并使之与多个"起点节点"或"终点节点"相连,形成符合绘图规则的完整图形。绘制完成后要认真检查,看图中的逻辑关系是否与表中一致,是否符合绘图规则,如有问题,及时修正。

例如,某网络图的逻辑关系如表 3—4 所示。按照这些关系绘制的网络计划见图 3—39 的图形,其中节点"16"是虚拟的终点节点。

表 3—4 某网络计划工作逻辑关系表

工　作	紧前工作	紧后工作
A_1	—	A_2、B_1
A_2	A_1	A_3、B_2
A_3	A_2	B_3
B_1	A_1	B_2、C_1
B_2	A_2、B_1	B_3、C_2
B_3	A_3、B_2	D、C_3
C_1	B_1	C_2
C_2	B_2、C_1	C_3
C_3	B_3、C_2	E、F
D	B_3	G
E	C_3	G
F	C_3	I
G	D、E	H、I
H	G	—
I	F、G	—

三、单代号网络计划时间参数的计算

(一)单代号网络计划时间参数的标注形式

单代号网络计划的时间参数应按图 3—40 的形式标注。

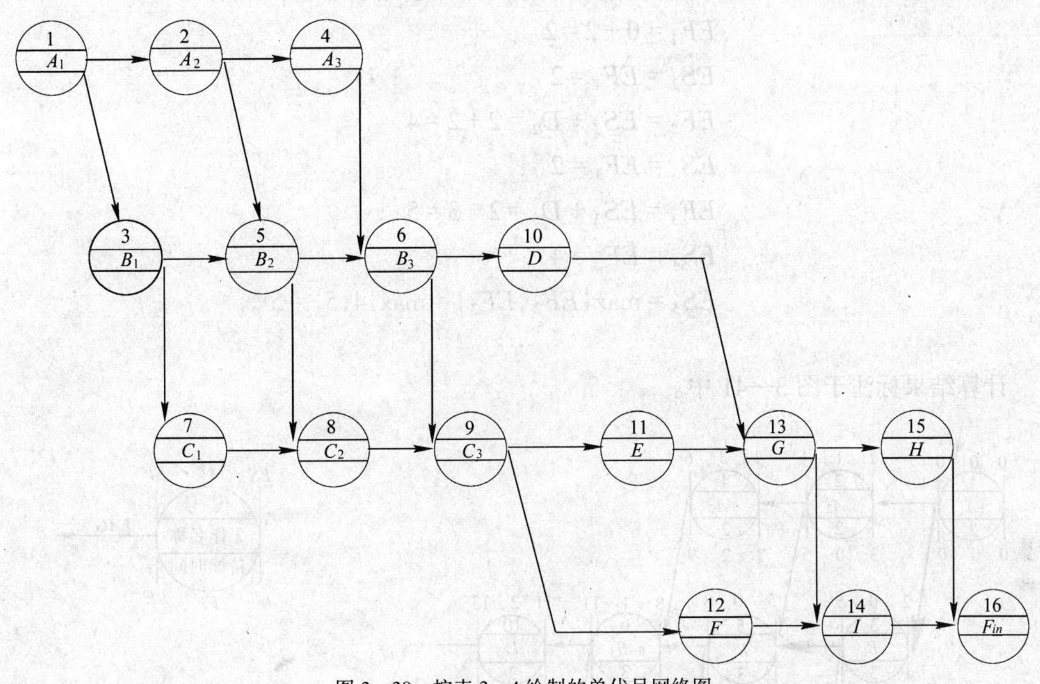

图 3—39 按表 3—4 绘制的单代号网络图

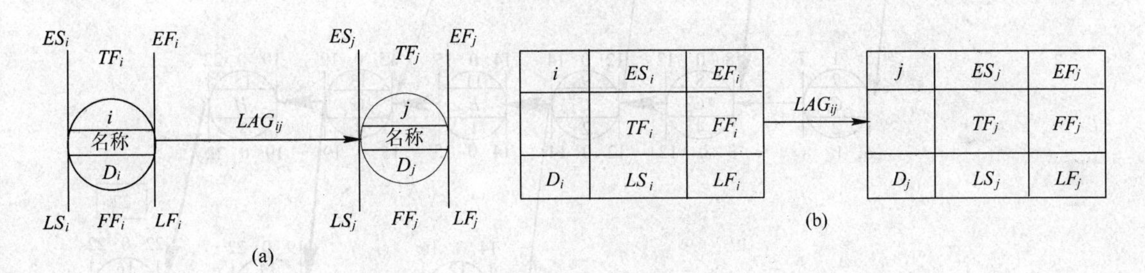

图 3—40 单代号网络计划时间参数的标注形式

(二)单代号网络计划工作最早时间的计算

将图 3—39 加上工作持续时间进行计算并按图 3—40 的形式进行标注。工作最早时间的计算应符合下列规定:

1. 工作 i 的最早开始时间 ES_i 应从网络计划的起点节点开始,顺着箭线方向依次逐项计算。

2. 起点节点 i 的最早开始时间 ES_i 如无规定时,其值应等于零,即

$$ES_i = 0(i = 1) \tag{3—14}$$

故图 3—41 中,$ES_1 = 0$。

3. 其他工作的最早开始时间应为

$$ES_i = \max(ES_h + D_h) = \max(EF_h) \tag{3—15}$$

式中 ES_h——工作 i 的紧前工作 h 的最早开始时间;

D_h——工作 i 的紧前工作 h 的持续时间。

4. 各项工作的最早完成时间的计算公式是:

$$EF_i = ES_i + D_i \tag{3—16}$$

由公式(3—15),图 3—41 的最早开始时间和最早完成时间计算如下:

$$EF_1 = 0 + 2 = 2$$

$$ES_2 = EF_1 = 2$$

$$EF_2 = ES_2 + D_2 = 2 + 2 = 4$$

$$ES_3 = EF_1 = 2$$

$$EF_3 = ES_3 + D_3 = 2 + 3 = 5$$

$$ES_4 = EF_2 = 4$$

$$ES_5 = \max\{EF_2, EF_3\} = \max\{4, 5\} = 5$$

$$\cdots$$

计算结果标注于图 3—41 中。

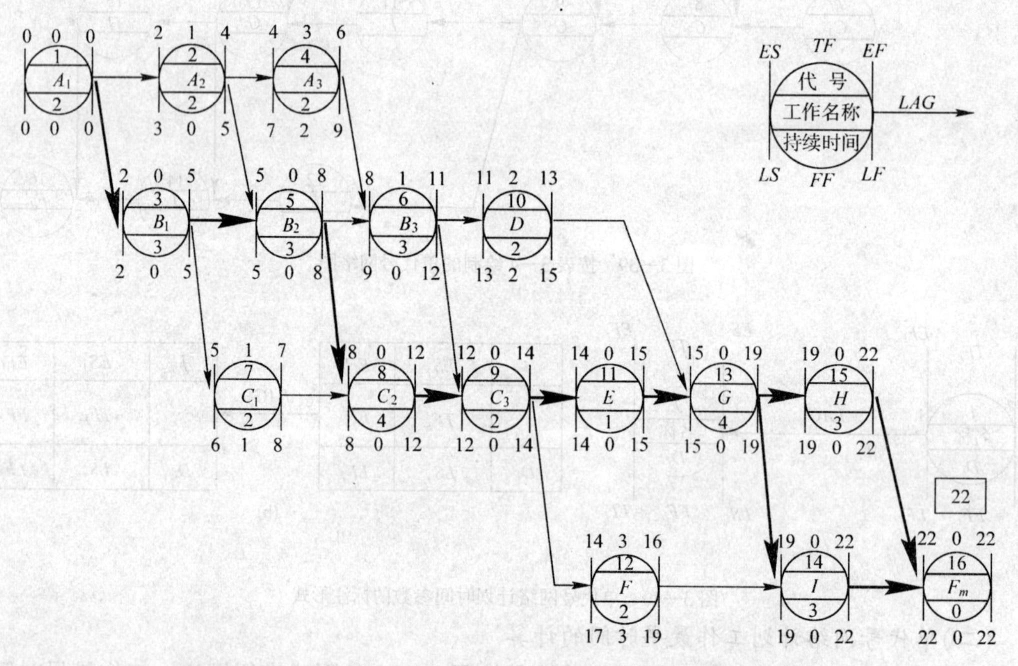

图 3—41 单代号网络计划时间参数计算示例

(三)网络计划工期的计算

1. 网络计划计算工期的规定与双代号网络计划相同,利用式(3—5)得:

$$T_c = EF_{16} = 22$$

2. 网络计划的计划工期的确定亦与双代号网络计划相同,故由于未规定工期,其计划工期等于计算工期,即按公式(3—7)进行计算:

$$T_p = T_c = 22$$

将计划工期标注在终点节点“16”旁的方框内。

(四)相邻两项工作时间间隔的计算

相邻两项工作之间存在着时间间隔,i 工作与 j 工作的时间间隔记为 $LAG_{i,j}$。时间间隔指相邻两项工作之间,后项工作的最早开始时间与前项工作的最早完成时间之差,其计算公式为:

$$LAG_{i,j} = ES_j - EF_i \tag{3—17}$$

终点节点与其前项工作的时间间隔为

$$LAG_{i,n} = T_p - EF_i \tag{3—18}$$

式中，n 表示终点节点，也可以是虚拟的终点节点（F_{in}）。

按公式(3—17)和公式(3—18)进行计算，图 3—43 的间隔时间为

$$LAG_{1,2} = 2$$

$$LAG_{7,8} = 1$$

$$LAG_{10,13} = 2$$

$$LAG_{12,14} = 3$$

其余 $LAG_{i,j} = 0$

(五)工作总时差的计算

工作总时差的计算应符合下列规定：

1. 工作 i 的总时差 TF_i 应从网络计划的终点节点开始，逆着箭线方向依次逐项计算。

2. 终点节点所代表的工作 n 的总时差 TF_n 值应为

$$TF_n = T_p - EF_n \tag{3—19}$$

其他工作 i 的总时差 TF_i 应为

$$TF_i = \min\{TF_j + LAG_{i,j}\} \tag{3—20}$$

按照公式(3—19)和公式(3—20)进行计算，图 3—41 的计算结果如下：

$$TF_{16} = T_p - EF_{16} = 22 - 22 = 0$$

$$TF_{15} = TF_{16} + LAG_{15,16} = 0 + 0 = 0$$

$$TF_{14} = TF_{16} + LAG_{14,16} = 0 + 0 = 0$$

$$TF_{13} = \min\{(TF_{15} + LAG_{13,15}),(TF_{14} + LAG_{13,14})\}$$

$$= \min\{(0+0),(0+0)\} = 0$$

$$TF_{12} = TF_{14} + LAG_{12,14} = 0 + 3 = 3$$

…

依此类推，可计算出其他工作的总时差，标注在图 3—41 的节点之上部。

(六)工作自由时差的计算

工作 i 的自由时差 FFi 的计算应符合下列规定：

1. 终点节点所代表的工作 n 的自由时差 FF_n 应为

$$FF_n = T_p - EF_n \tag{3—21}$$

2. 其他工作 i 的自由时差 FF_i 应为

$$FF_i = \min\{LAG_{i,j}\} \tag{3—22}$$

按公式(3—21)计算图，得：

$$FF_{16} = T_p - EF_{16} = 22 - 22 = 0$$

按公式(3—22)计算图 3—41 的其他工作的自由时差，得：

$$FF_{15} = LAG_{15,16} = 0$$

$$FF_{14} = LAG_{14,16} = 0$$

$$FF_{13} = \min\{LAG_{13,15}, LAG_{13,14}\} = \min\{0,0\} = 0$$

$$FF_{12} = LAG_{12,14} = 3$$

…

依此类推,计算的结果标注于图 3—41 各相应节点的下部。

(七)工作最迟完成时间的计算

1. 工作 i 的最迟完成时间 LF_i 应从网络计划的终点节点开始,逆着箭线方向依次逐项计算。

2. 终点节点所代表的工作 n 的最迟完成时间 LF_n 应按网络计划的计划工期 T_p 确定,即:

$$LF_n = T_p \tag{3—23}$$

3. 其他工作 i 的最迟完成时间 LF_i 应为

$$LF_i = \min\{LS_j\} \tag{3—24}$$

或

$$LF_i = EF_i + TF_i \tag{3—25}$$

根据公式(3—23)和公式(3—25)计算图 3—43 的最迟完成时间,结果如下:

$$LF_{16} = T_p = 22$$

$$LF_{15} = EF_{15} + TF_{15} = 22 + 0 = 22$$

$$LF_{14} = EF_{14} + TF_{14} = 22 + 0 = 22$$

$$LF_{13} = EF_{13} + TF_{13} = 19 + 0 = 19$$

$$LF_{12} = EF_{12} + TF_{12} = 16 + 3 = 19$$

$$LF_{11} = EF_{11} + TF_{11} = 15 + 0 = 15$$

…

依此类推,计算的结果标注在图 3—41 中相应的位置。

(八)工作最迟开始时间的计算

工作最迟开始时间的计算按下式进行:

$$LS_i = LF_i - D_i \tag{3—26}$$

按公式(3—26)计算 LS_i 得:

$$LS_{16} = LF_{16} - D_{16} = 22 - 0 = 22$$

$$LS_{15} = LF_{15} - D_{15} = 22 - 3 = 19$$

$$LS_{14} = LF_{14} - D_{14} = 22 - 3 = 19$$

$$LS_{13} = LF_{13} - D_{13} = 19 - 4 = 15$$

$$LS_{12} = LF_{12} - D_{12} = 19 - 2 = 17$$

$$LS_{11} = LF_{11} - D_{11} = 15 - 1 = 14$$

…

依此类推。计算的结果标注于图 3—41 相应位置。

以上各项时间参数的计算先后顺序是:

$ES_i \to EF_i \to T_c \to T_p \to LAG_{i,j} \to TF_i \to FF_i \to LF_i \to LS_i$

另外也可以按以下顺序计算

$ES_i \to EF_i \to T_c \to T_p \to LF_i \to LS_i \to LAG_{i,j} \to TF_i \to FF_i$。道理是一样的,不再举例说明。

四、单代号网络计划关键工作和关键线路的确定

(一)关键工作的确定

单代号网络计划关键工作的确定方法与双代号的相同,即总时差为最小的工作为关键工

作。按照这个规定,图 3—41 的关键工作是:“1”,“3”,“5”,“8”,“9”,“11”,“13”,“14”,“15”,“16”,共 10 项。

(二)关键线路的确定

从起点节点开始到终点节点均为关键工作,且所有工作的间隔时间均为零的线路应为关键线路。因此图 3—41 的关键线路有两条,即:

1→3→5→8→9→11→13→14→16 和 1→3→5→8→9→11→13→15→16。

(三)关键线路的标注

关键线路的标注方法是:用粗线、双线或彩色线在图上标注关键线路上的箭线。图 3—43 所示是用粗线标注的。

第四节　双代号时标网络计划

一、时标网络计划的概念

(一)时标网络计划的含义

“时标网络计划”是以时间坐标为尺度编制的网络计划。图 3—43 是图 3—42 的时标网络计划。双代号时标网络计划又简称时标网络计划。

(二)时标网络计划的时标计划表

时标网络计划是绘制在时标计划表上的。时标的时间单位是根据需要,在编制时标网络计划之前确定的,可以是小时、天、周、旬、月或季等。时间可标注在时标计划表顶部,也可以标注在底部,必要时还可以在顶部或底部同时标注。时标的长度单位必须注明。必要时可在顶部时标之上或底部时标之下加注日历的对应时间。时标计划表中部的刻度线宜为细线。为使图面清晰,该刻度线可以少画或不画。表 3—5 和表 3—6 是时标计划表的表达形式。

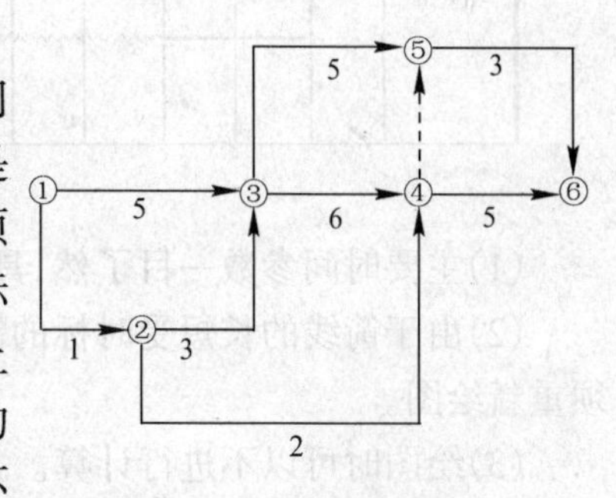

图 3—42　双代号网络计划

表 3—5　有日历时标计划表

日　历																	
(时间单位)	1	2	3	4	5	6	7	8	9	10	11	12	13	14	15	16	17
网络计划																	
(时间单位)	1	2	3	4	5	6	7	8	9	10	11	12	13	14	15	16	17

(三)时标网络计划的基本符号

时标网络计划的工作,以实箭线表示,自由时差以波形线表示,虚工作以虚箭线表示。当实箭线之后有波形线且其末端有垂直部分时,其垂直部分用实线绘制;当虚箭线有时差且其末端有垂直部分时,其垂直部分用虚线绘制,见图 3—43 所示。

(四)时标网络计划的特点

时标网络计划与无时标网络计划相比较,有以下特点:

表 3—6　无日历时标计划表

(时间单位)	1	2	3	4	5	6	7	8	9	10	11	12	13	14	15	16	17
网络计划																	
(时间单位)																	

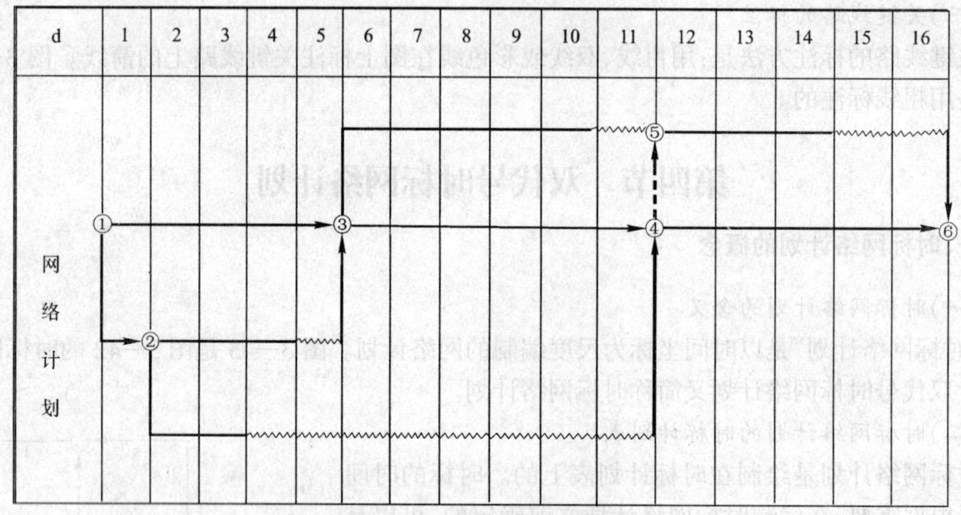

图 3—43　双代号时标网络计划

(1)主要时间参数一目了然,具有横道计划的优点,故使用方便。

(2)由于箭线的长短受时标的制约,故绘图比较麻烦,修改网络计划的工作持续时间时必须重新绘图。

(3)绘图时可以不进行计算。只有在图上没有直接表示出来的时间参数,如总时差、最迟开始时间和最迟完成时间,才需要进行计算。所以,使用时标网络计划可大大节省计算量。

(五)时标网络计划的适用范围

由于时标网络计划的上述优点,加之过去人们习惯使用横道计划,故时标网络计划容易被接受,在我国应用面较广。时标网络计划主要适用以下几种情况:

(1)编制工作项目较少,并且工艺过程较简单的建筑施工计划,能迅速地边绘,边算,边调整。

(2)对于大型复杂的工程,特别是不使用计算机时,可以先用时标网络图的形式绘制各分部分项工程的网络计划,然后再综合起来绘制出较简明的总网络计划;也可以先编制一个总的施工网络计划,以后每隔一段时间,对下段时间应施工的工程区段绘制详细的时标网络计划。时间间隔的长短要根据工程的性质、所需的详细程度和工程的复杂性决定。执行过程中,如果时间有变化,则不必改动整个网络计划,而只对这一阶段的时标网络计划进行修订。

(3)有时为了便于在图上直接表示每项工作的进程,可将已编制并计算好的网络计划再复制成时标网络计划。这项工作可应用计算机来完成。

(4)待优化或执行中在图上直接调整的网络计划。

(5)年、季、月等周期性网络计划。

6. 使用"实际进度前锋线"进行网络计划管理的计划,亦应使用时标网络计划。

二、双代号时标网络计划图的绘图方法

(一)绘图的基本要求

(1)时间长度是以所有符号在时标表上的水平位置及其水平投影长度表示的,与其所代表的时间值相对应;

(2)节点的中心必须对准时标的刻度线;

(3)虚工作必须以垂直虚箭线表示,有时差时加波形线表示;

(4)时标网络计划宜按最早时间编制,不宜按最迟时间编制;

(5)时标网络计划编制前,应先绘制无时标网络计划;

(6)绘制时标网络计划图可以在以下两种方法中任选一种:

①先计算无时标网络计划的时间参数,再按该计划在时标表上进行绘制;

②不计算时间参数,直接根据无时标网络计划在时标表上进行绘制。

(二)时标网络计划图的绘制步骤

1.“先算后绘法”的绘图步骤

以图 3—44 为例,绘制完成的时标网络计划见图 3—45 所示。

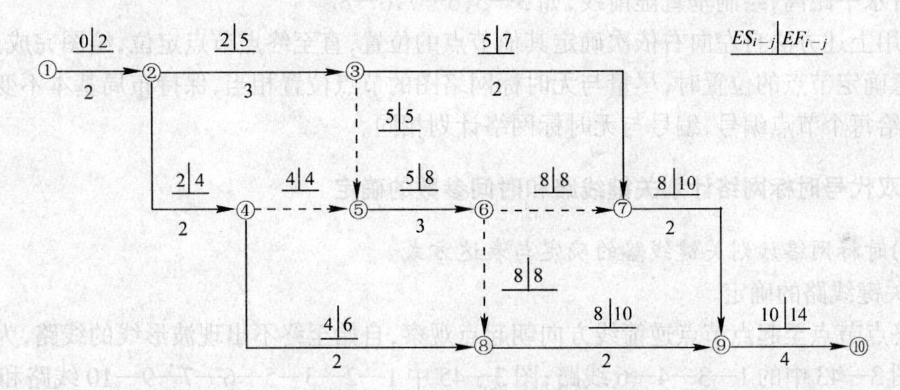

图 3—44　无时标网络计划

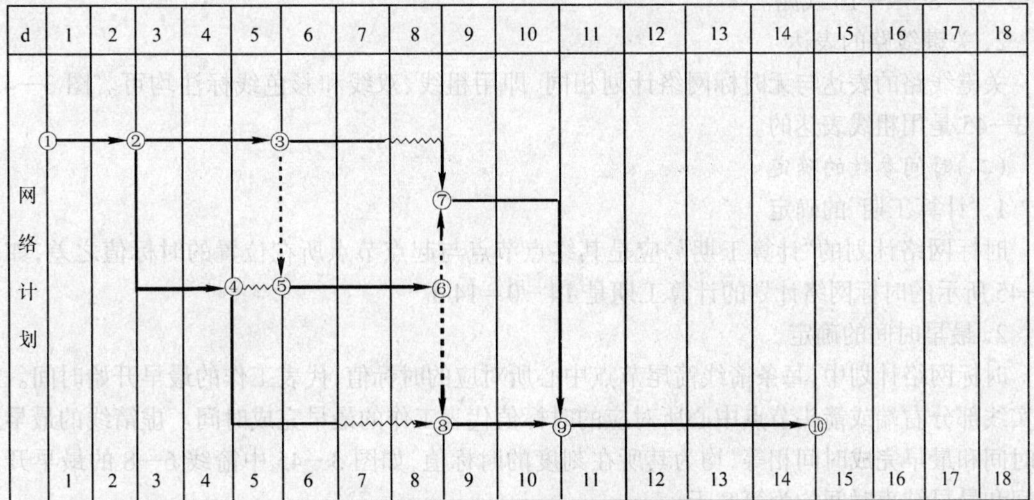

图 3—45　图 3—44 的时标网络计划

具体步骤如下:

(1)绘制时标计划表。

(2)计算每项工作的最早开始时间和最早完成时间,见图3—44。

(3)将每项工作的箭尾节点按最早开始时间定位在时标计划表上,其布局应与不带时标的网络计划基本相当,然后编号。

(4)用实线绘制出工作持续时间,用虚线绘制无时差的虚工作(垂直方向),用波形线绘制工作和虚工作的自由时差。

2. 不经计算,直接按无时标网络计划编制时标网络计划的步骤

仍以图3—44为例,绘制时标网络计划的步骤如下:

(1)绘制时标计划表。

(2)将起点节点定位在时标计划表的起始刻度线上,见图3—45的节点①。

(3)按工作持续时间在时标表上绘制起点节点的外向箭线,见图3—47的1—2。

(4)工作的箭头节点,必须在其所有内向箭线绘出以后,定位在这些内向箭线中最晚完成的实箭线箭头处,如图3—45中的节点⑤、⑦、⑧、⑨。

(5)某些内向实箭线长度不足以到达该箭头节点时,用波形线补足,如图3—45中的3—7,4—8。如果虚箭线的开始节点和结束节点之间有水平距离时,以波形线补足,如箭线4—5。如果没有水平距离,绘制垂直虚箭线,如3—5,6—7,6—8。

(6)用上述方法自左向右依次确定其他节点的位置,直至终点节点定位,绘图完成。

注意确定节点的位置时,尽量与无时标网络图的节点位置相当,保持布局基本不变。

(7)给每个节点编号,编号与无时标网络计划相同。

三、双代号时标网络计划关键线路和时间参数的确定

(一)时标网络计划关键线路的确定与表达方式

1. 关键线路的确定

自终点节点至起点节点逆箭线方向朝起点观察,自始至终不出现波形线的线路,为关键线路。如图3—43中的1—3—4—6线路;图3—45中1—2—3—5—6—7—9—10线路和1—2—3—5—6—8—9—10线路。

2. 关键线路的表达

关键线路的表达与无时标网络计划相同,即用粗线、双线和彩色线标注均可。图3—43、图3—45是用粗线表达的。

(二)时间参数的确定

1."计算工期"的确定

时标网络计划的"计算工期",应是其终点节点与起点节点所在位置的时标值之差,如图3—45所示的时标网络计划的计算工期是14－0＝14 d。

2. 最早时间的确定

时标网络计划中,每条箭线箭尾节点中心所对应的时标值,代表工作的最早开始时间。箭线实线部分右端或箭头节点中心所对应的时标值代表工作的最早完成时间。虚箭线的最早开始时间和最早完成时间相等,均为其所在刻度的时标值,如图3—45中箭线6—8的最早开始时间和最早结束时间均为第8天。

3. 工作自由时差的确定

时标网络计划中,工作自由时差值等于其波形线在坐标轴上水平投影的长度,如图3—45

中工作 3—7 的自由时差值为1 d,工作 4—5 的自由时差值为1 d,工作 4—8 的自由时差值为 2 d,其他工作无自由时差。这个判断的理由是,每项工作的自由时差值均为其紧后工作的最早开始时间与本工作的最早完成时间之差。如图 3—45 中的工作 4—8,其紧后工作 8—9 的最早开始时间以图判定为第 8 天,本工作的最早完成时间以图判定为第 6 天,其自由时间为 8－6＝2 d,即为图上该工作实线部分之后的波形线的水平投影长度。

4. 工作总时差的计算

时标网络计划中,工作总时差应自右而左进行逐个计算。一项工作只有其紧后工作的总时差全部计算出以后才能计算出其总时差。

工作总时差等于其诸紧后工作总时差的最小值与本工作自由时差之和。其计算公式是:

(1)以终点节点($j=n$)为箭头节点的工作的总时差 TF_{i-j} 按网络计划的计划工期 T_p 计算确定,即

$$TF_{i-n}=T_p-EF_{i-n} \tag{3—27}$$

(2)其他工作的总时差应为

$$TF_{i-j}=\min\{TF_{j-k}\}+FF_{i-j} \tag{3—28}$$

按式(3—27)计算得:

$$TF_{9-10}=14-14=0(\text{d})$$

按式(3—28)计算得:

$$TF_{7-9}=0+0=0(\text{d})$$
$$TF_{3-7}=0+1=1(\text{d})$$
$$TF_{8-9}=0+0=0(\text{d})$$
$$TF_{4-8}=0+2=2(\text{d})$$
$$TF_{5-6}=\min\{0,0\}+0=0(\text{d})$$
$$TF_{4-5}=0+1=1(\text{d})$$
$$TF_{2-4}=\min\{2,1\}+0=1(\text{d})$$

以此类推,可计算出全部工作的总时差值。

计算完成后,如果有必要,可将工作总时差值标注在相应的波形线或实箭线之上。

5. 工作最迟时间的计算

由于已知最早开始时间和最早结束时间,又知道了总时差,故其工作最迟时间可用以下公式进行计算:

$$LS_{i-j}=ES_{i-j}+TF_{i-j} \tag{3—29}$$

$$LF_{i-j}=EF_{i-j}+TF_{i-j} \tag{3—30}$$

按式(3—29)和(3—30)进行计算图,可得:

$$LS_{2-4}=ES_{2-4}+TF_{2-4}=2+1=3\text{ d}$$
$$LF_{2-4}=EF_{2-4}+TF_{2-4}=4+1=5\text{ d}$$

第五节　网络计划优化

一、网络计划优化的概念与作用

(一)网络计划优化的概念

经过调查研究、确定施工方案、划分施工过程、分析施工过程间的逻辑关系、编制施工过程

一览表、绘制网络图、计算时间参数等步骤，确定网络计划的初始方案。然而要使工程计划如期实施，获得缩短工期、质量优良、资源消耗少、工程成本低的效果，必须对网络计划进行优化。网络计划优化，就是在满足既定的约束条件下，按某一目标，通过不断调整，寻找最优网络计划方案的过程。网络计划优化包括工期优化、资源优化及费用优化。

（二）网络计划优化的作用

(1)工期优化的作用在于当网络计划计算工期不能满足要求工期时，通过不断压缩关键线路上的关键工作的持续时间，达到缩短工期，满足工期要求的目的。

(2)一个部门或单位在一定时间内所能提供的各种资源（劳动力、机械及材料等）是有一定限度的，还有一个如何经济而有效地利用这些资源的问题。在资源计划安排时有两种情况：一种情况是网络计划需要资源受到限制，如果不增加资源数量（例如劳动力）有时也会迫使工程的工期过长，或者不能进行（材料供应不及时）；另一种情况是在一定时间内如何安排各个工作活动时间，使可供使用的资源均衡地消耗。资源消耗是否均衡，将影响企业管理的经济效果。例如网络计划中在某一时间内红砖消耗数量比平均数量还要高50%～60%，为了满足计划进度，供应部门突击供应，将使大量红砖进入现场，不仅增加二次搬运费用，而且会造成现场拥挤，影响文明施工，劳动部门也因瓦工需要数量突然增多而感到调度困难；当瓦工数量不能满足时，就得突击赶工，加班加点，以致增加各种费用。这都将给企业带来不必要的经济损失。资源优化的作用在于，在资源有限条件下，寻求完成计划的最短工期，或者在工期规定条件下，力求资源消耗均衡。通常把两方面的问题分别称为“资源有限、工期最短”和“工期规定，资源均衡”。

(3)完成一项工作常可以采用多种施工方法和组织方法，而不同施工方法和组织方法，对完成同一工作就会有不同的持续时间与费用。由于一项工程是由很多工作组成，所以，安排一项工程计划时，就可能出现多种方案。它们的总工期和总成本也因此而有所不同。如何在多种方案中确定一个最优或较优方案，需要用费用优化方法解决。

二、网络计划的工期优化

网络计划编制后，最常遇到的问题是计算工期大于上级规定的要求工期。因此需要改变计划的施工方案或组织方案。但是在许多情况下，采用上述的措施后工期仍然不能达到要求，那么惟一的途径就是增加劳动力或机械设备，缩短工作的持续时间。缩短哪一个或哪几个工作才能缩短工期呢？工期优化方法能帮助计划编制者有目的去压缩那些能缩短工期的工作的持续时间。解决此类问题的方法有“顺序法”、“加权平均法”、“选择法”等。“顺序法”是按关键工作开工时间来确定，先干的工作先压缩。“加权平均法”是按关键工作持续时间长度的百分比压缩。这两种方法没有考虑需要压缩的关键工作所需的资源是否有保证及相应的费用增加幅度。“选择法”更接近于实际需要，故在此作重点介绍。

（一）“选择法”工期优化，可按下列因素选择应缩短持续时间的关键工作

(1)缩短持续时间对质量影响不大的工作；

(2)有充分备用资源的工作；

(3)缩短持续时间所需增加的费用最少的工作。

（二）工期优化的计算，应按下述步骤进行

(1)计算并找出网络计划的计算工期、关键线路及关键工作；

(2)按要求工期计算应缩短的持续时间；

(3)确定各关键工作能缩短的持续时间；

(4)按上述因素选择关键工作压缩其持续时间，并重新计算网络计划的计算工期；

(5)当计算工期仍然超过要求工期时，则重复以上步骤，直到计算工期满足要求工期为止；

(6)当所有关键工作的持续时间都已达到其能缩短的极限而工期仍不能满足要求时应对原组织方案进行调整或对要求工期重新审定。

(三)现结合示例介绍工期优化的计算步骤

【例 3—2】 某网络计划如图 3—46 所示，图中括号内数据为工作最短持续时间，假定上级指令性工期为100 d，优化的步骤如下。

第一步，用工作正常持续时间计算节点的最早时间和最迟时间找出网络计划的关键工作及关键线路，如图 3—47 所示。

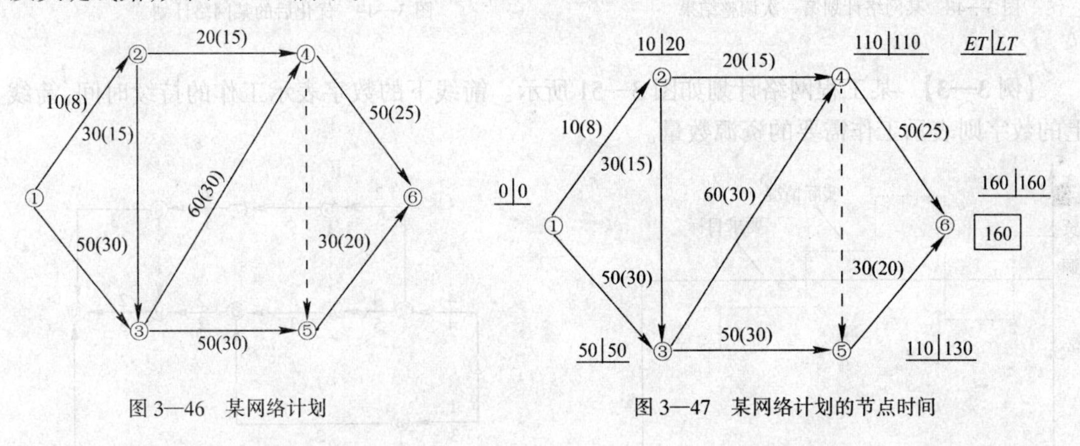

图 3—46 某网络计划

图 3—47 某网络计划的节点时间

其中关键线路是用粗箭线表示，为 1—3—4—6，关键工作为 1—3，3—4，4—6。

第二步，计算需缩短的工期，根图 3—47 所计算的工期需要缩短时间60 d。根据图 3—46 中数据，关键工作 1—3 可缩短20 d，3—4 可缩短30 d，4—6 可缩短25 d，共计可缩短75 d，但考虑前述原则，因缩短工作 4—6 增加劳动力较多，故仅缩短10 d，重新计算网络计划工期如图 3—48 所示。图 3—48 的关键线路为 1—2—3—5—6，关键工作为 1—2，2—3，3—5，5—6，工期为120 d。

按上级要求工期尚需压缩20 d。仍根据前述原则，选择工作 2—3，3—5 较宜，用最短工作持续时间置换工作 2—3 和工作 3—5 的正常持续时间，重新计算网络计划，如图 3—49 所示。经计算，关键线路为 1—3—4—6，工期100 d，满足要求。

三、网络计划的资源优化

(一)工期固定，资源均衡

所谓工期固定，是指要求工程在国家颁布的工期定额、甲、乙方签定的合同工期、或上极机关下达的工期指标范围内完成。一般情况下，网络计划的工期不能超过有关的规定。既然工期已定，那么我们只能考虑如何使资源使用比较均衡。一般来说，理想的资源计划安排如图 3—50 所示，它是平行于时间坐标轴的一条直线。也就是说，每日资源需要保持不变。但这是不可能做到的。是否能趋于平均水平、上下波动少些呢？在工期规定下求资源均衡安排问题，就是希望高峰值减少到最低程度。用什么方法可以把高峰值减少呢？为了说明方便，我们且举例来介绍一种“削高峰法”。

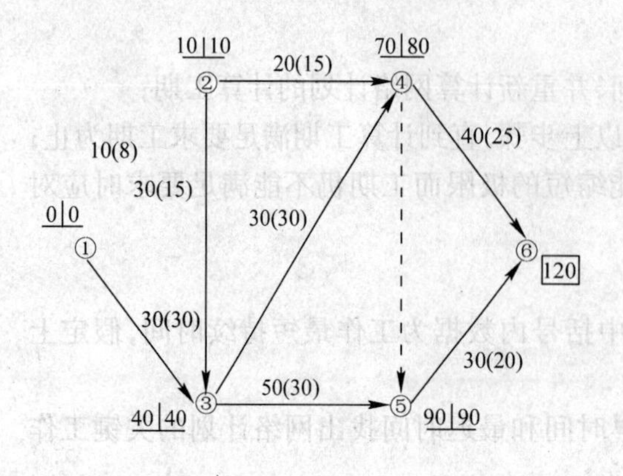

图 3—48　某网络计划第一次调整结果

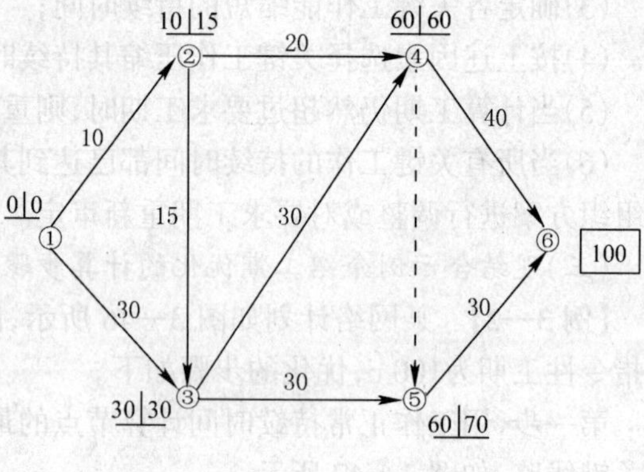

图 3—49　优化后的某网络计划

【例 3—3】 某工程网络计划如图 3—51 所示。箭线下的数字表示工作的持续时间,箭线上的数字则表示工作需要的资源数量。

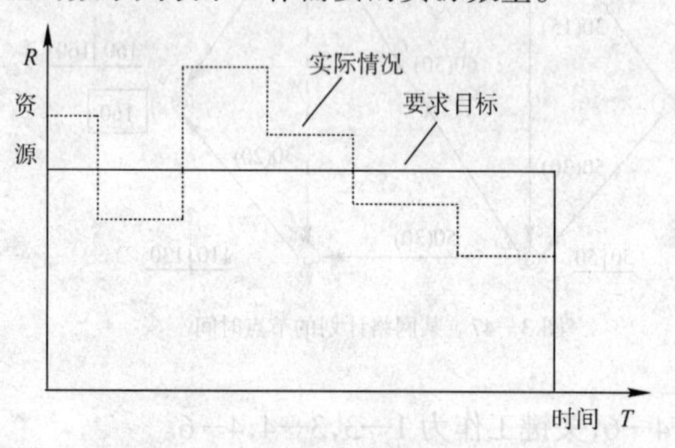

图 3—50　资源使用计划

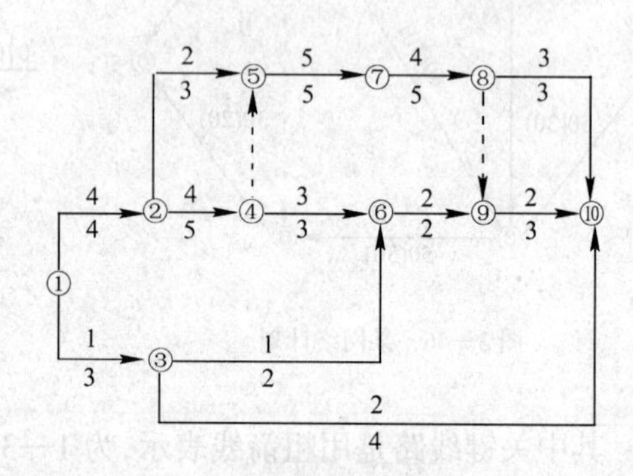

图 3—51　某工程网络计划

计算步骤:

第一步:按最早开始时间绘制时标网络计划,见图 3—52。

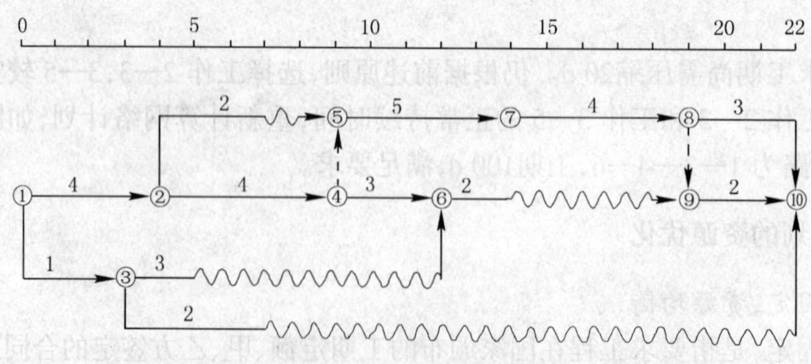

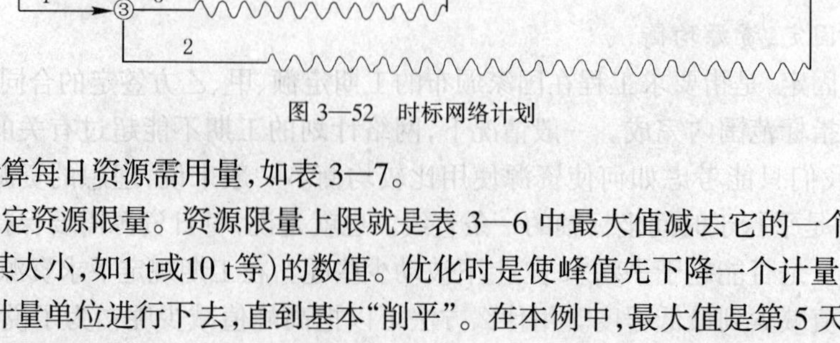

图 3—52　时标网络计划

第二步:计算每日资源需用量,如表 3—7。

第三步:确定资源限量。资源限量上限就是表 3—6 中最大值减去它的一个计量单位(可根据需要确定其大小,如1 t或10 t等)的数值。优化时是使峰值先下降一个计量单位。然后按每次下降一个计量单位进行下去,直到基本“削平”。在本例中,最大值是第 5 天的 11,减去一个计量单位,资源限量定为　　　　$R = 11 - 1 = 10$

表 3—7　每日资源需要量表

工　作　日	1	2	3	4	5	6	7	8	9	10	11
资源数量	5	5	5	9	11	8	8	4	4	8	8
工　作　日	12	13	14	15	16	17	18	19	20	21	22
资源数量	8	7	7	4	4	4	4	4	5	5	5

第四步:分析资源需用量的高峰并进行调整。

根据表 3—7 中资源需用量,可以确定何处出现超过资源限量的情况。对超过限量的时间区段中每一个工作(i—j)是否调整,按下式作出判别:

$$\Delta T_{i-j} = TF_{i-j} - (T_h - ES_{i-j} \geqslant 0 \qquad (3—30)$$

式中　ΔT_{i-j}——工作的时间差值;

T_h——资源需用量高峰期的最后时刻。

若不等式成立,则该工作可以向右移动至高峰值之后,即移($T_h - ES_{i-j}$)时间单位;若不等式不成立,则该工作不移动。

当在需要调整的时段中不止一个工作可使不等式成立时,应按时间差值 ΔT_{i-j} 的大小顺序,最大值的优先移动;如果 ΔT_{i-j} 值相同,则应考虑资源需用量小的优先移动。

在本例中,第 5 天资源需用量为 11,超过 $R_a = 10$ 的规定。在这一天里有②—⑤、②—④、③—⑥、③—⑩四项工作,分别计算它们的 ΔT_{i-j};

$$\Delta T_{2-5} = 2 - (5 - 4) = 1$$

$$\Delta T_{2-4} = 0 - (5 - 4) = -1$$

$$\Delta T_{3-6} = 12 - (5 - 3) = 10$$

$$\Delta T_{3-10} = 15 - (5 - 3) = 13$$

通过 ΔT_{i-j} 值计算,得知工作②—⑤、③—⑥、③—⑩都可以移动,其中工作③—⑩的 ΔT_{i-j} 值最大,故优先将该工作向右移动2 d(即第 5 天以后开始),见图 3—53,然后计算每日资源需用量,看峰值是否小于或等于 R_a($R_a = 10$)。如果由于工作③—⑩最早开始时间改变,在其他时段中出现超过 $R_a = 10$ 的情况时,则重复第四步,直至不超过 $R_a = 10$ 为止。本例工作③—⑩调整后,其他时间里没有再出现超过 $R_a = 10$ 的。

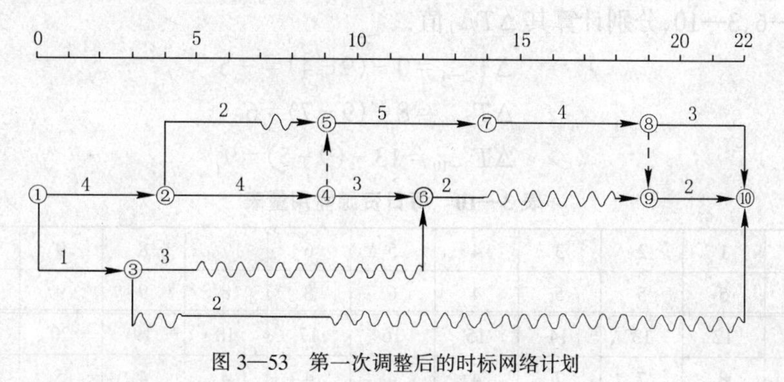

图 3—53　第一次调整后的时标网络计划

第二次调整:画出工作③—⑩移动后的时标网络计划(图 3—53),并计算出相应的每日资源需要量如表 3—8。

表 3—8　第一次调整后的每日资源需要量表

工 作 日	1	2	3	4	5	6	7	8	9	10	11
资源数量	5	5	5	7	9	8	8	6	6	8	8
工 作 日	12	13	14	15	16	17	18	19	20	21	22
资源数量	8	7	7	4	4	4	4	4	5	5	5

从表 3—8 得知，经第一次调整后，资源需要量最大值为 9，故资源限量定为 $R_a = 9 - 1 = 8$。逐日检查至第 5 天，资源需用量超过了 $R_a = 8$ 的值。在该天有工作 2—4、3—6、2—5，分别计算其值：

$$\Delta T_{2-4} = 0 - (5 - 4) = -1$$

$$\Delta T_{3-6} = 12 - (5 - 3) = 10$$

$$\Delta T_{2-5} = 2 - (5 - 4) = 1$$

其中工作③—⑥的 ΔT 值为最大，故优先调整工作③—⑥，将其向后移动2 d(即第 5 天以后开始)，资源需用量见表 3—9。由表可知在第 6、7 两天资源需用量又超过了 $R_a = 8$，在这一时段中有工作 2—5、2—4、3—10、3—6，再计算各 ΔT_{i-j} 值：

表 3—9　第二次调整后的每日资源需要量表

工 作 日	1	2	3	4	5	6	7	8	9	10	11
资源数量	5	5	5	4	6	11	11	6	6	8	8
工 作 日	12	13	14	15	16	17	18	19	20	21	22
资源数量	8	7	7	4	4	4	4	4	5	5	5

$$\Delta T_{2-5} = 2 - (7 - 4) = -1$$

$$\Delta T_{2-4} = 0 - (7 - 4) = -3$$

$$\Delta T_{3-6} = 10 - (7 - 5) = 8$$

$$\Delta T_{3-10} = 13 - (7 - 5) = 11$$

按理应选择 ΔT 最大值的工作 3—10，但因为它的资源需用量为 2，移动它仍然不能解决资源冲突，故选择工作 3—6(它的资源需用量为 3)，将其向右移动2 d，相应的每日资源需用量变化见表 3—10。由表可知，在第 8、9 两天资源需用量又超过了 $R_a = 8$，在这一时间区段中有工作 2—4、3—6、3—10，分别计算其 ΔT_{i-j} 值：

$$\Delta T_{2-4} = 0 - (9 - 4) = -5$$

$$\Delta T_{3-6} = 8 - (9 - 7) = 6$$

$$\Delta T_{3-10} = 13 - (9 - 5) = 9$$

表 3—10　每日资源需用量表

工 作 日	1	2	3	4	5	6	7	8	9	10	11
资源数量	5	5	5	4	6	8	8	9	9	8	8
工 作 日	12	13	14	15	16	17	18	19	20	21	22
资源数量	8	7	7	4	4	4	4	4	5	5	5

选择 ΔT 值大的工作 3—10 优先调整，向右移动4 d(即第 9 天以后开始)，每日资源需用

量见表 3—11。由表可知，在第 10 天至 13 天资源需用量又超过了 $R_a=8$。在这段时间中，有工作 5—7、4—6、3—10、6—9，分别计算其 ΔT_{i-j} 值：

表 3—11　每日资源需用量表

工　作　日	1	2	3	4	5	6	7	8	9	10	11
资源数量	5	5	5	4	6	6	6	7	7	10	10
工　作　日	12	13	14	15	16	17	18	19	20	21	22
资源数量	10	9	7	4	4	4	4	4	5	5	5

$$\Delta T_{5-7}=0-(13-9)=-4$$

工作④—⑥必须与⑥—⑨一同移动：

$$\Delta T_{4-6}=5-(13-9)=1$$

$$\Delta T_{3-10}=9-(13-9)=5$$

选择 ΔT_{i-j} 值大的工作③—⑩向右移动4 d(从第 13 天以后开始)，计算每日资源需用量后，发现第 14 天仍超过，可将工作 3—10 再后移1 d，再计算资源需用量，见表 3—12。此时已满足 $R_a=8$ 的要求，第二次调整计算完毕。画出时标网络计划，见图 3—54。

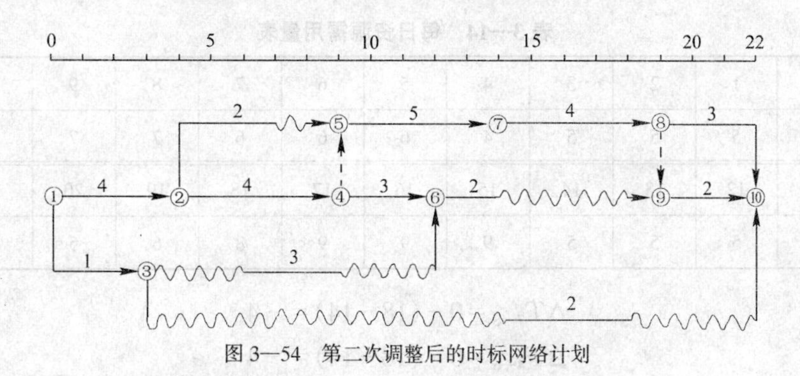

图 3—54　第二次调整后的时标网络计划

表 3—12　第二次调整后的每日资源需用量表

工 作 日	1	2	3	4	5	6	7	8	9	10	11
资源数量	5	5	5	4	6	6	6	7	7	8	8
工 作 日	12	13	14	15	16	17	18	19	20	21	22
资源数量	8	7	7	6	6	6	6	4	5	5	5

为了进一步考虑改善资源计划的均衡性，从表 3—12，得知资源需用量最大值为 8，故资源限量为 $R_a=8-1=7$。

第三次调整：在表 3—11 中，第 10 至 12 天资源需用量超过 $R_a=7$ 的值，在这段时间内有工作④—⑥、⑤—⑦，计算其 ΔT_{i-j} 值：

$$\Delta T_{4-6}=5-(12-9)=2$$

$$\Delta T_{5-7}=0-(12-9)=-3$$

故选择工作 4—6 调整，向右移动3 d(即第 12 天以后开始，因为工作 4—6 没有自由时差，工作 4—6 必须同工作 6—9 一起移动)，计算每日资源需用量，见表 3—13。由表可知，第 13 至 17 天超过了 $R_a=7$ 的值。在这段时间里有工作 5—7，4—6，6—9，7—8，3—10。再看图

3—54,能移在第 18 天以后开始的只有工作 3—10,而且在第 13 至 14 天仍然不能解决资源冲突。而从上述计算出的的数值看,工作 4—6 尚有两天可以利用,因此先考虑第 13 至 14 天的资源冲突,在这段时间里有工作 4—6 及 5—7,分别计算 ΔT_{i-j} 值:

$$\Delta T_{4-6}=2-(14-12)=0$$

$$\Delta T_{5-7}=0-(12-9)=-3$$

表 3—13 每日资源需用量表

工 作 日	1	2	3	4	5	6	7	8	9	10	11
资源数量	5	5	5	4	6	6	6	7	7	5	5
工 作 日	12	13	14	15	16	17	18	19	20	21	22
资源数量	5	10	10	9	8	8	6	4	5	5	5

工作 4—6 再向右移动2 d,工作 6—9 亦移动2 d,每日资源需用量变化见表 3—14。由表可知,在第 15 至 18 天还超过 $R_a=7$ 的值,在这段时间里,在工作 7—8、4—6、3—10,计算 ΔT_{i-j} 值:

表 3—14 每日资源需用量表

工 作 日	1	2	3	4	5	6	7	8	9	10	11
资源数量	5	5	5	4	6	6	6	7	7	5	5
工 作 日	12	13	14	15	16	17	18	19	20	21	22
资源数量	5	5	5	9	9	9	8	6	5	5	5

$$\Delta T_{7-8}=0-(18-14)=-4$$

$$\Delta T_{4-6}=0-(18-14)=-4$$

$$\Delta T_{3-10}=4-(18-14)=0$$

选择工作 3—10 调整,向右移动4 d(即至第 18 天以后开始),计算资源需用量,见表 3—15。在第 19 天资源需用量超过了 $R_a=7$ 的值,但此时所有工作已不能再向右移动。

表 3—15 每日资源需用量表

工 作 日	1	2	3	4	5	6	7	8	9	10	11
资源数量	5	5	5	4	6	6	6	7	7	5	5
工 作 日	12	13	14	15	16	17	18	19	20	21	22
资源数量	5	5	5	7	7	7	6	8	7	7	7

第五步:按上述步骤计算到所有工作不能再向右移动后,接着就要考虑是否能向左移动。从表 3—14 看,工作 4—6 不能向左移动(因为将超过资源限量 $R_a=7$),而工作 3—10,最早允许开始时间在第 3 天,在第 3 天至第 18 天时段中,第 10 至 14 天资源需用量为 5,如果该工作向左移动至第 10 天以后开始,就能满足资源限量要求,见表 3—16。至此,资源需用量高峰值已不能再减少一个单位,调整计算完。

表 3—16 调整完的每日资源需用量表

工 作 日	1	2	3	4	5	6	7	8	9	10	11
资源数量	5	5	5	4	6	6	6	7	7	5	7
工 作 日	12	13	14	15	16	17	18	19	20	21	22
资源数量	7	7	7	7	7	7	6	6	5	5	5

第六步:绘制调整后的时标网络计划(图 3—55)。

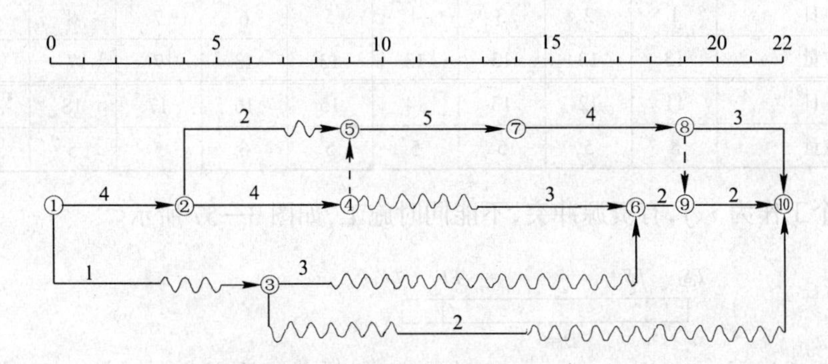

图 3—55 资源调整完成后的时标网络计划

(二)资源有限,工期最短

"资源有限,工期最短"的优化问题,必须在网络计划编制后进行。它不能改变各工作之间先后顺序关系,因而使用数学方法求解的问题变得复杂,目前解决这类问题的计算方法不少都只能得到比原方案较优。为了达到一定的精度,我们将分两个方面讨论,即初始可行方案的编制和调整。

为了说明如何编制满足约束条件(资源有限)的网络计划,结合具体例子介绍是较为方便的。

【例 3—4】 某工程网络计划如图 3—56 所示,该计划是一个时标网络计划,图中箭线下为工作持续时间,箭线上为工作每日所消耗的资源,现假定每天只有 9 名工人可供使用,如何安排各工作的时间才能使工期达到最短?

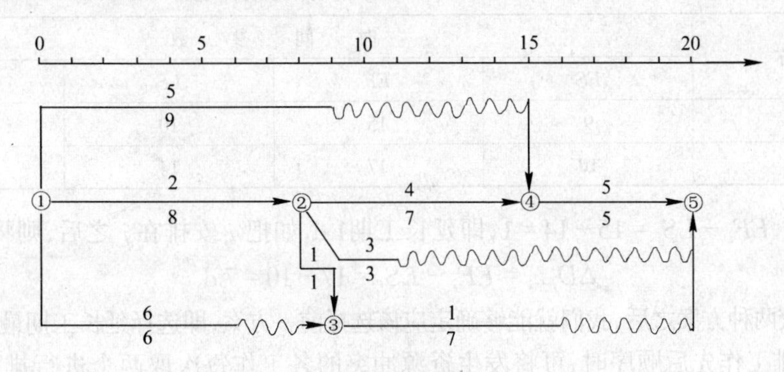

图 3—56 某工程时标网络计划

求解步骤:

第一步:计算每日资源需要量,见表 3—17。

第二步:调整资源冲突。

1. 从开始日期起逐日检查每日资源数量是否超过资源限额,如果所有时间内均满足资源限额要求,初始可行方案就编制完成,否则须进行工作调整。

本例网络计划开始资源数量为13,大于9,必须进行调整。

2. 分析资源有冲突时段的工作。

在第1天至第6天,资源冲突时段中有工作1—4,1—2,1—3。

3. 确定调整工作的次序。

表3—17 每日资源需用量表

工 作 日	1	2	3	4	5	6	7	8	9	10
资源数量	13	13	13	13	13	13	7	7	13	8
工 作 日	11	12	13	14	15	16	17	18	19	20
资源数量	8	5	5	5	5	6	5	5	5	5

设有两个工作为 i、j,有资源冲突,不能同时施工,如图3—57所示。

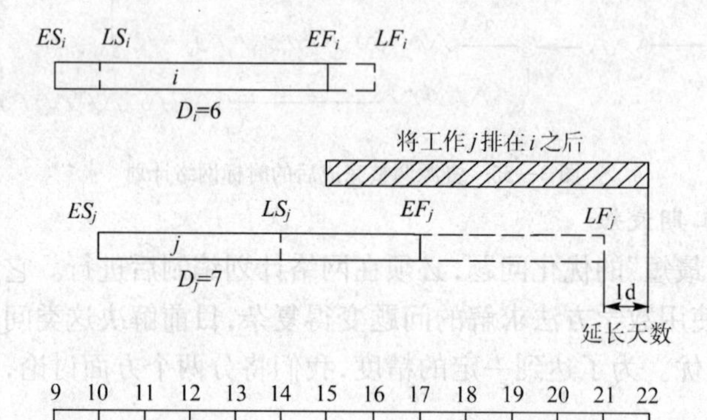

图3—57 第一次调整后的时标网络计划

根据网络计划时间参数计算,工作 i 和工作 j 的有关时参如表3—18。

如果把工作 j 安排在 i 之后进行,则工期延长:

$$\Delta D_{i-j} = EF_i + D_j - LF_j = EF_i - (LF_j - D_j) = EF_i - LS_j$$

表3—18 工作 i、j 的时间参数

工作名称	时间参数			
	ES	EF	LS	LF
i	9	15	10	16
j	10	17	14	21

在本例中,$EF_i - LS_j = 15 - 14 = 1$,即延长工期1 d,如把 i 安排在 j 之后,则将延长工期

$$\Delta D_{j-i} = EF_j - LS_i = 17 - 10 = 7 \text{ d}$$

当然,比较两种方案之后,我们就能够确定应该选择前一方案,即选择延长工期最短的方案。

因此,安排工作先后顺序时,可将发生资源冲突的各工作每次取两个进行排列,找出各种可能的调整方案,然后逐一计算其延长时间,最后再从中按照延长时间最小的那种排列方法去调整计划。事实上,这也就是把各工作中 LS 值最大的工作移置于 EF 值最小的工作之后。如果 EF 最小值和 LS 最大值同属一个工作,这时就应找出 EF 值为次小、LS 值为次大的工作分别组成两个方案,再从中选择较优的。

现在分析网络图(图3—56),工作1—4、1—2、1—3有资源冲突,分别计算 ΔT 值如表3—

19(ΔD 的下标为表中工作的顺序号)。

表 3—19　ΔD_{i-j} 值计算表

工作名称		EF_{i-j}	LS_{i-j}	D_{1-2}	D_{1-3}	D_{2-1}	D_{2-3}	D_{3-1}	D_{3-2}
1	1—4	9	6	9	2				
2	1—2	8	0			2	1		
3	1—3	6	7					0	6

ΔD_{i-j} 值小于或等于零,则说明工作 j 安排在工作 i 之后工期不会增加。

在本例中工作 1—4 安排在工作 1—3 后,相应工期增加为零,绘制新的网络图,见图 3—58。再转回第一步。

按图 3—58 计算每日资源数量,见表 3—20。逐日检查该表,发现在第 9 天资源又发生冲突,有工作 1—4、2—4、2—3、2—5,计算 ΔD_{i-j} 最小值应是 $\Delta D_{3-4}=-8$(表 3—21),选择工作 2—5 安排在工作 2—3 之后。再分析资源是否有冲突?工作 2—5 最早开始时间调整后,剩下尚有工作 1—4、2—4、2—3,资源数量仍有冲突,考虑 ΔD_{i-j} 最小值,利用表 3—21 中的数据,不必重新计算,考虑新的 ΔD_{i-j} 最小值时,表 3—20 中凡与工作 2—5 有关的 ΔD_{i-j} 值已失去意义了,可以不再考虑。这样 ΔD_{i-j} 的最小值就是 $\Delta D_{3-2}=1$ 了,应把工作 2—4 安排在工作 2—3 之后,工期增加 1 天,绘制新的网络图,再转第一步。直至资源冲突全部获得解决,得到初步可行方案为止。

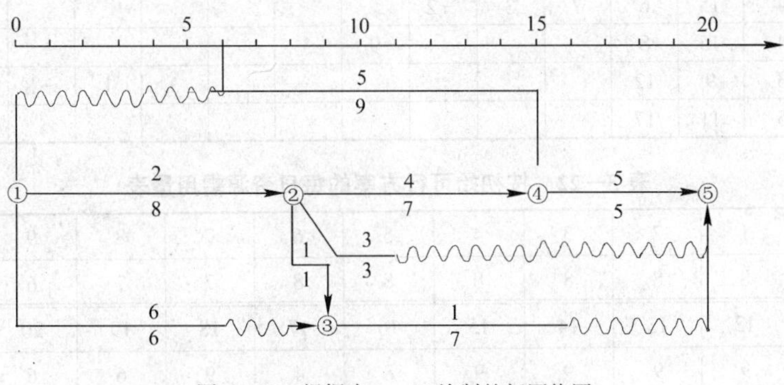

图 3—58　根据表 3—18 绘制的新网络图

4. 画出初始可行方案图。

本例经过调整后,得到优化方案,如图 3—59 所示,其每日资源需要量如表 3—22。与初始方案比较,工期增加了2 d,资源高峰下降了 4 个单位。

表 3—20　每日资源需用量表

工 作 日	1	2	3	4	5	6	7	8	9	10
资源数量	8	8	8	8	8	8	7	7	13	13
工 作 日	11	12	13	14	15	16	17	18	19	20
资源数量	13	10	10	10	10	6	5	5	5	5

四、网络计划的费用优化

(一)时间和费用的关系

工程的成本是由直接费和间接费组成的,而直接费是由材料费、人工费及机械费等构成。

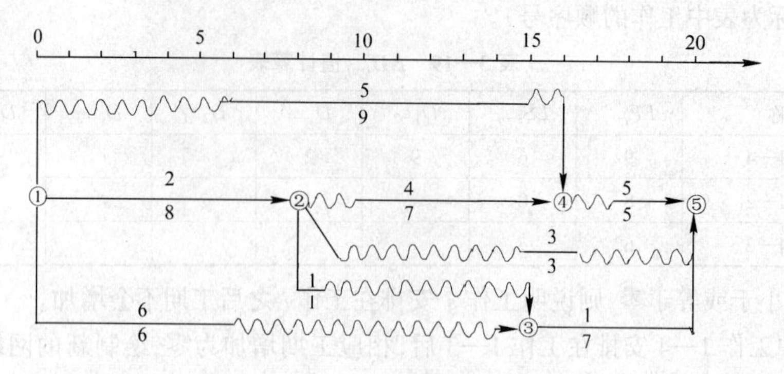

图 3—59　优化方案

由于所采用的施工方案不同，它的费用差异也是很大。同是钢筋混凝土框架结构的建筑，可以采用预制装配方案，也可以采用现浇方案。如采用现浇方案时，可以采用塔式起重机及吊斗做为混凝土运输的主要设备，也可以采用混凝土泵或其他运输方法；模板可以用木模，也可以用定型钢模板等等。施工方案不同，它的费用也不同。间接费包括施工组织管理的全部费用。在考虑工程总成本时，还应考虑可能因拖延工期而罚款的损失或提前竣工而得的奖励，甚至也应考虑提前投产而获得的收益，等等。

表 3—21　ΔD_{i-j} 值计算表

工作名称		EF_{i-j}	LS_{i-j}	D_{1-2}	D_{2-3}	D_{1-4}	D_{2-1}	D_{2-3}	D_{2-4}	D_{3-1}	D_{3-2}	D_{3-4}	D_{4-1}	D_{4-2}	D_{4-3}
1	1—4	15	6	7	3	−2									
2	2—4	15	8				9	3	−2						
3	2—3	9	12							3	1	−8			
4	2—5	11	17										5	3	−1

表 3—22　按初始可行方案的每日资源需用量表

工 作 日	1	2	3	4	5	6	7	8	9	10	11
资源数量	8	8	8	8	8	8	7	7	6	9	9
工 作 日	12	13	14	15	16	17	18	19	20	21	22
资源数量	9	9	9	9	8	4	9	6	6	6	6

现在我们先来看一下工程的时间和直接费的关系，图 3—60 中的直接费曲线说明了工程工期变化与费用变化的关系。

直接费曲线通常是一条由左向右下的的下凹曲线，因为直接费总是随着工期的缩短而更快增加的，它是为缩短工程工期时选择最优方案而画出的。曲线从 A 点到 B 点是按照缩短工期时，优先采用费用最低的措施，然后逐步采用费用较高的措施，最后到达最短工期 B 点。如再对其他工作采用加快措施，它只会增加工程的费用，而不会再缩短工期。

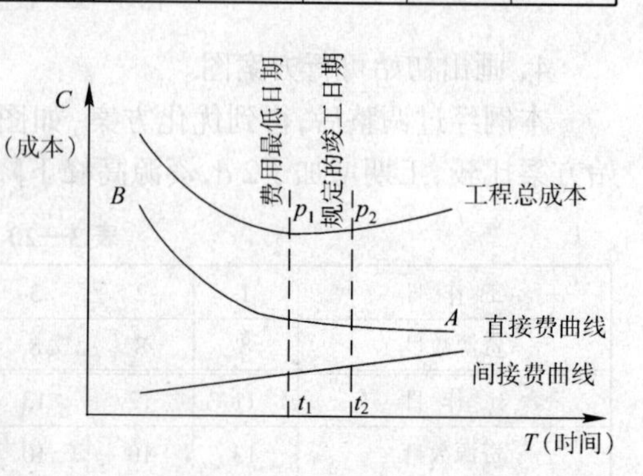

图 3—60　工程时间—总成本关系曲线

再考虑间接费的影响。间接费曲线一般是一条向右上方上升的斜线，表明它是随着时间的增加而增加的。

由于工程的总成本是直接费与间接费之和,所以工程的总成本曲线就是直接费曲线与间接费曲线的组合,图3—60即为工程时间—总成本(费用)曲线。

在工程总成本曲线上,有一个成本最低点 P_1,它就是费用最低的最优方案,它的相对工期 t_1 就是最优工期。如果知道了要求工期 t_2,也可以很容易地找到与之相应的总成本 P_2。

就工作而言,完成一个工作的施工方法也很多,但是总有一个是费用最低的,我们就称与之相应的持续时间为正常时间。如果要加快工作的进度,就要采取加快措施,这些措施可以是:加班加点,增加工作班次,增加或换用大功率机械设备,采取更有效地施工方法等等。采用这些措施一般是要增加费用的,但工作持续时间在一定条件下也只能缩短到一定的限度,这个加快的极限时间称为"加快时间"。

工作时间—费用曲线可能有图3—61的各种型式。

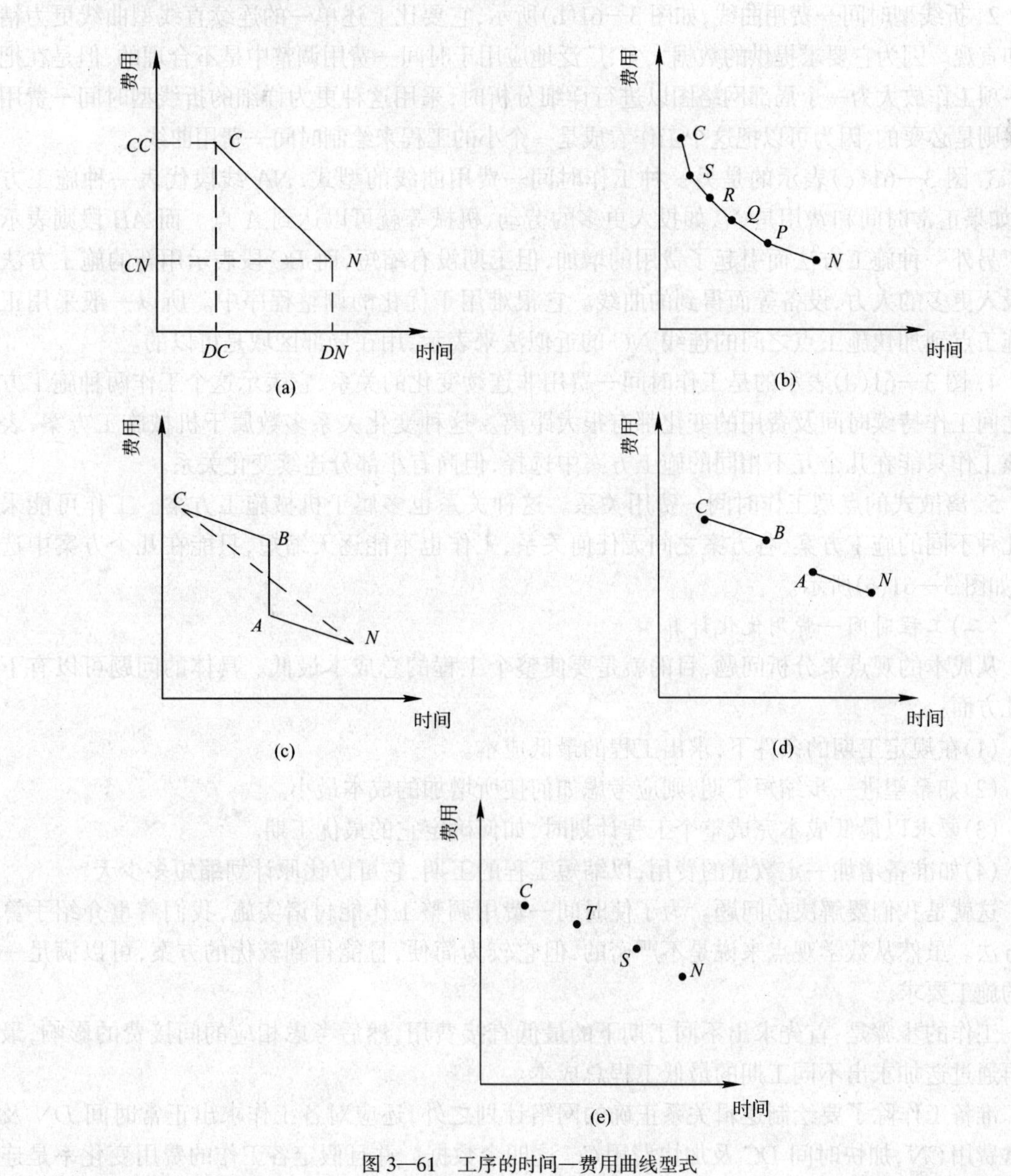

图3—61　工序的时间—费用曲线型式

1．单一的连续直线型：如图 3—61(a)所示，这是把正常时间点 N 与加快时间 C 直接连成一条直线，直线中间各点代表在 NC 之间的工期要花费相应的费用。由于每个工作在整个工程中是占着较小的比重，这种近似的求法一直被认为是可行的，如果一项工程的工作不是分得很粗的话，其结果还是相当精确的。

对于不同的工作，它的直接费的增加情况也是不一样的，我们可以用单位时间内的费用增加率，或称费用率，用来表示。若正常施工方案点 N 的正常时间是以 DN 表示，相应的正常费用为 CN，缩短后的加快施工方案点 C，它的加快时间为 DC，相应的施工费用为 CC，这样就可以算出费用率 ΔC_{i-j} 来：

$$\Delta C_{i-j}=\frac{CC_{i-j}-CN_{i-j}}{DN_{i-j}-DC_{i-j}}$$

通过费用率可以看出哪个工作在缩短工期时花费最低，需要时即优先加快这项工作。

2．折线型时间—费用曲线，如图 3—61(b)所示，它要比上述单一的连续直线型曲线更为精确和直观。因为它要求提供的数据太多，广泛地应用于时间—费用调整中是不合理的，但是在把某一项工作放大为一个局部网络图以进行详细分析时，采用这种更为详细的折线型时间—费用曲线则是必要的，因为可以把这个工作看成是一个小的工程来绘制时间—费用曲线。

3．图 3—61(c)表示的是另一种工作时间—费用曲线的型式，NA 线段代表一种施工方法，如果正常时间和费用是 N，如投入更多的劳动、机械等就可以达到 A 点。而 AB 段则表示换了另外一种施工方法而引起了费用的增加，但工期没有缩短，而 BC 段表示用新的施工方法并投入更多的人力、设备等而得到的曲线。它很难用于优化的调整程序中。所以一般采用正常施工点到加快施工点之间的连线 NC 的近似法来表示，用在局部区域是可以的。

4．图 3—61(d)表示的是工作时间—费用非连续变化的关系，它表示这个工作两种施工方法之间工作持续时间及费用的变化都有很大距离。这种变化关系多数属于机械施工方案，表示该工作只能在几个互不相同的施工方案中选择，但尚有小部分连续变化关系。

5．离散式的点型工作时间—费用关系。这种关系也多属于机械施工方案。工作可能采取几种不同的施工方案，各方案之间无任何关系，工作也不能逐天缩短，只能在几个方案中选择，如图 3—61(e)所示。

(二)工程时间—费用优化计算

从成本的观点来分析问题，目的就是要使整个工程的总成本最低。具体的问题可以有下列几方面：

(1)在规定工期的条件下，求出工程的最低成本。

(2)如希望进一步缩短工期，则应考虑如何使所增加的成本最小。

(3)要求以最低成本完成整个工程计划时，如何确定它的最优工期。

(4)如准备增加一定数量的费用，以缩短工程的工期，它可以比原计划缩短多少天？

这就是我们要解决的问题。为了使时间—费用调整工作能付诸实施，我们着重介绍手算的方法。虽然从数学观点来说是不严密的，但它较为简便，且能得到较优的方案，可以满足一般的施工要求。

工作的步骤是：首先求出不同工期下的最低直接费用，然后考虑相应的间接费的影响，最后再通过迭加求出不同工期的最低工程总成本。

准备工作除了要绘制逻辑关系正确的网络计划之外，还应对各工作求出正常时间 DN 及正常费用 CN，加快时间 DC 及加快费用 CC 这四个数据。并且假定各工作的费用变化率是连续的、线性的，即工作时间缩短与费用的增长关系是个常数。

费用优化计算步骤如下：

1. 简化网络计划

不同工期的最低直接费用是通过各个不同工期在最小费用率下压缩关键工作的持续时间取得的。因此在缩短工期过程中，有些工作不能变成关键工作。简化网络计划的目的在于删去那些不能转变成关键工作的非关键工作。这样无论用手工计算或用计算机计算将减少不少计算量。

简化网络计划的方法为

(1)按工作正常持续时间找出关键工作及关键线路。

(2)令各关键工作都采用其最短持续时间，并进行时间参数计算，找出新的关键工作及关键线路。重复此步骤直至不能增加新的关键线路为止。

(3)删去不能成为关键工作的那些工作，将余下的工作的持续时间恢复为正常持续时间，组成新的简化网络计划。

2. 计算网络计划中各工作费用率 ΔC_{i-j}。

3. 在简化网络计划中找出费用率(或组合费用率)最低的一项关键工作或一组关键工作，作为缩短持续时间的对象。

4. 缩短找出的工作或一组工作的持续时间，其缩短值必须符合所在关键线路不能变成非关键线路，和缩短后其持续时间不小于最短持续时间的原则。

6. 考虑工期变化带来的间接费及其他损益，在此基础上计算总费用。

7. 重复3、4、5、6步骤直到总费用最低为止。

现结合示例说明计算方法及步骤。

【例 3—5】 已知网络计划如图 3—62 所示。试求出费用最少的工期。图中箭线上方为工作的正常费用和最短时间的费用(千元)，箭线下方为工作的正常持续时间和最短的持续时间。已知间接费率为 120 元/d。

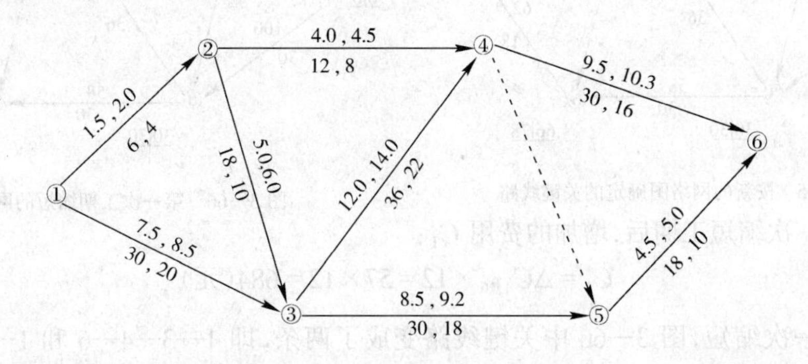

图 3—62　某网络计划

第一步，简化网络图。简化网络图的目的是在缩短工期过程中，删去那些不能变成关键工作的非关键工作，使网络简化，减少计算工作量。

首先按正常持续时间计算，找出关键线路及关键工作，如图 3—63 所示。

其次，从图 3—63 中看，关键线路为 1—3—4—6，关键工作为 1—3、3—4、4—6。用最短的持续时间置换那些关键工作的正常持续时间，重新计算，找出关键线路及关键工作。重复本步骤，直至不能增加新的关键线路为止。

经计算，图 3—63 中的工作 2—4 不能转变为关键工作，故删去它，重新整理成新的网络计划，如图 3—64 所示。

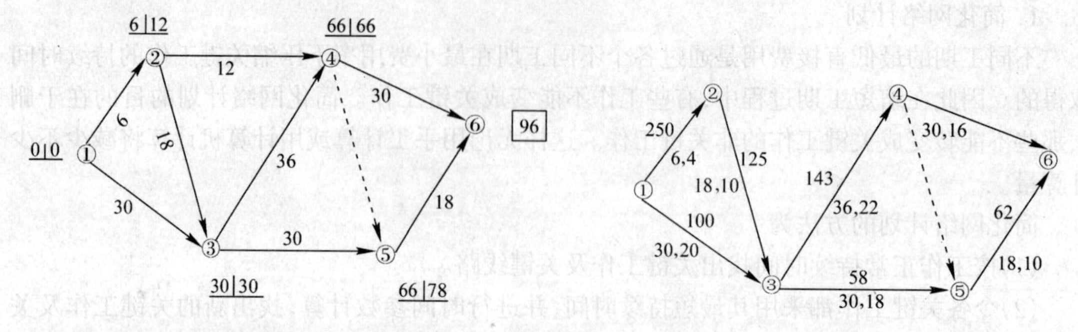

图 3—63 按正常时间计算的网络计划

图 3—64 新的网络计划

第二步，计算工作费率。工作 1—2 的费用率 ΔC_{1-2} 为

$$\Delta C_{1-2}=\frac{CC_{1-2}-CN_{1-2}}{DN_{1-2}-DC_{1-2}}=\frac{2.0-1.5}{6-4}=250\ 元/\mathrm{d}$$

其他工作费用率也进行相应计算，然后标注在图 3—64 中相应的箭线上方。

第三步，找出关键线路上工作费用率最低的关键工作。在图 3—65 中，关键线路为 1—3—4—6，工作费用率最低的关键工作是 4—6。

第四步，确定缩短时间大小的原则是原关键线路不能变为非关键线路。

已知关键工作 4—6 的持续时间可缩短14 d，由于工作 5—6 的总时差只有12 d(96—18—66＝12)，因此，第一次缩短只能是12 d，工作 4—6 的持续时间应改为18 d，见图 3—66。

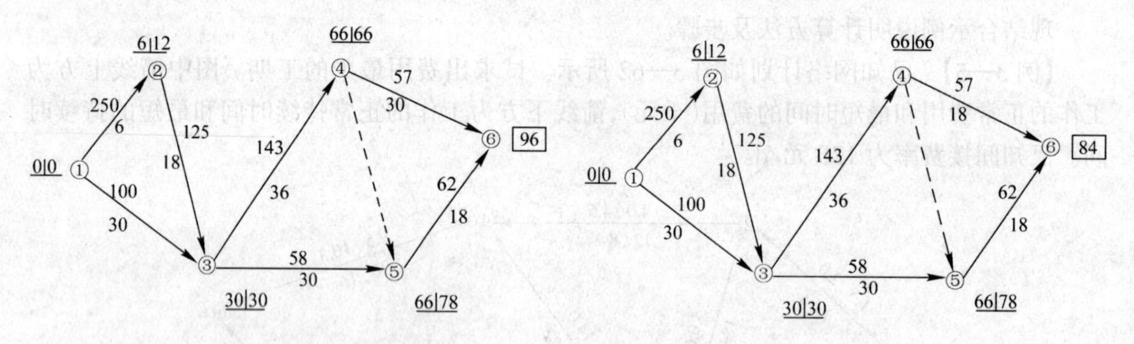

图 3—65 按新的网络图确定的关键线路

图 3—66 第一次工期缩短的网络计划

计算第一次缩短工期后，增加的费用 C_1：

$$C_1=\Delta C_{4-6}\times 12=57\times 12=684(元)$$

通过第一次缩短，图 3—66 中关键线路变成了两条，即 1—3—4—6 和 1—3—4—5—6。如果使该图的工期再缩短，必须同时缩短两关键线路上的时间。为了减少计算次数，关键工作 1—3、4—6 及 5—6 都缩短时间，工作 4—6 持续时间只能允许再缩短2 d，故将该工作与工作 5—6 的持续时间缩短2 d。工作 1—3 持续时间可允许缩短10 d，但考虑工作 1—2 和 2—3 的总时差有6 d，(12－0－6＝6 或 30－18－6＝6)，因此工作 1—3 持续时间缩短6 d，共计缩短 8 d，见图 3—67。计算第二次缩短工期后增加的费用 C_2：

$$C_2=C_1+100\times 6+(57+62)\times 2=1\ 522\ 元$$

第三次缩短。从图 3—67 上看，工作 4—6 不能再缩短，关键工作 3—4 的持续时间可缩短

6 d,因工作 3—5 的总时差为6 d(60－30－24＝6),见图 3—68。计算第三次缩短工期后增加的费用 C_3。

$$C_3 = C_2 + C_{3-4} \times 6 = 1\ 522 + 143 \times 6 = 2\ 380\ 元$$

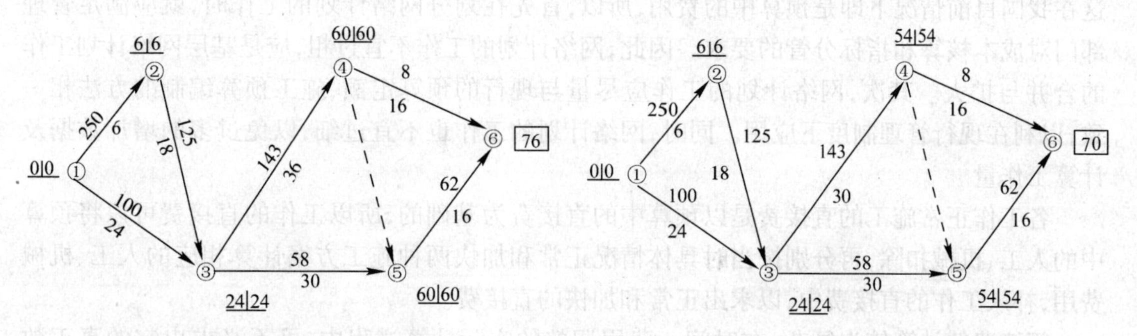

图 3—67　第二次工期缩短的网络计划

图 3—68　第三次工期缩短的网络计划

第四次缩短。从图 3—68 上看,缩短工作 3—4 和 3—5 持续时间8 d,因为工作 3—4 最短的持续为22 d,见图 3—69。第四次缩短工期后增加的费用 C_4 为

$$C_4 = C_3 + (143 + 58) \times 8 = = 3\ 988\ 元$$

第五次缩短。从图 3—69 上看,关键线路有 6 条,只能在关键工作 1—2、1—3、2—3 中选择,只能缩短工作 1—3 和 2—3(工作费用率为 125＋100)持续时间4 d。工作 1—3 的持续时间已达到最短,不能再缩短,经过五次缩短工期,不能再减少了,见图 3—70,不同工期增加直接费用计算结束,第五次缩短工期后共增加费用 C_5 为

$$C_5 = C_4 + (125 + 100) \times 4 = 4\ 988\ 元$$

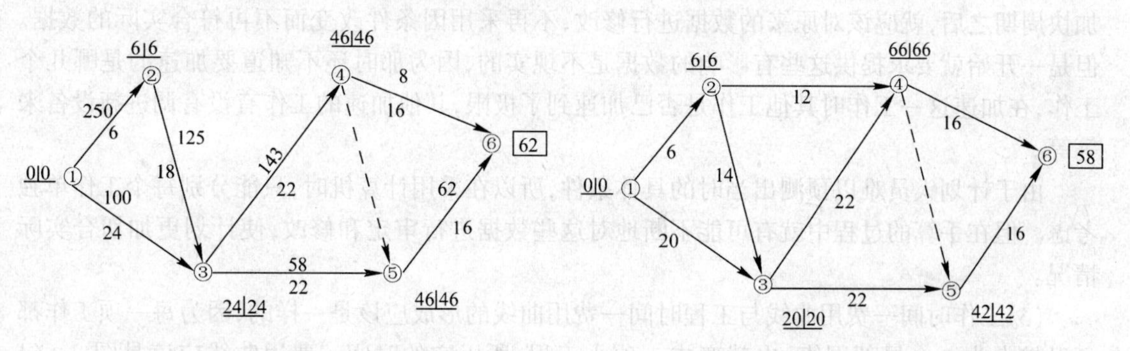

图 3—69　第四次工期缩短的网络计划

图 3—70　第五次工期缩短的网络计划

考虑不同工期增加费用及间接费用影响,见表 3—23,选择其中组合费用最低的工期作最佳方案。

表 3—23　不同工期组合费用表

不同工期	96	84	76	70	62	58
增加直接费用	0	684	1 522	2 380	3 988	4 988
间接费用	11 520	10 080	9 120	8 400	7 440	6 960
合计费用	11 520	10 764	10 642	10 780	11 428	11 948

从表 3—22 中看,工期76 d,所增加费用最少。

(三)时间和费用调整法在实际应用中的几个问题

(1)要作时间—费用调整,首先要求每一工作的正常费用、加快费用及其相应的持续时间。我们可以这样来考虑:每一工作的正常费用即是在正常条件下施工的费用,也是最低的费用。这在我国目前情况下即是预算中的费用,所以,首先在划分网络计划的工作时,就应满足管理部门对成本核算和指标分管的要求。因此,网络计划的工作不宜过粗,应是基层网络计划工作的合并与扩大。其次,网络计划的工作应尽量与现行的预算定额、施工预算编制的方法相一致,以利在现行管理制度下应用。同时,网络计划的工作也不宜过细,以免过多的增加数据及计算工作量。

各工作正常施工的直接费是以预算中的直接费为基础的,所以工作的直接费可以将预算中的人工、机械扣除,再分别按当时具体情况正常和加快两种施工方案计算相应的人工、机械费用,补入工作的直接费中,以求出正常和加快的直接费。

间接费的计算较为复杂,在时间—费用调整的实际计算过程中,可不必求出它的真正数值,而只要求出因延长或缩短工期间接费的增减情况即可以了。如管理人员及后勤人员的工资、大型设施、机械设备等的租赁费、公用和福利事业费、利息等等。

(2)前面叙述的方法,每个工作都是单独考虑的,但实际上加快一项工作所采取的措施也会影响到其他工作的。例如,当对某工作做出加班加点的决定,可能还要同时配备其他小组的人力才行。如加班是在夜里,则照明、夜餐等等都要配合。如在天黑以前那就不需要这些了。如这项工作的加班虽然在夜里,但工作面上可能已有其他工种在工作,这时电工、照明费即可适当降低了。

又如,为加快某一工作要调入一台大型设备。这台设备还可以为以后的工作利用,由于它的进场费已在第一个工作中扣除了,因此在加快后一工作时费用即可以降低了。所以在每个加快周期之后,就应该对原来的数据进行修改,不再采用因条件改变而不再符合实际的数据。但是一开始就要求提供这些有影响的数据是不现实的,因为那时还不知道要加速的是哪几个工作,在加速这一工作时其他工作是否已加速到了极限,其他加速的工作有没有调进新设备来等等。

由于计划人员难以预测出当时的具体条件,所以在采用计算机时,只能分别每个工作单独考虑。但在手算的过程中就有可能不断地对这些数据进行审定和修改,使计划更加切合实际情况。

(3)工作时间—费用曲线与工程时间—费用曲线的形成应该是一样的,因为每一项工作都可以扩大为一个局部网络,也就变成一项小工程,所以它的时间—费用曲线应该是图 3—61(b)所示的那样。由于工作时间较短,所以在时间—费用调整过程中。我们可以近似地用直线表示,这不仅使计算简化,而且更为实用。但这种工作的曲线图形都有一个可行的加快段,即前部分费用变化率较低的那一段。这部分要比用两个端点连线而成的费用率低得多。根据正常与加快两点来确定的费用率有时会显得很陡,因而很多工作就没有被加快,很多有利的方案也就被放弃了。为了取得最大的经济效益,很重要的一点,即要在关键工作的最低费用率那一段范围内进行加快,它会得出一个更为经济的方案。如果利用工作时间—费用曲线中费率较低的那部分来调整进度计划,则求出近似最优解的可能性加大了。从国外的实践经验来看,似乎可以肯定,采用工作时间—费用曲线中费率较低那部分进行分析调整的结果,会比在整个工程网络图中采用两点斜率的方法进行调整的结果更为有利,可以得到一个更为经济的方案。但这样做会增加很大的工作量,只有在经济效果较显著时,才宜于采用这种方法。

(4)时间—费用调整法在局部网络计划中的应用问题。在利用总网络计划时容易进行分析,但在局部网络计划中应用时,则在实际工作上会受到很多限制。原因是,局部网络计划只能代表整个工程中的很小的一部分,并不是所有可供选择的最有利加快方案都在这个局部网络计划中。如工程有多条关键线路,最优方案可能是本局部网络计划中的一个工作和另一个局部网络计划中的另一工作相配合的方案。

有改进方案总比没有改进方案要好,在局部网络计划中应用时间—费用调整法,其目的是判断所有的改动是否对工程有利,有否改进,它虽不是一个最优方案,但也是一个比较好的方案。

第四章 铁路工程施工组织设计

第一节 新建铁路基本建设内容

新建铁路基本建设内容,包括整个建设项目施工过程中所有环节在内,其总的作业内容,是由准备作业、辅助作业、基本作业三部分组成。

准备作业与辅助作业都是为基本作业服务的,本身不构成永久建筑物,只是在竣工决算时,将其费用摊入永久建筑物的成本内。准备作业不要与准备时期的作业相混淆,准备时期的作业,包括准备作业、辅助作业、甚至有少量的基本作业在内(临时工程利用永久建筑物时须提前修筑)。

一、准备作业

准备作业系指线路施工必要的准备工作,应安排适当的期限及力量于基本作业开工前完成,以保证基本工程的顺利进行。对短小的支线、专用线可以一次完成;对长大干线,应按基本作业分段施工的先后顺序,可以分期、分段进行。

二、辅助作业

辅助作业,主要是为铁路基本建设施工而修建的临时工程。辅助作业一部分应在基本作业开工前完成,另一部分可与基本作业同时进行。由于全部辅助作业所占投资比重较大,因此,施工组织设计,应在保证基本作业施工的同时,合理安排辅助作业,尽量减少其种类及数量。

辅助作业的主要内容,按其使用性质可分为:大型临时设施和过渡工程、临时房屋及小型临时设施两类。现分述如下:

(一)大型临时设施和过渡工程

1. 大型临时设施(简称大临)

(1)铁路便线、便桥:指为施工运料修建的便线、便桥(包括临管)。

(2)铁路岔线(包括厂内线):指通往成品厂、材料厂、道碴场(包括砂、石场)、轨节拼装场、存梁场的岔线;机车转向用的临时三角线和架梁岔线;独立特大桥的吊机走行线;以及重点桥、隧等工程专设的运料岔线等。

(3)汽车运输便道:指通行汽车的运输干线及其通往隧道、大桥、机械化施工的重点土石方等重点工程和大型成品厂、材料厂、砂石场、钢梁拼装场等的引入线。

(4)临时轨节拼装场、成品厂、材料厂、存梁场、钢梁拼装场、大型道碴场(厂)的土石方、圬工。

(5)临时通信干线:包括有线和无线两种。有线通信指为施工所需的临时通信干线(包括由接轨点最近的交换所为起点,修建的通信干线,不包括由干线到工地的或施工地段沿线各处、段、队所在地的引入线、场内配线和地区通信线路)。

(6)临时集中发电站、变电站(包括升压站和降压站)和临时电力干线(指供电电压在6 kV及以上的高压供电线路)。

(7)临时给水干管道:指在特殊缺水地区,为较集中地解决工程用水而铺设的干管路。

(8)独立特大桥施工用的临时支墩和大型钢结构制造厂(场)等。

(9)为施工服务的通行汽车的渡口、码头、浮桥、吊桥、天桥、栈桥、地道。

(10)铁路便线、便桥和汽车便道的养护费。

(11)修建"大临"而发生的租地、青苗补偿以及拆迁等。

2. 过渡工程

由于改建既有线、增建第二线等工程的施工,需要确保既有线(或车站)运营工作的安全和不间断地运行,同时为了加快建设进度,需要尽可能的减少运输与施工时间的互相干扰和影响,从而对部分既有工程设施必须采取的施工过渡措施。

例如,临时性便线、便桥和其他建筑物及设备,以及由此引起的租用土地、青苗补偿及拆迁建筑物等。

(二)临时房屋及小型临时设施(简称小临)

(1)为施工及施工运输(包括临管)所需修建的临时生活及居住房屋(包括职工家属房屋),文化教育及公共房屋(如三用堂、广播室等)和生活及办公房屋(如发电站、空压机房、成品厂、材料厂、仓库、堆料棚、临时站房、货运室等)。

(2)活动房屋和帐篷的购置费,搭设、移拆的工料费以及维修费等。

(3)为施工或施工运输而修建的小临设施,如通往中小桥、涵洞等工程和项目经理部、项目工程队、料库、车库所在地的运输便道引入线(包括汽车、马车、架子车道);工地范围内和所在地的厂内运输便道、轻便轨道、工地塔吊走行线、工地施工便桥;由干线到工地或施工处、队所在地的通讯引入线、电力线和地区给、配水管路。

(4)为施工或维持施工运输(包括临管)而修建的临时建筑物,如临时给水(水井、水塔、管路等)、临时供电、临时通信(指地区线路及引入部分)、临时信号、临时整备设备(给煤、砂、油,清灰等设备)、临时站场设备(包括客运和货运设备),以及在通车地段为修建桥涵所需的扣轨梁、吊轨梁、军用梁等(包括枕木垛、木排架)的架立、移拆的全部费用。

(5)大型临时设施内容以外的临时设施均属本项。

(6)因修建临时房屋设施而租用土地、青苗补偿以及拆迁建筑物等费用。

三、基本作业

基本作业,为铁路基本建设工程中的主要部分,建成后作为固定资产移交的项目。如:

(1)路基(包括挡土墙);(2)桥梁、涵洞;(3)站场建筑设备;(4)隧道及明洞;(5)轨道;(6)通信及信号;(7)电力;(8)电力牵引供电;(9)房屋;(10)运营生产设备及建筑物。

通常根据施工先后又以"站前"和"站后"来划分:(1)～(5)项为站前工程;(6)～(10)项为站后工程。

基本作业大体可分为两大类:一类为相互关联者,即必须按一定顺序或交叉进行施工。如修筑路基、桥梁、隧道、铺轨、铺碴及路基加固等。另一类为彼此不互相关联或关联较少者,如房屋建筑、给水、通信设备的修建等。

第二节 设计单位的施工组织设计工作

一、编制阶段

根据《铁路工程施工组织调查与设计办法》(铁建设〔2000〕95号)规定,在铁路基本建设工程决策及设计的各个阶段,必须编制相应的施工组织设计文件。

(一)预可行性研究阶段

提出"概略施工组织方案意见",作为编制投资预估算的依据。主要内容包括:

(1)修建时机;

(2)合理的施工总工期及分段、分期修建的意见;

(3)概略的材料供应计划;

(4)主要工程数量。

(二)可行性研究阶段

编制"施工组织方案意见",经审批成立,作为制订基本建设计划及编制投资估算的依据。应着重提出施工总期限和总的施工方案意见,主要内容包括:

(1)施工总工期,分段、分期施工安排的意见;

(2)施工区段划分意见;

(3)征地拆迁和移民安置意见;

(4)主要工程(指重点土石方地段、特大桥、高桥、长隧道、铺轨、铺碴等)和控制工程的施工方法、顺序、进度、工期及施工关键问题的措施意见;

(5)改建铁路解决施工与行车相互干扰的措施意见,包括改变运输组织的意见(如调整运行图、货物分流等)及安全措施;

(6)材料供应计划及运输方案;

(7)大型临时设施和过渡工程的设置意见及规模、标准和数量;

(8)主要工程数量,主要人工、材料、施工机械台班数量。

(三)初步设计阶段

在批准的"施工组织方案意见"的基础上,编制"施工组织设计",使施工总期限和总的施工方案具体化,如落实料源,安排切实可行的施工顺序,进度和施工方法等。经审批成立,作为修订基本建设计划、指导建设项目施工组织安排、编制初步设计概算、控制分年度投资以及安排施工力量的依据。编制的主要内容包括:

(1)施工总工期,分期、分段、分区间施工安排(包括施工顺序及进度)。

(2)施工区段划分意见。

(3)征地拆迁和移民安置意见。

(4)控制工程和施工条件困难与特别复杂的工程所采取的措施。

(5)主要工程的施工方法、顺序、进度、工期及措施(包括土石方调配意见、重点土石方施工方法及重点取土场地点的选择);施工准备工作(施工准备、砂石备料、临时设施等)与主要工程配合的措施及收尾配套工程的安排意见。

(6)材料供应计划及运输方法

①外来材料(厂发料、直发料)来源、运输方法及供应范围;

②当地料的来源、生产规模、计划产量、运输方法及供应范围。

(7)大型临时设施和过渡工程

①铁路便线、便桥、岔线等的修建地点、标准及工程数量；

②大型临时辅助设施(包括材料厂、成品厂、轨节拼装场、存梁场、制梁场、路基填料集中拌合场、混凝土拌合站、换装站、施工单位自采砂石场等)的设置地点、进度、规模及进程数量；

③临时电力、临时给水、临时通信、运输便道(包括渡口、码头、浮桥等)的修建方案,修建地点、标准及工程数量(实地调查和进行必要的设计)；

④正式工程和临时工程的结合意见；

⑤改建铁路解决施工与行车相互干扰和维持通过能力的各项过渡措施意见,过渡工程的修建规模、标准及数量；

⑥影响通航、公路交通等的工程,解决施工干扰的过渡措施意见,过渡工程的修建规模、标准及数量；

(8)主要工程数量和主要人工、材料、施工机械台班数量；

(9)分年度施工的主要工程及所需主要人工、材料、施工机械台班数量,分年度投资划分。

(四)个别工程施工组织设计

为确保施工组织总方案的实现,在设计阶段对深水复杂桥、特长隧道及5 000 m以上的长隧道等工程(工点),应编制个别工程施工组织设计。其编制的项目,由编制单位结合建设项目的具体情况确定。

个别工程施工组织设计的编制内容,应结合该工程的特点和施工组织总方案所确定的工期,进行具体安排,如施工场地的布置,材料供应方案,分部工程的施工顺序、进度、施工方法、措施意见及有关注意事项等。

二、文件组成与内容

铁路工程施工组织文件均由说明、附件以及附图三大部分组成。

(一)新建铁路可行性研究施工组织方案意见

说　　明

1. 概　　述

(1)研究依据及范围；

(2)预可行研究(项目建议书)审批意见；

(3)线路概况。

①线路起讫地点、里程、全长(正线公里)、地形条件及工程复杂情况；

②全线主要工程分布情况。

2. 建设项目所在地区特征

(1)自然特征(概述与施工有关的主要特征,如缺水、缺砂、缺石、缺填料,高原、严寒、风沙、盐碱、沼泽、海洋、软土地区,以及气温、风向、降雨量等气象资料等)；

(2)交通运输情况；

(3)地区卫生防疫情况；

(4)当地建筑材料的分布及水源、电源、燃料等可资利用的情况。

3. 施工组织方案的比选及推荐意见(说明各方案的施工总工期,主要优缺点和推荐方案的理由),方案比选的内容主要包括:

(1)施工总工期,分段通车意见；

(2)铺轨及控制工期工程的进度与措施;
(3)材料运输方案;
(4)主要大型临时设施的项目、数量和措施;
(5)分年度完成的主要工程量;
(6)分年度需要的主要材料数量。
4. 施工准备工作(概述施工准备、砂石备料、临时设施意见)
5. 主要工程和控制工程
(1)解决控制工期的工程及施工关键问题的意见;
(2)主要工程的施工方法、顺序、速度、工期和采取的措施。
6. 材料供应计划
(1)外来材料、成品的来源与供应基地设置的意见及供应计划;
(2)主要砂、石、道碴场和砖供应地点的选择及供应计划。
7. 临时工程
(1)铁路便线、便桥、岔线、临时通信等的修建意见(含地点、标准和工程量等);
(2)大型临时设施,如材料厂、成品厂、轨节拼装场、存梁场等设置地点和规模;
(3)施工供电、供水方案和汽车运输便道(含渡口、码头、浮桥、索桥等)方案的意见(实地调查和进行必要的设计);
(4)永久工程和临时工程结合的意见。
8. 有待进一步解决的问题
以上4~7项只说明推荐的施工组织方案。
附　　件
①主要工程数量表(含大型临时设施数量);
②主要劳动力、材料、成品及施工机具台班数量表;
③有关协议、纪要及公文;
④图纸目录。
附　　图
①施工组织进度示意图;
②施工总平面布置示意图。
(二)新建铁路初步设计施工组织设计
说　　明
1. 概　　述
(1)设计依据及范围;
(2)可行性研究审批意见及执行情况;
(3)线路概况。
①线路起讫地点、里程、全长(正线公里),地形条件及工程复杂情况;
②全线主要工程分布情况。
2. 建设项目所在地区特征
(1)自然特征(说明高原、严寒、风沙、盐碱、沼泽、海洋、软土等的范围及特征,以及气温、风向、降雨量等气象资料);
(2)交通运输情况(既有铁路、公路(含简易公路))、水运等可资利用的情况;

(3)当地建筑材料的分布情况(着重缺砂、缺石、缺填料地段);

(4)沿线水、电、燃料等可资利用情况及缺水地段的情况;

(5)其他与施工有关的情况。

3. 施工总工期、分期修建意见和施工区段的划分

(1)施工总工期及其依据;

(2)分期、分段修建意见(根据可行性研究批准的建设工期和实施进度提出);

(3)施工区段划分的意见;

(4)控制工期的工程及施工条件困难与特别复杂的工程所采取的措施;

(5)分年度完成的主要工程量及投资划分和主要劳动力、材料、机具数量。

4. 施工准备工作(施工准备、砂石备料、临时建筑物及设施等与主要工程配合的措施)

5. 主要工程的施工方法、顺序、进度、工期及措施

(1)路基;

(2)桥涵;

(3)隧道(含明洞);

(4)铺架(含铺轨、铺碴、架梁);

(5)房屋;

(6)通信、信号、电力、电气化和其他运营生产设备及建筑物。

6. 材料供应计划

(1)采用的运输方案;

(2)外来材料(厂发料、直发料、成品)的数量、来源及运输方法;

(3)当地材料的数量、来源、运输方法及供应范围。

7. 临时工程

(1)铁路便线、便桥、岔线、临时通信等的修建地点、标准及工程量;

(2)大型临时设施(如材料厂、成品厂、轨节拼装场、存梁场等)的设置地点及规模;

(3)施工供电、供水方案,汽车运输便道(含渡口、码头、浮桥、索桥等)的方案设计及意见;

(4)永久工程和临时工程结合的意见;

8. 施工组织设计的主要指标

(1)每年完成铺轨的正线公里数;

(2)主要工程平均每正线公里所需劳动力工天;

(3)主要工程建安工人劳动生产率(元/工天)。

附　件

①主要工程数量表(含大型临时设施数量);

②主要劳动力、材料、成品及施工机具台班数量表;

③砂、石(含道碴)材料调查一览表(说明产地、产量、质量及供应范围,亦可绘于施工总平面布置示意图);

④有关施工调查资料;

⑤有关协议、纪要及公文;

⑥图纸目录。

附　图

①施工组织进度示意图;

②施工总平面布置示意图。

第三节　施工单位的施工组织设计工作

施工组织设计按编制单位和在生产中的作用不同分为两大类:一类是属于设计文件的组成部分,由勘察设计单位负责编制,并编入相应的设计文件(本章第二节已作了介绍);另一类是属于指导施工的技术经济文件,由施工单位负责编制,通常可分为指导性施工组织设计和实施性组织设计。

施工组织设计是各种施工组织文件的统称。施工企业重点有下列几种施工组织设计文件:

1. 投标施工组织设计

投标施工组织设计是投标书的组成部分,是向建设单位显示出本企业素质的手段,又是中标后施工的指导方案,它是编制投标报价的依据。在编制时,必须以招标文件规定的竣工日期为起点,逆排施工工序。计算人力、物力的需用量。尽量采用机械化、专业化施工。施工组织应反映出采用的新技术、新结构、新材料、新设备,表现出为建设单位创建优质工程,降低造价的举措,显示出本企业综合素质,优势和长处,为中标创造条件。

2. 施工组织总设计

施工组织总设计是施工总承包单位以中标工程全部工程项目为对象,对其承揽的综合建设项目施工的总体部署,是指导所属项目经理部进一步编制施工组织设计的依据,也是编制项目总承包单位全年、季度施工生产计划的依据。其编制单元可以是某地区中标的某一个标段,也可以是同时中标的多个标段。

3. 单位工程实施性施工组织设计

它是中标的项目经理部或项目工程队以中标工程内重点单位(或单项)工程(如×大桥、×隧道、×路基等)为对象,编制的具体组织施工的技术经济文件,是施工技术交底和月作业计划的依据。对于同时承担几个施工项目,且工程量较小时(如无特殊要求),可以合编一个施工组织设计,以有利于综合考虑人力、物力的投入和使用。对于单项施工项目,如工期较短,且无系统要求或配合时,也可以采取"技术交底书"的形式,简化编制程序和内容。

对于跨年度的建设项目,因投资或施工环境及所属人力、物力的变化,为适应建设单位和施工生产的需要,有时还应编制年度施工组织设计。年度施工组织设计应结合上一年度施工情况和新的一年部署要求进行编制。

以下就施工单位的施工组织设计工作作简要介绍。

一、编制原则

(1)按基本建设程序,搞好施工管理,并按标准高、质量好、进度快、成本低的要求组织施工;

(2)合理安排施工工期,按照合同规定的要求,力争提前竣工;

(3)严格执行《铁路技术管理规程》、《铁路设计规范》、《铁路施工规范》及其他有关的技术标准、规程规则等;

(4)尽量采用先进的施工方法及工法、工艺,结合工期要求和本单位设备能力配置机械设备,并充分发挥其效能;

(5)根据各地区季节性气候特点,和冬季、雨季,洪水期对不同施工的影响,搞好施工安排,组织好均衡性生产,尽量做到全年不间断施工。

二、编制依据

(1)工程承发包合同、协议、纪要。

(2)国家或建设单位投资计划和对工期的要求。

(3)施工设计文件及工程数量,设计文件鉴定或审查意见。

(4)施工调查资料。

(5)施工队伍的编制、技术工种专业化程度、机械设备情况。

(6)本单位所掌握的国内外新技术、工法和各种施工统计资料。

(7)上级机关编制的指导性、综合性施工组织设计和投标施工组织设计。

(8)各类施工组织设计,分别采用概算指标、预算定额及施工定额。投标施工组织设计应在参考各种定额的基础上,结合本单位实际情况,进行成本分析,根据投标竞争的需要,确定所采用的指标。

三、文件组成与内容(表 4—1)

表 4—1　施工组织设计文件组成内容表

序号	文件组成内容	施组类别			
		投标	总设计	单项工程	年度修正
甲	说明书	√	√	√	√
一	概　　述	√	√	√	
1	工程概况	√	√	√	
(1)	线路的起讫地点、里程、全长、地形条件、地质情况等	√	√	√	
(2)	全线(段)主要工程分布情况	√	√		
2	编制依据	√	√	√	√
二	施工地区特征	√	√	√	
1	地区特征——说明高原、严寒、风沙、盐碱、沼泽等地区的范围、特征	√	√	√	
2	气象资料——与施工有关的气温、风向、降雨量等	√	√	√	
3	交通运输情况——既有铁路、水运、公路(包括县、乡简易公路)等可资利用的情况	√	√	√	
4	当地建筑材料分布情况——着重说明缺砂、缺石地段	√	√	√	
5	沿线水、电、燃料等可资利用的情况及缺水地段情况	√	√	√	
6	其他与施工有关的情况	√	√		
三	施工总工期,分期修建的意见和施工区段的划分	√	√	√	√
1	施工总工期及其依据	√	√	√	
2	分期、分段修建的意见	√	√		√
3	施工区段划分的意见	√	√	√	
4	控制工期的工程条件困难与特别复杂的工程所采取的措施	√	√	√	
5	分年度完成主要工程量及投资划分和主要劳动力、材料、机具数量	√	√	√	√
四	施工准备工作——施工准备、砂石备料;临时建筑物及设施等与主要工程配合的措施	√	√	√	

续上表

序号	文件组成内容	施组类别			
		投标	总设计	单项工程	年度修正
五	主要工程的施工方法、顺序、工期及措施；文明施工、保安全、保质量措施；创优规范；新技术的开发，科技进步与技术攻关规划	√	√	√	√
六	材料供应计划	√	√	√	√
1	采用的运输方法	√	√	√	
2	外来料(厂发料、直发料、成品)等的来源及运输方法	√	√	√	
3	当地材料的数量、来源、运输方法及供应范围	√	√	√	
七	临时工程	√	√	√	
1	铁路便线；便桥、岔线、汽车运输便道(包括渡口、码头、浮桥、索桥等)、临时通信干线等的修建地点、标准及工程	√	√	√	
2	大型临时设施，如材料厂、成品厂、轨节拼装场等项目的设置地点及规模	√	√	√	
3	高层及特殊结构的脚手架及较大结构的模板支撑及搭设	√	√	√	
4	施工供电、供水办法	√	√	√	
八	施工组织设计的主要指标				
1	每年完成的正线铺轨公里数	√	√	√	√
2	主要工程每正线所需的劳动力工天	√	√		√
3	主要工程建安工人劳动生产率		√	√	√
乙	附　　件				
一	主要工程数量表	√	√	√	√
二	主要劳动力、材料、成品及施工机具数量表	√	√	√	
三	主要材料平均运距计算表	√	√		
四	砂、石材料调查一览表	√	√	√	
五	有关施工调查资料	√	√	√	
六	有关协议、纪要及公文	√	√		
七	图纸目录	√	√	√	
丙	附　　图				
一	施工进度示意图	√	√	√	√
二	网络计划图	√	√	√	√
三	施工平面布置示意图	√	√	√	

四、编制分工与审批权限

(1)投标施工组织设计由各级经营计划部门(投标小组)编制，经主管经营的领导、决策人审批后，作为投标书的主要内容之一。

(2)施工组织总设计，由分管生产的总承包单位总经理或总工程师组织有关部门编制与审查，批准成立后，上报下达，作为全工程施工的指导性文件。

(3)单项工程施工组织设计，由经理部、项目经理部或项目工程队分管生产的项目经理或总工程师组织有关部门编制与审查，经批准成立后，上报下达，作为指导本项工程施工的技术性文件。

(4)当工程大或复杂，涉及几个单位施工时，由上一级领导负责指定编制单位和参加编制单位，经负责编制单位组织会审，工程项目负责人批准成立后，上报下达，作为施工指导文件。

(5)路外工程或由工程处独立投标取得的工程，由承揽单位自行编制，重大工程的施工组织经主管经理或总工程师审查批准后，报上级单位备案。

(6)凡通过投标承揽的工程项目的施工组织设计，在本单位批准决定成立的同时，应提交甲方或监理批准，尔后，作为施工指导文件。

五、实施与修正

(1)施工组织设计一经审查批准成立，各执行单位应维护施工组织的严肃性，保证实施。各执行单位要分年度向上级报告执行情况、存在的问题等。编制单位要对实施情况进行定期检查。

(2)如因投资、劳力、材料、设备及其他原因，情况发生变化，无法继续执行原指导性施工组织设计时，可由编制单位调整修改。当国家计划改变，对工期、投资有较大变动时，由编制单位全面调整，分管生产的领导审查批准后，上报下达有关单位执行。

(3)实施性工点施工组织设计是编制月旬作业计划的依据。在实施过程中，如有变化，可通过作业计划调整，但当基本条件有原则变化时，应由编制单位全面调整修改，经上级领导审查后执行。

(4)两个以上单位配合施工的工程，其中一个单位要求调整修改施工组织设计时，仍由原编制单位主持修改，有关单位应积极配合。修改施组按审批程序成立后，上报下达有关单位执行。

第四节 铁路工程施工组织设计的编制方法

一、施工组织调查

(一)施工组织调查的意义

施工组织调查是施工组织设计的重要环节，是正确选定建筑物类型、合理布置施工、决定就地取材、选择施工方法、运输方法、规划临时工程和确定概算费用的重要依据。调查资料是设计必须的基础资料，它直接关系到部分结构设计、施工组织设计及概算文件的质量问题。它是外业勘测中的一项重要工作，必须在各个勘测阶段，组织专门力量认真作好该项工作。为了提高质量，施工组织设计人员应深入现场，认真做好当地材料供应方案、大型临时工程方案的调查比选和有关资料的收集工作，为正确确定设计和概算的有关问题，打下有利基础。

(二)施工组织调查的主要内容及要求

1. 踏　　勘

重点调查各线路方案的沿线交通情况、当地建筑材料分布情况和征地拆迁指标，以及控制工程、重大工程和施工困难地段、特殊地区的施工和运输条件等。

2. 初　　测

深入现场作全面、细致的调查。调查内容因新线、枢纽、既有线改造、既有线增建第二线等建设项目及地区的不同，而有所不同或侧重。主要内容如下：

(1)地区特征。建设项目途经地区的地形、地貌，是否属高原、严寒、风沙、盐碱、沼泽、滨海、软土地区等，特殊地区风俗习惯等。

(2)气象及水文资料。与施工有关的气温、风向、风力、降水量及重点桥渡水文等资料。

(3)交通运输情况

①铁路。铁路接轨站(或接轨站的邻近车站)与新建铁路的关系、位置。设置临时材料厂、

铺架基地的条件等。

对于改建铁路,应调查既有铁路的技术标准、区间行车密度、货流方向、办理货运的车站及平行运行图等,尤其是既有铁路可以利用的情况。

地方铁路或厂矿铁路可利用的情况和运杂费标准。

②公路。与施工运输有关的公路的分布、走向、技术标准(包括路面宽度、等级、桥梁荷载等)、行车密度、运价,公路部门对既有公路的改建计划及该地区新建公路的近期规划,地方运输能力,现有乡村道路的状况和当地有偿使用道路(桥梁)的情况。

③水运。沿线通航河道的通航季节、运输能力,渡口、浮桥、码头等情况及水上运输费用标准等资料。

(4)地区卫生防疫情况。沿线卫生防疫条件、有无地方病及防治措施等。

(5)当地建筑材料情况

①砂、石、道碴等。地方或营业铁路既有砂、石、道碴场的产地分布,储量、产量、质量、规格,可供铁路施工用的数量、价格,运输条件等。

拟建砂、石、道碴场的位置,储量、剥采比、成品率、开采及运输条件等,并取样试验。

对隧道及路基石方弃碴,经试验符合工程用料标准时,应结合施工顺序的安排考虑适当的利用比例。

如沿线缺少砂、石料时,应扩大调查范围。

②砖、瓦、石灰。沿线砖、瓦、石灰产量较大的生产厂家的位置,产品质量,可供铁路施工用的数量、价格、运输条件等。

③沙漠路基防护材料的来源、价格、运输条件等。

(6)工程用水源、电源、燃料等可资利用的情况

①水源。沿线地表水和地下水资源分布情况,重点了解缺水地区的水源、水质、水费标准等情况。

②电源。沿线地方电力资源情况,可供铁路施工用电量,电费计算标准等。

③燃料。沿线燃料品种,供应渠道,可供铁路施工用量、价格等。

(7)主要工程和控制工程

①主要工程和控制工程的施工条件(包括施工场地、运输道路、材料供应、施工干扰等)。

②根据土石方调配情况,合理选择弃土、弃碴场地。对缺乏路基填料的地段,需调查土源。取、弃土方,应考虑造地还田,改坡地为平地、旱地为水浇地的可能性。

③石方爆破对沿线工矿企业、居民区或营业铁路的影响。

④施工中产生的粉尘、噪声及排污对环境的影响。

⑤电气化铁路对沿线有关设施的影响。

(8)大型临时设施和过渡工程

①汽车运输便道。根据沿线交通情况,提出修建汽车运输便道(包括干线和引入线)方案,对可利用的既有道路,提出改扩建意见。在地形困难地段修建运输便道,必要时应进行现场勘察选线工作。

②铁路便线、便桥、岔线。提出出岔位置、拟建长度、标准等。

③临时渡口、码头、浮桥等。拟建或改扩建的临时渡口、码头、浮桥、天桥、地道等的地点、规模和标准。

④临时通信、电力、给水。根据沿线既有通信、电力设施的可资利用情况,提出拟建临时通

信、临时电力的方案;对于离水源较远或取水困难的地段、工点,提出拟建临时给水设施的方案。

⑤大型临时辅助设施。拟建临时材料厂、成品厂、轨节拼装场、存梁场、制梁场、路基填料集中拌合场、混凝土拌合站、换装站、施工单位自采砂石场等大型临时辅助设施的设置地点和规模等。

⑥过渡工程。与运营部门协商,提出施工过渡方案,拟建过渡设施的规模、标准等。

⑦临时工程与正式工程能否结合修建的可能性。

(9)其他有关资料

①地方政府对征地拆迁、移民安置、环境保护、水土保持的政策及有关规定。

②征地、租地、青苗补偿办法及费用标准,耕地占用税等标准。

③房屋及附属构筑物、公共设施等拆迁补偿费标准。

3. 定　　测

在初测施工组织调查资料的基础上,进一步落实补充。主要侧重的工作有:落实当地料的产地位置、数量、质量,进行勘探取样;落实土源;与运营部门配合,进一步落实、制订切实可行的施工过渡方案;落实大型临时设施和过渡工程的设置地点、规模、标准和数量等。

(三)编写施工组织调查报告

施工组织调查完毕,应及时写出施工组织调查报告,整理调查资料,装订成册备查。调查报告的主要内容如下:

(1)线路概况及主要工程情况,施工的主要有利条件和困难因素,重点工程及控制工程的施工方案和措施意见。

(2)概略说明沿线交通情况和地方道路修建计划,全线贯通或分段连通的主要运输道路的方案意见,新建或改建施工便道的标准和工程量(包括引入线)。

(3)材料供应意见:结合料源考虑外来料如何进入施工地段。当地料供应办法,列表说明产地、储量、质量、开采条件及运输方法,缺砂、缺石地段的措施意见。

(4)说明沿线水源、电源、燃料情况,并提出供电方案和缺水地段措施意见。

(5)其他有关资料。

(6)有待进一步解决的问题。

(7)附 图 表

①全线施工平面示意图(草图);

②原始记录本、各种调查表、计算底稿等。

二、施工组织设计方案的比选

铁路基本建设规模较大、工点分散、专业工程多、建设周期长、涉及面广,是一项复杂而艰巨的工作,必须按照一定的阶段和程序进行。除精心进行勘察设计外,尚须精心施工,应当有一个统筹兼顾、因地制宜、经济合理的施工组织设计,据以安排和指导施工,才能多、快、好、省地完成铁路修建任务。作好施工组织安排,必须根据规定的通车期限,结合建设项目的具体情况通过调查研究全面比选,找出一个技术上可行、经济上合理的施工组织设计方案。施工组织方案是在项目可行性研究阶段进行,经审批成立,作为制订基本建设计划及初步设计阶段编制施工组织设计的依据。

（一）施工组织方案比选的内容

1. 方案比选应解决的主要问题

(1)选择铺轨方向；

(2)分段修建及分段铺轨意见；

(3)控制工期关键工程的施工方法、进度及施工措施意见；

(4)选择最优的施工组织方案；

(5)确定施工总工期。

2. 方案比选的内容

方案比选的内容，不必包括铁路的全部工程，只需对路基土石方、桥隧建筑物、正线铺轨和铺碴等主要工程作为对象进行施工组织方案比选即可。施工组织方案比选一般包括以下内容：

(1)施工总工期，分段、分期施工安排的意见；

(2)铺轨及控制工程的施工进度及措施；

(3)改建铁路解决施工与行车相互干扰的过渡方案；

(4)材料供应计划及运输方案；

(5)大型临时设施的设置、工程数量及费用；

(6)分年度完成的主要工程数量及投资划分；

(7)分年度主要人工、材料(三大材、轨料、梁)

（二）施工组织方案的编制步骤

根据初测阶段施工组织调查资料，按国家的修建计划、工期要求、投资安排，结合建设项目的特点，从技术可行性和经济合理性等方面进行全面研究、分析、均衡分配劳动力、物资、机械设备的投入，拟定最佳施工组织方案。

1. 拟定控制工程的施工期限

根据国家规定的通车期限，结合设计文件交付时间，定出施工总期限，看控制工程在技术上可能、经济上合理的正常施工条件下，能否满足通车期限的要求。大型桥隧建筑物的施工时间，又与施工规范规定的技术作业程序，施工单位的技术水平，机具设备能力有密切关系，有时还受到工作面的限制。如越岭长隧道，虽然可以使用全部现代化生产工具，因限于两端施工，进度因而受到一定限制，只有在设置横洞、斜井或竖井，增加工作面的情况下，才能压缩工期。大桥及重点土石方的施工时间，也有类似情况，应因地制宜地考虑问题，按地区特征，施工方法及所需施工机具配备情况而定。施工时间确定以后，再结合地质、水文、气象、材料供应、施工准备等情况来安排施工的起讫日期。

控制工程的施工期限应有充分的依据，既经确定后不宜随意更改，因为变更会影响整个施工安排及方案的比选，应审慎对待。

为了简化工作，控制工程的施工时间，可采用综合进度指标计算。如无适当指标可以利用时，可按主要工程数量及现行定额计算后增加一个适当的系数，以确定施工期限。桥梁的主要工程为基础及墩、台圬工，隧道的主要工程为洞内开挖及衬砌，路基的主要工程为挖方、填方、挡墙等。

按上述办法经分析计算后，控制工程的施工期限仍不能满足总工期的要求时，可以考虑采取以下措施：

(1)提前交付设计文件，提前开工。

(2)如为两端铺轨,可将接轨点安排在控制工程附近的车站,使控制工程有较长的施工期限。

(3)如为一端铺轨,控制工程又在铺轨起点附近,经采取措施仍不能满足铺轨要求时,可采用便线绕行临时通车,待控制工程完工后,再铺轨联通正线,但应作好技术经济比较,随设计文件上报审查批准后执行。

(4)通过计算及采取措施后控制工程的工期仍不能满足总工期要求但相差不大时,可以安排铺轨先到达控制工程附近后,暂时停铺,为控制工程改善运输条件,加速施工进度,提供有利条件,待工程完工后,再继续向前铺轨。

2. 拟定铺轨、铺碴方向和期限

道碴的来源决定铺碴方向,铺碴工作有时控制铺轨进度,对于基本方案有决定性的影响。因此要求在勘测阶段进行施工组织调查时,对沿线或附近适合于道碴材料的产地和产量,应作详细的调查,为施工组织方案提供可靠的依据。对沿线的道碴产量,应尽可能利用,使铺碴工作可以在铺轨前预铺或紧随铺轨进行。当有几处道碴场,需要选择开采时,一般应偏重于线路中段的碴场,因为从中段运出道碴,能以最短的运距向两端分送。

当沿线缺乏道碴,必须由较远的其他碴场运来时,铺碴期限取决于道碴的生产能力,由碴场至工地每昼夜的运送能力及铺碴的方法等。施工组织设计,应特别着重解决运送道碴到区间的组织工作。

铺碴进度时间和方向确定后,即为决定正线铺轨的方向和期限打下了基础,作为选择铺轨方案的依据。

线路铺轨的方向应根据轨料供应地点的位置确定。在铁路施工正常条件下,铺轨工程材料的供应点,须根据现有交通线路的情况而定。一般交通线路可能只限于铁路及通航的河道,非特殊情况,不允许用汽车运送轨料。水运只有确能从供应基地把轨料和机车车辆运到新建线路时,才加以考虑。

根据线路与既有铁路的联接点及通航河道的交叉点,就可以拟定铺轨的方向。如果只有一个联接点,铺轨工作只能单向进行。如线路起讫点与既有铁路相连,或一端靠近通航的河道或海港,铺轨工作可以考虑双向进行。如两个轨料供应点之一不在线路起讫点,而在铁路中间,铺轨工作就可能有各种不同的铺轨方向。只有在考虑到各种因素之后,才能作出正确的决定。在一般情况下,如工期许可,多采用单向铺轨,这样全线施工可以大段作业,合理调配劳动力及材料机具等,又可以少组织铺轨专业工作队。因该专业队的工人及设备,专业性很强,不能用于其他工程,一旦工作衔接不上,就会造成窝工浪费。双向或多向铺轨,因平行作业及全线施工,工作面大,使人力、物力、财力集中需要量很大,施工易出现不均衡状态,不宜轻易采用。只有在工期特别紧急的情况下,才予考虑。

铺轨进度的决定,应按施工单位可能采用的铺轨方法(如机械铺轨,小型机具铺轨或人工铺轨等)、每日工作班数、轨节生产能力、以及在施工时期可能达到的施工水平而定。对需要在铺轨时进行架设的桥梁的上部建筑的时间亦须计算在内。至于站场内的站线铺轨,除一股道及两付道岔随正线铺轨进行外,可考虑在架梁间隙时间进行,一般不另行计算铺轨时间。

3. 按划分的施工区段确定施工准备的期限和安排路基土石方、桥隧等建筑物的施工期限。在施工总工期确定的情况下,拟定不同的施工组织方案

从基本工程开工之日起(根据气候、地区条件和准备工作的期限而定)至正线铺轨以前的期间,均可作为路基土石方工程及中小型桥隧建筑物施工之用。一般对中小型工程不单独绘

入图中,只按大段考虑开竣工日期。为了照顾大段施工流水作业和本段内保持正常作业施工,在划分段落时,对工作量大的地段可以划短一些,以保持相对平衡。分段的施工期限,根据工作量大小及施工单位力量及水平而定,一般情况可按1.0~1.5年安排。对工作量较大的重点地段,安排工期时应作检算,如工期较紧时,可以考虑提前开工。

4. 分析比较各方案的优缺点,提出推荐意见

每个方案均按前三个步骤进行研究,并绘出方案图,然后通过分析,计算进行具体比选,并说明其优缺点,作为选用方案的依据。局部方案可不单独绘图,可在有关方案中以不同线条表示,并加说明即可。

三、施工区段划分

(一)划分的范围

"施工组织方案意见"中,因系着重施工组织方案的比选,除根据施工期限、施工进度、流水作业的需要适当划分施工段落外,不必进行较细的区段划分。在"施工组织设计"中,因施工组织方案已定,按照铁道部的文件编制规定要求应进行较细的施工安排,区段(标段)划分就成为施工组织设计不可缺少的一项工作。

区段划分,不但为概算编制单元的主要依据,同时涉及到招标投标及施工单位的施工计划与任务的安排,因此必须审慎、全面地进行调查研究和分析确定。

(二)划分的原则

(1)根据沿线工程分布,工程量大小,结合施工单位劳动力、机具配备情况综合考虑;

(2)与地方行政区划分相结合,考虑省、市、自治区(县)所辖范围;

(3)除控制工期的重点工程及地段,由专业队伍承担外,一般以综合工程处为划分单元;

(4)从全线及总工期考虑,各区段的工作任务要平衡饱满;

(5)考虑不同工资区的划分,便于概算的编制和调整,也便于成本分析、指标统计等。

(三)划分时应注意的事项

(1)应考虑路基土石方调配中土石方的利用和取、弃土的位置及隧道出碴的利用;

(2)对于长大干线和既有线技术改造,应考虑铁路局的管辖范围;

(3)要考虑线路展线地段的施工干扰;

(4)一般不应在桥隧建筑物中间、车站内、高填方、深挖方中间及线路曲线上分界,最好在直线地段填挖交界处分界。

四、施工顺序、施工进度及期限

(一)施工准备

施工准备是为施工创造条件,应做到运输道路、电力、通信线路尽快贯通,临时房屋、给水及工作场地等修建齐备。因此需全面考虑,配备足够的力量,留出足够的时间来完成。

施工准备所需时间,与地形、临时工程及拆迁建筑物的多少、全线工程量的分布及原有交通运输条件等有关。在一般情况下,一个综合处或一个施工区段约需2~4个月。对于长大干线,施工准备所需时间单独确定。如安排为分期分段施工时,施工准备就没必要全线同时展开,应将准备工作和辅助工作分成与基本工程相适应的若干段落进行。

(二)基本工程

1. 站前工程

站前工程是指铺轨前必须完成的工程(包括铺轨),有路基、桥涵、隧道及明洞、轨道。对站前工程应首先安排好重点工程的施工顺序,然后再考虑一般工程。

(1)路基土石方工程。路基土石方工程在每一施工区段的准备工作完成后或准备工作进展到一定程度即可开工,也可与小桥、涵洞同时开工,但其竣工应落后于桥涵工程,并必须在正线铺轨前半个月完成,以便在此期间进行线路复测、设置线路桩、整修路面及边坡,以及正线上预铺底碴等工作。

一般在隧道口的路堑应尽量提前施工,为隧道施工提前进洞创造有利条件。利用隧道出碴的路堤,应与隧道划分在同一施工区段,以便统一管理。在桥涵群地段的路基土石方,如爆破开挖,对建筑物有影响的,应提前施工。如果站场内土石方数量过大,需用火车运土,或采用大型机械施工,对工程列车或临时运营没有影响时,可推延至正线铺轨后完成。

路基土石方的施工期限,应考虑季节的影响。路基土石方的完工期限应尽量避免在雨季而又不立即铺轨的时节。对于各段土石方的施工顺序,应根据铺轨方向来确定。同时应考虑与其他工程的相互配合和利用,减少干扰、降低造价。

路基土石方的进度取决于取弃土的位置、土壤种类、施工方法、机械设备、运输机具及季节等。当路基土石方工程开竣工日期确定后,对控制工期的土石方集中地段,除进行具体的土石方调配,拟定施工方法和运输方法外,还需检算其工期。

土石方集中地段的工期可按下式计算:

$$T=\frac{W}{g\cdot a\cdot N} \tag{4—1}$$

式中 T——该段土石方需用的工期(工作天);

W——土石方集中地段的工程数量(m^3,按施工方计);

g——某种机械设备的台班产量(若为人工施工,则为人力施工的产量定额);

a——每天作业班数;

N——每班的机械台数(人力施工时为每班施工人数)。

通过检算,如果路基土石方工程在铺轨前半个月不能完成,应考虑能否将开工日期提前,或者增加机械(或人力)及工作班数(但应注意工作面),以缩短施工期限,或者考虑选用其他施工方法或措施,以保证重点土石方工程能在规定的工期内,顺利完成施工任务。

路基土石方工程应尽量采用机械施工,以节约劳动力,提高工效,加快施工进度。为了减少人员、机械的频繁调动和搬迁,机械施工地段土石方数量应不少于50万 m^3,在120万 m^3 以上可满足全年的施工。

路基土石方工程施工进度综合指标可参考表4—2。

表4—2 土石方工程施工进度综合指标

工程项目	施工方法	综合指标	附　注
土石方	人力施工	2.0 m^3/工天	按施工方计
	机械施工	3.5 m^3/工天	按施工方计
	人力机械综合	3.0 m^3/工天	按施工方计
土　方	机械施工	200 000 m^3/队月	
石　方	潜孔爆破	1 000 m^3/队日	潜孔钻机打眼,装载机、倾卸汽车配合,每日三班

(2)桥涵工程。桥涵工程应根据基础类型、洪水季节、施工方法、机具设备、材料运输等问题,结合该段路基土石方工程的开竣工时间,安排桥涵工程的开竣工日期及流水分组。一般桥涵在准备工作完毕后即可开工(对于重点工程也可提前开工),小桥涵的开工应安排在路基土石方之前,也可同时开工。桥涵工程一般应在同区段路基土石方完工前半个月至一个半月完工(可参考表4—3),以便有充分的时间作好锥体护坡填土、桥头填土及涵洞顶部填土等工作。同时考虑混凝土及砌筑圬工的强度达到承受重力的时间。桥涵工程如果实在难以在路基土石方之前完工,则应先修好桥台,尽量避免留缺口,影响路基土石方的质量和进度。

表4—3 桥涵工程比路基工程提前完工时间

工程类别	桥头或涵顶填土高度 h(m)	比路基提前完工时间(月)
大中桥	$h \leqslant 12$	0.5
	$h > 12$	1.0
涵　管	$h < 4$	0.5
	$h = 4 \sim 8$	1.0
	$h = 8 \sim 12$	1.5
	$h > 12$	按个别设计决定

桥隧相连地段,应结合具体情况研究路基、桥、隧的施工顺序,注意石方爆破、隧道弃碴的干扰、石方的利用以及施工场地布置等问题。一般可先安排桥基础开挖,待圬工砌出地面后,再进行路基和隧道的施工。砌好的墩台,应避开爆破的影响,必要时可覆盖防护。有时因地形陡峻施工场地布置困难,桥头、隧道洞口的路基要先施工,以便堆置料具及开辟施工场地。但路堑弃碴应避免堆置于桥墩台基础附近,以免影响基础施工。导流堤应在可能被水淹没地带的路堤修筑前修建或同时修建。

桥梁施工的总工期由构筑基础、砌筑墩台和架设桥梁的时间组成,所以桥梁的进度与工期,都应根据基础类型、墩台形式、桥跨形式的不同分别计算。在施工进度中特大桥、大桥、中桥及复杂工点应单独安排施工期限绘出进度线并考虑安排好流水作业;小桥涵因数量较多,不必每座单独绘出进度线,一般以一个施工区段范围内分组考虑,用一斜线表示单位流水的范围和进度。

桥梁一般施工进度(不包括架梁时间),可参考表4—4、表4—5的综合指标。大跨度拱桥、高墩或基础复杂的桥梁,工期应具体计算决定。

表4—4 按墩高划分的进度综合指标

桥梁式样	墩　高(m)	工　期(月/座)
梁式桥	30以下	3~5
梁式桥	30~50	5~7
梁式桥	50~70	6~8

表4—5 按全长及跨度划分的桥梁进度综合指标

桥梁式样	全长及跨度(m)	工期(月/座)	桥梁式样	全长及跨度(m)	工期(月/座)
拱　桥	跨度38以下	6~8	梁式桥	全长101~150	4~6
拱　桥	跨度38~54	8~12	梁式桥	全长151~250	6~8
梁式桥	全长21~60	2~3	梁式桥	全长251~350	8~10
梁式桥	全长61~100	3~4	梁式桥	全长351~500	10~12

小桥涵进度，随工程类型、填土高度等而定，其工期参考指标如下。

小桥：1～3 个月/座；涵管：0.5～1 个月/座

(3)隧道。隧道工程一般在准备工作完毕后开工，长大隧道或隧道群地段，可提前施工，并与隧道口的桥涵工程施工密切配合，应在桥基或涵洞完成后开工，在铺轨前 1 个月竣工，以便有充分的时间进行检查整修、整体道床施工、场地清理等工作。

隧道进度主要受开挖和运碴速度所控制，因此隧道一般采用昼夜三班施工，由两端同时掘进。对控制工期的长大隧道，应采用机械施工、先进施工方法及设置辅助坑道(平行导坑、横洞、斜井、竖井)等，以增加开挖和运输的工作面，加快施工进度，缩短工期。隧道群地段为了配合长隧道的出碴或解决路基的填料问题，短隧道可以考虑提前打通，利用它作为运输通道，解决施工困难。

由于施工地区地形、地质及水文自然条件不同，施工单位的技术水平、设备能力不同，隧道的施工进度也不同。单线隧道施工进度综合指标参见表 4—6。

表 4—6　单线隧道施工进度综合指标

隧道长度(m)	进度综合指标(月单口成洞 m)
5 000 以上	120～150
2 000～5 000	100～120
500～2 000	60～100
500 以下	30～60

辅助坑道的进度，单线隧道可按正洞单口月成洞进度的百分数计算：

横洞　70%～80%；斜井　40%～60%；竖井　30%～40%。

双线隧道施工进度一般可按单线隧道施工进度的 70% 考虑。

(4)铺架工程。铺轨架梁工程应在路基土石方完工后半个月进行。一般正线铺轨和站线铺轨分别进行，正线铺轨时应考虑铺设一股站线和联接的两组道岔，以便铺轨及运料列车的利用，而其他站线则可利用架梁的间隙铺设。

在正线铺轨前，路基、桥涵、隧道等站前工程必须完成。以保证铺架工作的顺利进行，避免开始铺轨后，由于上述工程未竣工而使铺架工作停顿下来，影响铺架工程的工期。

铺架工程的工期与施工单位的技术水平、设备能力、轨道类型、轨排供应、施工方法、每天工作班数以及架梁孔数、跨度等因素有关。铺轨架梁的工期还应考虑不能利用架梁时间铺设的站线股道工作量。隧道内铺轨工作面窄，又需在照明下工作，一般较洞外困难，尤其隧道设计为刚性道床时，铺轨进度比洞外慢，在深路堑地段铺轨，因工作面小，铺轨进度也受到一定限制，计算铺轨时间时，应考虑这些因素。

如因架梁工作量大，使铺架进度受影响，工期超过了规定工期，在工程设计和施工组织安排时，应采取一定的措施。如采用石拱桥；16 m及以下钢筋混凝土梁就地灌注，人工架设；钢桁梁杆件用汽车运输，并于铺轨前架好等办法。当采取措施仍不能满足总工期和连续铺轨要求时，可采用便线绕行或便桥方案通过，待工程完工后再铺通正线，采用这种方案，将增加投资，应作出比较，选择最优方案。

铺轨架梁应广泛采用机械化施工，只有当机械设备不足或铺轨工期紧迫时，可考虑与人工铺轨同时进行。短距离岔线、专用线或有大量小半径曲线的线路，可采用人工铺轨。每昼夜工作一般按 1～2 班(每班8 h)计，进度约为1～1.5 km/d。

机械铺轨多采用每天两班制。在工期紧迫的情况下可采用三班工作。每天三班的铺轨进度可达3～5 km,但由于架梁速度的限制,实际上每天铺轨架梁综合进度约为1 km。

架梁进度一般随地形、桥梁类型、跨度、连续孔数等的不同而不同,在安排架梁进度时可参考表 4—7。

表 4—7　架梁进度参考指标

跨度及项目	平均每孔需用时间
16 m以下	3 h/孔
20～24 m	5 h/孔
32 m以上	6 h/孔
架梁准备时期	5～8 h/座(包括岔线、加固、整道)

在下述情况下,架梁进度应单独计算:

①桥头不能出岔线、或岔线距桥头较远,以致加长了加固地段及吊梁运行的距离;

②桥台在隧道内或紧接洞口,需在隧道内起吊梁进行架设;

③其他困难条件下的架梁。

根据铺轨及架梁数量结合线路具体情况,参考上述指标或按定额计算出铺架进度及期限后,绘出进度图。

(5)铺碴工程。铺底碴或碴带应在路基土石方工程完工,并经线路复测和路基整修后开工,一般用汽车、马车、拖拉机等运输工具将道碴运送到沿线,并用人工一次进行铺设,在铺轨之前完工。

面碴铺设与铺轨同时进行,但不能同时在一个工作面上施工,铺面碴要落后铺轨 1～2 个区间。面碴一般须分层进行铺设,第一层和第二层面碴铺设的间隔时间最多不超过 1 个月。道碴铺完后起道至设计标高,应经列车或单机碾压 50 次以上,然后对道床进行最后的修整工作。

铺碴进度往往受碴场的位置、生产能力及运输方法的影响。

如果沿线道碴丰富,铺碴工程一般不控制工期,随铺轨进行即可。当有几处道碴场,应合理选用,并计算其供应范围。

对于沿线缺乏道碴,必须由较远的道碴场运来时,铺碴可能控制铺轨进度。此时铺碴期限取决于道碴的生产能力及每昼夜的运送能力和铺碴方法,应着重解决好装碴机械、运碴工具等的配合及组织问题,以保证施工期限。

采用机械铺碴时,每日一班铺碴进度可达 3～4 km。

铺碴工期的检算:如某一铺碴地段铺碴量为 $W(m^3)$,则该段线路的铺碴期限可按下式进行计算:

$$T=\frac{W}{q_d}+t_g \tag{4—2}$$

式中　T——铺碴期限(d);

q_d——道碴场每昼夜生产量(或运输工具的平均运输能力)(m^3/d);

t_g——两次铺碴时间间隔(d)。

2. 站后工程

站后工程一般是指铺轨通车后,为正式交付运营需要修建的工程(通信、信号、电力及电力牵引供电、房屋、其他运营生产设备及建筑物等)。站后工程的施工安排,应配合通车或铺轨进度逐步完成,并在交付使用前1～2个月全部竣工。

(1)房屋工程。房屋工程的开竣工期限,须视房屋类别、临时运营及正式运营的需要而定。一般安排在铺轨后施工,这样可利用工程列车运料,最后完工期限应在交付使用前1.5～2个月为宜。

对于有设备安装的房屋,房屋本身应提前完成,以便有足够的时间进行安装工作(如安装机器)。

有的房屋施工期限应与机械设备的订货及到货计划的时间相配合(如机车库、车辆检修房屋、发电站及变电所房屋等)。

对于靠近铺轨末端的房屋,如果安排在铺轨后施工,应保证全线交付使用日期的要求,必要时可提前开工。

如果能就地取材或材料运输费用不大时,可将部分永久房屋提前修建,以供施工期间作临时房屋之用。在保证工期和不增加投资的前提下,也可发包给地方建筑队伍施工,并要求在通车前交付使用。

房屋工程的施工进度综合指标参见表4—8。

(2)给排水工程。给排水工程应尽可能配合通行工程列车、临时运营和正式运营的需要进行施工。如施工条件许可,材料供应方便,一部分可在铺轨前修建(如引水设备、水泵房、送水管路及一部分配水管路等),以保证机车用水、降低临时给水的费用。如缺乏材料或材料运输困难时,一部分给水工程可安排在铺轨后进行施工,而施工与工程列车用水由临时给水解决。给排水工程的最后完工期限与房屋工程相似。

给排水工程施工进度综合指标参见表4—8。

(3)通信工程。通信工程一般可安排在铺轨后施工,以免施工干扰,同时可利用工程列车运送材料,减少运费。一般按铺完第一层道碴后隔5～10天即可架设通信线路,其完工日期与房屋工程相似。如设计方案及料源均落实,交通运输方便,无施工干扰时,也可在施工准备期间完成,以供施工通信的利用,减少临时通信工程。但通过隧道的电缆槽,应配合隧道施工。

通信工程施工进度综合指标参考表4—8。

(4)信号工程。信号工程都是在铺轨以后施工,主要根据站场完工期限而定。一般在铺碴、整道、道岔就位后即可开工,除特大站场外,均应在施工期内同时完工。要求最后一个站场的信号工程应在铺完第二层道碴同一时间或不晚于半个月完工。信号工程应在开通工程列车前完成信号装设(包括信号楼、机电房等)。

信号工程施工进度综合指标参见表4—8。

(5)电力及电力牵引供电工程。对于新线或既有线改造的电力及电力牵引供电工程开工前必须做好以下工作:

①为采用电力牵引而进行的既有线线路技术改造工程应基本完工,个别工点未完项目应达到基本上不影响电力牵引供电工程施工的程度。如果站场改建未完就不能立接触网软横跨支柱,甚至牵引变电所和供电段都不能开工。如果沿线桥梁、隧道扩大净空的改建工作未完工,接触网就不能安装挂线。

②路基已经夯实整平,平、纵断面基本稳定,线路中心线已拨正,起落道工作已完成。

③沿线干扰、拆迁工程及工程用地等应有妥善协议和安排。

电力及电力牵引供电工程施工进度综合指标参见表4—8。

表 4—8　站后工程施工进度综合指标

项　目	说　　明		指　　标		附　　注
站场设备及房屋建筑	中、会站	无 给 水	3~4	月/站	一班制 每班 30 人
		有 给 水	4~6		
房屋建筑	折返段、区段站		1.5~2.0 万 m^2/(队·年)		250 人/队
给水工程	管路及设备安装		6 月/站		包括 200 t 水塔,一个队工作,每队 100 人
通信工程	平原地区		25~30 km/(队·月)		80 人/队
信号工程	大站电气集中		2.5~5.5 月/站		2 个班,每班 30 人,按 30~60 组联锁道岔
信号工程	中、会站电气集中		2 月/(班·站)		1 个班,每班 30 人,按 3~4 股道考虑
电 气 化 接触网工程	每日出车两次		120~150 正线公里/(队·年)		120 人/队

各项工程施工顺序及开竣工间隔时间见表 4—9。

表 4—9　各项工程施工顺序及开竣工间隔时间表

工作项目	开竣工间隔时间	附　　注
正式运营	视修补、收尾、整理、交验准备工作而定	包括技术总结、交付正式管理的有关技术报表,修补、收尾、整理、试验以及其他的交验准备工作等
临时运营	30 d	留有一定时间,完成部分临时运营的急需的站后工程
第二次铺碴	留有足够的辗压时间	
第一次铺碴		
铺　轨	1~3 d	不超过 1~2 个区间
路基土石方	15 d	复核水平,复测定线以及路基的检查修整等工作
桥　　涵	0.5~1.5 个月	视桥涵类型及填土高度而定(详见表 3~4),以便有足够的时间填筑护坡、桥头填土。若为混凝土或钢筋混凝土结构应留足凝固时间和要求承重时间
准备工作	时间以线路划分地段长度及工作量大小而定一个施工区间约需 2~4 个月	准备工作完工后,桥涵、路基土石方可同时开工,但桥涵竣工应先于路基土石方
设计文件交付	0.5~1.0 个月	施工单位施工计划,现场调查等

(三)结束工作

结束工作是指最后一层面碴铺完到正式交付使用的收尾工作,主要是线路沉落整修和交接验收工作。

结束工作的周期一般为 2 个月。当有遗留的基本工程时,则视线路长度及遗留工程的工作量大小确定结束工作的时间。

从工程列车开行到正式交付使用,一般在 6 个月以内为宜。

五、材料供应计划

材料供应计划,是铁路工程施工组织设计的组成部分之一,是编制运杂费的主要依据。材料供应计划根据确定的运输方案、材料来源、工程分布情况、用料数量、设备品种，结合运输道路、运输工具、施工期限及分段通车安排等，进行编制。

(一)编制依据

(1)线路平剖面图、车站表、桥涵表、隧道表及断链表。

(2)线路地区内有关交通运输情况的调查资料及说明。

(3)砂、石、道碴、砖、瓦、石灰等当地材料的调查表、汇总表及试验资料。

(4)材料厂、成品厂、轨节拼装基地等的设置位置、供应范围及其与交通路线的关系等。

(5)直发料项目及来源。

(6)施工进度图所安排的施工顺序、施工期限及施工区段划分等资料。

(7)各项工程所需材料数量的计算资料。

(8)通过比选确定的运输方案。

(二)编制原则

(1)统筹兼顾、全面安排，最大限度地就地取材，达到运输费用最省的目的。

(2)当地材料产地应考虑开采和运输的可能性、合理性和经济性，以及保证满足工期的要求。

(3)根据施工组织设计的安排，先重点、后一般；先供应料源附近的工程、后供应其他工程，保持一定流向，避免反向运输。

(4)结合各类工程的需要，合理调配不同材料，作到材料不积压，人工、机具又不会因材料供应不足而影响施工或停工待料。

(5)结合施工顺序、堆放地点，合理利用路堑挖方和隧道弃碴。

(三)运输方案比选

在铁路工程施工中，材料运输量大，运输费用占的比重较大。因此，合理选择运输方案，对作好材料供应计划，降低工程造价具有重大意义。

1. 拟定材料运杂费计算起点

分别按厂发料、直发料和当地料三大类，拟定其运杂费计算起点。

2. 拟定运输方法和运输距离

不同材料的运杂费起点拟定后，选择运输方法、运输路线和运距。

运输方法应综合比较后确定。在新建铁路施工中，一般采用的运输方法主要有铁路、公路与航道等，但一般以公路运输为主。铺轨后，尽可能由工程列车运输。在满足施工总工期的前提下，如有条件，应提出分段修建的意见，以节省大量运费。

如有水运条件，应注意通航季节、运输能力、船只来源、修建码头的费用等因素，与陆上运输条件比较后选择。

在既有线改建和增建第二线时，应尽可能考虑以火车、轨道车运输为主。

运输路线的选择，在新建铁路施工中应根据现有交通运输情况和修建的运输便道来决定。当地料由于料源分散，在确定运输路网时，因新建便道投资大、占用农田多，应尽量利用现有道路。

3. 运输方案的比选

根据不同的运输方法、运距、运价，并全面考虑不同运输方案所引起为修建临时设施的费用、不同产地材料价格的差别、安全可靠性等因素，选择合理的运输方案。

4. 供应分界点

运输方案确定以后,如有两个或两个以上的供料基地时,应计算出其供应分界点。

设 A、B 两个材料供应基地,位于一条线路长度为 L 的起讫点附近,并分别以下列符号代表有关项目:

k_1、k_2——A、B 两基地的料价(元/t);

p_1、p_2——A、B 两基地的运输单价(元/t·km);

m_1、m_2——A、B 两基地的装卸单价(元/t);

y_1、y_2——A、B 两基地至起讫点的运杂费(元/t);

x——分界点至起点 A 的距离(km);

A_1——A 基地供应到 x 距离的总费用(元);

B_1——B 基地供应到 $L-x$ 距离的总费用(元)。

则

$$A_1 = y_1 + p_1 x + m_1 + k_1$$

$$B_2 = y_2 + p_2(L - x) + m_2 + k_2$$

令 $A_1 = B_1$,求得

$$x = \frac{y_2 + p_2 L + m_2 + k_2 - y_1 - m_1 + k_2}{p_1 + p_2} \tag{4—3}$$

如运输及装卸单价相等,两基地位于线路起讫点时,则:

$$x = \frac{L}{2} + \frac{k_2 - k_1}{2p} \tag{4—4}$$

理论经济分界点计算出后,应结合地方行政区划分、施工区段划分等适当调整,使一个施工区段最好由一个料源供应。

(四)编制内容及方法

1. 工程项目和材料分类

工程项目和材料分类不是一成不变的,应根据建设项目的地区情况、工程分布情况而定,在一般情况下,提出下列各项,以供参考(表 4—10)。

表 4—10 工程项目和材料分类表

材料种类＼工程项目	土石方工程	路基圬工及挡土墙	桥梁工程	小桥及涵洞	隧道及明洞	轨道	线路有关工程	房屋	给水	通信
砂		√	√	√	√		√	√	√	
碎石、小卵石		√	√	√	√		√	√	√	
块石、料石		√	√	√	√			√	√	
砖								√		
瓦								√		
石灰		√						√		
土										
水泥	√	√	√	√	√		√	√	√	√
木材	√	√	√	√	√		√	√	√	√
钢铁及其他	√	√	√	√	√		√	√	√	√
梁			√	√						
钢梁			√							

续上表

工程项目 材料种类	土石方工程	路基圬工及挡土墙	桥梁工程	小桥及涵洞	隧道及明洞	轨道	线路有关工程	房屋	给水	通信
钢轨						√	√			
道岔						√	√			
配件						√	√			
扣件						√				
轨枕						√				
轨排						√				
木枕			√	√		√				
木枕轨排						√				
道碴底碴						√				
道碴面碴						√	√			
爆破材料	√	√	√	√	√					
混凝土制品							√			√
片石、大卵石		√	√	√	√		√			

注:有"√"符号者,为需要供应的材料种类。

2. 编制范围及单元

材料供应计划的编制,应与概算的编制单元对口。凡单独编制个别概算的重点工程应单独编制,其余均按总概算的编制范围进行编制。

3. 平均运距的计算

(1)工程列车的平均运距计算:以铺碴为例,起码运距为50 km。

当 $l_1 \geqslant 50$ km时

$$平均运距 = l_1 + \frac{L}{2} \tag{4—5}$$

当 $l_1 < 50$ km时,使 $l_1 + l_2 = 50$ km

$$平均运距 = \frac{50l_2 + \left(50 + \frac{l_3}{2}\right)l_3}{L} = 50 + \frac{l_3^2}{2L} \tag{4—6}$$

当 $l_1 = 0$ 时,则 $l_2 = 50$ km, $l_3 = L - 50$

$$平均运距 = \frac{L}{2} + \frac{1\,250}{L} \tag{4—7}$$

(2)运营火车平均运距的计算。计算方法与工程列车运输相同,由于起码运距为100 km,故计算公式如下:

$$平均运距 = \begin{cases} l_1 + \dfrac{L}{2} & l_1 \geqslant 100 \\ 100 + \dfrac{l_3^2}{2L} & l_1 < 100 \\ \dfrac{L}{2} + \dfrac{5\,000}{L} & l_1 = 0 \end{cases} \tag{4—8}$$

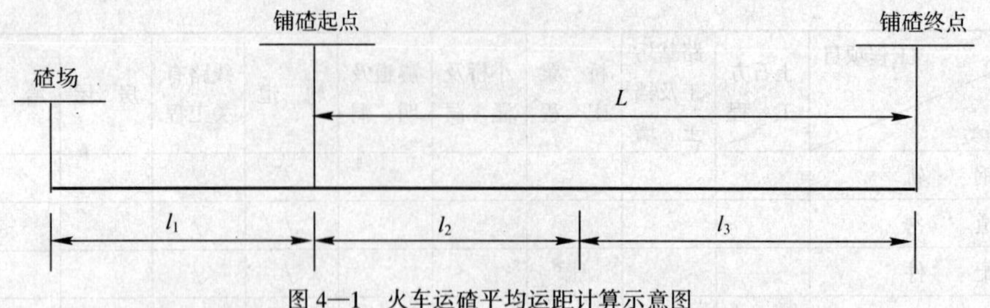

图 4—1　火车运碴平均运距计算示意图

当运营火车与工程列车连续运输时,则按上述办法分别计算。

(3)砂、石料平均运距的计算。一段线路的用料有两个或两个以料源供应时,其分界点或用哪个料源供应某个工点的用料,应通过计算比较确定,现分几种不同情况分别介绍如下:

①由两端料源供应,假设运输方法、运价及开采单价相同,如下图:

图 4—2　两端料源供应示意图

l—供应的一段线路长度;a,b—分别为 A、B 石场至线路的距离;x—理论经济分界点距 A 端的距离。

用最大运距相等法计算理论经济分界点:

$$a+x=b+(l-x)$$

则
$$x=\frac{l}{2}+\frac{b-a}{2}$$

得A 料场供应的平均运距　$a_1=a+\frac{x}{2}$

B 料场供应的平均运距　$a_2=b+\frac{l-x}{2}$

故整段线路用料的平均运距　$l_{cp}=\frac{a_1x+a_2(l-x)}{l}$

一般公式为

$$l_{cp}=\frac{a_{0-1}l_{0-1}+a_{1-2}l_{1-2}+a_{2-1}l_{2-1}+\cdots+a_nl_n}{l} \tag{4—9}$$

式中　l_{cp}——加权平均运距;

a_{0-1}、l_{0-1}——料场 1 到线路起点的平均运距及铁路线路长度;

a_{1-2}、l_{1-2}——料场 1 到料场 2 经济分界点的平均运距及铁路线路长度;

a_{2-1}、l_{2-1}——料场 2 到料场 1 经济分界点的平均运距及铁路线路长度;

a_n、l_n——料场 n 到线路终点的平均运距及铁路线路长度。

②料源至铁路附近运价不同,开采单价不同时,可参照运输方案比选中公式(4—3)计算。

③由一处料源单向或双向供应,运输方法、运价相同,计算公式如下:

a. 单向供应

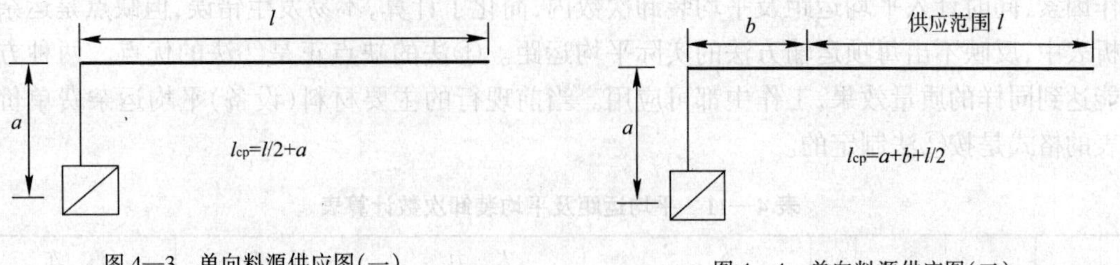

图 4—3　单向料源供应图(一)

图 4—4　单向料源供应图(二)

b. 双向供应

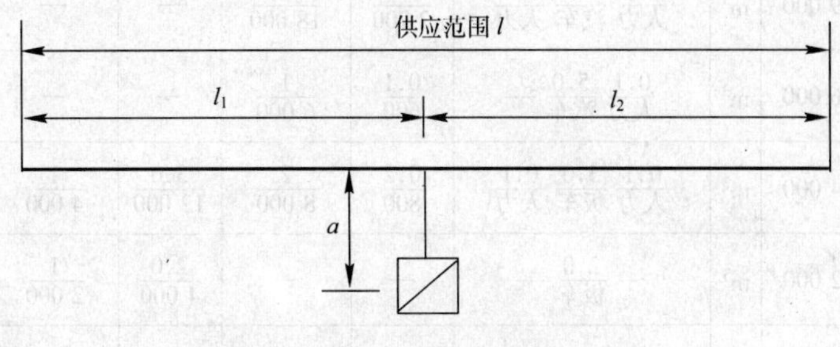

图 4—5　单一料源双向供应运输示意图

$$l_{cp} = a + \frac{l_1^2 + l_2^2}{2L} \tag{4—10}$$

4. 编制步骤及方法

运输方案、运输方法、编制单元、供应项目及供应范围确定后,即可进行编制材料供应计划。按工程类别及材料项目,编制每项材料全程连续、不同的运输方法并计算出运距。

(1)编制步骤

①填写工程名称,划分供应段落;

②按材料项目计算各种材料供应数量;

③确定材料产地及供应范围;

④确定连续运续方法;

⑤计算运量及装卸量;

⑥累计运量及装卸量;

⑦求平均运距及平均装卸次数;

⑧求运输方法百分比。

(2)编制方法。材料供应计划的平均运距及平均装卸次数的计算,是采用以下两种加权平均的计算方法:

①以全段某种工程某项材料的总供应数量,去除该项材料的不同运输方法的总运量和总装卸量即得加权平均运距及平均装卸次数。

②以某项材料,同一运输方法的总数量去除该项运输方法的总运量和总装卸量求得该运输方法的平均运距及平均装卸次数。但在计算运杂费时须再乘以该运输方法的百分比。

运输方法百分比:在一段材料供应计划中,有不同的运输方法,以某一种运输方法所运材料数量除以总供应量,即得该项运输方法百分比。

现以某隧道用砂供应计划为例,计算如表 4—11。

第①法与第②法不同之点,是省去了计算运输方法百分比的工作,而把运输方法百分比的工作因素，同时计入平均运距及平均装卸次数内，简化了计算，不易发生错误，但缺点是运杂费分析表中，反映不出每项运输方法的实际平均运距。①法的缺点正是②法的优点。两种方法都能达到同样的质量效果，工作中都可应用。当前现行的主要材料(设备)平均运杂费单价分析表的格式是按②法制定的。

表4—11　平均运距及平均装卸次数计算表

序号	产地名称	供应范围	供应数量	单位	连续运输方法(km)	人力		板车		汽车	
						运距/运量	装卸次数/装卸量	运距/运量	装卸次数/装卸量	运距/运量	装卸次数/装卸量
1		1#隧道	9 000	m³	0.2/人力　8.0/汽车　0.1/人力	0.3/2 700	2/18 000	—	—	8.0/72 000	1/9 000
2		2#隧道	6 000	m³	0.1/人力　5.0/汽车　—	0.1/600	1/6 000	—	—	5.0/30 000	1/6 000
3		3#隧道	4 000	m³	0.1/人力　3.0/板车　0.1/人力	0.2/800	2/8 000	3.0/12 000	1/4 000	—	—
4		4#隧道	2 000	m³	—　2.0/板车　—	—	—	2.0/4 000	1/2 000	—	—
第(1)方法		总供应量	21 000	m³		0.2/4 100	1.5/32 100	0.8/16 000	0.3/6 000	4.9/102 000	0.7/15 000
第(2)方法		人力	19 000	m³		0.2/4 100	1.7/32 000	—	—	—	—
		板车	6 000	m³		—	—	2.7/16 000	1/6 000	—	—
		汽车	15 000	m³		—	—	—	—	6.8/102 000	1/15 000
		总供应量	21 000	m³		90%		28.5%		71.5%	

5. 各类工程材料用量指标

各类工程所需材料数量，是材料供应计划的基础资料。因工作程序关系，材料供应计划在前，材料数量计算在后，故本设计阶段的材料数量无法利用，可以采用本建设项目的上一设计阶段的材料数量指标计算；或选用类似线路的统计材料消耗指标计算；亦可采用现行的铁路工程预算定额综合指标计算。

六、大型临时设施和过渡工程

大型临时设施和过渡工程及大型临时辅助设施，是保证铁路各项工程多快好省地进行施工所不可缺少的，在修建时应全面规划，合理安排。

修建临时工程，应本着节省投资、节约用地、节省劳动力，因地制宜，就地取材，尽量利用既有设施或使用旧料和正式工程的材料。当有条件时，可以考虑与正式工程结合，提前修建正式工程，满足施工需要，以减少投资。

(一)汽车运输便道

根据沿线交通情况和工程量分布情况，结合材料供应计划，拟定新建或改建运输便道的地点、长度、标准、路面类型、占地面积、估算工程数量。对于地方上有偿使用的道路，应根据运量、施工工期的要求，与新建运输便道进行比较后确定。

(二)铁路便线、便桥、岔线

根据铁路便线、便桥、岔线的用途和修建地点及使用期限，拟定其标准、长度、占地面积，估算工程数量，一般情况下，应尽量借用正式工程的轨料，以减少投资。

(三)临时渡口、码头、浮桥等

根据运输方案的具体情况，拟定需新建或改扩建的临时渡口、码头、浮桥、吊桥、天桥、地道的地点和建设规模，估算工程数量。

(四)临时通信、电力、给水

1. 临时通信

根据沿线地形条件，选择采用有线通信或无线通信方式。采用有线通信时，一般考虑全线贯通通信干线，其标准可根据工程的具体情况掌握，估算工程数量。

2. 临时电力

根据沿线电力资源可资利用情况，拟定施工供电方案：全部采用地方电源或自发电；部分采用地方电源，部分采用自发电。当采用地方电源时，应根据工程分布情况，计算用电量，选定采用临时电力线的标准，估算工程数量。当采用自发电时，根据具体情况，选定采用集中发电或分散发电。

3. 临时给水

根据沿线水资源情况，拟定施工供水方案，对距水源较远的工点或工程较集中的地段，可考虑修建给水干管路，根据用水量选定给水管路的标准，估算工程数量。

(五)大型临时辅助设施

根据工程分布、施工工期、交通运输及当地材料供应情况，拟定临时材料厂、成品厂、轨节拼装场、制梁场、存梁场、路基填料集中拌合场、混凝土集中拌合站、换装站、施工单位自采砂石道碴场等大型临时辅助设施的设置方案及其位置、规模，估算工程数量。

(六)过渡工程

根据既有线运行情况，安排合理的施工工序，结合运营部门的意见，拟定安全、可靠的施工过渡方案及其规模、标准，估算工程数量。

七、主要劳动力、材料、施工机械台班数量的计算

主要劳动力、材料(包括成品、半成品)、施工机械台班数量的计算，是施工组织设计的一部分，它是根据工程数量和工程定额计算而得到的。

(一)主要劳动力数量计算

劳动力数量，可作为绘制施工进度图安排施工，计算出工人数，估算临时房屋，计算工费、工资差等的依据。

直接参加施工的劳动力工天数(包括施工单位开采砂、石、工地预制成品、半成品所需的劳动力和临时工程所用的劳动力)，按定额或综合指标计算。

(二)主要材料(包括成品、半成品)的计算

(1)按各类工程(包括正式工程及大型临时设施和过渡工程)，根据定额或综合指标计算；

(2)工地成品厂预制的成品、半成品，应计列原材料数量。价购的成品、半成品，则仅统计不同品种的数量；

(3)利用本建设项目拆除或开挖出来的材料，另行列表，注明来源、数量；

(4)大型临时设施和过渡工程的用料,应考虑周转倒用等情况计列数量,并加以说明;

(5)临时房屋及小型临时设施的材料,按其估算费用以“万元三材指标”计算。

“万元三材指标”为:钢材0.143 t,木材0.176 m^3,水泥0.209 t。

(三)主要施工机械台班数量计算

按各类工程,根据定额或综合指标计算主要机械台班消耗量。

八、施工进度图的编制

施工进度图是施工组织设计组成部分之一,它主要表示在规定的总工期范围内,总的工程进度及各类主要工程的施工顺序及其进度。

(一)编制步骤

1. 资料准备

(1)鉴定批准采用的施工组织设计方案图;

(2)线路平、剖面图及断链表;

(3)各类工程的工程数量表;

(4)施工平面示意图;

(5)施工区段(标段)划分及施工基地的设置意见;

(6)施工调查资料;

(7)网络计划设计图;

(8)与有关单位协议文件及有关资料。

2. 分析研究资料,作好主要工程数量统计及里程换算工作

3. 确定图幅大小及内容,并按《铁路工程制图图形符号标准》(TB/T 10059—98)的要求绘制。

(二)绘制的主要内容

1. 线路平面示意图

绘出车站、重点桥隧工程的位置、里程。

工程量小的线路,可将隧道及大中桥全部绘入;工程量大的线路,可按以下要求绘制:

(1)隧道只绘出500 m及以上隧道,注明隧道名称、长度、中心里程;

(2)桥梁只绘出大中桥,注明桥名、孔跨中心里程、全长。

2. 统一里程

根据断链表进行换算,方法是用工点所在百米标加上或减去工点所在百米标以前长短链累计长度(如为长链则加,短链则减),而得统一里程。

在统一里程栏中应绘出起讫点统一里程,每隔一个等分绘出公里标。(如 5、10、50、100 km等)。

3. 主要工程数量

主要工程数量要求按施工区段统计后汇总,并与设计与概算中工程数量对口。房屋按区间及车站分别统计填写。

4. 施工区段划分

绘出施工区段分界线,写明区段的番号,一般可用大写罗马字(如Ⅰ、Ⅱ…)表示。

5. 工程进度图示

仅绘出下列主要工程:

(1)施工准备工作。

(2)路基土石方工程。

(3)隧道。对采用机械开挖和人力开挖的隧道应分别考虑单位流水施工,要考虑结构类型、长度,施工方法大致相同的优先安排流水作业,逐座绘出进度线。

(4)大中桥。按每座绘出进度线,安排好单位流水施工。要考虑结构及基础类型相同的优先安排流水作业,并注意与隧道等其他工程配合施工,避免互相干扰。

(5)小桥涵与挡土墙。按工程量大小和座数多少分段安排单位流水施工。

(6)铺轨架梁。

(7)房屋。根据施工顺序、流水作业、料源、运输方法及配合通车需要进行安排,确定通车前与通车后修建的数量及工期。图中仅表示车站房屋的施工进度,区间房屋因数量较少,可分别考虑在邻近车站内,不单独绘制。

(8)通信。

(9)临时运输道路。

6. 劳动力动态示意图

劳动力动态示意图,是指各个时期直接参加施工的出工人数。目的是用以检验施工安排是否合理,同时,图示最高出工人数又是编制概算、计算有关费用的依据。因此,劳动力的布置调配应与施工进度安排相一致。出工人数是从少逐渐增多,然后保持最高出工人数相对稳定,待施工高潮过后,人数又逐渐减少,不应出现锯齿形状忽多忽少的现象,劳动力要基本稳定平衡。最后,尚需检算图示劳动力总工天。如分配的劳动力总量大致相等,则表示绘制无误。检算的方法是:将总工期内每一施工月份的出工人数乘以每月平均工作天数,然后累计汇总即得。

7. 控制工程及主要工程进度指标

8. 图例、附注

九、施工总平面布置示意图

(一)编制的目的及作用

施工总平面布置示意图,是施工组织设计的主要内容之一,它将线路通过地区或工点附近范围内的施工现场情况及研究确定的主要施工布署反映在图纸上,便于了解线路地区内的工程分布、材料产地、交通运输条件,拟修便道、便线、施工基地、厂矿企业位置、供水、供电方案以及施工区段、行政区划分等情况,并为施工组织设计,材料供应计划提供资料,对指导现场施工具有重要作用。

(二)组成及内容

(1)线路平面缩图及主要村镇、河流位置、省界(新建铁路)、局界(改建铁路);

(2)重点桥隧等工程的位置及其中心里程、长度、孔跨,以及重点取土场位置;

(3)车站位置及其中心里程;

(4)施工区段划分;

(5)砂、石、道碴场的位置和储量,砖、瓦、石灰厂等的位置(包括既有和新建);

(6)大型临时设施的位置;

(7)既有道路和拟建或改建的运输便道的位置;

(8)改建铁路,应标明设计线与既有线的关系;

(9)复杂的展线地段及站场改造,可附放大的平面示意图;

(10)图例、附注。

(三)绘制要求及方法

(1)根据采用的线路缩图绘制;

(2)根据外业调查资料及外业用的平面示意图草图绘制;

(3)绘制之前,根据线路走向和地区交通网,先作一个总的轮廓布置,使图表位置安排均匀适当;

(4)图中的交通运输道路及航道,除注明名称外,应用箭头表示去向和流向,并注明是否通航。在主要城镇、交叉道口,主要砂、石场附近,均需绘出原有道路、航道及新修便道的里程;

(5)线路起讫里程及大的长短链均应绘入;

(6)重点桥、隧的位置,并注明长度、孔跨;

(7)图幅大小,随线路长度及包括的内容而定,以清晰匀称为度。

(四)重点工程施工平面示意图

以上所述为线路施工总平面示意图部分,如为重点工程,应首先了解施工现场范围内涉及的工程项目及内容,详细研究各项工程的设计图纸,工程措施意见及施工组织设计确定的施工顺序、施工进度及施工方法,采用较为详细的画法绘制。同时亦应考虑以下各点:

1. 场外运输道路的引进与仓库位置

(1)如为既有线改造,需铺设岔线时,应先解决岔线的位置及长度。仓库宜沿铁路布置,尽量不占农田,避免拆迁,使工地运输费用最省。

(2)如材料由水路运来,应先考虑在码头附近设置转运仓库或附属企业,再考虑由公路转运至工地。

(3)当材料由公路直接运入或由码头转运至工地时,材料仓库的布置是比较灵活的。一般砂、石、水泥、石灰等仓库,均与混凝土搅拌站和预制构件场有关,布置时应与其紧密联系。对于砖、瓦和预制构件等,可直接堆放在施工对象附近,以免重复搬运。对于工业建筑工地,还应考虑主要设备的仓库及其专业机构所需的场地,一般将笨重的设备直接布置在车间附近。

2. 附属企业的位置

附属企业一般应放在工地边缘上,便于原料运进和成品运出的地方。

混凝土搅拌站,在运输条件较好的情况下,宜采用集中拌合;当运输工具不能妥善解决,最好分散设置在工程对象附近。

3. 场内运输布置

根据仓库、附属企业、场外运输道路的接通以及取、弃土位置等,即可布置场地运输。

4. 临时房屋布置

行政管理及文化生活福利房屋的位置,应尽可能利用拟建的永久性建筑。全工地行政管理用的办公室应设在工地出入口处,以便接待外来人员;而施工人员办公室则应尽量靠近施工对象。

生活福利房屋,应设在工人聚集较多的地方或出入必经之处。

居住房屋,均应集中布置在现场以外,地处干燥,不受烟尘或其他损害健康物质的影响。

5. 临时水、电、管线路布置

施工场地应有畅通的排水系统,并结合竖向布置设置道路边沟、涵洞、排水管等,场地排水坡度不宜小于0.3%。

接入高压线时,应在接入处设变电所,变电所不宜设置在工地中心,避免高压线路经过工地内部导致危险。

6. 消 防 站

根据消防规定设立消防站,其位置应设置在易燃物附近,并须有畅通的消防车道。

7. 方案比选

施工平面图的设计往往会出现若干不同的方案,应通过详细综合分析比较之后,选择合理、经济的方案。

施工总平面布置示意图,应按《铁路工程制图图形符号标准》(TB/T 10059—98)的要求绘制。

第五节 增建第二线施工组织设计的基本特点及措施

一、增建第二线的施工特点

在既有线通过能力达到或接近饱和时,须增建第二线。第二线的施工与新线施工相比较,其最大特点就是在施工期间,施工和运营的干扰比较大。一方面,由于第二线在既有线旁边施工(绕线地段除外),它必然影响运营生产,如既有线旁施工并行的二线桥,既有线列车必须徐行;在石方爆破、接轨或线路换边施工时,须中断既有线行车,这样就影响了既有线的通过能力。另一方面,当既有线列车通过施工地段时,有些二线工程必须做好防护工作,如并行二线隧道,在既有线通行列车时必须加强支撑和防护;有些二线工程须暂停施工,如路基土方施工中若需跨越既有线取弃土,既有线列车通过时须暂停施工。其次在增建第二线的同时,势必会带来既有线的改造,因此,增建第二线和改建既有线常常是同时施工的。

二、增建第二线施工组织设计的基本特点

增建第二线的施工特点,决定了其施工组织设计的基本特点就是要妥善解决施工与运输间的矛盾,尽可能减少施工对运输的干扰,在满足既有线运输的条件下,尽量多争取施工时间,并确保安全生产,同时充分利用既有线对施工的有利条件(如利用既有线运料),顺利完成第二线的施工任务。

增建第二线施工安排应考虑以下问题:

(1)增建第二线,应按区间交付工程;

(2)先安排通过能力小的区间;

(3)站线和咽喉区改建,与区间施工密切配合;

(4)单绕的二线桥应先修通车;

(5)第二线的铺轨工程,一般都可利用既有线运送铺轨材料,可采用多面铺轨;

(6)充分利用行车间隙,尽量缩短封锁时间,尽量利用既有线运料,以节省运费。

三、增建第二线施工组织设计的措施

(一)运输组织措施

(1)采用紧密运行图,将列车间隙缩到最小程度,挤出空隙时间(开天窗),作封锁线路施工或进行运料及中途卸车之用。并且在施工地段,既有线列车应限速通过(徐行)。

(2)分流或合并列车,减少列车对数,挤出时间增开工程列车以供施工运料用。

(3)在通过能力受控制的区间,可采用改进信号装置,实行追踪运行图,挤出时间,供施工利用。

(二)施工措施

(1)修建临时会让站。在控制区间修建临时会让站,是为了缩短列车在区间的走行时间,提高通过能力。但设置过多,会降低行车速度,增加管理人员,提高运营费用。因此,设置时,应进行技术经济比较。

修建临时会让站应设在并行地段,力求靠近大中桥,便于卸料卸梁。

(2)延长股道。在地形平坦的站场上,延长原有股道,是为了组织临时超长列车,缩短会车时间、提高通过能力。

(3)修建部分第二线。为了增加通过能力,如改建的区段较长、通过能力低时,可先修建此区间的第二线,并提前开通行车。

(4)修建便线便桥或绕行线。若施工与行车发生严重干扰,不宜采用封锁线路或防护措施进行施工时,可修建便线、便桥或绕行线,以便列车改道运行,避开施工地点。

(5)对于工作量大的工程,根据封锁时间长短,将此项工程分数次完成。

(6)根据通过能力,将第二线一个大区段内的区间划分为几个组,分期进行施工,每期修通一组或几组,使通过能力有计划地逐步提高。

(7)增设铁路岔线运料或用公路运料。

(8)施工需要封锁要点时,应在封锁命令下达前,作好一切施工准备,以便充分利用封锁时间进行施工。

(三)加强施工与运输部门的密切配合

加强两个部门的密切配合,建立统一的指挥调度机构,使施工计划纳入运行计划,做到运营、施工两不误。

(四)在结构的技术设计中,应尽量改进设计,设法避免干扰

如采用顶进施工或拼装化结构,设计第二线时适当加宽其与既有线的线间距。

(五)防护措施

(1)增建第二线工程施工时,特别是爆破施工,应对既有线轨道及施工场地附近的通信、电力、房屋、桥涵建筑物等进行防护,以免造成损坏,影响行车安全。

(2)加强对既有线的加固防护措施。在既有线不封锁线路的情况下,施工第二线或对既有线进行改造时,可用吊、扣梁加固既有线,或采用打桩(木排桩、钢轨桩)加固既有线桥头和路肩。

(3)建立安全制度和岗位责任制,以保证运营与施工的安全。如爆破与车站的信号联系制度。线路防护制度、封锁线路时间计划制度、开通线路前的检查与开通后的监视制度等。

增建第二线与既有线改造施工组织设计包括说明、附件、附图(施工组织进度示意图、施工总平面布置示意图),其内容与新建铁路施工组织设计相似。

第六节　电气化铁路施工组织设计的特点

随着我国国民经济的飞速发展,客货运量不断增长,既有铁路的运输能力已远远不能满足运营增长的需要,矛盾相当突出,铁路运输已成为国民经济发展中的薄弱环节。因此,除新建内燃牵引铁路和改建既有线及增建第二线外,修建电气化铁路,使用强大功率的电力机车牵

引，也是一项提高运输能力的有效措施。

电气化铁路具有运输能力大，能源消耗小，运输成本低，经济效果好，无环境污染等特点。因此，与其他牵引种类相比，具有较大的优越性。

电气化铁路，就其修建方式而言，有两种情况：一种是在新建铁路之初，一开始就采用电力机车牵引；另一种则是将既有线其他牵引类型的铁路进行电气化改造。

一、电气化铁路的施工特点

(一)新建电气化铁路的施工特点

新建电气化铁路的准备工作和基本工作内容及其在时间上分配，与新建其他牵引铁路相比，有其一定的特点。电气化铁路建设工程，除完成一般铁路的各类工程外，还要根据电力牵引的需要，增建一些特殊设备和建筑物，如电力接触网、牵引变电所、输电线、电力机车机务设备以及一系列的供电辅助设备(如电力调度所、电力接触网和输电线值班所等)。因此，在编制施工组织设计时，应将上述各种特殊设备和其他有关工程进行全面安排，按相应的施工顺序编入施工计划进度图中。

在组织新建电气化铁路施工时，应特别注意对某些个别工程质量的特殊要求。例如修筑路基时，路基填土应保证电力接触网支柱有足够的稳定性，因此路基的填土及其边坡要达到规定的密实度。

按建筑一般铁路的基本工程与电气化铁路的有关特别工程之间的施工顺序，可作出两种不同的施工方案。第一种方案是能够直接得到电能(现有电厂或附近变电所)供应时，可在准备工作期间先完成一些电力牵引必需的工程。其优点是施工准备工作和附属企业能得到电力，不仅解决了动力问题；同时可使用电动施工机械；铺轨通车后还可用来行驶工程列车和临时运营列车，对施工和临时运营都能有利。第二种方案是当得到现成电能有困难时，则将电气化的特别工程和设备与线路的铺轨铺碴工程平行进行，正式的电力牵引设备，要在临时运营开始后才能投入使用。

(二)既有铁路电气化的施工特点

既有铁路的电气化，势必引起既有铁路原有设备和建筑物的改建，其改建内容包括路基、桥隧建筑物、站场设备、机务设备以及通信信号等项工程。因此，它也和既有线改建和增建第二线一样，会干扰既有线的列车运行，其施工作业也必须在保证列车正常运营和安全的前提下，在行车间隙内或封锁时间内进行。

当铁路电气化时，既有线通过能力已趋饱和，要抽出足够的行车间隙时间来进行施工也是非常不容易的，尤其是单线铁路则更为困难。因此，更需妥善组织，统筹安排，以充分利用行车间隙时间搞好施工。

在电气化铁路施工中，正确解决施工与运营干扰的矛盾，这和既有线改建增建第二线施工时的问题属同一性质。因此必须从整体出发，坚持“施工服从运输、以运输为主”的原则，在规划和设计时周密考虑，尽量采取有效措施，减少干扰，并与运输部门协调统一指挥，相互支持，解决好相互干扰问题，做到运营施工两不误。

在电气化铁路施工中，应着重安排好下列各项工程：

1. 施工界内的准备工作

电气化铁路施工界内的准备工作，应提前作好满足电力牵引限界要求的拆迁工程，如与铁路交叉的通信、自动闭塞和输电线路以及在限界内的其他工程等。

2. 土石方工程

由于改建中间站台,设立线间电力接触网,增铺站线股道以及修建通往变电所和供电段的专用线等,要求延长和加宽站坪路基,对这些路基和边坡的压实密度应符合规定要求,同时应保证满足站场排水通畅。

3. 桥隧建筑物

电气化铁路的桥隧建筑物,最主要的是要满足且必须保证达到6.5 m的净空要求。一般来说,既有线上的下承桁梁及跨越既有线桥需要加高净空。常用的方法是将桁式桥门架改为板式桥门架,或是将桥门架抬高,以及局部或全部更换桥跨结构,但更换桥跨结构工程投资大且严重干扰行车。加高跨桥线的方法可用降低桥下既有线的轨面标高或抬高既有桥梁的桥跨结构。

加高隧道净空的方法有挑顶法(即在隧道顶部挖除一部分衬砌,然后再安装电力接触网)及落底法(即减薄道床厚度或挖低路基,而在原有隧道顶部安装接触网)。挑顶法的工程量及对行车的干扰都比较小,而且施工简单,一般多采用此法。但对地质条件不良的隧道,采用挑顶法有发生坍方危及安全的可能时,才考虑采用落底法。

4. 铺轨及铺碴工程

铺轨铺碴工程的主要对象是站场改建。站场的改建除了保证不打乱车站的正常工作外,还要考虑到电气化施工进展的要求,特别是要首先修通通往变电站的专用线,以及为安装线间电力接触网所进行的分开线路的工作。

在进行股道线路及道岔铺设施工时,根据施工条件可采用人工或轨行吊车、龙门架以及铺轨机进行。铺碴工作一般应在铺轨前或紧跟铺轨之后进行。

5. 通信和信集闭工程

为了清除电气化铁路对通信设备正常工作的影响,对电气化铁路附近的架空通信线和输电线必须进行改造。同时为适应电气化铁路的工作条件,对既有车站和区间的信号集中联锁闭塞装置也应进行必要的改造,如移设色灯信号机,设置绝缘接头等。

6. 电力接触网工程

电力接触网工程是电气化铁路施工中最繁重的一项关键工程,也是对造价影响最大的一项工程,其工程造价约占电气化总成本的30%~40%。

电力接触网均匀分布在沿线,而且在区间所进行的建筑安装工程量也最大。从接触网支柱基坑开挖、桥隧打孔灌注、基础浇制、立杆、支柱整正回填,支柱装配、软横跨装配、承力索架设、接触网架设、回流线和供电线架设、设备安装、冷滑行试验到送电试运行等,作业项目很多,应因地制宜地选择不同的施工方法和专用施工机械和采用装配式结构,以加速施工进度,减少区间线路的占用时间。

7. 旅客站台和人行天桥

在电气化铁路上新建或改建车站时,需要增建或改建旅客站台,一般均采用装配式混凝土结构以缩短工期。另外,人行天桥也常需改造,其目的在于满足站内规定的净空要求。

二、电气化铁路施工组织设计的特点

既有线电气化铁路工程,由于很多工作需要利用营业的行车间隙(或集中间隙时间)、封锁线路中断行车进行施工。因此,它的施工组织设计与内燃牵引的既有线改建和增建第二线工程的施工组织有其共同的特点。例如,接触网的建筑安装工作与行车干扰十分严重,往往需要封锁线路中断很长的行车时间来完成。在行车组织上虽然可以采取分流运输，但最根本的办法，还是在进行电气化铁路设计时，就应结合施工需要，周密考虑，妥善安排，切实改进施工方法和使用先进机具，少占线路，以减少对行车的干扰。

为了安排必不可少的封锁线路集中施工的时间，在统筹兼顾运输与施工的基础上，编制紧密运行图，一般每日在白天挤出1.5～2.0 h集中的行车间隙时间，进行一些必须中断行车的作业。

编制施工组织设计时，施工顺序的安排，应考虑下列几个问题：

(1)各年度工程量及投资的合理计划，应符合各路段及全线改为电力牵引的期限及全线正式交付运营的期限。

(2)安排施工计划进度时，应使个别路段或全段改为电力牵引与每年改行冬季或夏季运行图的时间相适应。

(3)应分期按顺序，集中足够的资源，安排在各个路段及个别建筑工程上，以保证工程在尽可能短的时间内全部施工，且能使牵引区段分段交付运营。

(4)为了保证电气化铁路各路段最迅速的交付运营，施工应从最先或最快得到电力的地方开始或靠近大城市一端开始。

(5)尽量采用先进的流水作业法组织施工。当首先开工区段的基本工程在准备工作完毕之后全面开展时，其他区段的准备工作应该和前一开工区段展开基本工程时同时进行。

(6)安排施工计划进度图时，应先着眼于重点工程的工期，并应考虑决定牵引变电站的修建顺序。

(7)对于基本工程，一般应由改建线和车站以及与这些工程有关的路基和桥隧建筑物的改建地段开始，这些工程必须在电气化主体工程开工前10～15 d完成。

(8)通信及信集闭装置的改建应紧接着线路工程进行。

(9)电力接触网支柱的建筑，必须在线路和信集闭装置改建工作建立了必要的工作面和准备好足够数量的基础，以及支柱成品之后方可进行。

(10)牵引变电站的工期，应与接触网的竣工期限相适应，以免影响分段交付运营。

(11)对电力牵引必不可少的房屋工程应在基本工程前的早期完成。

(12)迁移通信线和输电线则在建筑接触网之前进行。

(13)电气化铁路建筑工程的施工期限与线路长度、正线数目、工程数量、集中行车间隙时间的次数和延续时间的长短，以及地形、地质、气候和其他条件有关。同时其总的完工期限必须服从国家对交付运营时间的规定。

电气化施工组织设计文件包括说明书、施工计划进度图、线路平面缩图以及有关施工计划的资料。其内容与新建铁路施工组织设计相似。

第七节　投标施工组织设计的特点及内容

随着经济体制改革的发展，工程招标与投标制的推广，施工企业被卷入了招投标的激烈竞争的旋涡中，为适应竞争的需要，每个施工企业都在探索着机制的重大改革，力求从施工生产型转变为生产经营开拓型，以期在适者生存、优胜劣汰的自然法则下，于竞争、拼搏、开拓的环境中寻得生存与发展。

在各式各样的改革措施中，工程投标处于举足轻重的位置，因为只有参加工程投标，力争中标,保证企业有饱满任务,企业改革才有坚实的基础,投标的成功与否,关系到企业的兴衰与存亡,而投标成功的关键,则在于投标施工组织的编制。

施工组织设计是投标书的组成部分,因为建设单位不仅要听取企业的自我介绍,更重要的是通过施工组织设计了解企业的素质,倘若施工组织设计质量低劣,无法满足招标文件规定的要求,则企业的自我介绍只能是自吹自擂。可见,施工组织设计是评标、定标的重要因素,是投标单位整体实力、技术水平和管理水平的具体体现。

一、投标施工组织设计的编制特点

与设计单位或施工单位在相关阶段编制的相应施工组织设计相比,投标施工组织设计有其特殊性,主要体现在以下几个方面:

(1)应用目的不同:设计单位的施工组织设计是设计文件的组成部分,主要供业主审查和决策,是编制概预算的依据;施工单位的施工组织设计是围绕一个工程项目或一个单项工程,规划整个施工进程、各施工环节相互关系的战略性或战术性布署。而投标施工组织则是投标书的组成部分,是编制投标报价的依据,目的是使招标单位了解投标单位的整体实力以及在本工程的与众不同之处,进而得以中标。

(2)编制条件不同:设计单位编制的施工组织设计是在初步设计阶段,在对现场进行充分调查的基础上编制而成的,施工单位的施工组织设计则更是对各项工程进行深入调研后所作出的周密的施工安排。而投标施工组织则在时间上、方案上都有特殊的要求,时间紧、调查现场有限、方案要令招标单位满意和信服等,给投标施工组织设计的编制增加了难度,要求编制者具有足够的知识和经验。

(3)阅读对象不同:设计单位的施工组织设计主要供设计人员、施预人员阅读及上级有关部门审阅;施工单位的施工组织是供上下左右全方位的相关人员阅读。而投标施工组织则是供招标单位及相关人员评标、定标的投标文件,阅读者基本上是高水平的专业人员或领导,因此要求施工组织设计要有较高的水准。

(4)内容幅度不同:由于投标施工组织设计是投标书的组成部分,而不象其他施工组织设计自成一体,加之其阅读对象的特殊性,可不必对所设计的工程对象进行全面交待,如工程概况、主要工程数量等内容,招标部位相关人员都比较清楚,不必作详细交待。因此,投标施工组织设计的内容应着重于工程的施工方案与安排及其相关的质量、造价、工期、安全控制与文明施工以及合同管理与信息管理。

(5)责任水平不同:设计阶段施工组织设计是编制概预算的依据,而概算是工程项目投资的最高限额,可见施工组织设计要对工程造价负责;施工阶段的施工组织设计是在施工阶段中实施并不断加以完善的过程,其施工组织设计必须具有实施性。而投标施工组织设计仅用于工程投标,工程中标后,对后续施工组织设计具有一定的指导意义,若没有中标,则完成了其使命。所以,投标施工组织设计可具有一定的先进性,若有关方案一时还未研究成熟,但中标后有能力解决,也可以先进行安排,以求竞争取胜。

二、投标施工组织设计的编制内容

投标施工组织设计的重点是根据招标文件的要求,认真进行调查研究,搞好方案比选,做好施工前的各项准备工作,根据招标工程的具体情况,遵循经济合理的原则,对整个工程如何进行,需从时间、空间、资源、资金等方面进行综合规划,全面平衡。并指出施工的目标、方向、途径和方法，为科学施工作出全面布署，保证按期完成建设任务。

由于投标施工组织设计是投标书的组成部分，有的招标书对其位置都有相关安排，投标人只要在相应位置编写自己的内容，在编写过程中，要避免冗长的文字叙述，多采用图表表达，尽可能的一目了然。投标施工组织设计一般应包括下列内容：

1. 文字说明部分

(1)工程特点或工程概况。

(2)编制范围。

(3)编制依据：投标施工组织设计的编制依据一般有下列资料：招标文件提供的图纸、工程数量；要求工程交验的日期；实地调查所掌握的有关气象、交通运输、地材分布、大型临时设施及小型临时设施的修建条件、水电的供应渠道、既有线现状、旧料可资利用的程度和数量、行车密度等资料；建设单位的特殊要求；本单位施工力量及机具的调配情况。

(4)开竣工日期计划：一般情况下，保招标工程的工期是中标的先决条件之一，如投标时施工组织设计中表现出保不住工期，那中标的希望就等于零，若能提前竣工，则提前得越多，中标的希望越大。因此，编制施工组织设计时，必须以招标文件规定的竣工日期为起点，逆推安排施工工序，计算人力、财力、物力的需要量。先总体，再分部，通过网络计划进行综合平衡与方案优化。

(5)施工布置：如施工区段的划分，设备人员动员周期及进场方法，施工队伍安排，材料供应途径等等。施工区段的划分是根据招标工期要求、分段工程量(按行政归属、地理环境的自然分界如以桥、隧、江河为界或施工方便分)，所属施工处(段)的劳动力及机具设备数量情况，进行综合考虑，合理安排，既要考虑到处(段)的任务饱满，又要避免频繁转移，更重要的是让建设单位从中看到施工布署是正确的。

(6)施工方案或施工方法及施工顺序：该部分是施工组织设计的关键部分，要根据工程的具体情况，对相应的准备工作、辅助工作、主体工程的基本工作及有关竣工收尾工作做出全面而详尽的安排，在编制施工组织设计时，应尽可能采用机械化施工，以提高劳动生产率，加快施工进度，缩短工期。应反映出本行业的新动向，亦即施工组织设计尽可能采用新技术、新结构、新材料、新设备。应表现出为建设单位降低造价的措施，如因地制宜，就地取材，缩短短途运距等。凡此种种，均为显示本企业的优势、长处，为中标创造条件。

(7)安全、质量及工期控制措施。

(8)需要说明的问题等等。

2. 图表(技术质询表)部分，常用下列图表

(1)施工总平面布置图；

(2)施工网络计划图；

(3)主要分项工程施工工艺框图；

(4)工程管理曲线图；

(5)资金、材料优化图；

(6)施工进度斜率图；

(7)分项工程生产率和施工周期表；

(8)主要施工机具、设备表；

(9)主要材料计划表；

(10)主要工程逐月完成数量表；

(11)安全、质量保证体系；

(12)工程计划进度曲线图(“S”图)。

三、投标施工组织设计的文字组织

由于投标施工组织设计的阅读对象、使用目的都很特别,因此,在编写时要注意行文方法,主要体现在以下各方面:

(1)摆正作者与读者的关系,切忌采用指令性语句,可多采用假设(虚拟)语句,如“若本单位中标,我们将……”等等;

(2)在编写过程中,要始终注意维系双边关系,不要掺杂对第三者有褒贬的内容,实事求是的描述本单位的有关情况;

(3)重点突出,针对性强,文体明快;

(4)行文流畅,图文并茂,装帧工整;

(5)不采用仅在本行业或本单位内部使用的词汇;

(6)与投标书中其他部分的内容协调一致,不出现差异甚至矛盾;

(7)进度表、平面图要用醒目的线型与图例绘制,其内容以图面清爽为原则,既项目齐全,又整洁美观。

第五章 铁路路基工程实施性施工组织设计

第一节 概 述

铁路路基是以土、石材料为主而建成的一种条形建筑物。在挖方地段，路基是开挖天然地层形成的路堑；在填方地段，则是用压实的土石填筑而成的路堤。它与桥梁、隧道、轨道等组成铁道线路的整体。路基必须具有足够的稳定性、坚固性与耐久性，以保证线路的质量和列车的安全运行。

路基施工具有工程量大、地形复杂多变、施工质量难以控制以及施工条件差等特点。路基工程也称为“土石方大搬家”，一条新建铁路的路基土石方工程量往往达到千、百万立方米。据有关资料表明，每公里新建铁路的路基土石方数量：平原为0.8万～4.5万m^3，丘陵、山岳为4.5万～8.5万m^3，困难山区为8.5万～13.5万m^3。路基工程占总投资的比例很高，通常可达到总工程费的25%～60%。在困难山区，路基施工的艰巨不仅在于工程数量，也往往在于工程量密集、工作面的高差悬殊。例如：侯西线金水沟的一段路堤，长度仅为400 m，填方数量达到116.6万m^3，填土高度达到60 m；宝成线青石崖路堑，中心挖深48.8 m，坡高达到122 m，施工是极其复杂和困难的。

路基工程包括：区间与站场路基土石方工程及路基附属工程。

区间与站场路基土石方工程包括：路堑开挖、路堤填筑、挖除池沼淤泥及换填土壤、路堤夯实、铲草皮、挖台阶、整平路基表面、铲除地表腐植土、原地面打夯等，但不包括桥头锥体土石方及桥台后缺口土石方。

路基附属工程包括：附属土石方工程（指区间与站场的天沟、吊沟、排水沟、缓流井、防水埝、平交道的土石方，及上述除平交道外的砌筑）；路基加固及防护工程（指因加固路基而设计的锚固桩、砂桩、砂井、盲沟、片石垛、反压护道；因修筑路基引起的改河、河床加固；因防护边坡而采取的铺草皮、种草籽、护坡、护墙；为防雪、防沙、防风而设置的防护林带的植树等）；挡土墙工程（指路堑和路堤挡墙，支墙和支柱的挖基、砌筑、回填及有关工程）。

路基工程的工作内容由准备工作、基本工作及整修工作三部分组成。准备工作是在施工前所进行的一系列工作，使基本工作能够顺利、有效而安全地开展，主要包括砍伐施工地区的树木和拔出树根，排除地表水使施工地区预先干燥，设置运土道路等；基本工作是完成路基工程——路堑、路堤及加固防护等所进行的工作，在基本工作进行过程中，还有耙松硬土、摊平卸土、修筑和回填路堤上的机械进出口等辅助工作；基本工作完成以后，还要进行整修，使路基各部分的形状和尺寸符合设计要求，包括整修路基顶面和整修路基边坡两项内容。以上这些工作，相互间有着密切的联系。准备工作的好坏，直接影响到能否顺利施工；基本工作做得细致，就会大大减少整修的工作量；而基本工作和整修工作的质量，又都会直接影响到能否如期铺轨通车，甚至影响到以后线路是否能正常运营。

路基施工时的基本操作是挖、装、运、填、铺、压，虽然工序比较简单，但通常需要使用大量的劳动力及施工机械,并占用大量的土地,尤其是重点的土方工程往往会成为控制工期的关键工程。修筑路基时常会遇到各种复杂的地形、地质、水文与气象条件,给施工造成很大的困难。此外,在路基施工中还存在场地布置难、临时排水难、用土处置难、土基压实难等不利的因素。因此,路基施工决非一般人所想象的那样简单,相反,对路基的施工不能有任何轻视之意。要得到满意的路基工程施工质量,必须严密组织,精心施工。

第二节　路基施工方案的选择

路基施工方案的选择是路基实施性施工组织设计中最重要的环节之一,其优劣在很大程度上决定了施工组织设计的质量和施工任务的好坏。其内容主要包括施工方法的确定、施工顺序的安排、施工机械的选择及施工技术组织措施的制定。

一、路基施工的基本方法

路基施工的基本方法,按其技术特点大致可分为:人力施工、机械施工和爆破法施工。

(一)土方施工

1. 人力施工

人力施工是传统的施工方法,施工时主要是工人用手工工具进行作业。这种方法劳动强度大、工效低、进度慢,且工程质量亦难以保证,已不适应现代铁路工程施工的要求。但是,在短期内人力施工还将继续存在,它主要适用于某些辅助性工作,是机械化施工的必要补充。人力施工常见的施工方法有:人推架子车运土、卷扬机拉架子车运土、自动溜放翻板列车运土、循环人推轨道翻板车运土以及滑坡索道等。

2. 机械施工

机械施工是减轻劳动强度、提高工效、加快建设速度、保证工程质量、节约资金和降低成本的重要手段,与人力施工相比,具有其特殊性,在施工技术、组织和管理上都有更高的要求。机械施工通常可分为两类,即简易机械化施工和机械化施工。

简易机械化施工是在人力施工的基础上,对于施工过程中劳动强度大和技术要求相对较高的工序用机具或简易机械完成,以利加快施工进度、提高劳动生产率,实现高标准高质量施工。但这种施工方法工效有限,只能用于工程量较小、工期要求不严的路基或构造物施工,特别不适宜高速铁路和一级铁路路基的大规模施工。

机械化施工是通过合理选用施工机械,将各种机械科学地组织成有机的整体,优质、高效地进行路基施工的方法。如果选用专业机械按路基施工要求对施工的各工序进行既分工又联合的作业,则为综合机械化施工。实践证明,如果给主机配以辅机,相互协调,共同形成主要工序的综合机械化作业,则工效能够大大提高。以挖掘机开挖土质路堑为例,如果没有足够的汽车配合运输土方;或者汽车运土填筑路堤,如果没有相应的摊平和压实机械配合;或者不考虑相应辅助机械为挖掘机松土和创造合适的施工面,整个施工进度就无法协调,难以紧凑工作,工效亦势必达不到应有的要求,所以,对于工程量大、技术要求高、工期紧的高速铁路和一级铁路路基工程,必须实现综合机械化施工,科学地严密组织施工,这是路基施工现代化的重要途径,也是我国路基施工的发展方向。

常用的土方施工机械有推土机、铲运机、挖掘机、松土机、单斗装载机及自行平地机等。

(二)石方施工

由于岩石坚硬,石质路堑的开挖往往比较困难,这对路基的施工进度影响很大,尤其是工程量大而集中的山区石方路堑更是如此。因此,采用何种开挖方法以加快工程进度,是石质路堑开挖需要解决的重要问题。通常,应根据岩石的类别、风化程度、节理发育程度、施工条件及工程量大小等选择爆破法、松土法或破碎法进行开挖。

对于岩质坚硬,不可能用人工或机械开挖的石质路堑,通常要采用爆破法开挖。爆破法是石质路基开挖的基本方法,它是利用炸药爆炸的巨大能量炸松土石或将其移到预定位置,爆破后用机械清方,包括以下基本作业程序:钻眼、爆破、挖装、运填和压实,用这种方法开挖石质路堑具有工效高、速度快、劳动力消耗少、施工成本低等优点。另外,采用钻岩机钻孔,亦是岩石路基机械化施工的必备条件。除石质路堑开挖而外,爆破法还可用于冻土、泥沼等特殊路基施工,以及清除地面、开岩取料与石料加工等。

根据炸药用量的多少,爆破法分为中小型爆破和大爆破,其中使用频率最高的是中小型爆破,大爆破的应用则受多种因素的限制。例如开挖山岭地带的石方路堑时,若岩层不太破碎,路堑较深且线路通过突出的山嘴时,采用大爆破开挖可有效提高施工效率。但如果路堑位于页岩、片岩、砂岩、砾岩等非整体性岩体时,则不应采用大爆破开挖。尤其是路堑位于岩石倾斜朝向线路且夹有砂层、粘土层的软弱地段及易坍塌的堆积层时,禁止采用大爆破开挖,以免对路基稳定性造成危害。

常用的爆破方法有:炮眼法、药壶法、深孔法和小型药室法,一般多采用深孔爆破法,对于石方集中的工点,也可采用大爆破。

松土法开挖是充分利用岩体的各种裂缝和结构面,先用推土机牵引松土器将岩体翻松,再用推土机或装载机与自卸汽车配合将翻松的岩块搬运到指定地点。松土法开挖避免了爆破作业的危险性,而且有利于挖方边坡的稳定和附近建筑设施的安全。凡能用松土法开挖的石方路堑,应尽量不采用爆破法施工。随着大功率施工机械的应用,松土法愈来愈多地应用于石质路堑的开挖,而且开挖的效率也愈来愈高,能够用松土法施工的范围也不断扩大。

破碎法开挖是利用破碎机凿碎岩块,然后进行挖运等作业。这种方法是将凿子安装在推土机或挖土机上,利用活塞的冲击作用使凿子产生冲击力以凿碎岩石,其破碎岩石的能力取决于活塞的大小。破碎法主要用于岩体裂缝较多、岩块体积小、抗压强度低于100 MPa的岩石,由于开挖效率不高,只能用于前述两种方法不能使用的局部场合,作为爆破法和松土法的辅助作业方式。

常用的石方施工机械有潜孔钻机、凿岩机、铲运机、推土机、挖掘机、松土器和自卸汽车等。

二、路基施工方法的确定

路基施工方法的确定取决于工程特点、工期要求、施工条件等因素,所以,各种不同类型工程的施工方法有很大的差异。对于同一种工程,其施工作业方法也有多种可供选择。在选择时,必须考虑以下因素:

(1)自然条件:应根据本地区的地形、水文地质、气象、交通、土石成分等综合考虑,合理选择施工方法,做到内外作业之间相互结合。对重点工程的施工方法,施工人员应与路基设计人员密切配合,协作确定经济合理的施工方法。

(2)机具的选用:根据地形、地质条件,结合施工单位的施工技术水平、设备能力选用先进的施工方法,以减轻繁重的体力劳动,加速施工进度。

(3)工序的衔接配合:根据现场施工条件,务必使各工序之间紧密衔接配合,组织快速施工或综合机械化施工。在选用主要机械的同时应注意其他机具的配套,提高劳动生产率,同时应注意结合地形,力求重车下坡,避免施工干扰,保证施工安全,减少倒装次数,降低工程造价。

(4)考虑流水作业,应考虑各工点或地段之间的流水作业或工序配合,使施工机具尽可能组织合理倒用,发挥机具设备的最大效率。

(5)采用大型施工机械时,除应落实来源外,并应考虑交通运输及动力供应条件。如站场土石方工程数量较大,具备交通条件时,可采用推土机、挖掘机、铲运机等施工,并结合工程数量、施工掌子选择机械类型。

(6)对重点工程或石方集中地段,如突破工期时,可以增加施工班数。必要时,若条件许可,可采用大爆破或深孔爆破施工。

三、施工顺序的安排

(一)路堤填筑

要保障路堤的填筑质量,应严格按照横断面、全宽度、逐层、水平铺填并夯实路基。"分层填筑"和"压实达到标准"是对路堤填筑的基本要求,至于在不同条件下保证其实现的作法要求,则应根据不同的情况分别考虑。其施工顺序如图 5—1 所示。

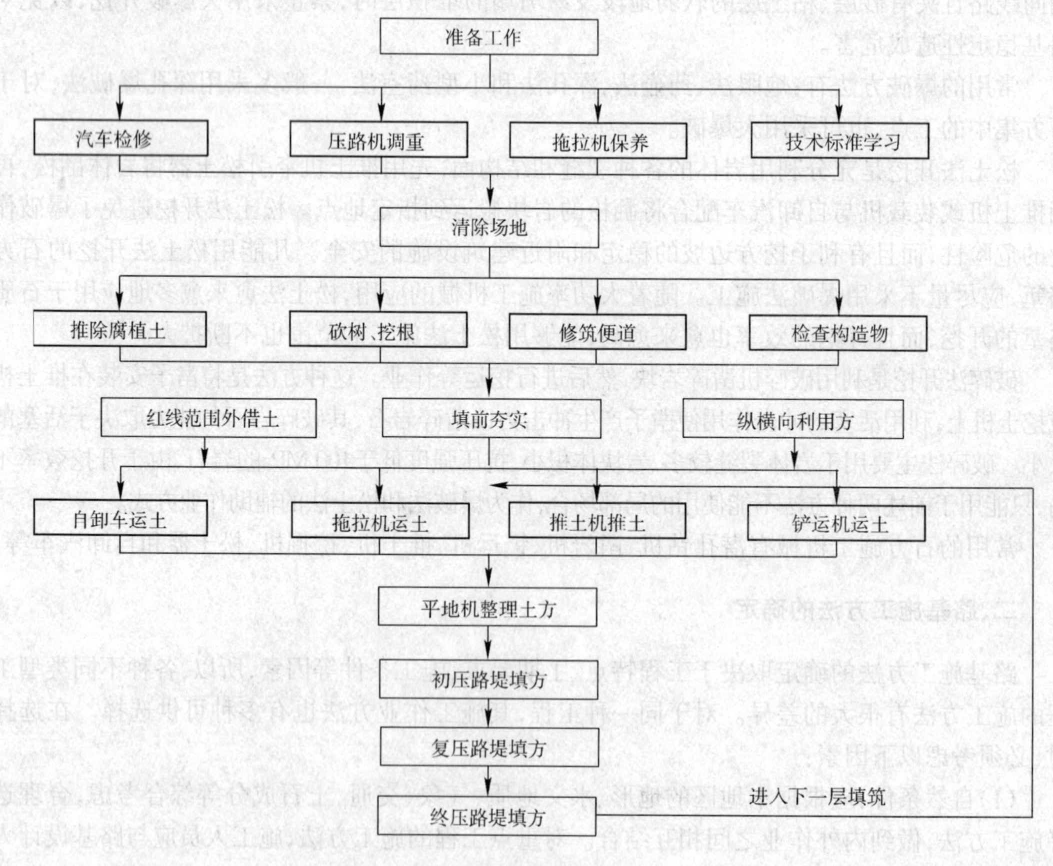

图 5—1　路堤填筑流程图

(二)路堑开挖

路堑开挖是将路基范围内设计标高之上的天然土体挖除并运到填方地段或其他指定地点的施工活动。深长路堑往往工程量巨大,开挖作业面狭窄,因此应因地制宜,综合考虑工程量大小、路堑深度和长度、开挖作业面大小、地形与地质情况、土石方调配方案、机械设备等因素，制定切实可行的开挖方式。路堑施工常见的开挖方法包括单层横挖法、多层横挖法、分层纵向开挖法、通道式纵挖法及纵向分段开挖法，具体的施工工艺可参见相关的施工手册，其施工顺序如图5—2所示。

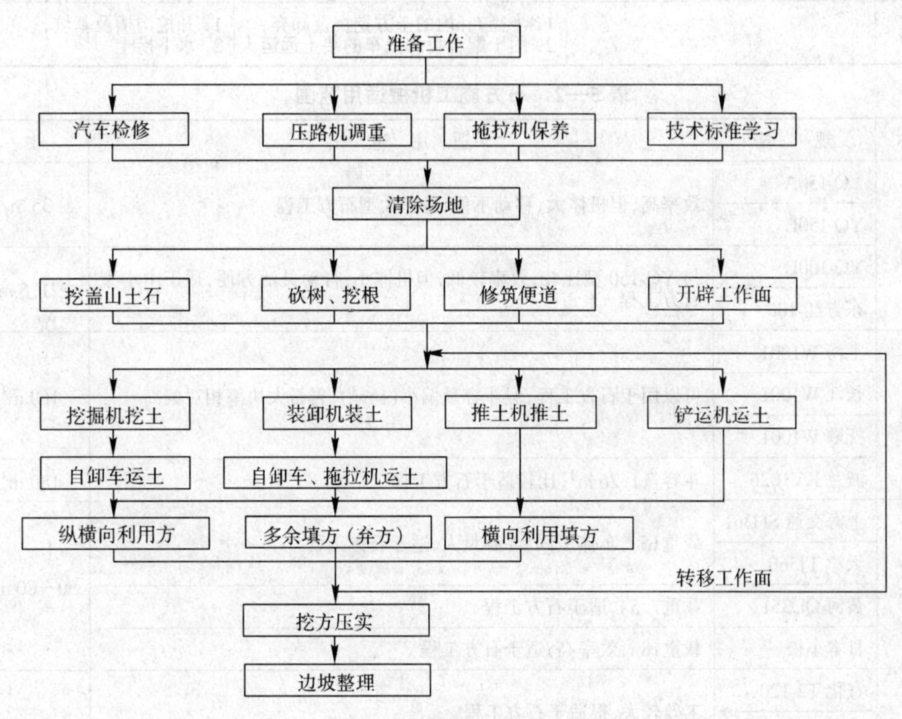

图5—2　路堑开挖流程图

四、土石方施工机械的选择

施工机械种类、规格繁多，各种机械又有着自身独特的技术性能和作业范围，一种机械可能有多种用途，而某一施工内容往往可以采用不同机械去完成，或者需要若干机种联合工作。为了获得最佳的技术经济效果，根据具体的施工条件，对施工机械的合理选择和组合，使其发挥尽可能大的效能，是机械化施工中的一个非常重要的环节。

(一)施工机械的适用范围

常用的土石方施工机械适用范围见表5—1及表5—2。

表5—1　土方施工机械适用范围

机械名称	适用的作业项目		
	施工准备工作	基本土方作业	施工辅助作业
推土机	1. 修筑临时道路； 2. 推倒树木，拔除树根； 3. 铲除草皮，消除积雪； 4. 清理建筑碎屑； 5. 推缓陡坡地形； 6. 翻挖回填井、坟、陷穴	1. 高度3 m以内的路堤和路堑土方工程； 2. 运距100 m以内的土方挖运、铺填与压实； 3. 傍山坡的半挖半填路基土方	1. 路堤缺口土方的回填； 2. 路面的粗平； 3. 取土坑及弃土堆的平整； 4. 土层的压实； 5. 配合挖掘机和铲运机松土； 6. 斜坡上挖台阶
拖式铲运机	1. 铲除草皮； 2. 移运孤石	运距60～700 m以内的土方挖、运、铺填与压实	1. 路基面及场地粗平； 2. 取土坑及弃土堆的平整
自动平地机	1. 铲除草皮； 2. 消除积雪； 3. 疏松土层	修筑高0.75 m以内路堤及深0.6 m以内路堑，挖填结合路基的挖、运	1. 开挖排水沟、截水沟； 2. 平整场地及路面； 3. 修刮边坡

续上表

机械名称	适用的作业项目		
	施工准备工作	基本土方作业	施工辅助作业
拖式松土机	1. 翻松旧道路的路面； 2. 清除树根、树墩和灌木丛		1. 疏松含有砾石的普通土及硬土； 2. 破碎0.5 m以内的冻土层
挖掘机		1. 半径7 m内的土方挖掘及卸弃； 2. 用于配合自卸汽车的装土远运	1. 开挖沟槽及基坑； 2. 水下捞土

表5—2　石方施工机械适用范围

机械名称	规格	适用范围	效率
潜孔钻机	YQ-150A	效率高，但机体大，移动不便，适于大型石方工程	35 m/台班
	YQ-150B		
	YQ-100B	与YQ-150型比较，效率较低，但机体小，行动灵活方便，适于中小型石方工程	21.6 m/台班
	东方红-100		
挖掘机	上海W1001	可以用于石方工程，但斗容量偏小($1\ m^3$)，岩石大块率相对偏高	$160\ m^3$/台班
	长江W1001		
	抚顺W1001		
	波兰KV1026	斗容量$1.26\ m^3$，比较适于石方工程	$180\ m^3$/台班
倾卸汽车	上海交通SH361	载重15 t，车体坚固，斗容量大，适于石方工程	$50\sim80\ m^3$/台班
	天津TJ360		
	黄河QD351	载重7.5 t，适于石方工程	
	日本小松	载重18 t，效率高，适于石方工程	
推土机	宣化T2-120	工效较大，很适于石方工程	
	征山120		
	C-80	工效小，不适于石方工程	
	红旗100		

(二)施工机械的选择原则

土石方施工机械的选择通常应遵循如下原则：

1. 应根据工程特点选择适宜的主要工程的施工机械

例如，基坑开挖，当基坑深度在1～2 m，而长度又不太大时，可采用推土机；对于深度在2 m以内的线状基坑，宜用铲运机开挖；当其基坑面积较大，工程量又集中时，可选用正铲挖掘机挖土，自卸汽车配合运土；如地下水位较高，又不采用降水措施，或土质松软，则应采用反铲挖掘机施工。

2. 使用机械应有较好的经济性

施工机械的经济选择的基础是施工单价，它主要和机械固定资产消耗及运行费用有关。采用大型机械进行施工，虽然一次性投资大，但它可以分摊到较大的工程量当中，对工程成本影响较小。因此在选择机械时，必须权衡工程量和机械费用的关系，同时要考虑机械的先进性和可靠性，这是影响经济效益的重要因素。采用先进的机械设备，其技术性能优良，构造简单，易于操纵，故障率低，可靠程度高，维修便利，运行费用大大降低，最终可取得较好的经济效果。

此外，应尽量利用施工单位的自有机械，这不仅可以减少施工的投资额，同时又提高了现有机械的利用率，降低工程成本。只有在原有施工机械满足不了工程需要时，才能购置或租赁机械。当需要租赁或购买施工机械时，必须在两者之间进行技术经济比较，选取性能价格比高的施工机械。

3. 机械的合理组合

(1)主要机械与辅助机械在生产能力上的配套。为了发挥主要机械的效率，在选择与主要机械直接配套的各种辅助机械和运输工具时应使其生产能力相互协调一致。例如：土方工程采用单斗挖掘机施工中，一般需用运土车辆配合，共同作业，将土随时运走。因此，为使挖掘机充分发挥生产能力，运土车辆的载重应与挖掘机的每斗土重保持一定倍率关系，一般情况下，运土车辆载重量宜为每斗土重的3～5倍，并应有足够数量的运土车辆以保证挖掘机连续工作。

(2)施工机械尽量选用系列产品。在同一施工工地，如果拥有大量不同类型或者同类而不同型号的机械，会给机械管理带来困难，同时增加了机械转移的工时消耗。因此，对于工程量大的工程应采用专用机械；在工程量小而且分散的情况下，尽量采用多用途的机械。例如：有的挖掘机既可用于挖土，又可用于装卸、起重和打桩。

(3)保持机械的良好工作状态。对于提供使用的机械，必须了解其运转情况、设备的完好率和利用率，估算机械保养、维修的停歇时间。同时，应配备适应于流动的辅助、维修设备，使大型机械能具备机动灵活、行动迅速、维修及时的条件，满足工程施工的需要。

(4)合理安排闲置台班备用。如果配套机械中有一台机械突然出现故障而使得生产线停工，在没有备用机械台班的情况下，可能造成全面停工，这在施工现场是绝对不允许的，因此，必须准备适量的后备机械和替补机械，以保证生产的连续性。

(三)施工机械的选择方法

各种施工机械性能互不相同，而机械的技术性能又常常限制了机械的使用。某种机械在一定的工作条件下是适宜的，而在另一种条件下就不能很好地发挥效能，甚至根本不能进行工作。因此，在选择机械时，应考虑下列影响因素。

1. 工程量和施工进度

工程量和施工进度是合理选择机械的重要依据，一般地，为了保证施工进度和提高经济效益，工程量大时应采用大型机械，而工程量小时则采用中、小型机械。例如，一项大型工程，由于受道路、桥梁等条件的限制，大型机械不易通过，如果为了运输问题而再修路桥，这是很不经济的，因此，考虑使用小型的机械进行施工，更为合理。再如，采用大型机械可以使得路基工程提前完工，但是由于其他原因不能使整段线路提前交付使用，那就没有必要采用大型机械来缩短路基工程的工期了。

2. 土质条件

土质条件对机械的通行性、施工时的可能性和难易程度都有较大的影响。

所谓通行性是指施工机械在工地行驶的可能程度，与土壤的承载能力有很大的关系。在土质粒细、含水量高的工地上，若机械反复行驶于同一车辙上时，将对土壤产生揉搓现象，土壤承受机械的能力随之降低，最终导致机械无法行驶。相反，在干燥状态下的砂土上，行驶初期虽然比较困难，但一旦稳定，以后便很容易能反复行驶。

土壤的软硬程度左右着各种机械施工时的可能性和难易程度。例如，普通土、松土可以使用所有的土方机械来开挖；对于硬土，当铲运机的铲刀不宜吃土时，则可先用松土机刨松后再进行铲运施工；对石质土壤(如软石、次坚石)，经爆破后也可采用铲运机和推土机施工。

3. 运　　距

对施工机械的选择，还要考虑土石方运距的远近。在一般情况下，推土机的运距以10～100 m为宜，铲运机以100～800 m为宜。

4. 气象条件

气象条件也是影响机械施工的因素之一，如雨季、冬季施工时，应特别加以考虑。

雨或积雪融水会直接影响土的状态，从而导致机械通过性下降，工程性质变坏。我国大部分地区都有程度不同的连续降雨天气，在雨季期间，如继续施工就不得不考虑使用效率较差的履带式机械，代替在干燥条件下机动灵活、效率较高的轮胎式机械进行作业。

冬季施工使用的机械，应考虑进行冻土开挖、填筑、碾压等作业时机械施工可否达到规定的技术要求，同时应选用与破冻土等特殊作业相适应的机械，如松土器、冻土犁等。

5. 与工程间接有关的条件

选择合适的施工机械还要考虑与工程间接有关的条件。例如，对较大的施工单位来说，同时承担的可能是几个不同的施工任务，应考虑机械设备相互之间的协调与配合，此外，诸如电力、燃料供应、机械维修与管理、机械的调迁等都对机械选择有制约作用，要综合分析，抓住主要矛盾，选择经济适用的机械。

6. 作业效率

在计算施工机械生产率时，都是在假定的标准工作条件下进行的，但是在实际工程施工中，各种条件是千变万化的，那么，在特定的施工条件下，机械的工作能力(生产率)必须考虑其作业效率。对于不同的机械，在相同的条件下，作业效率也不相同。

以上影响因素是相互制约的，必须进行综合分析，从中选出经济合理的施工方案。常见的土方施工机械的选用条件见表 5—3。

表 5—3　土方施工机械的选用条件

路基种类及施工方法	填挖高度(m)	土方运距(m)	主要施工机械	辅助机械	机械施工运距(m)	最小工作段长度(m)
1. 路　堤						
路侧取土	<0.75	<15	自动平地机			300～500
路侧取土	<3.00	<40	58.9 kW推土机		10～40	#
路侧取土	<3.00	<60	73.6～103 kW推土机		10～60	#
路侧取土	>6.00	20～100	6 m³拖式铲运机		80～250	50～80
路侧取土	>6.00	50～200	6 m³拖式铲运机		250～500	80～100
远运取土	不限	<500	6 m³拖式铲运机	58.9 kW 推土机	<700	>50～80
远运取土	不限	500～700	9～12 m³拖式铲运机		<1 000	>50～80
远运取土	不限	>500	9 m³自动铲运机		>500	>50～80
远运取土	不限	>500	自卸汽车		>500	(5 000 m³)
2. 路　堑						
路侧弃土	<0.60	<15	自动平地机			300～500
路侧弃土	<3.00	<40	58.9 kW推土机		10～40	#
路侧下坡弃土	<4.00	<70	73.6～103 kW推土机		10～70	#
路侧弃土	<6.00	30～100	6 m³拖式铲运机		100～300	50～80
路侧弃土	<15.0	50～200	6 m³拖式铲运机	58.9 kW	300～600	>100
路侧弃土	>15.0	>100	9～12 m³拖式铲运机		<1 000	>200
纵向利用	不限	20～70	推土机	20～70	#	

续上表

路基种类及施工方法	填挖高度（m）	土方运距（m）	主要施工机械	辅助机械	机械施工运距（m）	最小工作段长度（m）
纵向利用	不　限	<100	73.6～103 kW推土机		<100	#
纵向利用	不　限	40～600	6 m^3拖式铲运机		80～700	>100
纵向利用	不　限	<80	9～12 m^3拖式铲运机	58.9 kW	<1 000	>100
纵向利用	不　限	>500	9 m^3自动铲运机		>500	>100
纵向利用	不　限	>500	自卸汽车		>500	(5 000 m^3)
3. 半挖半填路基						
横向利用	不　限	<60	73.6～103 kW斜角推土机		10～60	#

注：本表适用于Ⅰ、Ⅱ类土，如果土质坚硬，应先用推土机翻松。

应特别指出的是：机械化施工不能仅局限于用机械施工替代人的劳动或人工无法完成的施工作业，而是要不断提高机械化施工水平，即不断提高机械化程度和施工管理水平。根据工程实际情况合理选用各种机械，并用先进、科学的管理方法将各种机械有机地组织起来，优化施工组织计划，以便充分发挥各施工机械的生产效能。

第三节　土石方调配

土石方调配问题，就是合理利用挖方及合理选择取土、弃土位置的问题，亦即从哪个路堑或哪个取土坑取土填筑哪个路堤；或把哪个路堑的挖方运至哪个弃土堆的问题。调配的目的，主要是在一定的范围及工期内，因地制宜、因时制宜地选用切实可行的先进施工方法和运输方法，安排经济合理的施工方案。因此，作好调配工作，对多、快、好、省地完成土石方施工任务是非常重要的，同时又为设计概算或施工预算提供了良好的依据。

一、土石方调配原则

从路堑挖出的土壤，一般应尽量利用来填筑路堤，这叫移挖作填。这是路基工程的一个重要特点，在经济比较的前提下，争取最大限度的移挖作填，就能最大限度地降低施工工程量。土石方调配就是解决这一问题的工作。

在这里先介绍两个术语——断面方和施工方。

设计单位根据测量结果算出来的填挖方数量叫做断面方。施工时实际开挖的方数叫做施工方，亦即断面方扣除利用方后为施工方。施工方包括两部分，一部分为路堑开挖的方数，另一部分为取土坑开挖方数，而路堑开挖的部分一部分用以填筑路堤，另一部分则弃于弃土堆。因此，施工方 = 利用方 + 弃方 + 借方。施工方一般应小于断面方数，而大于挖方总数，施工方数与断面方数之比，随地形、地质、运输条件、施工方法等变更，一般约在60%～85%之间。

例如，某段线路的路堑挖方是56 000 m^3，路堤填方是30 000 m^3，那么工程量是86 000 m^3断面方。这段线路如果采用横向运土，有86 000 m^3断面方就得做86 000 m^3施工方，即路堑里的56 000 m^3是挖出来弃掉的，而路堤上需要的30 000 m^3则另外从取土坑运来；如果移挖作填，作一方施工方就可以完成两方断面方，所以，如果采用纵向运土移挖作填可以利用27 000 m^3，其余3 000 m^3填方取土填筑，那么施工方就只有 29 000（弃土）+ 27 000（利用）+ 3 000（取土）= 59 000 m^3了。

应该特别引起注意的是，路基土石方工程的施工工程数量并不决定于路基建筑几何体积的计算，而是决定于路基土石方调配方案。因此在正式开工前做好最优的土石方调配工作，可以大大减少工程造价。

在进行土石方调配的规划时，以下原则是应该加以考虑的：

1. 尽量利用荒地、劣地、空地作为取土、弃土的场地，少占耕地，并结合施工改地造田。在满足近期运营要求的情况下，尽量节约用地，避免多占少用、早占晚用或占而不用，有时为了土石方填挖平衡，避免远运，或将来施工对运营安全有障碍时，亦可将远期工程一次性施工。

2. 取土坑及弃土堆位置的选择均应有计划地安排，不能单纯地从经济观点考虑。

路堤取土应根据填方需要数量，考虑路基排水、改土造田和农田灌溉的要求，结合施工方法及附近地形、地质条件采取浅挖宽取、坡地取平以及取土坑挖取等方法。取土坑的深度应使坑底标高与桥涵进出口标高相适应，以利排水。

位于路堑两侧的弃土堆，其内侧坡脚至堑顶距离，随土质条件和边坡高度而定，一般为2～5 m。在不影响边坡稳定的情况下，可尽量靠近堑顶，并堆得高些，压缩用地宽度。弃土堆如置于山坡上侧时，应连续堆集，并应保持弃土堆本身及路堑边坡的稳定；如置于山坡下侧，应间断堆集，以保证弃土堆内侧地面水能顺利排出；当沿河弃土时，要考虑排水系统的全面规划，不得阻塞河流、挤压河流和造成河岸冲刷。

预留的复线位置或拟扩建站场的范围，都不应在其挖方上弃土，亦不应在预留填方处取土，最好将挖方上的弃土弃于预留填方处。

3. 路堤的填料质量应符合设计和规范的要求，好土应尽量用在回填质量要求较高的地段。

4. 挖方量与运距之和应尽可能为最小，即总土方运输量或运输费用为最小。充分利用移挖作填，减少废方和借方，使挖方和填方基本达到平衡；同时选择恰当的调配方向、运输路线，使土方运输无对流现象。

如果挖方少于填方，可以考虑放缓边坡、削平挖方或加宽挖方断面等措施与取土坑取土远运作比较。如果挖方多于填方，除考虑其他工程利用外，可以考虑加宽桥头路堤或填筑架桥岔线等措施与运往弃土堆作比较。

5. 石方的利用应根据施工(爆破)方法、地质特征、地形条件、堆放场地、施工顺序及工期等因素确定可能利用的数量及装卸运输方法等。如采用小爆破，爆出的石碴较碎，能用作片石的数量就较少；如石质为整体砂岩或石灰岩时，爆出的石方可利用的百分率就较高；当地形陡峻或临河道，爆破后散失的较多，向上搬运或在水中捞取亦较困难；如附近有宽阔的场地，可以堆放较多的弃方时，石方利用的比重就会增大。在考虑石方利用时，首先应根据地质资料研究石方是否符合工程的质量要求，然后再确定可利用的数量。利用的顺序在一般情况下，应首先考虑利用于填石路堤，其次为桥、隧等工程，但同时又应考虑工期和施工顺序是否允许。例如，为了避免在土石方施工中预留桥涵缺口而影响土石方跨越运输，该桥涵应提前施工，因而就不能利用靠近路堑开挖的石方。同样，有些重点桥、隧工程需在土石方开工前施工的，亦不能利用路堑石方，但如经过研究比较后，认为利用石方确实有利时，亦可将部分路堑石方提前开工，以资利用。

道碴备料数量大，一般又在路基土石方基本完工后进行，如挖出的石方能符合道碴技术条件时，应充分利用，但事先应考虑堆放场地，以便检查和加工。

路基挖方中的矽质砂岩、白云质石灰岩又可作为机制砂的原料。

6. 在规划土源时也应考虑附近其他余土的利用问题，可充分利用改河、改沟、改移公路、道路、附属土石方工程、路基加固及防护、桥涵工程、隧道工程、房屋工程以及大型临时辅助建筑等工程的土石方相互利用,以减少施工方数和废弃数量。

对桥头渗水土壤与桥台两侧锥体护坡所需的土壤,在土石方调配时应适当考虑。当开挖路堑有这种土壤时,可将该种土壤就近弃于路堑附近的弃土堆,待桥梁需要时使用时再作第二次运输。

隧道开挖出来的坚石、次坚石可充分利用来修建桥涵、挡土墙等建筑物,还可用作线路道碴。利用隧道弃碴时,应考虑隧道本身利用的数量。对于短隧道的开挖,一般为两端并进,两端出碴,会合处不一定在中点,故每端只能考虑利用隧道全长 2/5 的数量。一般情况下,单线隧道每延长米可按不超过30 m^3考虑,若弃碴因质量关系不能供隧道本身利用时,每延长米可按40 m^3考虑,均不另计松散率。

凡是相互利用的方数,均应在调配表中加以注明开挖数量、运输方法及运距,仍然在各工程项下计列。若为先弃后利用,则应另加倒装和二次运输费用。

7. 在调配土方平衡土源时,还应考虑以下因素:

(1)土、石方经过挖掘、运输、填筑及压实后,其体积较原来有所变化。有的体积增加,有的却减少(针对松散状态而言),可以用松散率或压缩率表示,其数值的大小与土石成分、性质、夯实密度、含水量和施工方法等有关(表 5—4)。在调配时对土石方的数量,应根据其压缩率或松散率的经验数值进行调整。

表 5—4 各种土的可松性参考值

序号	土的类别	松方系数 K_1	压缩系数 K_2
1	(一类土)砂土、亚砂土	1.08~1.17	1.01~1.03
2	(一类土)种植土、泥炭	1.20~1.30	1.03~1.04
3	(二类土)亚黏土、黄土、砂土、混合卵石	1.14~1.28	1.02~1.05
4	(三类土)轻黏土、重亚黏土、砾石土、亚黏土混合卵石(碎石)	1.24~1.30	1.04~1.07
5	(四类土)重黏土、卵石土、黏土混卵(碎)石、压密黄土、砂岩	1.26~1.32	1.06~1.09
6	(四类土)泥灰岩	1.33~1.37	1.11~1.15
7	(五~七类土)次硬质岩石(软质)	1.30~1.45	1.10~1.20
8	(八类土)硬质岩石	1.45~1.50	1.20~1.30

(2)路堤基底的沉陷量(约为路堤填土高度的1%~4%)。

(3)土石的挖、装、运、卸过程中的损耗。

(4)用机械填筑路堤时,为了保证路基边沿部分的填土压实,施工时须将路堤每侧填宽约0.2 m。

一般来说,可按填土的断面方数增加15%来规划取土土源,但计算所完成的工程量时,只能按设计的断面方数计算。

8. 土石方调配与施工方法密切相关。施工方法不同,土石方调配的方数和经济运距也不同。路基土石方与其他工程关系密切,在施工组织设计中应全面考虑,妥善安排,研究如何相互配合,相互利用,避免或减少施工干扰。在调配中,如发现更好的施工方案,可以提出相应的修改意见。

要做好土石方调配工作,不能单靠设计文件和图纸,必须进行现场调查。只有结合现场的实际情况进行调配,才能使调配的方案具有实际的意义。

二、土石方调配方法

区间的路基是线形土石方建筑物，大型站场的路基是广场型土石方建筑物，在对两者进行土石方调配时，所采用的调配方法是不同的。通常对区间的路基土石方调配采用线法调配，而对大型站场的路基土石方调配采用面法调配。

（一）线法调配区间路基土石方

1. 最大经济运距的概念

采用线法调配通常有两个运土方向：纵向运土和横向运土。纵向运土是指从路堑运土到两端的路堤。横向运土是指从路堑运土到弃土堆或从取土坑运土到路堤。当从路堑挖一方土纵向运到路堤的费用，比起将路堑挖一方土横向运到弃土堆，再从取土坑挖一方土横向运土到路堤的总费用更低时，纵向运土是较为经济的。但随着纵向运土的距离增大，利用方的单价也随之增大。当纵向运土增加到一定的距离，使得从路堑挖运一方土到路堤的费用，比将土运到弃土堆，再从取土坑挖一方土运到路堤的总费用大时，则纵向运土应改为横向运土。这一运距叫做最大经济运距，它可以根据纵向移挖作填和横向取、弃土这两种方案在价格相等的条件下来决定：

$$L_E \leqslant \frac{(a_1 + b_1 \cdot L_k) + (a_2 + b_2 \cdot L_p) + a_3 - a_0}{b_0} \tag{5—1}$$

式中 L_E——最大经济运距(m)；

a_0——纵向移挖作填时，在路堑中开挖1 m^3土石方的费用(元)，其值随施工方法和土的等级而不同；

b_0——纵向移挖作填时，1 m^3土石方运送1 m距离的费用(元)，其值随运输方法而不同；

a_1——横向弃土时，在路堑中开挖1 m^3土石方的费用(元)；

b_1——横向弃土时，1 m^3土石方运送1 m距离的费用(元)；

L_k——1 m^3土石方从路堑运送到弃土地点的横向运距(m)；

a_2——横向取土时，在取土坑中开挖1 m^3土石方的费用(元)；

b_2——横向取土时，1 m^3土石方运送1 m距离的费用(元)；

L_p——1 m^3土石方从取土坑运送到路堤的横向运距(m)；

a_3——1 m^3弃土和1 m^3取土所占用耕地的地亩费用(元)；

$$a_3 = AF + A'F' \tag{5—2}$$

其中 A——1 m^2耕地的购地费(元)；

F——1 m^3弃土和1 m^3取土所占用耕地的总面积(m^2)；

A'——1 m^2青苗费(元)；

F'——1 m^3弃土和1 m^3取土占用的青苗总面积(m^2)。

当路堑与取土坑的土质相同并采用同一施工方法时，则土体的开挖单价相等，运输单价也相等，即上式可简化为

$$L_E \leqslant \frac{a_0 + b_0(L_k + L_p) + AF + A'F'}{b_0} \tag{5—3}$$

式中的各个单价可以由定额和单价表中查得，只需确定两个横向运距 L_k 和 L_p。

应当指出，移挖作填的合理运距不能单纯从经济上考虑。在线路穿经城镇、工矿、森林、农田、果园等地区时，必须尽可能压缩取、弃土用地宽度，适当加大移挖作填距离，这不仅在宏观上是合理的，而且随着运土机械的发展，也是可能的。而对于不可避免地必须占地的场合，则需要尽可能地不占好地，或通过施工改地造田，造地还田。

2. 路基工程的施工顺序

在安排施工顺序时，要考虑施工队伍劳动力及主要机具、设备的倒用、分期投资等因素。因此，应在总工期许可的范围内，分期分批地施工。凡控制全线总工期的重点工程应先开工，必要时，提前准备，提前施工。邻近铺轨起点的工程亦应首先开工，以保证铺轨循序向前推进。

每一施工区段的路基工程在其准备工作完成后即可开工，亦可与小桥、涵洞同时开工，但竣工应落后于桥涵工程，并在铺轨前10～15 d完成，以便复核水平、复测定线、整修路基面及边坡以及正线上铺底碴等工作。土石方工程与各项工程的施工都有关联，必须相互配合、相互利用、减少干扰、降低费用以及保证工程质量。例如，桥涵等基础的大量挖方回填后有剩余者，可考虑加以利用；路基的大量弃方，亦可利用作便线、便道、桥涵缺口、岔线等工程的填料。

一般在隧道口的路堑应尽量提前施工，为隧道施工提前进洞创造有利条件。路堤配合隧道施工，最好与隧道统一管理。在桥群地段土石方，如爆破开挖，对建筑物有影响者，最好提前施工。站场范围内的土石方工程如数量过大，需火车运土，采用大型机械施工，对工程列车临时运营没有影响时，亦可考虑于铺轨后完成。

3. 区间路基土石方的调配

(1)概略调配法。路基土石方的概略调配法，是在较熟练地掌握调配原理和符合经济条件的前提下，在每百米的土石方数量图上进行的。现以实例说明，如图 5—3 所示。

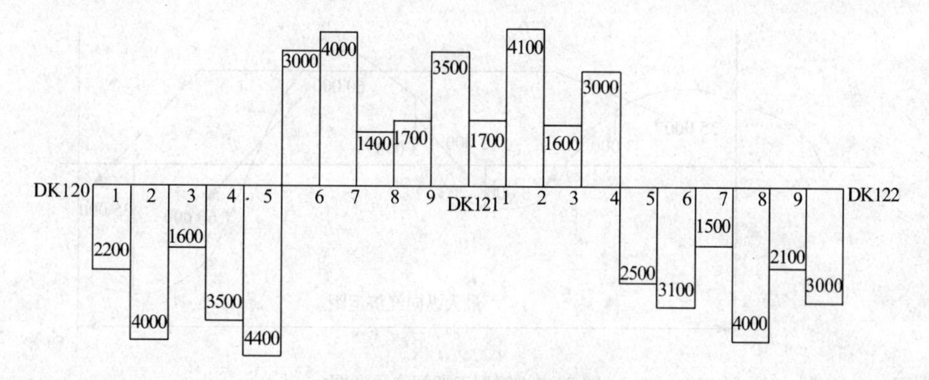

图 5—3　百米标十石方数量图

土石方数量图的横坐标为距离(以百米标表示)，纵坐标为每百米标的土石方数量，挖方画在上面，填方画在下面。按比例画成矩形，并在矩形内注明土石方数量。

当综合考虑了各种因素和确定了纵向调配的最大经济运距之后，即可在土石方数量图上进行具体调配。由图 5—3 可看出 DK120 + 500～DK121 + 400 间为挖方，其余前后两段为填方。该段挖方可调往前一段，也可调往后一段填筑路堤作为利用方。究竟怎样调，能调配多少方，主要取决于经济运距。

在调配时，可由填挖交界处向两边进行土石方累计，每累计一次则计算一次纵向平均运距，同时观察其是否接近经济运距，经过几次试算后，至接近时即将两边累计的土石方数量(即挖与填的数量)调整到相等，并定出两端的桩号，这两个桩号之间的距离即为纵向调配范围。在此范围以外，则采取横向取、弃土。

本段线路处于荒野，取弃土不占农田，无青苗可损，从有关单价表中查得挖土单价0.20 元/m³，运1 m³土0.05 元/m，$L_k=196$ m，$L_p=200$ m。根据公式(5—1)计算得

$$L_{mp}=\frac{0.20+0.05(196+200)}{0.05}=400\ \text{m}$$

根据上式所述，经过试算，就可以较容易地定出该路基纵向移挖作填和横向取弃土的范围。调配结果是：

将 DK120+500～DK120+972 处挖方12 620 m³纵向调至 DK120+122～DK120+500 处作填方是经济的。其纵向平均运距可以较精确地用百米标内土石方数量与距离的加权平均值计算其填挖方各重心间的距离。即

平均运距 $L_{cp}=[(3\,120\times339+1\,600\times2\,500+3\,500\times150+4\,400\times50)+(2\,520\times436+1\,700\times350+1\,400\times250+4\,000\times150+3\,000\times50)]/12\,620$

$=395.9\ \text{m}<400\ \text{m}$

同理，将 DK120+996～DK121+400 处挖方10 540 m³纵向调至 DK121+400～DK121+786 处作填方也是经济的。其平均运距为

$L_{cp}=[(140\times402+1\,700\times350+4\,100\times250+1\,600\times150+3\,000\times50)+(3\,440\times343+1\,500\times250+3\,100\times150+2\,500\times50)]/10\,540$

$=399.5\ \text{m}<400\ \text{m}$

根据上述结果，从理论上讲，DK120+972～DK120+996 处挖方840 m³应作横向弃土，DK120+000～DK120+122 处所需填方3 080 m³和 DK121+786～DK122+000 处所需填方5 660 m³均需横向取土填筑。

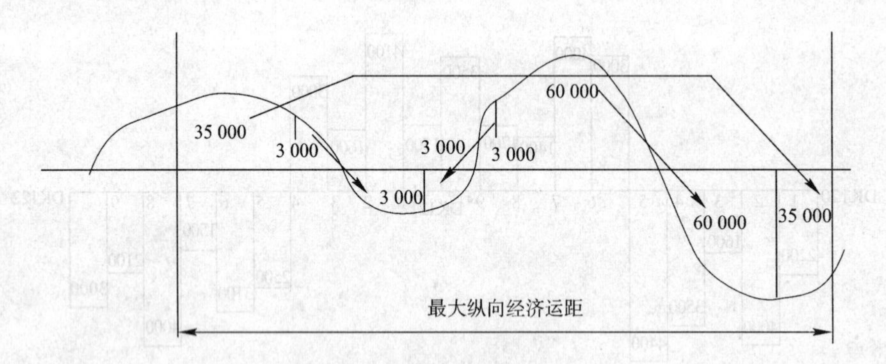

图 5—4　调配工期配合示意图

(2)土石方调配在经济运距范围内的工期核算。当土石方调配在经济运距范围内，但需跨越数量较大的填挖地段时，可能出现工期限制，在这种情况下，需要进行工期核算，确定施工顺序，以保证在规定期限内完成路基施工任务。如图 5—4，工期的核算顺序是应先算出60 000 m³路堑开挖所需的工天，再算35 000 m³路堑开挖所需的工天。这是因为在60 000 m³的挖方尚未完成之前，由于没有运土道路无法越过高坡进行运输，故35 000 m³的挖方还不能开工。这两个工期之和才是本段土石方工程的施工总期限。如总工期不超过规定工期，此95 000 m³土方可全部利用。当60 000 m³土方开挖不超过规定工期，而95 000 m³超过规定工期时，则35 000 m³的开挖应与60 000 m³的开挖同时进行，因不具备施工条件，为确保工期，只有将这35 000 m³中的一部分弃土或作全部弃土。至于填土的不足部分，则另行在填方附近取土填筑路堤。

当土石方调配在经济运距范围内，由挖方调向填方虽不跨越填筑地段，但土石方数量太大，且开挖面又小时，亦应进行工期核算。

(3)机械化施工土石方调配运距的调整。根据土石方数量图(或表)用概略法或目估法进行土石方调配，并确定施工方法和运距，对于人力施工来讲是比较合适的，但对于机械化施工的土石方工程，常由于其调配所得的运距，往往与机械实际走行距离不相符合。因此，调配结果不能依此而定，对运距需要进行适当的调整。其原因是：一方面由于填挖处的地表水平与邻近地段的地形起伏情况不同，因此机械走行总是不能行经最短的直线距离，加上机械本身体积较大，往返转弯时均须绕弧度运行，因此机械的实际运距较之直线距离有所延长，而其延长的距离，随所用机械和运输工具不同而异，同时随着工程的进展而改变。再由于路堤的逐渐升高或路堑的加深，由于机械从地表上升或下降而使其所需增加的距离也就会越来越长。另一方面，用概略调配法调配土石方，在土石方数量图上是按垂直断面进行调配的，但用机械开挖路堑时，不能按垂直的横断面开挖，而是以水平或斜平方向开挖；同样修筑路堤也必须分层填筑。这样从概略调配法所得的运距，也不符合现场施工实际情况。

因此，由概略调配法所定的土石方调配范围，需要按机械的实际走行路线进行修正，但实际情况复杂多变。为了适应现代化土石方机械施工的要求，在进行机械化土石方调配时，宜按工地的实际情况，直接作出几个机械走行路线，经技术经济比较后，进一步决定其调配范围。

(二)面法调配站场路基土石方

面法调配主要用于大型站场和重点高填深挖的大面积土石方调配，其运土方向无一定的规律性，只要能做到在站场范围内将土石方合理分配即可。

1. 土方量的计算

面法调配一般采用方格网来计算土方量，即根据工程地形图，将欲计算场地分成若干个方格网，应用土方计算公式逐格进行土方计算，最后将所有方格网汇总即得场地总的填、挖土方量。通常按下述步骤进行：

(1)在工地上，以线路中心为纵向轴线，打出边长为20～50 m的方格，对方格加以编号，抄平测出每一方格四个角点的高程，从而求出它们的填挖高度 h_1、h_2、h_3、h_4，见图 5—5。

(2)计算每个方格中的填挖方量。场地各方格土方量计算，一般有下述四种类型：

①方格四个角点全部填方(或挖方)，如图 5—6(a)所示，其土方量为

$$V=\frac{a^2}{4}(h_1+h_2+h_3+h_4) \qquad (5—4)$$

式中　V——挖方或填方的体积(m^2)；

h_1、h_2、h_3、h_4——方格角点挖填方高度，以绝对值代入(m)。

②方格的相邻两角点为挖方，另两角点为填方，如图 5—6(b)所示，其挖方部分的土方量为

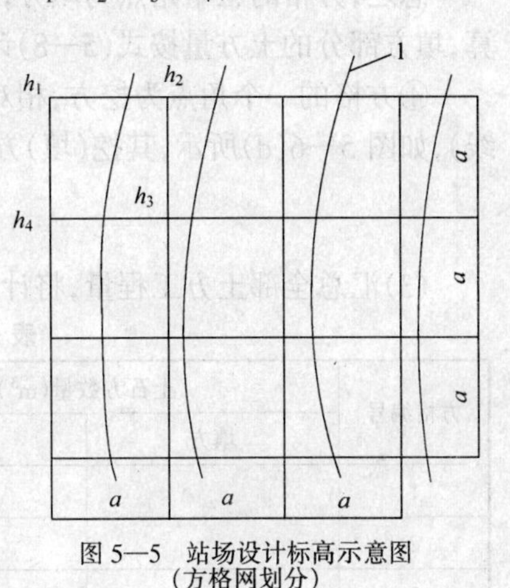

图 5—5　站场设计标高示意图
(方格网划分)

$$V_{1,2}=\frac{a^2}{4}\left(\frac{h_1^2}{h_1+h_2}+\frac{h_2^2}{h_2+h_3}\right) \qquad (5—5)$$

填方部分的土方量为

$$V_{3,4}=\frac{a^2}{4}\left(\frac{h_4^2}{h_1+h_4}+\frac{h_3^2}{h_2+h_3}\right) \qquad (5—6)$$

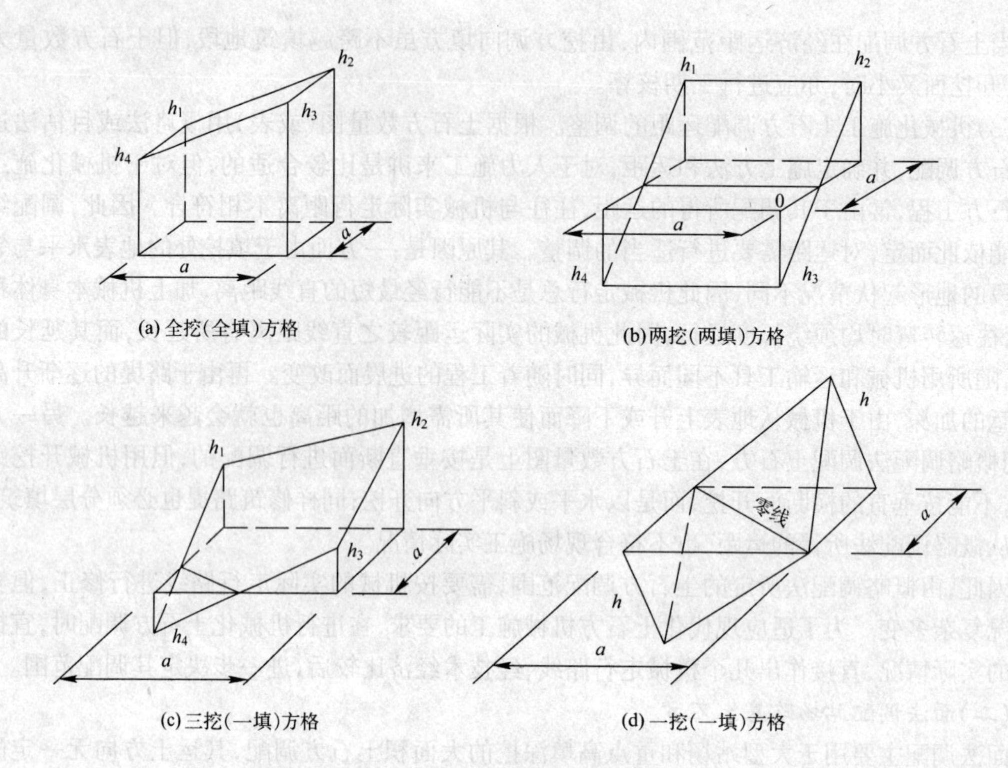

图 5—6　土方量计算方格类型图

③方格的三个角点为挖方，另一角点为填方时，如图 5—6(c)所示，其填方部分土方量为

$$V_4=\frac{a^2}{4}\frac{h_4^3}{(h_1+h_4)(h_3+h_4)} \tag{5—7}$$

挖方部分土方量为

$$V_{1,2,3}=\frac{a^2}{6}(2h_1+h_2+h_3-h_4)+V_4 \tag{5—8}$$

总之，方格的三个角点为填方，另一个角点为挖方时，其挖方部分的土方量按式(5—7)计算，填方部分的土方量按式(5—8)计算。

④方格的一个角点为挖方，相对的角点为填方，另两个角点为零点时(零线为方格的对角线)，如图 5—6(d)所示，其挖(填)方土方量为

$$V=\frac{a^2}{6}h \tag{5—9}$$

(3)汇总全部土方工程量，将计算结果填入“站场土石方数量计算表”中(表 5—5)。

表 5—5　站场土石方数量计算表

方格编号	土石方数量(m^3)		方格编号	土石方数量(m^3)	
	填方	挖方		填　方	挖　方
1			6		
2			7		
3			8		
4			9		
5			10		

2．土石方调配

要得到最优化的土石方调配方案,必须采用线性规划方法。线性规划是一种应用数学方法,定量地对于有限的资源,寻求以"能满足所有特定要求"为前提的最优分配方案的科学方法。应用到土石方调配方案中,就是在各填挖分区之间的数量分配关系这一约束条件下,求解能使运费总量为最小的各分区的填或挖量。一般按以下步骤进行。

(1)划分调配区。在平面图上先划出挖、填区的分界线,并在挖方区和填方区适当划出若干调配区,确定调配区的大小位置。调配区的大小应满足土方施工用主导机械的行驶操作要求;调配区的范围应和土方的工程量计算用的方格网相协调,通常可由若干个方格组成一个调配区。

(2)计算各调配区的土方量。用方格网法计算各调配区土方量,并标注在图上。

(3)计算各挖、填方调配区之间的平均运距(即挖方区土方重心至填方区土方重心的距离)。

$$X_0 = \frac{\sum (x_i V_i)}{\sum V_i} \tag{5—10}$$

$$Y_0 = \frac{\sum (y_i V_i)}{\sum V_i} \tag{5—11}$$

式中 X_0, Y_0—— 挖方调配区或填方调配区的重心坐标;

x_i, y_i——i 块方格的重心坐标;

V_i——i 块方格的土方量。

填、挖方区间的平均运距 L_0 为

$$L_0 = \sqrt{(X_{0T} - X_{0W})^2 + (Y_{0T} - Y_{0W})^2} \tag{5—12}$$

式中 X_{0T}, Y_{0T}—— 填方区的重心坐标;

X_{0W}, Y_{0W}—— 挖方区的重心坐标。

所有填、挖方调配区之间的平均运距都需逐一计算,并将计算后的结果列于土方平衡与运距表内。

(4) 确定土方最优调配方案。一般用"表上作业法"来求解,使总土方运输量 $W = \sum_{i=1}^{m} \sum_{j=1}^{n} L_{ij} \cdot x_{ij}$ 为最小值,即为最优调配方案。

(5) 绘制土方调配图。根据以上计算,标出调配方向、土方数量及运距(平均运距再加施工机械前进、倒退和转弯必需的最短操作长度)。

【例 5—1】 矩形广场各调配区的土方量和相互之间的平均运距如图 5—7 所示。试求最优土方调配方案和土方总运输量及总的平均运距。

解:(1) 先将图 5—7 中的数值标注在填、挖方平衡与运距表中,如表 5—6 所示。

(2) 采用"最小元素法" 编初始调配方案,即根据对应于最小的 L_{ij}(平均运距) 取尽可能最大的 X_{ij} 值的原则进行调配。首先在运距表内的小方格中找一个 L_{ij} 最小数值,如表 5—6 中 $L_{22} = L_{43} = 40$,任取其中一个,如 L_{43},于是先确定 X_{43} 的值,使其尽可能的大,即 $X_{43} = \min\{400、500\} = 400$,由于 A_4 挖方区的土方全部调到 B_3 填方区,所以 $X_{41} = X_{42} = 0$,将 400 填入表 5—6 中 X_{43} 格内,加一个括号,同时在 X_{41}、X_{42} 格内打个"×"号,然后在没有"( )"、"×"的方格内重复上面步骤,依次地确定其余 X_{ij} 数值,最后得出初始调配方案,如表 5—6。

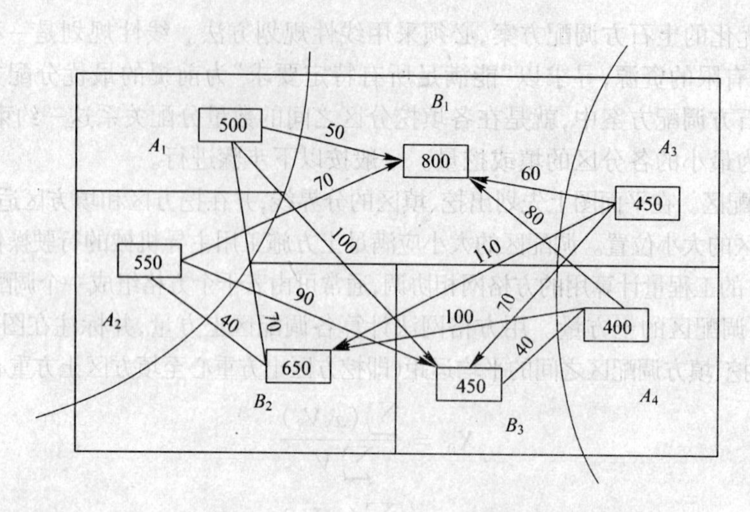

图 5—7　各调配区的土方量和平均运距

表 5—6　填挖方平衡及运距表

挖方区 \ 填方区	B_1	B_2	B_3	挖方量(m^3)
A_1	50	70	100	500
A_2	70	40	90	550
A_3	60	110	70	450
A_4	× 80	× 100	(400) 40	400
填方量(m^3)	800	650	450	1 900 / 1 900

(3) 在表 5—7 基础上，再进行调配，用“乘数法” 比较不同调配方案的总运输量，取其最小者，求得最优调配方案，如表 5—7。

表 5—7　土方最优调配方案

挖方区 \ 填方区	B_1	B_2	B_3	挖方量(m^3)
A_1	400 50	100 70	100	500
A_2	70	(550) 40	× 90	550
A_3	400 60	110	(50) 70	450
A_4	80	100	(400) 40	400
填方量(m^3)	800	650	450	1 900 / 1 900

该土方最优调配方案的土方总运输量为

$W = 400 \times 50 + 100 \times 70 + 550 \times 40 + 400 \times 60 + 50 \times 70 + 400 \times 40 = 92\ 500\ \text{m}^3 \cdot \text{m}$

其总的平均运距为：

$$L_0 = \frac{W}{V} = \frac{92\ 500}{1\ 900} = 48.68\ \text{m}$$

(4) 最后将表 5—7 中的土方调配数值绘成土方调配图，如图 5—8。

3. 几个注意事项

采用面法调配时必须同时考虑站场附近其他设施的施工对土石方调配的影响。如果对这

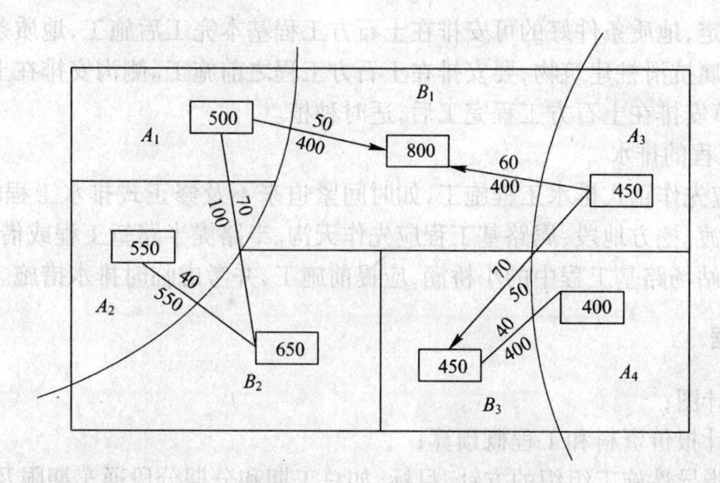

图 5—8 土方调配图

些情况不了解，或者对其给土石方调配带来的影响程度估计不足，将使得调配工作复杂化，造成不必要的浪费，增大了工程成本。在考虑填挖方数时，要把同一站场内施工的建筑物基坑、地道及其他可以利用作填方的挖土数量计算进去；在大量修建作为疏干场地用的排水沟及渗沟时，须计算其土方数量，因为这些土方有时数量很大，能影响土方调配；大型编组站施工进度计划中所规定的线群铺设及开通次序对土方工程施工方法的选择及土方调配具有决定性影响；对于附近是否有可以利用的设备、利用的程度等均要全盘考虑。

站场土石方调配应在施工组织设计说明书内说明选定调配方案的主要理由以及所采取的有关施工方法和重要措施的基本内容。

第四节　路基工程实施性施工组织设计

一般路基的施工并不单独编制施工组织设计，只有在大量而集中的重点土石方地段，或大站场、枢纽工程中，才必须编制路基工程施工组织设计。

一、路基工程施工组织设计的特点

1. 合理确定工期

路基工程施工的工期，应按照全线指导性施工组织设计及承发包合同规定的工期完成，以便在铺轨前给路基填土留有一个自然沉落的过程。

2. 精心安排土石方调配

移挖作填，借土还田，也可利用邻近城镇、工矿的弃碴作为填料，对可利用的土源，应做技术经济比较，筛选最佳方案。路堤取土，除计算需要数量外，要综合考虑路基排水，农田灌溉，改地造田，取土与冲刷河岸的关系。路堑弃土，首先要保证边坡的稳定，要有利于排水，其次要注意不能沿河弃土，以免阻塞河流、压缩桥孔等。

3. 计算施工机械用量及有关劳动力需要量

根据施工地点的实际情况，确定净工作日，即施工工期要扣去法定节假日、预计雨雪天和严寒季节影响的天数。净工作日，特别与选定的施工机械的类型、类别有直接关系。

4. 路基附属工程的施工安排

天沟要在路堑开挖之前施工。线下挡墙，要配合土石方工程的进度平行作业，线上支挡工程视地质条件而定,地质条件好的可安排在土石方工程基本完工后施工,地质条件差的要避开雨季,随挖随砌,属抗滑桩建筑物,要安排在土石方工程之前施工。侧沟安排在土石方工程完成后施工。植树种草安排在土石方工程完工后,适时种植。

5. 土石方工程的排水

填方地段,应先作正式排水工程施工,如时间紧迫来不及修正式排水工程时,可以考虑作临时排水工程过渡。挖方地段,属路基工程应先作天沟。半路堤半路堑工程或借土填方,应统筹兼顾、合理布置。站场路基工程中的小桥涵,应提前施工,并考虑临时排水措施。

二、编制依据

(1) 施工设计图;
(2) 施工设计报价资料和工程概预算;
(3) 全线总指导性施工组织的方针、目标。如总工期和分期分段通车期限及投资计划等;
(4) 施工调查资料;
(5) 施工队伍的编制、技术工种专业化程度、机械设备情况;
(6) 本单位所掌握的国内外新技术、工法和各种施工统计资料;
(7) 鉴定意见和有关政策规定、规范、规程及定额。

三、文件组成及内容

施工组织设计的文件组成通常包括三部分:说明书、附件及附图。

(一) 说 明 书

主要说明线路特征、工程特点、工程数量、工期、设备条件及所使用的定额。着重说明土石方调配、施工方法选择及机械设备技术经济比较,以及加快施工进度、提高工程质量、降低成本、保证施工安全、文明施工、保持水土及环境保护的技术组织措施等。

(二) 附 件

(1) 路基土石方工程数量表、土石方数量调配明细表及汇总表、广场土石方数量计算表及广场土石方调配表;
(2) 主要劳动力、材料、成品及施工机具数量表;
(3) 施工进度计算表;
(4) 劳动力组织及机械设备配备表;
(5) 临时工程数量表;
(6) 有关协议、纪要及公文。

(三) 附 图

(1) 线路平面示意图及纵断面简图;
(2) 土石方调配图,包括区间路基土石方概略调配图和站场土石方方格调配图;
(3) 施工进度计划图(线条图或网络计划图);
(4) 机械运行路线图;
(5) 劳动力动态图及机械使用动态图;
(6) 施工场地平面布置图。

四、编制程序

路基工程施工组织设计的编制程序包含下列步骤。

1. 进行施工调查

路基工程的施工调查除了调查全线或全段共同需要的项目外,还应根据工程特点着重调查收集下列内容的资料,并写出调查报告。

(1) 特殊土地区和特殊条件下路基的地质情况、河道情况、地下水位、冻结深度、风沙或泥石流季节等;

(2) 核对土石的类别及其分布,进行填料初步复查和试验;

(3) 大量石方爆破地段的地形、地貌、地质和附近居民、建筑物、交通与通信设施情况;

(4) 大型土石方施工机械的运输及组装场地;

(5) 新技术、新材料等特别需要的资料。

2. 确定合理工期

依全线总指导性施工组织设计的工期要求,确定本段路基工程开、竣工时间,并按下式检算:

施工净工作日 = 计算净工作日 + 雨、雪、大风天数 + 节假日 + 准备天数

3. 确定施工方案

以工期要求为前提,结合优化采用的机械设备、劳动力组织、客观条件,明确本施工方案应达到的基本功能。因此,应进行必要的功能方案比选。其比选的内容通常有:

(1) 总的施工程序、施工工艺最佳流程图;

(2) 大量土石方地段的施工设计及土石方调配;

(3) 对路堑石方开挖的爆破设计;

(4) 特殊路基、特殊条件下路基的施工设计;

(5) 排除地表水、地下水的施工设计。

4. 劳动力、材料及施工机具需要量计算

5. 绘制施工进度计划图、表

6. 编制技术作业规程

7. 绘制运土机械运行图

8. 编制施工平面布置图

9. 编制说明书

第六章 铁路桥涵实施性施工组织设计

第一节 概 述

在铁路建设中,为了跨越各种障碍(如河流、沟谷或其他线路等),必须修建各种类型的桥梁和涵洞,桥涵成为铁路建设的重要组成部分,特别是当铁路穿越地形复杂的山区地段时更显得比较突出。例如成昆铁路全长1 083 km,有大、中、小桥 991 座,总106 062.0延长米,平均每公里 0.92 座,共有涵洞2 263座,平均每公里 2.1 座。大秦双线电气化铁路阳原至张家湾段,平均每公里正线设桥 195.5 延长米、涵 60.5 横延米。铁路桥梁不仅在工程规模上十分巨大,而且也往往是保证全线早日通车的关键。在国防上,长大桥梁是铁路交通线的咽喉,易遭破坏,且较难修复,常成为战时交通保障的重要目标。同时它还与水陆交通、工农业生产、水利建设和人民生活等有密切的关系。

桥涵工程的类型多、工种多,施工技术复杂,施工时人员集中,工作面小,在施工过程中还要克服水文、地质、地形以及气候上的各种困难和障碍。基础复杂的深水桥梁,不仅工程数量大、消耗建筑材料多,而且作业项目复杂多样,需要使用各式各样的机械设备,工程是非常艰巨的。修建桥涵工程所需的劳动力、材料、机械设备等投资占全线的比重也相当大。桥涵工程的施工期限对铁路的通车期限有决定性的影响,特别是大桥、特大桥、高桥或技术比较复杂的桥梁工程更显得比较突出。

因此,必须对施工期限、施工顺序、劳动力、材料和机具设备的供应、工地交通运输、附属企业生产设备等进行研究和妥善布署,作好实施性施工组织设计,保证有条不紊的按期完成施工任务。

一、桥涵工程实施性施工组织设计的编制原则

编制桥涵工程实施性施工组织设计时,必须考虑下列原则:

(1)要尽量采用先进施工方法和先进施工工艺,以提高工效,缩短工期、提高质量、降低造价,向桥梁施工现代化迈进,采用的新的施工方法和施工工艺,在开工前应经过试验证明是切实可行的。

(2)要逐步提高桥梁施工机械化水平。为了提高劳动生产率,减轻工人的劳动强度,应结合施工的实际情况,有计划地提高施工机械水平,要尽量采用综合性机械化施工,要注意讲求实效。

(3)要提高桥梁施工工厂化的水平,特别是对于施工量大的钢筋混凝土结构及构件,包括墩、台结构的施工工厂化。施工工厂化能够有效地提高工程质量和劳动生产率,降低造价、加快施工速度,将工地的繁重劳动和高空作业变为工厂的机械化操作。

(4)在保证施工总期限的条件下,应对工程作全面合理安排,充分利用机具设备,做到经济合理施工,做好施工准备工作及辅助工作,保证基本作业顺利开展。

(5)临时工程与正式工程应做到尽量结合,因地制宜,就地取材,以能尽量减少投资。

(6)施工组织设计应作多方案比较,在初步设计阶段应提出不同的施工组织方案并对各方案作出全面的分析比较。

(7)编制施工组织设计时,应加强调查研究,取得可靠的施工和技术资料,搞好各有关方面的协作配合。

二、桥涵工程实施性施工组织设计的编制依据

桥涵工程实施性施工组织设计的编制单位,应视工程的复杂程度及施工条件而定。对特大桥、高桥及技术复杂的大、中桥均以一座桥为单位编制,一般中桥及小桥涵可按较小的施工单位或成组桥涵编制。其编制依据的主要内容如下:

(1)国家的有关规定、规程和规范;

(2)上级的有关指示;

(3)设计文件:包括全线指导性施工组织设计、桥梁个别指导性施工组织设计、桥涵工程设计图纸、对设计图纸的改进意见、核实的具体工期以及铁路局(工程局)、工程处(段)的综合性施工组织设计;

(4)自然条件资料:包括地形资料、工程地质资料、水文地质资料、气象资料等;

(5)劳动力、机具、材料和其他资源的供应情况;

(6)建设地区的技术经济资料:包括地方工业、交通运输、供水、供电、当地施工企业情况等;

(7)有关的合同规定、协议、纪要文件。

三、桥涵工程实施性施工组织设计的主要内容

(一)“说　　明”

“说明”是文件组成的重要部分,它必须对文件编制的意图及对一些重要问题作充分的阐述以及对包括在文件中的图表作必要的说明。主要应说明的问题如下:

(1)编制依据;

(2)工程概况;

(3)施工资料调查情况;

(4)施工方法及施工安排(施工顺序、施工进度等);

(5)施工准备工作的意见;

(6)施工场地布置及有关问题;

(7)主要材料、机械设备供应问题;

(8)主要临时工程的设置意见;

(9)重要辅助生产设施的设置意见;

(10)采用新结构、新工艺施工的意见和有关科研项目安排的意见;

(11)其他。

(二)主要设计图表

(1)施工计划进度图。包括:桥梁立面及平面图和桥址处纵剖面图,施工进度图(横道图或网络图),劳动力动态图,各种图例。

(2)施工场地平面布置图。

(3)材料、机具供应图。

(4)其他必须的附图。如特殊施工方法示意图、特殊构件大样图及剖面图等。

(三)附表(计算表或计划表)

(1)主要工程数量表;

(2)主要劳动工天、材料(包括成品、半成品、构件)、机械台班(包括运输工具)需要量计算表(即主要工、料、机数量计算表);

(3)劳动力、机具设备数量表;

(4)日历性完成工程数量表;

(5)施工用电、水需要量及日历性供应计划表;

(6)劳动力、材料、机具设备日历性供应计划表;

(7)工程运输计划表;

(8)临时工程数量表;

(9)梁跨及其他设备最晚到货时间明细表。

四、桥涵工程实施性施工组织设计的编制程序

桥涵工程实施性施工组织设计的编制程序如图6—1所示。

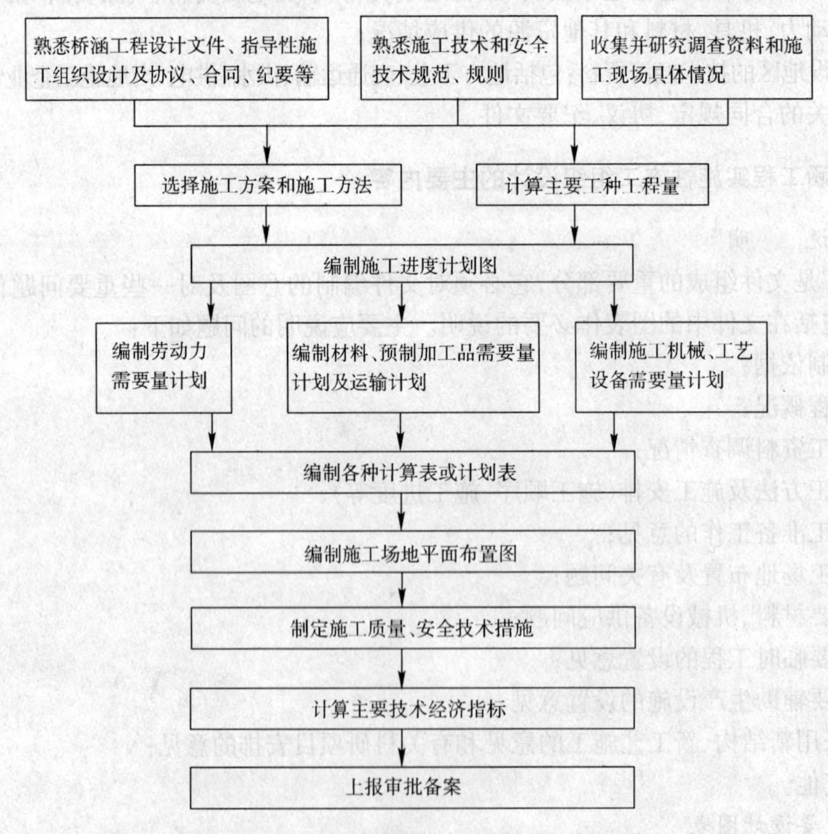

图6—1 桥涵工程实施性施工组织设计的编制程序

第二节 施工调查

施工条件是确定施工组织的重要因素,了解施工条件,必须对施工地区进行调查研究。以往常因施工条件掌握得不确切而做出错误的施工组织，如不合实际的施工进度、不适宜的施工方法及工地布置等造成不良后果。所以对桥涵工程施工地区的调查研究是十分必要的。调查研究的具体内容有以下几个方面。

一、气象、水文调查

(1)一年中不同季节风向、风速、气温、积雪、霜雾、雷暴、冰雹、冻害气象资料。

(2)河流洪水季节、枯水季节的洪水位、低水位资料：河流历年水位过程线、水流流速和不同季节水流流向有无变化，河床历年的摆动、淤积、冲刷、波浪、流水等水文资料以及通航情况，漂流物或流放排筏情况资料。

(3)沿海地区尚应了解台风、龙卷风、潮汛变化规律，水质是否含有侵蚀性元素等资料。

为了在施工过程中能随时掌握气象和河流的变化，做到合理安排施工，避免自然灾害对施工可能造成的损失，应与当地气象站及水文站建立密切联系。

(4)河流桥位上、下游是否有水工建筑物，如水库堤坝、江心泵站等等以便了解其给施工带来的影响。

二、施工场地调查

施工场地调查是为了给场地布置提供方案依据。桥梁施工，一般都要经过雨季洪水期，在布置施工场地时，应根据地形进行比较。施工场地不能被一般洪水淹没，地势宜平坦开阔，且应满足总体布置的需要。桥梁主体工程量不大的可以一岸为主，工程量较大，需两岸分别施工的桥梁，则两岸均布置为独立的施工场地。

根据设计文件的地形图，在现场进行核对。一般设计文件地形图比例很小，不能满足绘制场地布置图的需要，所以应向当地有关部门购买桥址附近大比例地形图以备需要。同时，应在施工组织设计前补测，画出桥址范围及布置施工场地范围内的已有建筑物及其他地貌情况。

场地进行调查时需注意调查原有建筑物的改移、拆迁，还要调查树林、竹林、农场、渔场、茶场、经济作物种植场、农田、小型水利设施、耕地等情况。同时，要签订有关协议。

桥址处地形是布置施工场地的依据。只有巧妙地利用地形，合理地布置临时建筑物、材料堆放场地、运输道路、水电管线，才能达到降低工程成本，加速施工进度的目的。

三、地质资料

掌握桥址及河床地质情况是保证桥梁基础工程施工的重要条件，所以必须有足够的地质资料。地质资料通常由设计文件供给，当施工单位有条件时也可对墩台范围内的地质，甚至于桥涵以外的地质作补充钻探，最好能达到每个墩台基础处至少有一个钻孔，以利于施工顺利进行。其内容主要包括：钻孔布置图、地质剖面图、土壤物理力学性质(天然含水率、天然孔隙比)、土壤压缩试验和承载能力的报告等。

四、电力电源调查

机械所需动力和工地照明，主要由电力供应。一般大、中桥所需电力从几百千瓦到一千千瓦不等，特大桥按其规模和工期要求一般为数千千瓦，我国一特大桥曾达到8 000 kW。需要量应按施工机械使用高峰时估算。当地若有电源应调查能提供多少电力？架设高压线及修建变电配电设施所需费用多少？其工程量大小以及高压线通过地段有否拆迁和是否要经过山川湖泊等。如地方电力不足,施工单位尚需添置发电设备,以备施工电力不足时,自行发电补充。

五、运输及运力调查

修建桥梁所需的物资设备,运量都比较大,少则几万吨,多则几十万吨或几百万吨,而且有相当部分是长大笨重的设备和构件,如大型吊机、发电机、架桥机、大容量变压器和钢板梁、预应力混凝土梁等工厂制造成品。对此类设备和构件,从工厂运到工地存在哪些问题(如运输工具问题、净空问题、通过能力问题等等),转运站设于何处,附近有否车站及货场可资使用？转运站到工地如何转运？是修建铁路便线还是利用当地公路或利用水运？水运有否码头问题？以及大宗砂石料的进场如何解决最经济、迅速等等。

六、当地资源资料

修建桥涵工程的材料、成品、半成品的特点是多、笨、重。而这些材料的运输费用将成为材料成本的主要组成部分。因此就地取材减少材料的运输是为了降低工程造价的重要措施。施工中应充分利用当地材料,以减少材料运费。可利用的就地取材的材料将因地区而异,但多数是砖、瓦、灰、石、竹、木、麻、杂品、燃料等。应了解清楚这些材料的产地、产量、质量、规格、单价、采制及运输条件等。

七、铁路既有线设备情况

当桥涵位于既有铁路线上或在既有铁路线附近时,应了解既有线情况,如区间、站场的通过能力,行车组织、作业方式、现行运行图情况,及可能采取的行车组织措施,主要研究最大列车间隙,列车慢行、封锁的影响程度和可能性。对既有铁路上的砂、石、碴场、轨排组装基地应充分利用。

第三节　施工方案的选择

施工方案的选择是施工组织设计最重要的环节之一,是决定整个工程全局的关键。施工方案包括的内容很多,概括起来主要有四项:拟定主导施工过程中的施工方法;总的施工顺序安排;选择施工中所使用的大型机械设备;保证质量和安全的主要技术措施。

选择和确定施工方案,首先要考虑是否切实可行;其次要做到技术先进、经济合理、施工安全。所谓切实可行是指施工方案能从实际出发,符合当前实际情况。技术先进是指能有效地采用新技术、新方法、新工艺、新材料,从而提高工效、缩短工期、保证质量。经济合理是指能尽量采用降低施工费用的一切正当、有效的措施,挖掘节约的潜力,严防浪费,使施工费用降至最低限度。施工安全则是指施工方案符合安全规程,有保证安全的技术组织措施。

一、施工方法的选择

桥梁工程分成上部结构、下部结构两部分。上下部结构形式多种多样,所用材料也有不同,又有岸上水中之分,在施工的各个工种和工序中都应选用合理的施工方法。如果施工方法选择不当,会造成施工困难或各种损失。

在确定施工方法时,往往需要在多个不同的方案中作出选择。比如上部结构的钢梁架设方法就有悬臂架设、拖拉架设、顶推架设、浮运架设等,采用哪种架设方法,要根据施工单位所具备的条件和当时的自然条件作全面分析比较而定。又如预应力混凝土梁,工地或工厂制造,视哪种方案能满足工期要求而定。

常见的桥涵工程施工方法如表6—1所示。施工方法的选择应根据所在地区的地形、地质、气象、水文、施工季节等施工条件以及施工期限的要求正确选择。

工期是确定施工方案、选择施工方法的决定因素。一般桥涵的工期应与路基施工工期互相配合,桥涵工程应在路基工程完工前完成,以便进行桥头填土。小桥涵尽量在路基开工前修建、避免留有缺口影响路基填筑。有时在工期短促急需通车不能按设计修建永久性桥梁时,可采取便线便桥或正线便桥的方案。特别是在既有线上改建新建和重建桥梁时,往往因运输繁忙不能中断行车,而采取修建便线便桥的方案,或者采用顶进法施工。目前在既有线上新建桥涵工程采用顶进桥涵应放在首选位置。

在施工中采用修筑便线便桥的方案,可使全线早日铺轨,早日开通工程列车,因而施工中用的机具、笨重材料、大型设备等可通过工程列车运往工地,从而提高施工机械化程度,降低运输成本,提前完成全线工程。而且由于线路已开通,桥涵工程的工期可适当延长,这样能减少工人数目,均匀使用劳动力,减少临时房屋及其他临时设施的修建费用。

当然,在施工中采用修筑便线便桥的方案也增加了便线便桥的修建费用。而且正线留有缺口,得在桥涵工程完工后才能将缺口填土,因而影响桥涵缺口填土的质量。这是采用便线便桥方案的缺点。

选择施工方法应重点突出,凡是采用新技术、新工艺和对工程质量起关键作用的项目,以及工人在操作上不够熟练的项目,应详细而具体;对于常规施工方法和工人熟练的项目,则可适当简化,但要提出这些项目在工程中的一些特殊要求。

总之,在选择施工方法时应根据施工期限、施工单位的机械配备和技术条件,尽量选择先进的工业化和机械化施工,以加速工程进度,降低成本,提高质量,减少劳动力消耗。

二、施工顺序的安排

桥梁工程的施工顺序,应根据桥梁式样、基础情况、施工方法和洪水期等因素,找出关键,适当安排。不同的施工顺序会导致不同的工期、劳动力消耗量和工程成本,具有不同的经济效益。因此,在确定施工顺序时,要拟定多种方案,对这些方案进行技术、经济比较,从中选择最佳方案作为推荐方案。

(一)安排施工顺序时应考虑的因素

1. 施工工艺的要求

各施工过程之间客观上存在着一定的工艺顺序关系,它随结构构造、施工方法与施工机械的不同而不同。在确定施工顺序时,不能违背,而必须遵循这种关系。例如,明挖基础施工,由施工工艺决定作业项目之间的先后施工顺序为:基坑开挖、基底处理、基础砌筑及基坑回填,不可颠倒。钢筋混凝土梁采用分层浇筑法制梁时,应在下层混凝土初凝之前,将上层混凝土浇筑并振捣完毕。

2. 施工方法和施工机械的要求

施工顺序与采用的施工方法和施工机械应协调一致。例如,连续梁按顶推的施工方法和按先简支后连续的施工方法施工时,在施工顺序方面就有很大的差异,这种差异不仅表现在梁体的预制、预应力束的张拉顺序、梁体的安装方面,而且连基础、墩台、桥头引道的施工顺序安排也不完全相同。

表 6—1　常见的桥梁工程施工方法

<table>
<tr><th>项　目</th><th colspan="2">施　工　方　法</th><th>施工特点及适用条件</th></tr>
<tr><td rowspan="8">基础工程</td><td colspan="2">明挖基础施工法</td><td>开挖简便,需用机具少,施工速度快,便于基底的检查和处理,基坑开挖过程中的防水、防漏问题较为突出,往往基坑开挖量大</td></tr>
<tr><td colspan="2">沉井基础施工法</td><td>施工设备简单,工艺不复杂,可以几个沉井同时施工,但施工工期较长;下沉时如遇到地质情况不良,施工会相当困难</td></tr>
<tr><td colspan="2">钻孔桩基础施工法</td><td>设备简单、施工安全、省工省料、造价低廉,能够适应各类土、岩层</td></tr>
<tr><td rowspan="4">打入桩基础施工法</td><td>锤击沉桩</td><td>工艺简单、桩的承载力大,但锤击时产生振动,噪声大</td></tr>
<tr><td>振动沉桩</td><td>设备简单,不需要其他辅助设备,重量轻、体积小、搬运方便、费用低、工效高,且可用于拔桩</td></tr>
<tr><td>射水沉桩</td><td>锤击或振动沉桩的一种辅助方法,适用于锤击或振动下沉有困难时</td></tr>
<tr><td>静力压桩</td><td>不易打坏桩,无振动,无噪音,适用于软土地层及沿海、沿江淤泥地层中施工</td></tr>
<tr><td colspan="2">人工挖孔桩施工法</td><td>设备简单,对施工现场周围的原有建筑物影响小,清渣彻底,成本低</td></tr>
<tr><td rowspan="6">墩台工程</td><td colspan="2">拼装式模板</td><td>分节立模,分节浇筑,设备简单,可多次使用,成本低,工期较长</td></tr>
<tr><td colspan="2">整体吊装模板</td><td>工期较短,不必留工作缝,减少高空作业量、提高施工质量</td></tr>
<tr><td colspan="2">组合型钢模板</td><td>体积小、重量轻、运输方便、装拆简单、接缝紧密,适用于在地面拼装、整体吊装的结构</td></tr>
<tr><td colspan="2">滑模施工法</td><td>施工进度快,混凝土质量高,成本低,增加施工安全,适用于高墩施工,但顶杆回收率低、设备重量大、投资多,且不宜于冬期施工</td></tr>
<tr><td colspan="2">爬模施工法</td><td>施工进度快,工程质量高,操作简便,但构造复杂,一次性投入大</td></tr>
<tr><td colspan="2">翻模施工法</td><td>结构简单、操作方便、零部件损耗小、成本低、便于加工</td></tr>
<tr><td rowspan="6">梁部工程</td><td colspan="2">就地浇筑法施工</td><td>桥梁的整体性好,施工可靠,不需要大型起重设备,适用于支架不高、地基承载力较好的情况,但耗用大量木材、工期长、影响通航与排洪</td></tr>
<tr><td colspan="2">逐孔施工法施工</td><td>常用在对桥梁跨径无特殊要求的中小跨桥的长桥,施工方便、快捷,施工标准化,工作周期化,造价低</td></tr>
<tr><td colspan="2">悬臂施工法施工</td><td>无需在河中搭设支架,不影响桥下通航,梁的跨度也可以做得较大,需要设置的临时预应力筋数量很少,但存在体系转换问题</td></tr>
<tr><td colspan="2">顶推法施工</td><td>无需支架和大型机械设备,施工安全可靠,高空作业少,不需要太多的劳动力,梁分段预制和墩台施工可平行作业,可保证正常的通航,但顶推跨径不能太大,只适用于中等跨径的连续梁桥,临时预应力筋消耗量也较多</td></tr>
<tr><td colspan="2">顶进法施工</td><td>对铁路运输干扰时间短,能保证铁路正常运营,同时能保持路基完好和稳定,减少线路恢复工序。安全可靠,简便易行,施工进度较快,工期较短,施工质量好,基本上不受地质条件的限制</td></tr>
<tr><td colspan="2">架桥机架梁施工</td><td>机械化程度较高,本身设有自动行驶的动力装置,既能架梁又能铺轨,劳动强度较轻,整机组装和拆卸均较简单,而且不需要其他超重机械帮助,但操作工序较多</td></tr>
</table>

3. 工作面个数的要求

工作面个数的多少决定了单位流水作业的组数,也就影响了施工顺序的安排。当施工工作面较多时,施工速度较快,工期可以缩短,但劳动力、材料、机具设备以及一些临时设施的需要量会增加,严重时甚至会出现停工待料的不利局面;反之,工作面过少,施工速度较慢,工期延长,严重时会出现劳动力和机械设备窝工的现象。多孔桥梁,在工期充裕不受雨季影响的条件下,分台分墩施工,有利于模板及围堰等材料的倒换使用。当桥墩多、工程量大,且有适当的机械和劳动力配备时,应将桥墩分组施工,同一组内各墩进行流水作业,但主流各墩不宜编在同一组内同时施工,以免阻塞水流。

4. 当地气候条件的要求

雨季和旱季,河中基础施工顺序差异很大,进而影响到桥墩升高顺序的改变,有时甚至影响到梁体安装的顺序。在南方,应当考虑雨季的特点;在北方,应当考虑冬期的施工特点。在安排施工顺序时,要将某些项目安排在冬期或雨季,而在冬期或雨季到来之前,有些项目必须完成,因此这些项目在冬期或雨季不能施工。

5. 与其他建筑物之间配合施工的要求

桥涵工程施工时间的安排应考虑桥址附近其他建筑物的施工问题,如与路基工程、桥址附近隧道施工配合等。隧道出入口要有材料、出碴运输及弃碴堆放场地等问题,所以对隧道洞口的桥涵工程应安排在隧道开工前完成,以免相互干扰。对于全线安排铺轨架桥队进行铺架工程时,桥跨架设工期的安排必须在前方开通的前提下。桥头及涵洞填土的安排要按照铺架工程的总进度提前完成,并使填土有足够的沉落时间。总之各种类型工程的施工安排都要相互配合,彼此协调,以提高全线工程的施工进度为前提。

6. 施工质量和施工安全的要求

当所选择的施工顺序影响到工程质量时,要重新安排施工顺序或采取必要的技术措施,技术措施本身就改变了原来的顺序;而合理的施工顺序,必须使各施工过程的搭接不致引起安全事故。例如,沉井下沉过程中,因受力不容易均匀,总会有不同程度的偏差。如果听之任之,会增大基底的受力不均,严重时会使墩身位置超出,造成沉井报废的事故。因此,施工中必须做到随偏随纠,边沉边纠,以免造成过大的偏差。悬臂浇筑法施工连续梁时,为施工安全起见,同时也是为了最大限度地发挥悬臂施工的优越性,必须在施工过程中将墩顶的零号块与桥墩临时固结,进行悬臂施工,待到全桥合拢后再解除约束,恢复梁体与桥墩的铰接性质。

(二)单座桥涵工程的施工顺序

1. 基础工程

(1)明挖基础施工顺序:基础的定位放样→围堰或改河(有必要时)→人工或机械基坑开挖→基坑支护、基坑排水→基底处理→砌筑(浇筑)基础。

(2)沉井基础施工顺序:准备工作→围堰筑岛→灌注混凝土沉井→沉井下沉→混凝土封底→砌筑(浇筑)基础。

(3)打入桩施工顺序:抄平放线→定桩位、设标尺→确定打桩顺序→打桩。

(4)钻孔灌注桩施工顺序:填土筑台→埋设护筒→安装钻机→准备泥浆→钻进成孔(泥浆置换)→清孔→安放钢筋笼→灌注水下混凝土。

(5)人工挖孔桩施工顺序。对于单根桩而言,其施工顺序为:开挖桩基→设置孔口护壁→视地质情况随挖孔进度设置桩孔护壁→孔内排水、通风→孔底清理→设置钢筋笼→灌注桩身混凝土。

对于同一墩台各桩之间的施工顺序,按下列办法进行:

①对于承台与挖孔桩来说,应先挖孔后挖承台基坑较好,这样便于排除地面水,且挖孔时孔口场地平整宽敞,利于操作。

②各孔之间的顺序,要注意相邻孔壁发生坍塌和施工干扰,因此应视土质情况而定。土质松软者,同一墩台有四根桩时,应先挖对角两孔,灌注混凝土后再挖对角两孔;对于五孔者先挖中间一孔,然后再挖对角孔;当土质一般或较紧密时四孔者可同时开挖,五孔者先挖中间一孔,灌注后同时开挖其余四孔;多于五孔者应根据桩孔排列间距及土质情况,采用跳跃式开挖或一次全部开挖。

③对于有涌水的地层,宜先开挖一孔作为抽水坑用,使其他各孔在无水条件下开挖,以利改善施工条件,提高工效。

(6)管柱基础施工顺序:准备工作→钢围囵定位和下沉→管柱制造→管柱下沉→插打钢板桩围堰→管柱内清碴→灌注水下混凝土。

2.墩台工程

桥梁墩台施工方法主要有就地灌注、石砌和预制拼装等,较为普遍的是就地灌注法。

(1)就地灌注混凝土墩台施工顺序:施工准备→模板制作或组合钢模板试拼→模板安装→灌注混凝土至托盘下 30~40 cm→预埋接茬钢筋→养护→拆模。

(2)石砌墩台施工顺序:施工准备→定位放样→材料运送→圬工砌筑→养护→勾缝。

(3)滑模施工顺序:滑模组装→灌注混凝土→养护→模板初升→模板收坡(有必要时)→灌注混凝土→养护→滑模正常滑升→接长顶杆与绑扎钢筋→灌注混凝土→养护→模板最后滑升→拆除模板。

3.梁部工程

(1)就地浇筑法施工顺序:施工准备→搭设膺架或铺设垫木→制作、安装底模→制作、绑扎底部钢筋→制作、安装内模→制作、绑扎好全部钢筋→检查钢筋→制作、安装外模、端模→制作、绑扎道碴槽钢筋→预埋 U 型螺栓及全部泄水管→进行钢筋、模板全面检查→搭设浇筑脚手平台→浇筑混凝土→养护→拆模。

(2)悬臂浇筑法施工顺序(图 6—2)。

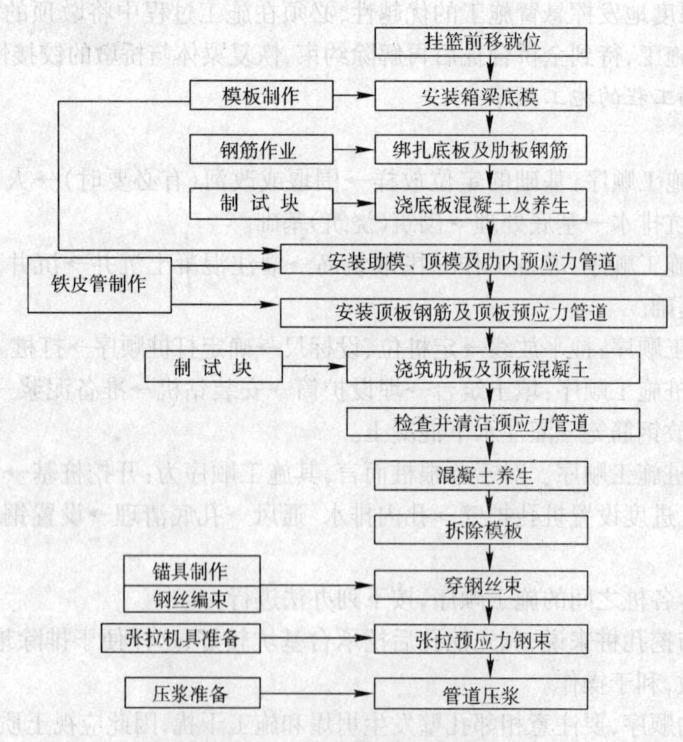

图 6—2 悬臂浇筑法施工顺序图

(3)顶进法施工顺序(图 6—3)。

(4)顶推法施工顺序(图 6—4)。

(5)架桥机架梁施工顺序:架桥机就位→运梁车将梁运至该跨架梁位置→架桥机架梁→桥面铺装→架桥机前移至下一跨架梁位置。

4.涵洞工程

(1)有基圆涵施工顺序:准备工作→挖基→砌筑基础→安装圆管→灌注护管混凝土→砌筑出入口→灌注帽石混凝土→防水层及防护层→沉降缝。

(2)拱涵施工顺序:准备工作→开挖基坑→建造基础→基坑回填→建造墙身→制作、安装拱架→凿毛并清洗拱座与拱圈的接触面→建造拱圈(拱圈圬工强度达到设计强度的70%方可拆模)→养护、拆模→建造出入口→防水层及防护层→沉降缝。

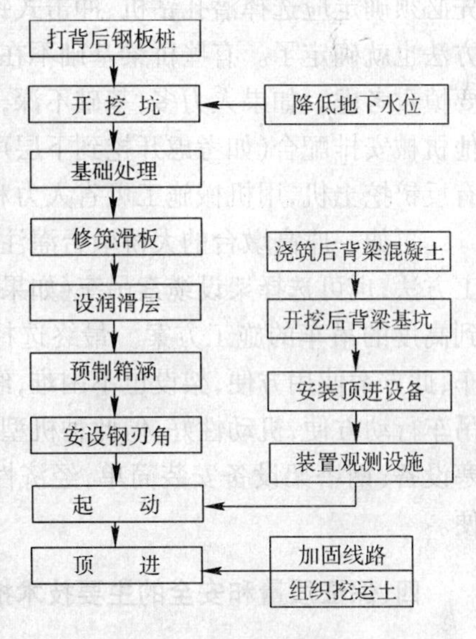

图6—3 顶进法施工顺序图

(三)成组桥涵工程的施工顺序

所谓成组桥涵工程的施工顺序,主要是指一个行政施工单位所管辖的一段线路中包括的所有中、小桥及涵洞的施工顺序问题。这些桥涵工程施工次序的安排,在这里又是指分在一个流水组的桥涵工程的施工次序。流水组的分类编组应根据桥梁基础类型、桥式、涵洞的构造以及他们所处的位置等来确定。次序的安排应方便施工机具及人员的转移由近到远,或由远到近,尽量不走回头路。对经验不足把握不大的工程应先做试验,在总结试验的基础上再行推广。要充分发挥专业工班的作用,考虑模板等辅助结构的倒用,使机具设备能连续工作。特别是对租赁的机械更不能产生更多的停机时间。对影响其他工程施工进度的桥涵工程要提前安排施工。总之,安排的结果应时间紧凑,机具能充分发挥作用,保证工程质量,按期完工,并能提高经济效益。

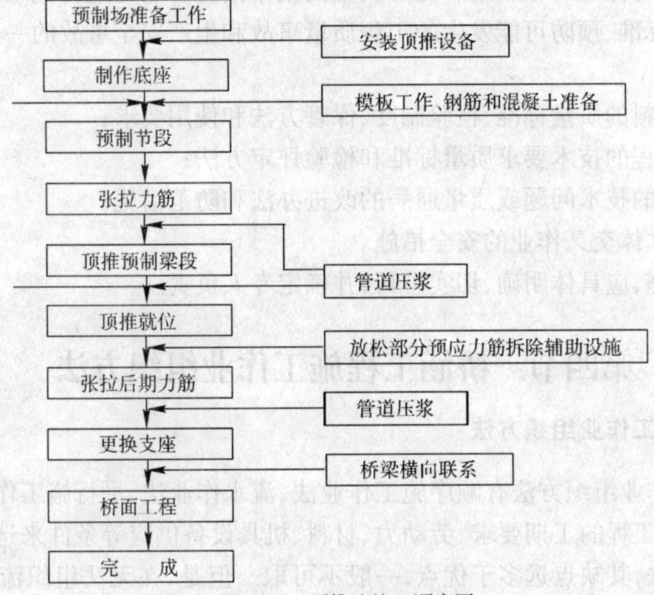

图6—4 顶推法施工顺序图

三、施工机械的选择

在现代化的施工条件下,施工方法的确定,主要还是选择施工机械、机具的问题,有时甚至成为最主要的问题。例如桥梁基础工程施工,仅钻孔灌注桩就有许多种施工机械可供选择,首先必须确定应选择潜孔钻机、冲击式钻机、冲抓式钻机还是旋转式钻机。钻机一旦确定,施工方法也就确定了。有些桥梁基础不在水中,开挖基础可以人力开挖,也可以机械开挖,这就需要慎重考虑。如果人力多,基础不深,人力开挖可能有利。此时,就需要对劳动力进行组织,其他机械安排配合(如考虑开挖到下层可能遇到地下涌水,需备用抽水机抽水)。若施工单位拥有反铲挖土机,用机械施工可省人力和节省施工时间。两者都适用就需要进行经济比较。

再如一座高墩台的大桥墩台灌注混凝土施工,可以选择多台钢塔架吊装混凝土浇灌的施工方法,也可选择架设缆索吊车(如果两岸有高坡可利用)的施工方法,还可选择吊臂可伸长达到高度的吊车的施工方案。最终选择哪一种方案,从机械设备的性能来看,如果已有缆索吊车,此方案使用方便,架设也不困难,经济性较好,但如果要重新设计,此方案就不可取了;长臂吊车行动方便,机动性好,但此种机型台班费用高,且冬期施工内燃发动机起动困难,要增设防寒设备;钢塔架设备安装简单,经济性比前两者都好,但转移到每个墩施工都要拆装,很不方便。

四、保证质量和安全的主要技术措施

保证工程质量与施工安全的措施要从具体工程的结构特征、施工条件、技术要求和安全生产的需要等出发,拟订保证工程质量和施工安全的技术措施。它是进行施工作业交底、明确施工技术要求和质量标准、预防可能发生的工程质量事故和生产安全事故的一个重要内容,一般应考虑:

(1)有关建筑材料的质量标准、检验制度、保管方法和使用要求;

(2)主要工艺过程的技术要求质量标准和检验评定方法;

(3)对可能出现的技术问题或质量通病的改进办法和防范措施;

(4)高空作业、立体交叉作业的安全措施。

拟订的各项措施,应具体明确、切实可行,并确定专人负责。

第四节　桥涵工程施工作业组织方法

一、桥涵工程施工作业组织方法

桥涵工程施工作业组织方法有顺序施工作业法、流水作业法、平行施工作业法及平行流水作业法,应根据桥涵工程的工期要求、劳动力、材料、机具设备供应等条件来选择。

顺序施工作业法,其缺点远多于优点,一般不可取。但是,在无法组织流水作业的情况下还不得不采用。

流水作业法是一种科学的施工组织和管理方法,对于规模大的桥涵工程,一般均尽可能采用流水作业法。在桥头引道工程中,对于成批的小桥、涵洞工程可各自组织流水作业;在桥梁结构施工中,基础、墩台升高、梁体预制、梁体架设等也均可组织流水作业。桥涵工程施工中,组织流水作业既可缩短工程工期、降低工程成本,还可提高工程质量,从而提高桥梁建设的经济效益。

虽然平行施工法有许多缺点,但它却具有两条突出的优点:一是工期最短;二是工作面得以充分作用。正因为如此,平行作业法仍具有强大生命力。因此,桥涵施工中可利用平行作业法原理,组织多组流水作业,使这些组的流水平行,以大大缩短工程工期。

二、流水计算

(一)大、中桥梁单位流水的计算

一般除特大桥施工组织另行考虑外,其余均可采用流水作业法施工。桥梁的基础工程因比较复杂,须由单独专业工程队进行施工外,在单位流水中,只考虑墩台砌筑的工作循环。因为墩台是桥梁建筑工作中的主要部分,使主要工作纳入单位流水的规律中,也就等于确定了各项工作的流水作业。桥梁施工总时间是由构筑基础、砌筑墩台和架设桥梁的时间组成的,而墩台占主要部分。

流水作业数目确定的方法如下:

根据"工程数量表"分别求得每座桥梁的墩台圬工数量(包括墩台和基础),从总数中选择一座圬工量最小的桥梁,按下列公式计算砌筑循环的时间 t_x:

$$t_x=\frac{W}{p\cdot q}$$

式中 W——最小的基础和墩台圬工数量(m^3);

p——适当砌筑工人数目;

q——每工每班的生产率(m^3/工天)。

假定专业工程队在所有桥梁上每班的产量定额均相等,则其他各桥砌筑循环时间和 t_x 之关系,是与其工程量和 W 的关系一样的,可用下列比值表示:

$$\frac{W_1}{W}=m_1;\frac{W_2}{W}=m_2;\cdots\frac{W_n}{W}=m_n$$

各比值之和 $m_1+m_2+\cdots+m_n=m$,表示单位流水中所有桥梁的圬工总量与圬工量最小的一座桥梁圬工量之比。同样亦表示单位流水中桥梁的总工期与 t_x 之比,因此全部桥梁墩台砌筑总时间为 $T=mt_x$。T 值可以等于、大于或小于已确定了的桥梁施工总期限 T_z(即从准备工作结束,第一座桥梁的基本工作开始至最后一座桥梁完成为止的一段时间)。

如果:$T\leqslant T_z$,则组成一个单位流水。

如果:$T>T_z$,则需组成若干个单位流水。在后一种情况下,单位流水的数量由下式求得:$B=\frac{T}{T_z}$。若 B 值有小数则可进成整数,进整后的单位流水数目以 B_p 表示,并求出符合这个条件的单位流水总时间 T_p,$T_p=\frac{T}{B_p}$。如果每座桥的圬工数量均相等,则单位流水内所包括的桥梁数目,可由 T_p 除以 t_x 而得。但是,这样的情况实际上是不存在的。因此,在计算时应先求得 $m_p=\frac{P_p}{t_x}$,再把前述若干比值组合相加后,接近 m_p 的桥梁数,包括在一个单位流水内。用同样方法可以求得其他单位流水内的桥梁数目。

用 t_x 乘以 $m_1,m_2,\cdots$等,即可求得第一座、第二座以及其他各桥的砌筑时间,作为绘制施工进度图的资料依据。至于桥孔结构的架设时间的确定,应根据不同指标,配合铺轨工作进行。

(二)小桥涵的流水计算

小桥涵的流水作业和施工进度安排,可用同样方法进行。其与大、中桥梁所不同者,是不需要每座分别研究,而是以一个施工区段范围内分组考虑。其流水数目可按如下方法计算:

计算每座小桥涵或每个墩台的圬工量($W_1, W_2, \cdots W_n$)占施工区段所有小桥涵或全桥主体工程圬工总量(W)的比值。即:

$$\frac{W_1}{W}=m_1;\frac{W_2}{W}=m_2;\cdots\frac{W_n}{W}=m_n$$

$$m_1+m_2+\cdots+m_n=1$$

计算按一个流水作业组施工时,完成 W 的施工期限 $T_1=\frac{W}{p\cdot q}$(p、q 的含义同前)。根据得到的 T_1 值,即可确定流水作业组数目。

如果:$T_1 \leqslant T$,则组成一个单位流水。

如果:$T_1 > T$,则需组成若干个单位流水。在后一种情况下,单位流水的数量由下式求得:$B=\frac{T_1}{T}$。若 B 值有小数则可进成整数,进整后的单位流水数目以 B_1 表示。则每个单位流水的平均施工期限 $T_{平}=\frac{T_1}{B_1}$。

因为施工区段内同类型同结构的各小桥涵或大桥、特大桥各墩台的圬工数量有所不同,为了使各工作队、班组能依次在施工段各单位流水上连续均衡施工,每个单位流水的施工量应大致相等。因为 $m_1+m_2+\cdots+m_n=1$,可将每个单位流水中包括的各座桥涵或各个墩台的 m 比值相加,使其和 $m' \approx \frac{1}{B_1}$,则分配得比较合理。那么,每单位流水的实际施工期限为 $T_{实}=m' \cdot T_1$。

每一区段所需综合工程队的数量,应按单位流水的数目而定。每一个单位流水内需有一个综合工程队。对每个小桥涵建筑物,不需要单独确定其施工期限,可用斜线方式确定每个单位流水的开竣工期限。斜线的起迄点即为单位流水的范围。

第五节　桥涵工程施工进度安排

施工进度图是在保证总工期的前提下,合理安排施工顺序和施工进度据以布置人力、物力,使工程顺利进行的重要图表。它应符合水文地质气候等自然条件,满足通航河流对航运的要求和堤防对施工季节的要求,注重新结构新工艺,应使劳力安排均衡,材料供应协调,机械能发挥最大使用能力,且能作到各工程互助衔接,互不干扰,有秩序地连续均衡生产。

一、资源需要量计划

资源需要量计划包括:劳动力、各种材料及各种施工机械设备等需要量计划。其计算可参见第四章第四节。

二、施工进度的确定

桥梁工程施工时间的长短,须视工程结构复杂程度、工程数量大小、地质水文条件、施工方法、机具设备及施工人员技术操作熟练程度而定。下面简要介绍单项工程施工进度的确定。

(一)明挖基础

1. 基坑开挖

影响基坑开挖进度的因素很多,基坑深度、有无地下水、排水方式、放坡开挖的坑壁坡度、支护的类型、有无围堰、弃土地点的远近以及弃土运输的方式等等,都直接影响到施工进度的安排。当采用人工开挖时,其进度按基坑平均开挖面积能容纳施工人数(每人约占 2~3 m²)及每一工天所能完成的土石方定额计算所需工天,配合的运输工,不予考虑。将计算所得工天按30/23.33折合成日历天,用日历天在进度图上即可安排基坑开挖的工期。当然也可以按照实际工天安排施工进度。对于机械开挖,则按所采用的机械生产能力进行计算。

2. 基础圬工

基础圬工施工进度安排的方法视所采用的施工方法而定。如果采用浆砌石料基础,则砌石工为完成该工序的主要工种。计算进度时,应根据圬工量的大小、砌石工的劳动组合(技工、普工各 1 人为一砌筑小组,另配运砂 3 人、水泥 1 人、司机 1 人、运浆 2 人、洗、运石 3 人)、基础砌筑工作面大小(每一砌筑小组平均工作面积以 3~4 m² 为宜)及其平均先进的生产定额来计算。如果采用混凝土基础,则应以圬工工作量,采用机械配备量及其所能完成的生产定额等因素为计算依据。对混凝土模板制造、安装,以及混凝土养生需用的时间亦应考虑。

明挖基础每班劳动力组织参见表 6—2。

表 6—2　明挖基础每班劳动力组织

<table>
<tr><th rowspan="2">名　称</th><th rowspan="2">人工开挖或人挖配合机械吊土</th><th rowspan="2">机械开挖</th><th colspan="3">基　础　建　造</th><th rowspan="2">附　注</th></tr>
<tr><th>混凝土</th><th>片　石
混凝土</th><th>钢　筋
混凝土</th></tr>
<tr><td>基坑开挖</td><td>10~12</td><td></td><td></td><td></td><td></td><td>挖、装 6 人,架子车运土 4 人,或按基坑开挖面积/每人占用的最小工作面积计算</td></tr>
<tr><td>卷扬机司机</td><td>1</td><td></td><td></td><td></td><td></td><td>人工开挖,配合机械吊运土方</td></tr>
<tr><td>挖掘机或抓泥斗司机</td><td></td><td>1</td><td></td><td></td><td></td><td></td></tr>
<tr><td>推土机司机</td><td colspan="2">1</td><td></td><td></td><td></td><td>倒运土方及回填基坑</td></tr>
<tr><td>凿岩机手</td><td colspan="2">2</td><td></td><td></td><td></td><td>基坑内有石方时</td></tr>
<tr><td>空压机司机</td><td colspan="2">1</td><td></td><td></td><td></td><td>基坑内有石方时</td></tr>
<tr><td>抽水机司机</td><td colspan="2">2</td><td></td><td></td><td></td><td>一人看管两台抽水机</td></tr>
<tr><td>混凝土搅拌机司机</td><td></td><td></td><td colspan="3">1</td><td></td></tr>
<tr><td>混凝土拌合后盘人员</td><td></td><td></td><td colspan="3">12~16</td><td>装运碎石 6~7 人,砂子 4~5 人,水泥 2 人</td></tr>
<tr><td>运输混凝土</td><td></td><td></td><td colspan="3">4~6</td><td></td></tr>
<tr><td>灌注及捣固混凝土</td><td></td><td></td><td colspan="3">3~4</td><td></td></tr>
<tr><td>片　石</td><td></td><td></td><td></td><td>2~3</td><td></td><td>掺加片石</td></tr>
<tr><td>钢 筋 工</td><td></td><td></td><td></td><td></td><td>2</td><td>制作、绑扎钢筋</td></tr>
<tr><td>电 焊 工</td><td></td><td></td><td></td><td></td><td>1</td><td></td></tr>
<tr><td>木　工</td><td></td><td></td><td colspan="3">2~4</td><td>制、立、拆模板及灌注混凝土时看模</td></tr>
<tr><td>混凝土养生</td><td></td><td></td><td colspan="3">1</td><td></td></tr>
<tr><td>电　工</td><td colspan="2">1</td><td colspan="3">1</td><td></td></tr>
<tr><td>班 组 长</td><td colspan="2">1</td><td colspan="3">1</td><td></td></tr>
<tr><td>合　计</td><td>19~21</td><td>9</td><td>25~34</td><td>27~37</td><td>28~37</td><td>如水中明挖基础需采用围堰,则另行考虑围堰施工劳动组织</td></tr>
</table>

(二)钻孔桩基础

(1)一根钻孔桩或同时施工的一批桩(指几部钻机同时在几根桩位上钻进),在孔径、桩长、地质、施工条件等相同的情况下,其工期(T)可按式(6—1)计算:

$$T = t_0 + \frac{L_z}{R} + t_g + t_s + t_k$$

式中 T——不包括开挖承台基坑和承台建造所需时间;

t_0——首先施工的钻孔桩埋设护筒的时间,与桩径大小有关,一般为 2~3 d。如一座墩台的各桩孔护筒系同时一次埋设,则推算钻孔桩的延续时间时,只计算第一批施工的桩孔埋设护筒的时间。以后开工的桩孔护筒埋设,因可与正钻进的桩孔工作平行作业,故埋设时间可不计在钻孔桩工期内;

L_z——桩长(m)。如同时施工一批桩,取其平均值;

R——钻孔平均日进度(m)。如钻进通过不同地质层,可取加权平均值。由于钻孔桩是连续施工,故其制作时间可不计在钻孔桩工期内;

t_g——钢筋笼安装时间。视钢筋重量计,每吨 3 工日。钢筋笼制作可与钻进工作平行作业,故其制作时间可不计在钻孔桩工期内;

t_s——清孔及灌注水下混凝土的时间,一般需 2~3 d;

t_k——其他所用时间。如水上施工筑岛或搭设工作平台等的时间,视具体情况而定。

(2)如系水上施工,还需考虑建立工作平台、拼装护筒导向框或打导向框所需时间。

(3)一座桥梁的全部钻孔桩的施工延续时间,可根据上列计算或累计,并考虑其他因素(如洪汛)。

钻孔桩基础施工劳动力组织参见表 6—3,不同地层、不同桩径、不同钻机的钻孔平均日进度参见表 6—4。

表 6—3 钻孔桩基础施工劳动力组织

项 目	人 数			附 注
	旋转式钻机	冲击式钻机	冲抓锥式钻机	
护筒制作、安装及拆除	6	6	6	(1)如系水上施工,还需考虑筑岛或建立工作平台,拼组护筒导向框或打导向框,并考虑其他影响因素(如洪汛); (2)旋转式钻机如同一小组操纵两台钻机,可增加 4 人; (3)表列劳动力组织系一般岸滩正常情况下的组织
机械钻孔	10~12	5~7	7~11	
钢筋笼制作安装	6~9	6~9	6~9	
清孔及灌注水下混凝土	30	30	30	
凿除桩头	2~3	2~3	2~3	
建造承台	25~30	25~30	25~30	

(三)挖孔桩基础

按有关定额计算挖孔桩所需工天、机械台班,再根据进度要求和工作班制等,安排其施工进度。挖孔桩承台基坑开挖和承台建造,可参照明挖基础的基坑开挖和钢筋混凝土基础建造的进度安排。挖孔桩施工每班劳动力组织参见表 6—5,人力开挖进度指标参见表 6—6。

表 6—4　钻孔平均日进度

钻机类型	孔径(m)	土壤种类	平均日进度(m/d)	附　　注
大 锅 锥	<1.00	砂黏土、黏砂土	3.0	具有走行装置的冲击式钻机及旋转式钻机移位一次约需2 h,红星 300 型旋转式钻机移位一次约需 11～15 h
旋转式钻机	0.80	砂夹卵石	3.7	
	1.00	砂黏土、黏砂土	30.0	
	1.10	砂夹卵石	5.2	
	1.50	砂黏土	19.6	
冲击式钻机	1.00	砂黏土、黏砂土	12.0	
	1.10	卵石、砂黏土夹卵石	2.2	
	1.30	卵石、砂黏土夹卵石	2.8	
	1.50	卵石层	3.0	
	1.50	卵石(颗粒 4～15cm)	2.4	
冲抓式钻机	1.00	砂黏土、黏砂土	30.0	
	1.00	砂夹卵石	6.6	

表 6—5　挖孔桩施工每班劳动力组织

名　称	人　数	附　　注
人工开挖	7	挖装土、起吊、卸土各 2 人,抽水 1 人
机械开挖	6	风镐手 2 人,卷扬机司机 1 人,空压机司机 1 人,出土 2 人(1 人兼指挥)
木 工 班	5	负责护壁木模的制、安、拆
电　　工	2	负责全部电力照明及供电线路工作
混凝土工班	20	负责全部混凝土备料及灌注、拌合、捣固,如使用机械时可酌情减少
钢筋工班	5	护壁及桩身有钢筋时才备此工班
合　　计	45	

注:每个开挖班可轮流在两个桩孔内开挖。

表 6—6　人力开挖进度指标

孔　径(m)	进　度(m)	孔　径(m)	进　度(m)	孔　径(m)	进　度(m)
5 以下	每班 0.8～1.0	5～10	每班 0.6～0.8	10～15	每班 0.5～0.6

(四)沉井基础

沉井基础施工比较复杂,可以在墩台位置筑岛就地灌注然后下沉,也可在岸边预制浮运就位下沉。一个墩台的沉井基础往往需要 1～3 节沉井组成,每节沉井都有制造、下沉等环节,因此在制定沉井施工作业计划时一定要留有充分的余地。沉井下沉往往成为控制沉井施工期限的关键工序,应做好充分准备,克服下沉中可能遇到的各种困难。一座桥梁有若干个墩台为沉井基础时,要考虑它们之间的互相配合,应尽量压缩每节沉井下沉时间,而沉井顶盖采用预制的办法可以缩短工期。沉井制造工期的计算方法与混凝土基础施工期限的计算方法相同。沉井下沉施工期限的计算,若采用人挖配合机械(卷扬机、少先吊、汽车吊、履带吊等)吊土,施工期限的计算与明挖基础人工开挖相同;若采用机械挖(卷扬机配抓泥斗或挖掘机),计算方法与明挖基础机械开挖相同。

沉井下沉进度参考指标参见表 6—7,每一沉井的施工周期见表 6—8。

表 6—7 沉井下沉进度参考指标

地 质 情 况	下 沉 方 法	进度(m/班)
卵石地层	排水人工开挖	0.15～0.20
黏砂土地层	排水人工开挖	0.50～1.00
中粗砂夹黏土	不排水、抓泥、吸泥、配合高压射水及潜水作业	0.15～0.30
砂类地层(粗～细)	不排水、抓泥下沉、辅以射水	0.32～1.20
砂夹卵石	不排水、抓泥下沉、辅以射水	0.20～0.53
砂黏土	不排水、抓泥下沉、辅以射水	0.40～0.48
黏砂土	不排水、抓泥下沉、辅以射水	0.34～1.38
砂类土及砂黏土	抓土下沉、辅以泥浆润滑套	1.10
风化岩	抓土下沉、辅以泥浆润滑套	0.33
砂类及黏砂土、砂黏土	空气吸泥机吸泥下沉,辅以射水	0.30～0.50

注:当刃脚下沉时,接近设计标高,井深在11 m以上,自重在1 000 t以上,炮震下沉量为 2～46 cm,平均17 cm。

表 6—8 每一沉井的施工周期

项 目	所需时间(d)
筑 岛	视情况定
第一节沉井制造(铺设与拆除垫木、刃脚角钢安装与焊接,绑扎钢筋,安装与拆除模板,灌注及养护混凝土)	15～20
第二、三节沉井制造(安装及拆除模板,绑扎钢筋,灌注与养护混凝土)	10～20
下 沉	见表 6—7
封底与养生	5～7
填 充	2～3
顶 盖	1～2

(五)墩台施工进度

桥梁墩台施工无论是灌注混凝土或砌石,其共同特点是垂直运输问题,特别是墩台较高时更显得比较突出,所以对高墩施工时一定要首先组织好垂直运输,以提高施工速度。另外对混凝土墩台模型板安装拆除也应给予特别重视。使用组合钢模板和自动式提升的滑动钢模板是提高效率的有力措施,对组合钢模板要做施工前的排板设计及试拼工作。关于混凝土和钢筋混凝土墩台施工时劳动力组织可参考表 6—9。

对于采用滑动模板的高墩施工工期可用下列公式推算。

$$T = t_1 + t_2 + t_3 + H/h$$

式中 T——一个桥墩施工计划工天;

t_1——组装滑动模板时间(d);

t_2——桥墩顶帽施工所需工期(d);

t_3——滑动模板拆除工期(d);

H——墩身高度(m);

h——滑动模板平均提升速度(m/d)。

表 6—9　混凝土及钢筋混凝土墩台施工劳动力组织

序号	工作内容	混凝土墩台	石砌墩台	附　　注
1	砂石运输	8		装运石料 5 人,砂 3 人
2	混凝土拌合	3		司机 1 人,拌合台上工作 2 人
3	混凝土运输	5		卷扬机司机 1 人,运输 4 人
4	混凝土灌注捣固、养生	5		
5	其　他	3	3	工班长 1 人,电工,木工各 1 人
6	砌 石 工		3	
7	清洗、抬运石料		5	
8	拌合灰浆、养生		4	
9	合　计	24	15	

滑模施工的进度可参见表 6—10。

表 6—10　滑模施工的进度

项目 墩类	组装滑动模板(d)	钢模平均提升速度(m/d)	墩顶实体段(d)	顶帽(d)	拆除钢模(d)	附　注
实 体 墩	3	3.5~5.5		2	1	拆除钢模板时间不包括拔除顶杆。因拔除顶杆可与第二墩的组装钢模同时进行
空 心 墩	4		4~5			

(六)桥跨工程

桥跨类型很多,其施工组织和进度安排视桥跨类型及主要施工方案而定。

1. 就地灌注钢筋混凝土梁施工进度安排

就地灌注钢筋混凝土梁施工进度可根据其施工方法、工程数量、定额、工期、工作班制等,通过计算确定。其劳动力组织见表 6—11。

2. 悬臂浇筑预应力混凝土连续梁施工进度安排(表 6—12)

表 6—11　就地灌注钢筋混凝土梁每班劳动力组织

项　目	班组名称	人数	附　注
在桥位上灌注钢筋混凝土梁	起重工班	24	工长 1 人、起重工 6 人、普通工 17 人拼装架设桥梁
	混凝土工班	34	工长 1 人、钢筋工 2 人、木工 4 人、拌合机 2 人、电工 1 人、普通工 24 人
在桥位旁或桥头路基上灌注钢筋混凝土梁	起重工班	24	工长 1 人、起重工 6 人、其他 17 人架设钢筋混凝土梁
	混凝土工班	24	工长 1 人、钢筋工 2 人、木工 4 人、电工 1 人、各种司机 4 人、其他 22 人
悬臂浇筑预应力混凝土梁	起重工班	30	安装索道拼装托架、吊架、跑架、吊运混凝土等,其中安装挂篮 10~20 人
	木 工 班	24	制作、安装、拆除模板等
	钢筋工班	21	钢筋制作、绑扎
	混凝土工班	35	浇筑混凝土及运料
	养　生	2~4	
	张　拉	24~32	钢丝除锈、编束、穿束、张拉锚固、记录
	压　浆	6	
	管　道	16	准备胶管和硬、软芯棒、穿管、安设压浆管等
	机 电 组	20	安装搅拌机、捣固器、拆卸运转、维修部分钳、锻工
	电 焊 组	2	配合施工、焊接钢筋及辅助工作

表 6—12　悬臂浇筑预应力混凝土连续梁施工进度安排

序号	项　　目	天　数	附　　注
1	施工准备	3～5	
2	墩旁支架安装	10～20	只有 0# 块才有此项
3	安装挂篮	5～7	
4	绑扎钢筋	5～10	
5	节段混凝土灌注	1～2	通常每次可灌注 3～4 m长的梁段
6	混凝土养护、拆模	3～7	
7	张拉预应力钢丝束	1～2	

3. 架桥机架梁进度安排

采用架桥机架梁时首先要计划好梁的存放与运输问题。为保证铺架工程不间断的进行，必须充分作好供梁计划和运梁存梁安排。一般情况下存梁数量为施工段落架梁计划孔数的30%。前方等待架设的梁应按架设的先后次序提前 1～2 d运到前方车站(一般距架桥工地一个区间)，并有 2～5 孔梁装在车上待架。对于梁车的编排次序一定要符合架设的次序。左右梁片标注清楚，当桥跨在曲线上更应特别注意。为加速车辆周转，一般在近期内不架设的梁都应卸车存放。当条件许可时外来梁可直接运至架设地点架设，减少装卸梁的工作时间，减少存梁场地。存梁地点应尽量靠近工点，并有足够场地，装卸梁时不干扰正线行车，便于装卸调车作业。若在沿线路两侧存梁，则存梁地点宜选在高出线路1.7 m的土台上，以方便梁的装卸及横移，减少搭设枕木垛工作。

桥梁装车必须位置准确，不得倾斜，梁的中心应与车辆纵向中心线相吻合，左右偏差不超过5 mm。梁的装运次序及倒、顺方向应严格按工地提出的资料周密安排，避免次序和方向错乱，影响架梁。当梁的长度超过一辆平车的长度时应加挂 1～2 辆游车。梁装车时底部应高出平车面至少两根枕木高，以利工作方便。较长的梁用两辆平车装运时，每片梁仍应只有两个支点，并使用规定的转向架，转向架一为固定架，一为活动端。混凝土梁的悬出长度(支点中心至梁端)不得大于设计允许值，装车支点位置尚应避开架梁吊点和捆千斤绳的位置，这个位置通常在梁上事先标出。

(七)桥涵顶进工程

在既有线上修建桥涵工程，当列车密度较大不能中断行车时，或立交桥跨度较大不能采用吊轨梁施工时可用顶进桥涵的施工方法。桥涵顶进工程的劳动力组织可参见表 6—13。

表 6—13　桥涵顶进工程的劳动力组织

名　称	人　数	名　称	人　数	名　称	人　数	名　称	人　数
装吊工	30	冷作工	1	普　工	40	挖掘机司机	1
机电组	6	空压机司机	1	木　工	2	履带吊车司机	1
线路工	5					总　计	87

三、施工进度图的编制

(一)施工进度图的内容

(1)桥梁设计示意图，注明桥梁中心里程、线桥分界里程、全桥长、孔跨、墩台高度、工程地质及水文资料、各局部标高等；

(2)主要工程进度表,按各种主要工序以不同符号表示速度,采用流水线表示劳动组合及流水方向;

(3)主要工程数量表,以各种工序、墩台和桥跨结构分别列出;

(4)劳动力动态图及主要材料机具数量表和日历型供应计划;

(5)图例、附注说明等。

(二)施工进度图的编制程序

1. 收集、了解、研究资料。

2. 统计工程数量:计算工程进度并确定各种工程施工作业过程中相互的流水间距,此种时间的长短需考虑施工作业准备(如基坑开挖后须作承载力试验及质量检验等)及工程砌筑后的技术作业要求(如基础混凝土灌注后应达到规定强度才能在基础上砌筑墩台等)所必需的时间之内。

3. 绘制桥梁总剖面示意图:比例尺最好与设计图相同,以减少缩制工作量。

4. 绘制工程进度图:根据工程施工顺序和计算好的进度进行绘制,先确定开工时间(按总进度图规定),再考虑劳动组合及施工流水方向绘制,并应注意以下各项:

(1)开竣工时间要与综合性施工组织设计规定的时间相一致;

(2)确定各个墩台施工先后顺序,要考虑施工季节性及汛期的变化对工程施工的影响;

(3)要有不同的施工进度比较方案选择最经济合理的方案;

(4)填写主要工程数量表,按统计好的数量逐项填写;

(5)统计计算劳动力,绘制劳动力动态图;

(6)计算材料及机具需要量。

进度图编制完成后还应检算劳动力总工天是否与按定额计算的劳动力总工天相接近,通常不超过5%为宜。

第六节　施工场地平面布置图

场地布置直接影响到施工的顺利进行,并对农业和当地人民的生产、生活产生影响。所以,应根据桥址地形、水文条件、工程内容和规模、施工方法、施工进度计划、材料来源等合理布置全桥施工场地。一般大、中桥均需绘制1∶500～1∶2 000的地形图,并在地形图上确定全部临时工程和辅助生产设施的设置地点和占地面积。在布置时应尽可能和养桥及护桥设施结合起来。

在施工过程中,随着工程的进展,工地现场的平面布置情况随时在变动,特别是现场道路、放置场地和部分临时水、电线路等比较容易变动。为此,必须对施工的平面布置进行动态管理。在平面图的设计阶段,就要按不同的施工阶段预先设计几张能满足各阶段施工的平面布置图,以便能把不同阶段施工现场的合理布局生动具体地体反映出来。

一、施工场地平面布置图的设计原则

(1)从施工现场实际条件出发,遵循施工方案和施工进度计划的要求,确定合理的平面布置方案,有利于施工和现场管理,不占或少占农田。

(2)在保证工程顺利进行的前提下,充分挖掘施工现场潜力,尽可能利用已有的建筑物、构筑物、各种管道及道路,最大限度地减少临时工程的工程量,节约施工费用,降低工程成本。

(3)最大限度地缩短工地内部的运输距离,方便运输,节省运输费用。特别是尽可能避免场内二次搬运,以减少场内运转的材料损耗,节约劳动力。

(4)临时生产、生活设施及施工地点的布置应便于工人的生产和生活,各类附属企业、仓库、机械设备等位置应布置在能发挥最大效能的地点。这些设施尽可能采用拆装式,以利重复使用降低临时设施费用。

(5)要符合劳动保护、安全技术、卫生、防洪和防火的有关规定。应使整个工地在施工期间不被水淹。当场地布置难于满足这一要求时,应将贵重材料仓库、职工宿舍等房屋布置在不被水淹的地方。

(6)一般情况下,中、小桥的施工场地一般布置在与铁路或公路相衔接的一岸,材料由便桥或天线运至河中或对岸,这样有利于降低费用;大桥一般为减少场内搬运,可在一岸(交通方便)设置主要场地,在对岸设置辅助场地;特大桥梁一般都是两岸设置施工场地,各有独立的施工指挥系统。桥梁分段施工时,也可根据各阶段工程内容及其特点,采取各阶段不同的场地布置方案。

(7)桥梁的施工方法对桥梁施工场地的布置起着主导作用。例如,连续梁顶推法和先简支后连续或悬臂拼装法;预制安装和就地现浇的简支梁等,在施工总平面设计上差别很大。

二、施工场地平面布置图的内容

1. 桥涵建筑工地平面图上应首先标定购(租)地界内及附近已有的和拟建的地上、地下建筑物及其他地面附着物、农田、果园、钻孔、地下洞穴、坟墓等的位置和主要尺寸。并应标出需要拆迁的建筑物及需占用的农田、果园等,以及需拆迁建筑物(如房屋)在施工期间是否可供利用。还要标出拟建线路及桥墩台位置、里程等。

2. 施工区段划分。对有两个及以上施工单位施工的大桥、特大桥或成组桥涵,应标出各自施工范围。

3. 对既有线改造或新增第二线桥涵工程,在施工场地平面布置图上,应标明既有线位置、里程及既有线与设计线的关系。

4. 为施工服务的临设施的布置。

(1)各种运输道路及临时便桥以及过渡工程的设置;

(2)临时生活房屋,如行政管理办公用房、施工人员宿舍、食堂、浴池、文化服务用房等;

(3)各种加工厂、混凝土成品厂及机械站、混凝土搅拌站;

(4)各种材料、半成品、成品仓库或堆栈;

(5)大堆料堆放点及机械设备设置点;

(6)临时供电(或变电)、供水、蒸汽及压缩空气站及其管线和通信线路;

(7)其他生产房屋,如木工棚、铁工棚、机具修理棚、车库、油库等;

(8)安全及防火设施等。

5. 取土和弃土位置。取土和弃土位置如果远离施工现场,在场地布置图上无法标注的,可另加以说明。

三、施工场地的选择

桥梁施工场地选择,要视桥址处的地形、地貌及河流(沟谷)状况而定。一般应遵循以下原则:

(1)当河流较小(河跨窄)、水不深、且不通航时,跨河容易,施工场地应布置在地势比较平坦,便于与公路衔接,便于水、电管线接通的一岸。材料、行人、机具设备及拌合好的混凝土等,可修建临时便桥过河。

(2)当河宽阔、水深,且通航、架便桥困难,应以一岸为主要工地,另一岸布置少许设施,这样便于施工管理。

(3)河床很宽,主河道流水,河滩宽而无水,可利用河滩进行分期施工场地布置,但要对解冻期及雨季采取防洪、防淹、防冲措施。一般河滩布置要简单,只设置直接为生产而需的临时设施,对重要的使用期长的临时设施,应尽可能设置在岸上较高处。

(4)在城市繁华区域建桥,工地只能沿桥梁附近的街道布置。当场地受到限制,而且干扰大时,只能在桥头工地设置必需的仓库、管理机构、看守房、主要机械棚等。对于大量的生活及生产临时房屋及设施,以及占地较大的材料堆放地,可设在与交通线衔接的空旷地区,利用城市道路将材料运至工地,随用随运。

四、绘制施工场地平面布置图

在1∶500～1∶2 000桥址地形图上,按场地布置应注意的事项及施工过程中须设置的内容,用各种符号、图示或文字,在选择的场地上标示出来,并对各种符号、图示及施工场地布置中的重点加以说明。

第七章　铁路隧道工程实施性施工组织设计

第一节　概　述

一、隧道工程施工特点

隧道工程施工组织设计的编制必须从隧道工程施工的特点着手，其施工特点可归纳为：

1．施工环境差

隧道工程埋置于地下，施工较为不便；加上洞内施工的动力供应不如地面建筑工程方便，施工运输也不如地面灵活方便，隧道的施工环境当然比地面要恶劣得多，同时施工本身还会产生大量的噪声、粉尘及废气，使得环境进一步恶化。

2．工作面狭窄

隧道是一长条形管状结构物，一般只有两个工作面，有时由于洞口地质不良或施工干扰等原因，两个工作面还不能充分利用。如要增加工作面又比较困难，因此，隧道工程往往成为控制工期的重点工程。

3．工序较多，彼此干扰大

隧道施工技术是一项综合性很强的技术，其主要工序通常包括开挖、出碴、支护和衬砌。它的施工过程是在地层中挖出土石，以形成符合设计要求的隧道断面轮廓，并进行必要的支护和衬砌，以控制围岩的变形，确保隧道长期安全使用。为了保证主要工序的进行，还需配备必要的动力和机具设备，以及保持地下施工环境良好的通风、照明、排水、防尘等辅助措施。各个工序之间必须衔接紧密，才能保证正常的施工进度，但由于工作面有限，各工序间的相互干扰较大，且难以避免。

4．隧道所经的地层，地质条件复杂多变，在施工过程中往往需要改变施工方法

隧道施工前，只有在充分考虑隧道工程的特点的前提下，编制出合理、科学的施工组织设计，才能使施工安全、快速、优质、低价、高效地进行。当然，在施工中不能一成不变，必须结合变化了的实际情况和考虑不周的地方，边施工边改进，不断充实提高，使之更好地指导施工。

二、隧道工程实施性施工组织设计的编制依据

(1)设计文件及变更设计文件；

(2)施工承包合同书；

(3)建设单位有关指标、条约等；

(4)有关施工会议精神或指导性施工组织设计方案及要求。

三、隧道工程实施性施工组织设计的主要内容

隧道施工组织设计通常是以一座隧道为单位进行编制的，对长大隧道而言，在具体施工时还可以每一洞口为单位进行编制，它主要包括：说明书、施工进度图及洞口工地布置图和洞内

三管两线布置图等。一般包括如下主要内容：

1. 概况的说明：隧道名称；起止里程及长度；中线平面位置及纵向坡度情况；隧道所处围岩的地质及水文地质情况；隧道所在位置的地形和地貌；隧道所在地区的气候条件；当地可供利用的运输道路、电力、水源和当地建筑材料等情况；本隧道与洞外其他工程的关系；上级对本隧道施工期限的要求等。

2. 施工准备工作的安排：提出复测或进行控制测量的要求及其完成期限；洞口工程和临时工程（如临时道路、临时给水、临时通讯、施工房屋和施工供电工程）的工程数量、施工顺序和施工期限；为隧道施工服务的一整套附属生产设施的建立，如当地砂石料的开采场、木工场（厂）、机械修理厂（所）、电站、空压机站、水泵站等；各种施工机具的搬运与试运转；材料库的建立及一定材料的储运工作等。

3. 施工方法的选择：即包括整个隧道施工方法和方案的选择，也包括各项作业方法的选择，同时还包括选用何种辅助坑道以增辟工作面（辅助坑道的类型、数目、位置、断面尺寸、支撑类型、与正洞联接的关系，以及通车后的利用和处理方法等）。在施工方法选择问题上，应进行多种方案比较，从中选取最优方案。

4. 劳动组织：包括劳动力的组织和施工过程的组织。

5. 隧道施工进度计划。

6. 隧道洞口场地布置及洞内三管两线的布置。

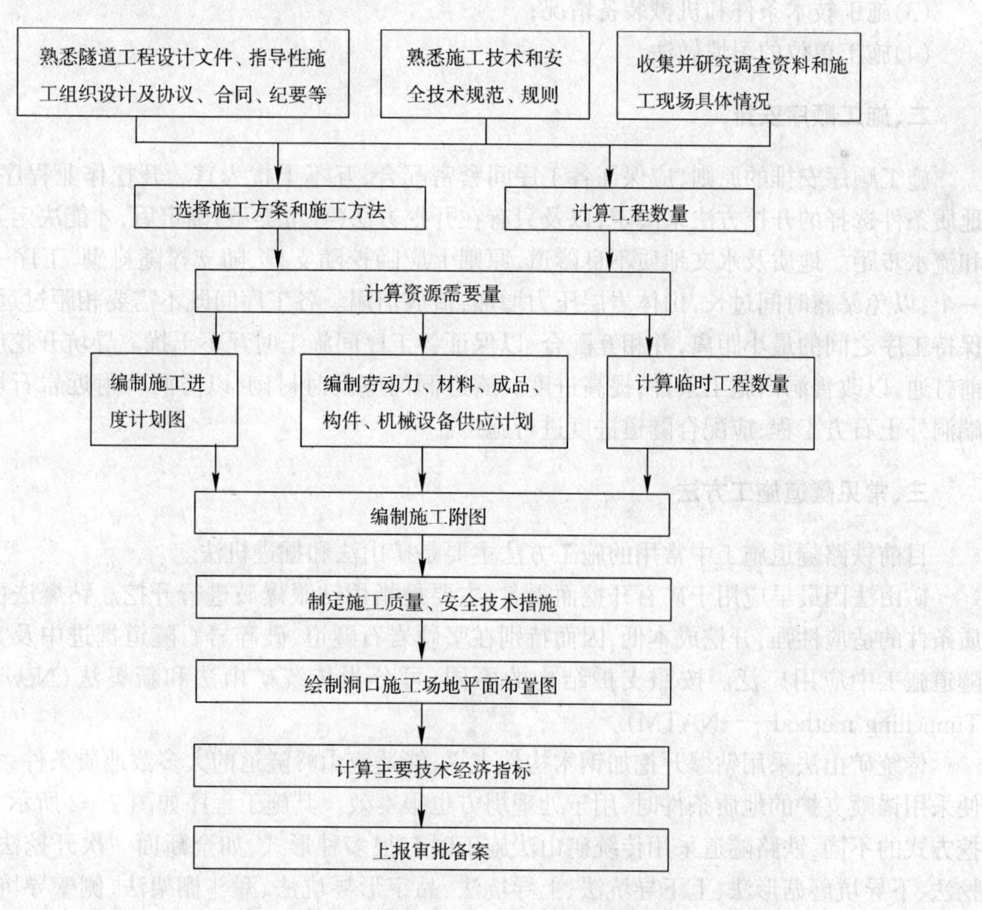

图7—1 隧道工程实施性施工设计的编制程序

7. 各种主要技术组织措施:如采用新技术的措施;提高劳动生产率的措施;节约人力物力降低成本的措施;检查和提高工程质量的制度与措施;施工安全的措施;开展劳动竞赛及实行惩奖制度的措施等。

8. 各种劳动力、材料、机具需要量及其供应计划。

四、隧道工程实施性施工组织设计的编制程序

隧道工程实施性施工组织设计的编制程序如图 7—1 所示。

第二节 隧道施工方法的选择

一、施工方法的选择原则

为了在遇到不良地质时有较强的应变能力,隧道的施工方法应当具有较强的灵活性。在选择正确的施工方法时,必须充分考虑到隧道工程的施工特点。只有这样,才能均衡、快速地进行施工,建成质量高、造价低的隧道建筑物。具体来说,一般应考虑以下几个因素:

(1)工程的重要性(这从工程的规模,使用上的特殊要求,工期的缓急,工程的造价等方面体现出来);

(2)隧道所处的工程地质和水文地质条件。这是选择施工方法的先决条件;

(3)施工技术条件和机械装备情况;

(4)施工单位的习惯做法。

二、施工顺序安排

施工顺序安排的原则,应保证各工序间紧密配合,互不干扰为宜。开挖作业程序,应根据地质条件选择的开挖方法来决定,以及只有在开挖方法(导坑类型)确定后,才能决定开挖顺序和流水步距。地质及水文地质不良隧道,原则上应随挖随支撑,随支撑随衬砌,工序一个紧接一个,以免暴露时间过长,山体岩层压力增加,造成坍塌。各工序间既不需要相距过远,又必须保持工序之间的最小距离,并相互配合,以保证各工序间施工时互不干扰。导坑开挖应设法提前打通,以改善洞内施工条件,提高进度。隧道洞门应及时衬砌,以防洞口附近岩石坍塌。两端洞外土石方工程,应配合隧道进度进行施工。

三、常见隧道施工方法

目前铁路隧道施工中常用的施工方法主要是矿山法和掘进机法。

矿山法因最早应用于矿石开挖而得名,主要是指用钻眼爆破进行开挖。钻爆法由于对地质条件的适应性强,开挖成本低,因而特别在坚硬岩石隧道、破碎岩石隧道掘进中及大量的短隧道施工中应用广泛。按照支护结构的不同,可分为传统矿山法和新奥法(New Austrian Tunnelling method——NATM)。

传统矿山法采用钻爆开挖加钢木构件支撑,能适应山岭隧道的大多数地质条件,尤其在不便采用锚喷支护的地质条件时,用于处理坍方也很奏效。其施工程序如图 7—2 所示。根据开挖方式的不同,铁路隧道采用传统矿山法施工时有很多种形式,如全断面一次开挖法、台阶开挖法、下导坑蘑菇形法、上下导坑法、上导坑法、品字形导坑法、漏斗棚架法、侧壁导坑法等等。各种施工方法的特点、适用条件及开挖顺序可参见隧道施工手册,表 7—1 是单、双线隧道通常

采用的传统矿山施工法,可供参考。

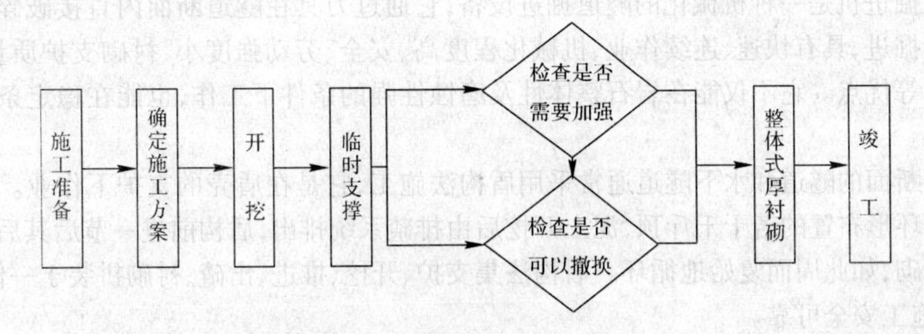

图 7—2　传统矿山法施工程序

表 7—1　单、双线隧道通常采用的传统矿山施工法

施工方法 \ 围岩分类	单线						双线					
	Ⅵ	Ⅴ	Ⅳ	Ⅲ	Ⅱ	Ⅰ	Ⅵ	Ⅴ	Ⅳ	Ⅲ	Ⅱ	Ⅰ
全断面一次开挖法	√	√					√	√				
正台阶开挖法	√	√					√	√				
反台阶开挖法	√	√	√				√	√				
漏斗棚架法	√	√	√				√	√				
下导坑蘑菇形法		√	√					√	√			
上下导坑法			√	√	√				√	√		
上导坑法					√	√				√	√	
品字形导坑法							√	√	√	√		
侧壁导坑法											√	√

新奥法的主要设计构思是要充分发挥围岩自身的承压能力。其施工要点是:尽可能不破坏围岩的应力分布,开挖之后立即进行一次支护,防止岩石进一步松动,然后根据需要进行二次支护。在施工过程中密切监测围岩变形、应力等情况,调整支护措施,控制变形。新奥法的施工程序如图 7—3 所示。

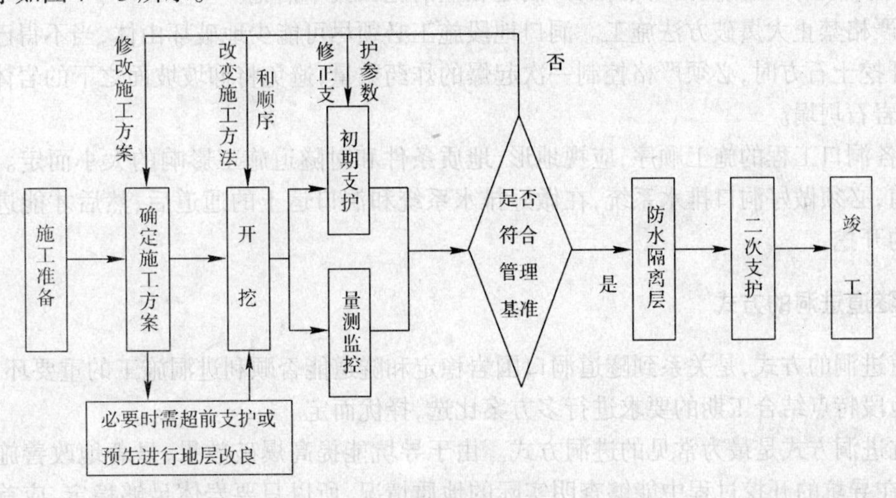

图 7—3　新奥法施工程序

掘进机法包括隧道掘进机法和盾构法。

隧道掘进机是一种机械化的隧道掘进设备,它通过刀具在隧道断面内直接破碎岩石从而进行连续掘进,具有快速、连续作业、机械化程度高、安全、劳动强度小、衬砌支护质量好、减少辅助工程等优点。它不仅能在岩石整体性及磨蚀性强的条件下工作,也能在稳定条件差的地层中施工。

圆形断面的隧道和水下隧道通常采用盾构法施工,它是在盾壳的支护下作业。盾构掘进的动力是环形布置的若干千斤顶,泥土开挖后由排碴系统排出,盾构前进一节后其后端即可拼装一节衬砌,如此周而复始地循环。盾构法集支护、开挖、推进、出碴、衬砌拼装于一体,机械化程度高,施工安全可靠。

四、洞口工程的安排

洞口工程是指根据洞口地段的特点而安排的与隧道施工关系密切或为洞内施工服务的一些工程,它主要包括洞口排水系统、洞口桥隧、洞口路堑土石方和洞口挡护工程。正确合理地组织洞口施工,是保证隧道施工质量和按施工工期交付结构的重要措施。

(1)对洞顶地表的陷穴、深坑应加以填平夯实,对裂缝进行堵塞,严重者加以砌筑,使洞顶地表不得积水。在隧道开工前,应根据地形、地质条件对天然沟槽进行妥善处理,使山洪渲泄畅通。

(2)在桥隧相连的洞口,原则上应先做隧道,待洞门做好以后再做洞口桥台。有条件时,尽量将桥梁和隧道交给同一个单位施工,以便统筹安排。

(3)洞口地段地层一般较破碎,给开挖造成了很大的困难,必须严格按照设计边坡进行边坡施工,不得使用临时边坡。开挖时应随时注意观察边、仰坡地层的变化,认真做好开挖中的防坍和支撑工作。刷好仰坡后,必须立即架好洞口支撑,并且应尽早做好洞口段的衬砌和洞门,当洞口路堑土石方数量很大,又要求及早进洞时,可采用侧面进洞超前施工。

(4)需要设置挡护工程的隧道洞口,一般来说洞口地段的地质条件较差或地势较为陡峻,在施工时必须先做好挡护工程后方可进洞。

(5)当开挖的山体可能失稳时,宜按照“早进晚出”原则,研究有无改移洞门位置、延长洞身长度和减小洞顶仰坡高度的可能性,并制定相应的施工技术措施。

(6)严格禁止大爆破方法施工。洞口地段施工必须尽可能少地破坏山体,当不得已采用爆破方法开挖土石方时,必须严格控制一次起爆的炸药数量,避免将仰坡坡面之下的岩体炸碎震松,引起岩石坍塌。

(7)各洞口工程的施工顺序,应视地形、地质条件和对隧道施工影响的大小而定。在开挖洞口之前,必须做好洞口排水系统,在做好排水系统和洞口运土的通道后,然后才能进行路堑土石方的开挖。

五、隧道进洞的方式

隧道进洞的方式,是关系到隧道洞口围岩稳定和隧道能否顺利进洞施工的重要环节,应针对洞口地段特点结合工期的要求进行多方案比选,择优而定。

导坑进洞方式是最为常见的进洞方式。由于导坑能提高爆破效果,显著地改善施工通风条件,且在导坑的开挖过程中能够查明实际的地质情况,所以只要岩体足够稳定,应首先选择这种进洞方式。

为了满足施工对出碴、运输、通风、排水的需要,或工程规模较大,而工期要求紧迫,需另开作业面时,还可在洞室的开挖断面外增设辅助坑道进洞。设置辅助坑道应尽量考虑到一洞多用、长度短以及工程投产后加以利用的可能性。辅助坑道一般有横洞、斜井、竖井及平行导坑等。

若洞外路堑较长,土石方数量很大,不能很快将路堑挖到洞门,而工期又较紧必须及早进洞时,可采用拉槽进洞。但是,这种方法施工容易发生事故,洞内外干扰也较大,故应尽量避免使用。

当洞口地层很薄时,开挖暗洞后,往往不可能形成天然拱,洞顶岩层容易坍塌,则应采用明洞方式进洞,在明洞的掩护下,再进行洞内开挖。

当洞顶围岩软弱或破碎严重,出现开挖面随挖随坍甚至不挖即坍的情况时,必须采取一定的辅助稳定措施进行预加固或超前支护后方可进洞。常用的稳定措施有:预留核心土挡护工作面、喷射混凝土封闭工作面、超前锚杆锚固前方围岩、临时仰拱封底、管棚、注浆加固、水平旋喷和预切槽等。这些稳定措施的选用应视围岩地质条件、地下水情况、施工方法及环境要求等具体情况而定,并尽量与常规施工方法相结合,进行充分的技术经济比较,选择一种或几种同时使用。

六、施工方法的变换

由于施工方法主要是根据地质条件确定的,因此,当地质发生变化时,就应考虑施工方法的变换。但改变一次施工方法,常使施工进度受到影响,故须慎重。确实需要改变施工方法时,可根据具体情况选用挑顶法或改变导坑开挖速度的办法。

(1)挑顶法。这种方法是由下导坑向上挖至上导坑顶标高,以达到开挖上导坑的目的。它分垂直挑顶和斜挑顶(又称爬道)两种。挑顶的位置应选择在较好的围岩地段以内,并与较差处的围岩的距离不得小于3 m,以免挑顶时引起塌方。

(2)控制导坑开挖速度。这种方法,是采用放缓或停止下导坑而抢进上导坑,或放缓、停止上导坑而抢进下导坑等来达到逐步地将原施工方法的工序过渡到新的施工方法的工序。

例如:上导坑先拱后墙法变为上下导坑先拱后墙法,即先停止上导坑开挖,等下导坑跟上后,继续向前开挖,直到超前一定距离,然后再开挖上导坑,即形成新的施工方法。

又如:上下导坑先拱后墙法变换为上导坑先拱后墙法,即停止下导坑掘进,后续工序立即跟上,上导坑继续前进超前,即可形成新的施工方法。

第三节　施工辅助作业

对于控制工期的长大隧道,仅有洞口处的两个工作面往往是不够的,通常需要设置辅助坑道。辅助坑道的形式有横洞、平行导坑、斜井和竖井等,其作用除增加作业面以加快施工进度、缩短工期外,还能改善施工条件(通风、排水),减少施工干扰。同时,为了给开挖坑道和修筑衬砌等基本作业提供必要的施工条件,必须进行多项辅助作业,包括:通风防尘、压缩空气供应、施工供水与排水、施工供电与照明等。

一、辅助坑道

设置辅助坑道可能使隧道工程造价提高;辅助坑道选择是否恰当,会影响其作用的正常发挥。因此,应从多个方面综合考虑,以确定最为合理的辅助坑道形式。具体来说,主要应考虑以下几点：

(1)辅助坑道的形式应根据隧道长度、工期、地形、地质、水文等条件，结合通风、排水及弃碴的需要，通过技术经济比选确定。同时应结合施工技术水平，考虑施工工序的协调，以充分发挥机具设备的能力。

(2)辅助坑道洞口应不受洪水威胁，要考虑施工场地布置，注意保护环境，避免造成弃碴堵塞河道、影响水利、破坏农田等不良后果。

(3)辅助坑道的方案选定，应与正洞施工方法和施工组织等统筹考虑，经技术经济比较后，可采取单一类型，也可采用不同类型的组合。

(4)在无特殊要求时，辅助坑道的支护一般只要求能够保证施工期间的稳定和安全即可。

(5)选择辅助坑道，要考虑隧道投入运营后综合利用的可能性，如是否利用作为永久通风通道、为远期增建第二线工程备用等。

(6)选择辅助坑道时，应尽量选取辅助坑道本身较短及其对主体工程工期缩短最有效的方案，从而降低工程造价，提高经济效益。

各种辅助坑道的适用条件及其特点见表 7—2。

表 7—2　辅助坑道的适用条件及其特点

辅助坑道类型	适用条件	特点
横洞	1. 隧道傍山且侧面覆盖层较薄； 2. 横洞长度不超过隧道长度的 1/10～1/7； 3. 在隧道洞口处桥隧相连影响施工； 4. 地质条件差、地形条件不利、路堑开挖量大尚未完工而需进洞等情况	通风较差、但施工简单、不需要特殊的机具设备、出碴运输方便、造价低
平行导坑	1. 长度超过3 000 m的隧道在无其他辅助坑道可设时； 2. 有大量地下水或瓦斯	能提高施工速度，解决施工通风、排烟、排水和运输干扰等问题，还可探明地层变化情况，但造价高
斜井	1. 隧道埋深较浅，地质条件较好，隧道侧面有沟谷等低洼地形，隧道长度在1 000 m以上的情况； 2. 斜井长度一般不超过200 m	斜井运输需要有较强的牵引动力，出碴、进料运输距离较短，其施工及使用都比横洞、平行导坑复杂，但比竖井简单
竖井	1. 覆盖层较薄的长隧道、或在中间适当位置覆盖层不厚、具备提升设备、施工中又需增加工作面的情况； 2. 竖井深度一般不超过150 m	断面利用率较低，但施工较为方便，受力条件好，并可留作隧道永久通风道

二、施工通风及防尘

隧道施工通风防尘的目的，就是为了更换并净化坑道内的空气，降低粉尘含量，保证施工人员的健康与安全。

在施工中，通风方式有自然通风和强制机械通风两类。自然通风是利用洞室内外的温差或风压差来实现通风的一种方式，一般只限于短直隧道，且受洞外气候条件的影响极大，因而完全依赖自然通风是较少的，绝大多数隧道施工必须采用强制机械通风，机械通风是利用通风机和管道(或巷道)组成通风系统，以解决隧道通风问题。

为达到施工通风的目的，必须选择合适的通风机，以便布置合理的通风管道，满足施工作业环境的要求。确定通风机型号的主要依据是风量和风压。选择时，按风量储备系数，Q(要求通风机提供的风量)及 P(风管漏风系数)、h(总阻风流受到的总阻力),在通风机技术性能表中选择风机。

对通风系统应有全面规划和合理布局,使各种形式的"循环风"覆盖到各个工作面,以实现通风换气。

在隧道施工中,有害气体的危害比较明显,故一般为人们所重视;粉尘对人体的危害不能立即反映出来,因而往往被忽视。特别是粒径小于10 μm的粉尘,极易被人吸入,或沉附于支气管中,或吸入肺部,隧道施工人员常见的矽肺病就是因此而形成的,此病极难治愈,病情严重发展会使肺功能完全丧失而死亡。因此,防尘工作是十分重要的。

目前,推行湿式钻眼是防尘工作的主要措施,但要使坑道内的含尘量降到2 mg/m^{3}的标准,只靠湿式凿岩是不够的,必须采取综合措施,即湿式凿岩、喷雾洒水、机械通风和个人防护相结合。

三、压缩空气供应

在隧道施工中,由于以压缩空气为动力的风动机械结构简单而轻巧,因此得到广泛的应用。这些压缩空气都是由空气压缩机生产。空气压缩机有电动和内燃的,短隧道可采用移动式内燃空气压缩机,长大隧道则以采用固定式大型电动空气压缩机为好。隧道施工一般把空气压缩机集中安设在洞口空压机内,以负责供应隧道施工所需要的压缩空气。

压缩空气站的生产能力视同时工作的风动机具耗风量和管路的漏风量而定,并考虑一定的备用系数和工程所在地对空压机生产率影响的折减系数。其生产能力的估算,通常可按下列公式求得:

$$Q = Q'(1 + k_n)k_{\mathrm{H}}$$

式中 Q——空压机站的生产能力(m^3/min);

Q'——估计出的总用风量(m^3/min);

k_n——备用量系数;

k_{H}——海拔高度影响系数。

当一台空压机的排气量不能满足供风需要时,可选择多台空压机组成空压机组。空压机组采用并列布置,两空压机之间的净距不小于1.5 m,此外,还应考虑空压机出入、调换、加油、加水等方便。空压机站一般应靠近洞口,与铺设的高压风管路同侧,并注意防洪、防火、防爆破,机房要求地形宽敞,通风良好,地基坚固。

供风管道的布置应注意:

(1)管道敷设要求平顺、接头密封、防止漏风、架设牢固,凡有裂纹、创伤、凹陷等现象的钢管不能使用。

(2)压风管道在总输出管道上,必须安装总闸阀以便控制和维修管道;主管上每隔300～500 m应分装闸阀;管道前端至开挖面距离宜保持在30～40 m左右,并用 ϕ 50～75 mm高压软管接分风器。风枪用的高压胶管一般为 ϕ 19 mm,其长度不超过10 m。

(3)主管长度大于1 000 m时,应在管道最低处设置油水分离器,定期放出管中聚积的油水,以保持管内清洁与干燥。

(4)严寒地区的洞外管路应采取防冻措施。

(5)管道在洞内应敷设在电缆、电线的另一侧,并与运输轨道有一定距离,管道高度一般不应超过运输轨道的轨面,若管径较大而超过轨面,应适当增大距离。如与水沟同侧时不应影响水沟排水。

四、施工供水和排水

(一)施工供水

隧道施工中,湿式凿岩综合降尘、混凝土拌和与养护、机械冷却等均需大量用水;同时由于隧道施工时往往有地下水涌出,软化围岩,引起坍方落石;坑道底部积水不及时排除则会有碍钻眼、爆破、清碴等作业的进行,水量过大时,甚至会淹没工作面,迫使工作停顿。因此,隧道施工既要有供水设施,又要有排水措施,才能确保施工顺利进行。

施工现场临时用水主要包括:生产用水、生活用水和消防用水三种。

1. 生产用水

生产用水与工程规模、机械化程度、施工进度、人员数量和气候条件等有关,因而用水量的变化幅度较大,很难精确估计,一般根据以往经验估计,参考表 7—3。

表 7—3 每天的用水量

用水项目	单 位	耗 水 量	说 明
风枪用水	t/(h·支)	0.2	
喷雾用水	t/(min·台)	0.03	每次放炮后喷雾30 min
衬砌用水	t/h	1.5	包括混凝土养护及洗石用水
机械用水	t/(台·d)	5.0	循环冷却用水

2. 生活用水

随着隧道施工工地卫生要求的提高,生活设施配置增多,耗水量也就相应增多。因而生活用水量也有一定的变化,但变化幅度不大,一般可按下列参考指标估算:

生产工人平均:(0.1~0.15)m^3/d;

非生产工人平均:(0.08~0.12)m^3/d。

3. 消防用水

由于施工工地住房均为临时住房,相应标准较低,除按消防要求在设计、施工及临时住房布置等方面做好防火工作外,还应按临时建筑房屋每3 000 m^2、消防耗水量 15~20 L/s、灭火时间为0.5~1.0 h计算消防用水贮备量,以防不测。

对生产和生活用水,使用前必须经过水质鉴定,如水中含有硫酸盐、云母、硼砂等有害矿物质或传染病菌超过规定要求者,未经处理严禁使用。生活用水要求新鲜清洁。

供水方式主要根据水源情况而定,常用水源有:山上泉水、河水及钻井取水。上述水源自流引导或用机械提升到蓄水池储存,并通过管路送达使用地点。个别缺水地区,则用汽车运水或长距离管路供水。

(二)施工排水

1. 洞内排水

排水方式应根据线路坡度情况和水量大小而定,通常可分为顺坡施工的排水和反坡施工的排水两种方式。

向洞内开挖是上坡,称为顺坡施工。此时的排水只需随导坑的延伸,在一侧挖水沟,使水顺坡自然排出洞外即可。

向洞内开挖为下坡,称为反坡施工。此时水向工作面汇集,需用机械排水,排水系统的布置有两种方式:分段开挖反坡水沟和隔开较长距离开挖集水坑。所谓分段开挖反坡水沟是在分段处挖集水沟,每一集水坑处设一抽水孔,把水抽至后一段反坡,由最后一台抽水机将水抽出洞外。其优点是地面无积水,抽水机位置固定,亦不要水管;缺点是用的抽水机多且要开挖反坡水沟,一般隧道较短、坡度较小时采用。而隔开较长距离开挖集水坑是指开挖面的积水用小水泵抽到最近的集水坑内,再用主抽水机排到洞外。其优点是所需抽水机数量少,缺点是要安装水管,抽水机随着坑道的掘进而拆迁前移。在隧道较长,涌水量较大时采用。

反坡施工的隧道,应对地下水涌水量有足够的估计,排水设施要有后备。必要时,应在导坑掌子面(工作面)上钻较深的探水眼,防止突然遇到地下水、暗河等或大量涌水进入坑道,造成工程事故。

2. 洞外排水

施工排水的一个特殊性是要防止洞外洪水突然倒灌入洞内,尤其在反坡施工及斜井施工时,洪水倒灌往往会造成重大安全事故。为此,应做好洞口地表防洪及排水设施。同时,应将与地下水有补给关系的洼地、沟缝用黏土回填密实,并施作截水沟截流导排。

供水管道布置应注意:

(1)供水管道,主管直径一般为75～100 mm,支管直径为50 mm。管道铺设应保证质量,平顺、短、直且弯头少,确保不漏水。

(2)管道沿山顺坡敷设悬空跨距大时,应根据计算来设立支柱承托,支撑点与水管之间加木垫;严寒地区亦应采用埋置或包扎等防冻措施,以防水管冻裂。

(3)水池的输出管应设总闸阀,干路管道每隔300～500 m应安设闸阀一个,以便维修和控制管道。

(4)供水管道应安设在电线路的异侧,不应妨碍运输和行人,并设专人负责检查养护。

(5)管道前端至开挖面,一般保持的距离为30 m,用 ϕ 50 mm高压软管接分水器。

五、施工供电和照明

在洞内施工,电动机需要用电,照明也需要用电,因此,向洞内供电非常重要。施工人员必须掌握施工用电的一些技术要求,以便组织施工。

隧道供电电压,一般是三相四线400 V/230 V。动力机械电压标准是380 V,成洞地段照明用220 V,工作地段照明应使用安全电压24～36 V。

对于长大隧道,考虑低压输电因线路过长而使末端电压降低太大,故用6～10 kV高压电引入洞内,然后在洞内适当的地点设置变电站,将高压电流变到400 V/380 V,再往前送至工作地段。

洞内线路根据不同的施工方法其相应的电线路布置也不相同。

隧道作业地段必须有足够的照明,光线要充足均匀。其用电量的估算,通常可按下列公式求得:

$$p=K(p_1+p_2K_1)$$

式中 p——总用电量;

K——电线路能量损失系数;

p_1——照明用电量;

p_2——各种电动机具用电量;

K_1——各种用电设备同时使用系数。

隧道施工通常采用白炽灯或荧光灯管，其优点是价格低，使用方便，但其耗电量较大且亮度较弱，还容易造成事故。近年来已开始使用高压钠灯、低压卤钨灯、钠铊铟灯、镝灯等新型光源。其优点是：大幅度地增加了施工工作面和场地的照度，为施工人员创造了一个明亮的作业环境，可保证操作质量；安全性能好；节电效果明显；使用寿命长；维修方便，减少电工的劳动强度。

新型光源洞内外照明布置要求见表7—4。

表7—4　新型光源洞内外照明布置

工作地段	照明布置
开挖面后40 m以内作业地段	两侧用36 V 500 W卤钨灯各2盏（或300 W卤钨灯7盏，以不少于2 000 W为准），灯泡距离隧道底面高4 m
开挖面后40～100 m区段	安设2盏400 W高压钠灯和2盏400 W钠铊铟灯，间距约15 m，灯泡距隧道底面高5 m
开挖面后100 m至成洞末端	每隔40 m，左右侧各设计400 W高压钠灯1盏
模板台车衬砌作业段	台车前台10～15 m，增设400 W高压钠灯各1盏，台车上亮度不足时，增设36V 300 W或500 W卤钨灯
成洞地段	每隔40 m安装400 W高压钠灯1盏
斜井、竖井井身掌子面及喷混凝土作业面	使用36 V 500 W或36 V 300 W卤钨灯，已施工井身部分选用小功率110 V高压钠灯，间距：混合井30 m安装1盏，主副井每25 m安装1盏
洞外场地	每隔200 m安装高压钠灯1盏

洞内电力线路布置应注意：

(1)动力线和照明线必须分开架设，可分两侧或同侧敷设，但都必须采用绝缘线，并且动力线架于上层。长大隧道的照明宜与永久照明线相结合，按设计规定一次架设。

(2)成洞地段固定的电线路，应用绝缘良好的胶皮线架设。施工地段的临时电线路宜采用三芯橡套电缆以保安全。竖井、斜井宜使用铠装电缆。

(3)工作面一般采用36 V低电压，其变压器应设在离工作面不很远的安全而干燥的地方（一般在大小避车洞内），机壳接地，从变压器到工作面的电线总长不应大于100 m。

(4)采用电爆时，要敷设绝缘良好的专用电力线路；爆破专用线不得和其他电线相靠近或交叉。

(5)严禁在动力线路上加挂照明设施。

六、施工运输

隧道施工的洞内运输可以分为有轨运输和无轨运输两种。

运输方式的选择应充分考虑与装碴机的匹配和运输组织，还应考虑与开挖速度及运量的匹配，以尽量缩短运输和卸碴时间。必要时应作技术经济合理性分析，以求方案最佳。

1. 有轨运输

有轨运输是铺设小型轨道，用轨道式运输车出碴和进料。有轨运输基本上不排出气体，对空气污染较轻，设备构造简单，容易制作；占用空间小而且固定等。不足之处在于轨道铺设较复杂，维修工作量大；调车作业复杂；开挖面延伸轨道影响正常装碴作业等。

2. 无轨运输

无轨运输主要是指汽车运输。其特点是运输速度快，管理工作简单，配套设备少。缺点是由于多采用内燃机，作业时会排放大量废气，对洞内空气污染较为严重，尤其在长大隧道中使用,需要有强大的通风设施。随着大型装载机械及重载自卸汽车的研制和生产,近年来无轨运输在隧道掘进中得到了愈来愈广泛的应用。

施工实践证明:洞内无轨运输(汽车运输)优于有轨运输,但汽车在洞内行驶放出有害气体,影响工人健康,为了将其及时排除,通风是关键。同时隧道长了,往返运输时间加长,控制开挖机械化作业线循环时间,影响施工进度。如能利用辅助导坑加强通风及出碴工作,对加速施工进度,维护工人健康能起积极作用。

第四节　隧道工程施工进度安排

一、资源需要量计划

参见第四章第四节。

二、施工进度的确定

隧道施工进度计划是在各个单项作业循环计划,特别是在导坑掘进循环计划的基础上定出的,因为导坑掘进是控制隧道施工进度的关键。导坑的开挖有交接班、检查找顶、出碴、钻眼、装药放炮、通风排烟等工序,从交接班开始到下一次交接班,组成一个作业循环。完成一个作业循环就有一次开挖进度,其数值等于炮眼深度与炮眼利用率的乘积。例如,增加炮眼深度可以增加每个循环的进尺,但在钻眼、出碴上就要多费时间,因而同一时间内,循环次数就会减少;为了提高炮眼利用率而增加炮眼数目,也会增加循环时间而减少循环次数。

为了保证作业循环计划的实现,常编制循环作业图表,使各个工序的施工人员心中有数,在计划规定的时间里高质量地完成各项施工任务。

当施工进度计划初步完成后,应按照施工过程的连续性、协调性、均衡性及经济性等基本原则进行检查和调整。

三、施工进度图的绘制

1. 确定工序间距:施工中为了达到安全生产,工序之间互不干扰起见,必须保持工序间的最小间距。不同的开挖方法有不同的间距要求,可参见隧道施工手册的相关内容。

2. 施工进度图的绘制步骤及方法

(1)绘出工程概况表及隧道纵断面示意图:包括百尺标、坡度、隧道长度、中心里程、地质及水文情况、衬砌式样、开挖方法、进出口里程、线路情况及主要工程数量等。

(2)确定隧道开挖顺序、导坑类型、断面尺寸、各工序间的间距长度,并绘出开挖程序示意图。

(3)按开挖程序示意图及各段开挖进度,绘出各段的开挖进度线,若有辅助导坑或开挖方法有变更,应在进度线中表示。进度线的绘制方法为:在不同地质不同衬砌地段,计算出各段需要的天数,即:$天数=\dfrac{每段长度}{该段长度}$。然后以长度作为横坐标,天数作为纵坐标,通过隧道开工的起点(即原点)作直线即得。

(4)进度线确定后,进行劳动力分配,绘制劳动力动态图(绘在进度线的右侧),绘制图例图标,注写必要的说明。

3. 注意事项

(1)在绘制施工进度图时,既可将开挖、衬砌等项目的各道工序单独绘出,也可按开挖、衬砌的综合作业绘制。一般情况下,实施性施工组织设计多采用前者,只有在投标报价中可采用后者。

(2)应随时注意变换点,并在绘制中标明。两端各工序完工时间应相交在同一断面上,以利工作量的划分。

(3)水沟及灌浆工作:若为混凝土衬砌时,可在边墙或拱圈完工后 7~14 d完成;若为砌石圬工时,可在边墙及拱圈完工后 3~4 d完成。

(4)边墙及拱圈的衬砌,可随开挖进度进行。铺底工程在水沟及灌浆完工后开始铺砌。洞门工程可根据地质情况及工程数量来确定工期,地质不良洞口的洞门应尽早尽快完成,以增加洞口的稳定,利于施工安全。

由于隧道内工程施工中存在很多不可预见的因素,施工中往往会出现一些特殊情况,如大涌水、大断层、瓦斯溢出等不良情况,所以应针对实际情况单独编制施工进度图。其编制方法同前,只是施工项目有所变化。

第五节　施工场地平面布置图

隧道洞口场地一般比较狭窄,而隧道施工的机械设备和材料又多,如果事前没有很好的规划,很容易造成相互干扰,使用不便,效率不高等不合理现象,甚至发生生产事故。为此,施工前要根据洞口的地形特点,结合劳动力安排、机械设备、材料用量、工期要求、施工方法和弃碴场位置等因素,进行全面规划、统筹安排、合理布置,使工地秩序井然,充分发挥人力物力的最大效能,为快速施工创造有利条件。

一般情况下,隧道洞口由于地形限制,施工场地很难一次布置就绪,通常是根据地形及工程的规模,结合弃碴和改造地形,有计划、分阶段地逐步完成。施工场地平面布置图应包括下列内容:

一、弃碴场地及卸碴轨道的布置

单线隧道每进1 m的弃碴平均在60 m^3(松方)以上,因此,一个隧道工地的弃碴往往要占很大的面积,而长大隧道更甚。处理弃碴有两个原则:一个是变无用为有用,把弃碴用作片石碎石料,或用于铁路路基填方,或用来铺设临时道路路面;另一个是变有害为无害,就是当必须占用农田时,力争把弃碴场变为耕地,以弥补弃碴占用的耕地。

在考虑弃碴场地时,可依次考虑下述可能性:利用作洞外路基填方和桥头路堤填土,而运距又不致过远;顺沟顺河弃碴而又不致堵塞沟谷与河道;填平山坡荒地作施工场地而不致在山洪来临时被洪水冲毁,并危害下游农田;洞口均为良田而较远处有荒地可供弃碴时,作远距离的运碴等。

布置弃碴场地时,还应考虑弃碴对不良地质(如滑坡)和其他工程(如桥台)的影响。弃碴场上的卸碴线应不少于两条,交替使用,以利弃碴。

二、大批材料的堆放场地和料库的布置

大宗材料的存放地点应尽量布置在运输道路附近,做到倒装少、运距短,施工互不干扰。

(1)砂石材料堆放和水泥仓库均应和混凝土搅拌站布置在一起。砂石料场要充分利用地

形，不一定要推平场地，但应注意供料要方便。如洞口处地形狭窄，则可在就近开阔处布置砂石堆放场地。水泥仓库里水泥应充分分类堆放，先到先用，进出方便，以确保水泥不过期硬化。另外，要做好防洪防潮工作。

(2)木材仓库和木材加工场应布置在一起，并靠近道路。要充分注意防火的要求，木工车间等易燃建筑物应位于场地的下风向，并与其他建筑物保持一定的距离。

(3)钢材仓库与钢筋加工场地应布置在一起，以便于加工和工程使用。

三、生产房屋和生产设施的布置

(1)各种生产房屋和生产设施的布置要特别注意防洪、防砸、防沉陷、防塌埋。

(2)通风机房和空压机房应靠近洞口，尽量缩短管道长度，以减少管道中能量损失，尤其要避免出现过多的角度弯折。

(3)搅拌机应尽量靠近洞口，靠近砂石料，且应有一定垂直高度，便于装车运输。

(4)炸药、雷管、油料均为危险品和易燃品，布置时应慎重考虑。炸药、雷管应分别存放，间距不得小于40 m，距线路不小于300 m，不能靠近居民集中的地方，最好设在偏僻点的山洼之地。

(5)机修房应设在各种机械重心地区，避免机械长距离搬运。

(6)发电机房不一定太靠近洞口而与其他房屋争场地。如采用外来高压电线输电，变电站应设在洞口附近。当洞内输电距离太长(超过1.3 km)时，电压降太大，电动机械电压不足，效率低，此时应考虑高压线进洞，洞内设变电站。

(7)工地的临时道路应充分利用原有道路。工地的主干道宜呈环状布置，次要道路可布置成枝状，但应考虑回车的可能性。

(8)行政管理和生活福利设施，应方便生产，方便工人的生活。工地办公室和医疗室应靠近施工现场。行政管理办公室可位于工地出入口附近。生活福利设施要首先考虑永久性房屋，不足时则修建临时房屋。

四、生活房屋的布置

生活房屋应集中布置，且离洞口不宜过远，有利于指挥生产与工人上下班方便，但也不宜过近，以免影响办公和工人休息。要妥善考虑职工室外文体活动场地的布置。生活区要靠近水源，在水源四周50 m以内不得设厕所、畜圈和垃圾坑等。

每个隧道工地的条件是千变万化各不相同的。因此，在考虑隧道工地布置时，要因地制宜，对具体情况作具体分析，同时做好环境保护工作。

第八章　公路工程施工组织设计

第一节　概　　述

在公路工程设计和施工的各个阶段,必须编制相应的施工组织设计文件,即深度、内容由粗到细的“施工方案”、“修正施工方案”、“施工组织计划”及“施工组织设计”(详细分类及编制阶段见第一章第四节)。

施工方案、修正施工方案、施工组织计划分别在公路工程设计的不同阶段由勘察设计单位负责编制,并编入相应的设计文件,按规定上报审批。施工组织设计是属于指导施工的技术经济文件,即“实施性施工组织设计”它由施工单位根据批准的初步设计或施工图设计中的施工方案或施工组织计划,综合施工时的自身和客观具体条件进行编制,并报上级领导部门审批备案。

一、施工组织设计文件组成

(一)施工方案的组成内容

(1)施工方案说明;

(2)人工、主要材料及机具、设备安排表;

(3)工程概略进度图(根据劳动力、施工期限、施工条件以及施工方案进行概略安排);

(4)临时工程一览表。

施工方案说明列入初步设计的总说明书中,其主要内容是:①施工组织、施工力量和施工期限的安排;②主要工程、控制工期的工程及特殊工程的施工方案;③主要材料的供应,机具、设备的配备及临时工程的安排;④下一阶段应解决的问题及注意事项。

(二)修正施工方案的组成内容

采用三阶段设计的工程,在技术设计阶段应提出修正的施工方案。修正施工方案应根据初步设计的审批意见和需要进一步解决的问题进行编制。修正施工方案解决问题的深度和提交文件的内容,介于施工方案和施工组织计划之间。

(三)施工组织计划的组成内容

不论采用几阶段设计,在施工图阶段都应编制施工组织计划,其内容如下:

1. 说　　明

(1)初步设计(或技术设计)审批意见的执行情况;

(2)施工组织、施工期限,主要工程的施工方法、工期、进度及措施;

(3)劳动力计划及主要施工机具的使用安排;

(4)主要材料供应、运输方案及临时工程安排;

(5)对缺水、风沙、高原、严寒等地区以及冬季、雨季施工所采取的措施;

(6)施工准备工作的意见(如拆迁、用地、修建便道、便桥、临时房屋、架设临时电力、电讯设施等)。

2. 工程进度图(包括劳动力计划安排)

3. 主要材料计划表(包括型号、规格及数量)

4. 主要施工机具、设备计划表

5. 临时工程表(包括通往工地、料场、仓库等的便道、便桥及电力、电讯设施等)

6. 重点工程施工场地布置图

绘出仓库、工棚、便道、便桥、运输路线、构件预制场地、沥青(或水泥)混凝土拌和场地、材料堆放场地等工程和生活设施的位置。

7. 重点工程施工进度图

(四)实施性施工组织设计

在施工阶段,由施工单位编制的施工组织设计称为实施性施工组织设计。此时,施工图设计已获批准,所有施工原则和总方案已定,施工条件明确。因此,这一阶段的施工组织设计十分具体,对各分项工程、各工序和各施工队都要进行施工进度的日程安排和具体操作的设计。

实施性施工组织设计文件的内容与施工图设计阶段的施工组织计划相似,但比之要更具体,更详细。

综上所述,从施工方案到实施性施工组织设计,后一阶段比前一阶段的要求更高、内容也更多,但是各个阶段是独立的又是相互联系的。

二、编制施工组织设计的编制程序

编制施工组织设计要遵守一定的程序,要按照施工的客观规律,协调和处理好各个影响因素的关系,用科学的方法进行编制。一般的编制程序如下:

(1)分析设计资料,选择施工方案和施工方法;

(2)编制工程进度图;

(3)计算人工、材料、机具需要量,制定供应计划;

(4)临时工程,供水、供电、供热计划;

(5)工地运输组织;

(6)布置施工平面图;

(7)编制技术措施计划与计算技术经济指标;

(8)编写说明书。

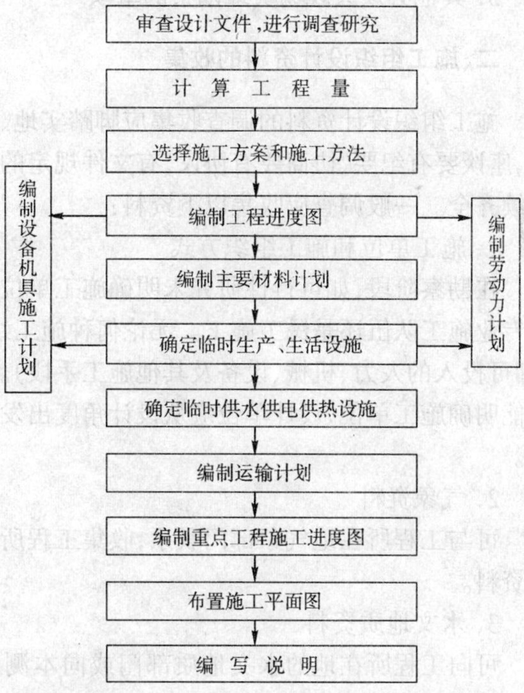

审查设计文件,进行调查研究
计 算 工 程 量
选择施工方案和施工方法
编制工程进度图
编制主要材料计划
确定临时生产、生活设施
确定临时供水供电供热设施
编制运输计划
编制重点工程施工进度图
布置施工平面图
编 写 说 明
编制设备机具施工计划
编制劳动力计划

图 8—1 施工组织设计的编制程序

不同的施工组织设计阶段,编制程序有所不同。图 8—1 是编制程序的相互关系。

第二节 公路施工组织调查

公路施工组织调查同铁路施工组织调查一样,同样是为编制施工组织文件所进行的收集和研究有关资料的活动，是施工组织设计的基础。为编制设计阶段的施工组织文件所进行的施工组织调查活动是在勘察设计阶段进行的，为编制施工阶段的施工组织文件所进行的施工组织调查活动是在开工前的施工准备阶段完成的。前者带有勘察调研的性质，后者则具有复查和补充的性质，但其总的内容和方法基本上是一样的，主要包括现场勘察和收集资料两个方面。

一、勘　　察

所谓勘察是指对施工现场的勘察，在设计阶段是在外业勘测中由勘测队的调查组来完成；在施工阶段是在开工前组成专门的调查组完成。勘察的对象主要是路线、桥位、大型土石方地段、材料采集加工场地等处。勘察的主要内容有：

1．施工现场及沿线的地形地貌

对于公路沿线，大、中型桥位，附属加工厂等施工现场，应结合勘察测绘平面图，进行定性地描述。

2．施工现场的地上障碍及地下埋设物

对于需要拆迁的建筑物等地上障碍物以及地下管线、文物等，除在勘测中进行实地调查外，尚应在施工前由施工单位到现场进行复查，并办理有关手续。

3．其他必须去现场实地勘察的事项

二、施工组织设计资料的收集

施工组织设计资料的调查收集应脚踏实地、深入现场同有关部门进行认真细致地查询、研究，座谈要有纪要、协商要有协议，有文件规定的要索取书面资料，资料要准确可靠、措词严谨，手续齐全。一般调查应收集以下资料：

1．施工单位和施工组织方式

在勘察阶段，如可行性研究未明确施工单位，则应向建设单位调查落实施工单位，并明确是专业施工队伍还是民工施工。无论何种施工组织设计，均应事先考虑施工单位的施工能力(即可投入的人力、机械、设备及其他施工手段)。对于实行招标、投标的工程，在设计阶段一般不能明确施工单位，设计单位应从设计角度出发，提出最为合理的意见，作为编制概、预算的依据。

2．气象资料

可与工程所在地气象部门联系，收集工程所在地的气温、季风、雨量、积雪、冻深、雨季等有关资料。

3．水文地质资料

可向工程所在地的水文地质部门或向本测量队的桥涵组、地质组收集地质构造、土质类别、地基土承载能力、地震等级，地下水位、水量、水质、洪水位等资料。

4．技术经济情况

施工现场(沿线)附近可以利用的场地，可供租用的房屋情况，在勘测中或施工前，通过调查并与地方主管部门签订协议，解决施工期间住宿、办公等的用房。

对工程所需的外购材料，应对其规格、单价、供应地点、可供应量、运输情况等详细调查，并填写由提供材料单位盖章证明的“调查证明”。

自采加工料的料场、加工场位置、供应数量、运距等情况。

当地能够雇佣的劳动力数量及技术水平。

5. 运输情况

关于材料运输方面，除应分别了解施工单位自办运输及当地可提供的运力状况外，还应对筑路材料的运输途径、转运情况、运杂费标准等进行调查。

6. 供水、供电、通信情况

了解施工用水源、供水量、水压、输水管道长度，了解供电线路的电容量、电压、可供施工用的用电量及接线位置，对临时供电线路和变电设备的要求等。

7. 生活供应与其他

了解粮、煤、副食品供应地点，调查医疗保健情况。

8. 与概预算有关的资料

(1)当地政府和职能机构的补充规定和相关文件；

(2)工资标准；

(3)占地补偿、拆迁补偿等的标准；

(4)设备、工具、器具及家具的规格、售价及运杂费。

9. 有关协议、合同书

第三节　施工进度图的编制

公路工程施工进度图是公路工程施工组织设计的核心文件，它规定了各个施工项目的完成期限和整个工程的总工期，是控制单位工程施工进度，确定单位工程的各个施工过程的施工顺序、施工作业持续时间以及相互衔接和穿插配合关系的依据。同时也是编制季、月施工计划的基础，是编制一切资源需要量计划的依据，集中体现了施工组织设计的成果，对整个工程施工具有指导意义。

一、施工进度图的编制依据

(1)工程施工图纸及有关水文、地质、气象和其他技术经济资料；

(2)上级或合同规定的开竣工日期；

(3)主要工程的施工方案；

(4)现行有关定额、施工规范等资料；

(5)劳动力、机械设备供应情况。

二、施工进度图的编制内容

公路工程施工进度图一般应包括以下基本内容：

(1)主要工程的工程数量及其分布情况；

(2)各施工项目的施工期限，即施工开始和结束的时间；

(3)各施工项目的施工顺序与衔接情况，专业施工队之间的相互配合、调动安排；

(4)施工平面示意图；

(5)劳动力动态需要量图。

工程施工进度图中的施工平面示意图，是沿公路路线纵向的展开图。主要反映原有交通路线、典型地形及地貌、附近居民点，标注出施工机构、附属施工企业、工地供应站(如仓库、车站、码头等)在平面上的相应位置。如果设计文件中另有施工平面图,则施工平面示意图可以简化或省略不绘。有时为了简化其他图表,还可以将主要机具、材料需要量以图形或表格的形式附在施工进度图上。

三、施工进度图的编制

(一)确定施工方法和施工组织方法

确定施工方法时,应首先考虑工程特点、现有机具的性能、施工环境等因素。例如,中等高度(或深度)的路堤(或路堑)宜用推土机或铲运机施工,需要远运利用的深挖方宜用挖掘机配合自卸汽车施工,填挖均不大的路基土方常选用平地机施工。采用预制装配式施工的板桥、管涵等工程,必须有相应的吊装、运输设备,其次要考虑施工单位的机械配置情况。当机具数量少、型号单一时,则应选择最能发挥机械效益的施工方法,即使机具齐全,也必须考虑施工方法的经济性,最后还要考虑施工技术操作上的合理性。如果在一个固定位置上有大量的施工作业,最好选用固定式机具作业的施工方法。如果是分散作业,或有像路面工程那样的线型工程,则适宜选择移动式施工机具。

根据具体的施工条件选择最先进合理的施工组织方法,是编制施工进度图的关键。流水作业法是公路工程施工较好的组织方法,但在某些情况下不一定能发挥作用,比如工作面受到限制时只能采用顺序作业法,工期特别紧而资源供应又十分充足时可以采用平行作业法。但在一般情况下,要积极创造条件优先采用流水作业法。对于技术复杂、施工头绪多、涉及面广的大型工程,则应考虑采用网络计划技术。

(二)划分施工项目

施工方法确定后就可以划分施工项目。每项工程都是由若干个相互关联的施工项目所组成,施工进度图的实质就是科学合理地确定这些施工项目的排列次序。施工项目划分的粗细程度,与工程进度图的用途有关。

(三)计算工程量与劳动量

各施工项目的工程量计算应与选择的施工方法一致,当划分施工段组织流水施工时,必须分段计算工程量。此外,还应考虑为保证施工质量、安全的附加工作量。为便于计算劳动量(工日),工程量的单位应与定额规定的单位一致。

计算劳动量时,要考虑施工现场的具体情况。如施工场地狭小发生的二次搬运,利用挖方弃碴作填料时的不同运距等,都将出现工程量相同而劳动量不同的情形。

(四)计算各施工项目的作业持续时间

具体计算方法见第三章。

(五)初步拟定施工进度

按照客观的施工规律和合理的施工顺序,采用前面确定的施工组织方法就可以初步拟定工程施工进度。

在拟定施工进度时应考虑施工项目之间的相互配合。例如,在路基施工开始前、桥涵等构造物必须完成;路面施工时,路基必须完工。此外,准备工作、材料加工及运输等辅助工作也应与工程进度相互配合。

拟定工程施工进度时,还应特别注意人工的均衡使用。此外,还应力求避免材料、机械及其他技术物资使用的不均衡现象。初拟方案若不能满足规定工期的要求,或超过物资资源供应量时,应对施工进度进行调整。

(六)检查和调整施工进度

施工组织设计是一个科学的有机整体,施工进度编制的正确与否直接影响工程的经济效益。因此,当施工进度计划初步拟定之后,还应按照施工过程的连续性、协调性、均衡性及经济性等基本原则进行检查和优化调整。在检查过程中重点检查的内容有:是否满足工期要求、施工的均衡性;以及施工顺序、搭接配合关系、技术间歇时间、组织间歇时间等是否合理。根据检查结果,针对主要问题采取有效的技术措施和组织措施,使全部施工在技术上协调,对人工、材料、机具的需用量均衡,力争达到最优状态,调整结束后,采用恰当的形式绘制施工进度图。

四、重点工程施工进度图

由于公路施工的项目很多,为了保证如期完成全部施工任务,对大中桥、隧道、特殊路段的路基工程(如软土处理、高填方、深路堑大爆破工程、不良地质处治工程等)、立交枢纽等重点工程应分别编制施工进度图。其编制方法同前,只是在施工项目上通常以工序划分。

第四节　资源需要量计划

一、劳动力需要量计划

施工进度确定之后,可以容易地计算各个施工项目每天所需的人工数量。将同一天所有施工项目需用的人工数量累加起来,即可得到反映劳动力需要量与施工期限之间关系的劳动力需要量示意图。

劳动力需用量示意图反映了施工期间劳动力的动态变化,是衡量施工组织设计合理性的重要标志。不同的施工进度安排,劳动力需要量示意图呈现不同的形状,一般可归纳成如图 8—2 所示的三种典型图式。图 8—2(a)出现短暂的劳动力高峰,图 8—2(b)劳动力数量起伏不定,这两种情况都不便于施工管理并增大了临时设施的规模,在施工安排上应尽量避免。图 8—2(c)在一个较长时间内劳动力保持均衡,符合施工规律,是最理想的情况。

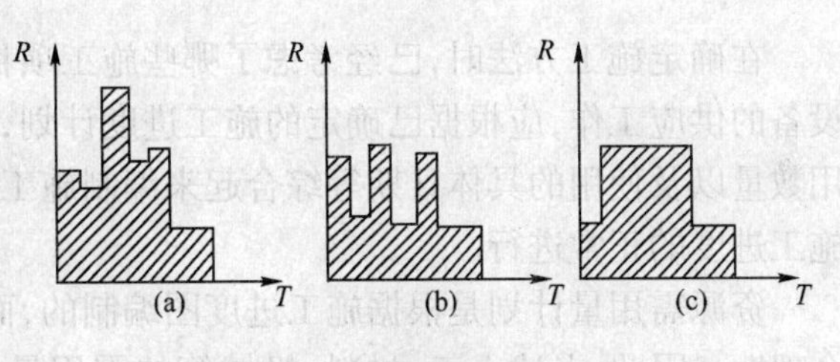

图 8—2　劳动力需要量示意图

劳动力需用量的高峰值与施工期间的平均值之比,称为劳动力不均衡系数。显然,劳动力不均衡系数应大于或等于 1,越接近于 1,施工组织设计就越合理。要作到这一点,通常需要多次调整施工进度图。

根据劳动力需要量图,可以编制劳动力需要量计划(表 8—1)。劳动力计划是确定临时生活设施和组织施工工人进场的依据。

表 8—1　劳动力需要量计划

序号	工种名	需要人数及时间										备注
		年					度					
		一季度	二季度	三季度	四季度	合计	一季度	二季度	三季度	四季度	合计	
1	2	3	4	5	6	7	8	9	10	11	12	13

编制:　　　　　　　　　　　　复核:

二、主要材料计划

主要材料应包括钢材、木材、水泥、沥青、石灰、砂、石料(碎石、块石、砾石等)、爆破器材等公路施工中用量大的材料,特殊情况下使用的土工织物,各种加筋带、外掺剂等也应列入主要材料计划。

主要材料计划包括施工需用的材料、构件、半成品等的名称、规格、数量以及来源和运输方式等内容,它是运输组织和筹建工地仓库的依据。

材料的需用量,可按照工程量和定额进行计算,然后根据施工项目的施工进度编制年、季、月主要材料计划表(表 8—2)。

表 8—2 主要材料计划表

序号	材料名称及规格	单位	数量	来源	运输方式	年					年					备注
						一季度	二季度	三季度	四季度	合计	一季度	二季度	三季度	四季度	合计	
1	2	3	4	5	6	7	8	9	10	11	12	13	14	15	16	17

编制: 复核:

三、主要施工机具、设备计划

在确定施工方法时,已经考虑了哪些施工项目需用何种施工机具或设备。为了做好机具、设备的供应工作,应根据已确定的施工进度计划,将每个项目采用的施工机械种类、规格和需用数量以及使用的具体日期等综合起来编制施工机具、设备计划(表 8—3),以配合施工,保证施工进度的正常进行。

资源需用量计划是根据施工进度图编制的,而资源需用量的均衡性又反映了工程进度的合理性。因此,上述人工、材料、机械等的需用量计划,在实际工作中应结合施工进度图的编制、调整、优化过程同时进行。实际上,资源需用量的均衡性本身就是施工进度优化的指标。

表 8—3 主要机具、设备计划

序号	机具名称及规格	数量		使用期限		年								备注
		台班	台(辆)	开始日期	结束日期	一季度		二季度		三季度		四季度		
						台班	台(辆)	台班	台(辆)	台班	台(辆)	台班	台(辆)	
1	2	3	4	5	6	7	8	9	10	11	12	13	14	15

编制: 复核:

第五节 临时设施组织

工程项目施工的正常进行,除了安排合理的施工进度外,还需要在工程正式开工之前充分做好各项准备工作,建造相应的临时设施,如工棚、仓库、料场及加工场地、施工供水、供电、通讯设施等。

一、加工场地组织

工地临时加工场地组织的任务是确定建筑面积和结构型式,加工场(站、厂)的建筑面积,通常参照有关资料或根据施工单位的经验确定,也可按公式计算。

钢筋混凝土构件预制厂、木工房、钢筋加工车间等的场地或建筑面积可用下式确定:

$$F=\frac{K\cdot Q}{T\cdot S\cdot \alpha} \tag{8—1}$$

式中 F——所需建筑面积(m^2);

Q——加工总量(m^3 或 t);

K——不均衡系数,取 1.3~1.5;

T——加工总工期(月);

S——每平方米场地的月平均产量;

α——场地或建筑面积利用系数,取 0.6~0.7。水泥混凝土搅拌站面积用下式计算:

$$F=N\cdot A \tag{8—2}$$

其中 F——搅拌站面积(m^2);

A——每台搅拌机所需的面积(m^2);

N——搅拌机的台数,按下式计算:

$$N=\frac{Q\cdot K}{T\cdot R} \tag{8—3}$$

其中 Q——混凝土总需要量(m^3);

K——不均衡系数,取 1.5;

T——混凝土工程施工总工作日;

R——混凝土搅拌机台班产量。

大型沥青混凝土拌和设备的场地面积,根据设备说明书的要求确定。

上述建筑场地的结构型式应根据当地条件和使用期限而定。使用年限短的用简易结构,如油毡或草屋面的竹结构;使用年限长的则可采用瓦屋面的砖木结构或活动房屋。

二、临时仓库组织

工地临时仓库分为转运仓库、中心仓库和现场仓库等。临时仓库组织的任务是确定材料储备量和仓库面积,选择仓库位置和进行仓库设计等。

1. 确定建筑材料储备量

材料储备量既要保证连续施工的需要,又要避免材料积压而增大仓库面积。对于场地狭小、运输方便的现场可少储存;对于供应不易保证、运输困难、受季节影响大的材料可适当增大储存量。

常用材料的储备量宜通过运输组织确定(见本章第六节),也可按下式计算:

$$P=T_e\cdot\frac{Q_i\cdot K}{T} \tag{8—4}$$

式中 P——材料储备量(m^3 或 t);

T_e——储备期(按材料来源确定,一般不小于 10 d)(d);

Q_i——材料、半成品的总需要量;

T——有关项目施工的总工作日；

K——材料使用不均匀系数，取1.2～1.5。

对于不经常使用或储备期长的材料，可按年度需用量的某一百分比储备。

2. 确定仓库面积

一般的仓库面积可按下式计算：

$$F=\frac{P}{q\cdot K} \tag{8—5}$$

式中 F——仓库总面积(m^2)；

P——仓库材料储备量，由式(8—4)确定；

q——每平方米仓库面积能存放的材料数量；

K——仓库面积利用系数(考虑人行道和车道所占面积)，一般为0.5～0.8。

特殊材料，如爆炸品、易燃或易腐蚀品的仓库面积，按有关安全要求确定。

在设计仓库时，除满足仓库总面积外，还要正确确定仓库的平面尺寸，即仓库的长度和宽度。仓库的长度应满足装卸要求，宽度要考虑材料存放方式、使用方便和仓库结构型式。

三、行政、生活用临时房屋

此类临时建筑的建筑面积主要取决于建筑工地的人数，包括职工和家属人数。建筑面积按下式确定：

$$S=N\cdot P \tag{8—6}$$

式中 S——建筑面积(m^2)；

N——工地人数；

P——建筑面积指标，参见表8—4。

在作施工组织设计时，应尽量利用工地附近的现有建筑物，或提前修建要利用的永久房屋，如道班房、加油站等，不足部分修建临时建筑。

临时建筑应按节约、适用、装拆方便的原则设计，其结构型式按当地气候、材料来源和工期长短确定。临时建筑有帐篷、活动房屋和就地取材的简易工棚等。

表8—4 临时房屋建筑指标(m^2/人)

序　号	临时房屋名称	指标使用方法	参考指标(m^2)
一	办公室	按使用人数	3～4
二	宿　舍		
1	单层通铺	按高峰期(年)平均人数	2.5～3.0
2	双层铺	按在工地实有人数	2.0～2.5
3	单层床	按在工地实有人数	3.5～4.0
三	食　堂	按高峰期平均人数	0.5～0.8
	食堂兼礼堂	按高峰期平均人数	0.6～0.9
四	其他合计	按高峰期平均人数	0.5～0.6
1	医务室	按高峰期平均人数	0.05～0.07
2	浴　室	按高峰期平均人数	0.07～0.1
3	理发室	按高峰期平均人数	0.01～0.03
4	俱乐部	按高峰期平均人数	0.1
5	小卖部	按高峰期平均人数	0.03
6	招待所	按高峰期平均人数	0.06
7	其他公用	按高峰期平均人数	0.05～0.1
8	开水房		10～40
9	厕　所	按工地平均人数	0.02～0.07

四、临时供水、供电、供热

工地临时供水、供电和供热应解决的主要问题有：确定用量、选择供应来源、设计管线网络等。如供应来源由工地自行解决，还需要确定相应的设备。

确定用量时，应考虑施工生产、生活和特殊用途（如消防、抗洪）的需用量。选择供应来源时，首先应考虑当地已有的水源、电源，若当地没有或供应量不能满足施工需要时，才需自行设计解决。下面介绍公路施工工地对水、电、热需用量的计算方法，以及设计中一般应考虑的问题。

（一）工地临时供水

1. 用水量计算

施工期间的工地供水应满足工程施工用水（q_1）、施工机械用水（q_2）、施工现场生活用水（q_3）、生活区生活用水（q_4）和消防用水（q_5）等五个方面的需要，其用水量可参照有关手册计算确定。由于生活用水是经常性的，施工用水是间断性的，而消防用水又是偶然性的，因此，工地的总用水量（Q）并不是全部计算结果的总和，而应按以下公式计算：

（1）当$(q_1+q_2+q_3+q_4)\leqslant q_5$时，则：

$$Q=q_5+0.5(q_1+q_2+q_3+q_4) \tag{8—7}$$

（2）当$(q_1+q_2+q_3+q_4)>q_5$时，则：

$$Q=q_1+q_2+q_3+q_4 \tag{8—8}$$

（3）当工地面积小于50 000 m^2，而且$(q_1+q_2+q_3+q_4)<q_5$时，则：

$$Q=q_5 \tag{8—9}$$

2. 水源选择

施工工地临时供水水源，有自来水水源和天然水源两种。应首先考虑利用当地自来水作水源，如不可能才另选天然水源。临时水源应满足以下要求：水量充足稳定，能保证最大需水量供应；符合生活饮用和生产用水的水质标准，取水、输水、净水设施安全可靠；施工安装、运转、管理和维护方便。

3. 临时供水系统

供水系统由取水设施、净水设施、储水构造物、输水管网几个部分组成。

取水设施由取水口、进水管及水泵站组成，取水口距河底或井底不得小于0.25～0.9 m，距冰层下部边缘的距离也不得小于0.25 m。水泵要有足够的抽水能力和扬程。

当水泵不能连续工作时，应设置储水构造物，其容量以每小时消防用水量来确定，但一般不小于10～20 m^3。

输水管网应合理布局，干管一般为钢管或铸铁管，支管为钢管。输水管的直径应满足输水量的需要。

（二）工地临时供电

1. 工地总用电量

工地用电可分为动力用电和照明用电两类，用电量可按下式计算：

$$P=(1.05\sim1.10)\times\left(K_1\cdot\frac{\sum P_1}{\cos\psi}+K_2\cdot\sum P_2+K_3\cdot\sum P_3+K_4\cdot\sum P_4\right) \tag{8—10}$$

式中　P——工地总用电量(kVA)；

P_1——电动机额定功率(kW)；

P_2——电动机额定容量(kVA)；

P_3——室内照明容量(kW)；

P_4——室外照明容量(kW)；

$\cos\psi$——电动机平均功率因数，根据电量和负荷情况而定，最高为0.75～0.78，一般为0.65～0.75；

$K_1 \sim K_4$——需要系数，见表8—5。

由于施工现场照明用电所占比例较小，因此在估算总用电量时可以不考虑照明用电，只需在动力用电量之外再增加10%作为照明用电即可。

表8—5　需要系数表

用电电器名称	数量(台)	需要系数 K_1	K_2	K_3	K_4	备注
电动机	3～10	0.7				如施工需要电热，应将其用电量计算进去；式中各动力照明用电应根据不同工作性质分类计算
	11～30	0.6				
	30以上	0.5				
加工厂动力设备		0.5				
电焊机	3～10		0.6			
	10以上		0.5			
室内照明				0.8		
主要道路照明					1.0	
警卫照明					1.0	
场地照明					1.0	

2. 选择电源及确定变压器

工地临时用电电源，可以由当地电网供给，也可以在工地设临时电站解决，或者当地电网供给一部分，另一部分设临时电站补足。无论采用哪种方案，都应该根据工程具体情况对能否满足施工期间最高负荷、输电设施的经济性等进行综合比较。

变压器的功率按下式计算：

$$P = K\left(\frac{\sum P_{max}}{\cos\psi}\right) \tag{8—11}$$

式中　P——变压器的功率(kVA)；

K——功率损失系数，取1.05；

P_{max}——各施工区的最大计算负荷(kW)；

$\cos\psi$——功率因数。

3. 选择导线截面

合理的导线截面应满足三个方面的要求：首先要有足够的机械强度，即在各种不同的敷设方式下，确保导线不致因一般机械损伤而折断；其次应满足通过一定的电流强度，即导线必须能承受负载电流长时间通过所引起的温度升高；第三是导线上引起的电压降必须限制在容许限度之内。按这三项要求，选其截面最大者。

4. 配电线路布置要点

线路应尽量架设在道路的一侧，并尽可能选择平坦路线，保持线路水平，使电杆受力平衡。线路距建筑物的水平距离应大于1.5 m。在380/220 V低压线路中，木杆间距为5～40 m，分支线及引入线均从电杆处接出。

临时布线一般都用架空线，极少用地下电缆，因为架空线工程简单、经济，便于检修。电杆及线路的交叉跨越要符合有关输电规范。

配电箱要设置在便于操作的地方，并有防雨防晒设施。各种施工用电机具必须单机单闸，绝不可一闸多用。闸力的容量要根据最高负荷选用。

(三)工地临时供热

工地临时供热的主要对象是：临时房屋如办公室、宿舍、食堂等内部的冬季采暖；冬季施工供热，如施工用水和材料加热等；预制场供热，如钢筋混凝土构件的蒸气养生等。

建筑物内部采暖耗热量，按有关建筑设计手册计算。

临时供热的热源，一般都设立临时性的锅炉房或个别分散设备(火炉等)，如有条件，也可利用当地的现有热力管网。

临时供热的蒸汽用量按下式计算：

$$W=\frac{Q}{I\cdot H} \tag{8—12}$$

式中 W——蒸汽用量；

Q——所需总热量，按建筑设计采暖手册计算(J/h)；

I——在一定压力下蒸汽的含热量(查有关热工手册)(J/kg)；

H——有效利用系数，一般为0.4～0.5。

蒸汽压力根据供热距离确定。供热距离在300 m以内时，蒸汽压力为30～50 kPa即可，在1 000 m以内时，则需要200 kPa。

确定了蒸汽压力后，根据式(8—12)计算的蒸汽用量，可查阅锅炉手册选定锅炉型号。

五、其他临时设施组织

在施工组织设计中，还会遇到其他的临时工程设施，如便道、便桥、临时车站、码头、堆场、通讯设施等。对于新建道路工程，临时设施会更多。

各种临时工程设施的数量视工地具体情况而定，因它们的使用年限一般都较短，通常宜采用简易结构。

全部临时建筑及临时工程设施都应在设计完成之后，编制临时工程表。临时工程表是施工组织设计规定的文件之一，其内容及格式见表8—6。

表8—6 临时工程表

序号	设置地点	工程名称	说明	单位	数量	工程数量											备注
1	2	3	4	5	6	7	8	9	10	11	12	13	14	15	16	17	18

第六节 工地运输组织

运输组织计划是施工组织中的一个重要项目，它不仅直接影响施工进度，而且在很大程度上也影响工程造价。为了施工进度计划执行，力求最大限度降低工程造价，要求编制出合理的工地运输组织计划。

工地运输组织应解决的问题有：确定运输量、选择运输方式、计算运输工具需要量等。

一、确定运输量

运输总量按工程的实际需要量来确定。同时还应考虑每日的最大运输量及各种运输工具的最大运输密度。工地运输的每日货运量可用下式计算：

$$q=\frac{\sum(Q_i\cdot L_i)}{T}\times K \tag{8—13}$$

式中 q——每日货运量(t·km)；

Q_i——各种物资的年度需用量或整个工程的物资用量；

L_i——运输距离(km)；

T——工程年度运输工作日数或计划运输天数(d)；

K——运输工作不均衡系数，公路运输取1.2，铁路运输取1.5。

二、选择运输方式

工地运输方式有铁路运输、公路运输、水路运输和特种运输(索道、管道)等方式。选择运输方式必须考虑各种因素的影响，例如材料的性质、运量的大小、超高、超重、超大、超宽设备及构件的形状尺寸、运距和期限、现有机械设备、利用永久性道路的可能性、现场及场外道路的地形、地质及水文自然条件。在有几种运输方案可供选择时，应进行全面的技术经济比较，确定合理的运输方式。

三、计算运输工具需要量

运输方式确定后，即可计算运输工具的需要量。每班所需的运输工具数量可用下式计算：

$$m=\frac{Q\cdot K_1}{q\cdot T\cdot n\cdot K_2} \tag{8—14}$$

式中 m——所需的运输工具台数；

Q——全年(季)度最大运输量(t)；

K_1——运输不均衡系数，场外运输一般采用1.2，场内运输采用1.1；

q——汽车台班产量(根据运距按定额确定)(t/台班)；

T——全年(季)的工作天数；

n——每日的工作班数；

K_2——运输工具供应系数，一般用0.9。

四、编制运输工具调度计划

各种运输工具均宜集中管理和统一调度使用，但少量小型的非机动性运输工具可分散由施工基层掌握使用。运输工具的管理单位一般可以与材料供应单位合而为一，大规模施工可以建立专门材料运输队。

运输单位应按工程总进度计划和各施工队的施工进度计划定期指派运输小组或运输工具前往配合施工(如配合挖土机运土所需的汽车以及从沥青混凝土拌和站运送沥青混凝土至摊

铺工地的汽车等)。除此而外,必须按总工程进度计划,进行全部工程的物资和材料供应的运输工作。为此,必须在施工机构统一安排下,编制出详细的调度计划,规定运输工具在施工过程中使用的地点和期限、运输任务和性质、检修要求和时间等,对主要运输工具排列运输图表。

五、设置运输工作的辅助设备

辅助设备中主要是临时道路、车库、加油站和检修车间等。

第七节　施工平面布置图

施工平面布置图是施工过程空间组织的具体成果,亦即根据施工过程空间组织的原则,对施工过程所需的工艺路线、施工设备、原材料堆放、动力供应、场内运输、半成品生产、仓库、料场、生活设施等进行空间的特别是平面的科学规划与设计,并以平面图的形式加以表达。

一、施工平面布置图编制依据、原则和步骤

(一)施工平面图设计的依据

(1)工程平面图;

(2)施工进度计划和主要施工方案;

(3)各种材料、半成品的供应计划和运输方式;

(4)各类临时设施的性质、形式、面积和尺寸;

(5)各加工车间、场地规模和设备数量;

(6)水源、电源资料;

(7)有关设计资料。

(二)施工平面图规划设计原则

施工平面布置图是一项综合性的规划课题,在很大程度上决定于施工现场的具体条件。它涉及的因素很广,不可能轻易获得令人满意的结果,必须通过方案的比较和必要的计算与分析才能决定。一般施工平面图规划设计应遵循下列原则:

(1)在保证施工顺利的条件下,少占农田并考虑洪水、风向等自然因素的影响,所有临时性建筑和运输线路的布置,必须便于为基本工作服务,并不得妨碍地面和地下建筑物的施工;

(2)力求材料直达工地,减少二次搬运和场内的搬运距离,并将笨重的和大型的预制构件或材料设置在使用点附近,所有货物的运输量和起重量必须减至最小;

(3)加工等附属企业基地应尽可能设在原料产地或运输集汇点(如车站、码头);

(4)附属企业内部的布置应以生产工艺流程为依据,并有利于生产的连续性;

(5)应符合保安和消防的要求,要慎重考虑避免自然灾害(如洪水、泥石流、山崩)的措施;

(6)施工管理机构的位置必须有利于全面指挥,生活设施要考虑工人的休息和文化生活;

(7)场地布置应与施工进度、施工方法、工艺流程和机械设备相适应;

(8)场地准备工作的投资最经济。

(三)施工平面图的设计步骤

(1)分析有关调查资料;

(2)合理确定起重、吊装、运输机械的布置(它直接影响仓库、料场、半成品制备场的位置和水、电线路以及道路的布置);

(3)确定混凝土、沥青混凝土搅拌站的位置;
(4)考虑各种材料、半成品的合理堆放;
(5)布置水、电线路;
(6)确定各临时设施的布置和尺寸;
(7)决定临时道路位置、长度和标准。

二、施工总平面图

施工总平面图是整个拟建项目施工场地的总体规划布置图,它是加强施工管理、指导现场文明施工的重要依据。

(一)公路施工总平面图的内容

(1)拟建公路工程的主要工程施工项目。如路线及里程;大中桥、隧道、集中土石方、交叉口、特殊路基等重点工程的位置;公路养护、运营管理使用的永久性建筑,如道班房、加油站、高速公路的收费站、服务区等。

(2)为施工服务的临时设施及其位置。如采石场、采砂场、便道、便桥、仓库、码头、沥青拌合基地、生活用房等。

(3)施工管理机构。如工程建设现场指挥部、监理机构、工程处、施工队、办事处等。

(4)工地附近与施工有关的永久性建筑设施。如已有公路、铁路、车站、码头、居民点、地方政府所在地等。

(5)重要地形地物。如河流、山峰、文物及自然保护区、高压铁塔、重要通信线路等。

(6)其他与施工有关的内容。如不良地质路段、国家测量标志、水文站、变电站、防洪、防火、安全设施等。

(二)施工总平面图的形式

施工总平面图可用两种形式表示。一种是根据公路路线的实际走向按适当比例绘制,这种图形直观、图中所绘内容的位置准确。另一种是将公路路线绘成水平直线,将图中各点的平面位置以路线中心线为基准作相对移动。这种图形只能表示图中内容相对于路线的位置,但它可以采用不同的纵横向比例将长度缩短,还可以略去若干次要的路段。

目前多采用按路线实际走向绘制总平面图,绘图比例一般为 1∶5 000 或 1∶2 000。

三、施工场地布置图

公路立交枢纽、集中土石方工点、大中桥、隧道等施工技术复杂或施工条件困难的重点工程地段,由于施工环节多,需用较多的机械、设备和人力,为做好施工现场的布置,需要用较大的比例尺(一般为 1∶500 至 1∶1 000)绘制施工场地布置图。

施工场地平面布置图应在等高线地形图上按比例绘制。图上应详细绘出施工作业现场、辅助生产设施、办公和生活等区域的布置情况。对原有地物,特别是交通线、车站、码头等应适当绘出,与施工密切相关的资料,如洪水位线、地下水出入处、供水供电管线等亦应在图纸上注明。

四、其他局部平面图

高速公路、特大桥梁、长大隧道等大型工程项目,施工年限一般较长,施工管理工作量大,与主体工程施工配套的附属企业众多,为使施工在整体上协调进行,还应绘制其他局部平面图。局部平面图的内容和编制要求与施工场地布置图相似，这类平面图主要有以下几种：

(1)沿线砂石料场平面布置图；

(2)大型附属企业平面布置图，如沥青拌合基地、主要材料加工或制备厂、外购材料转运及储存场地等；

(3)主要施工管理机构的平面布置图；

(4)临时供水、供电、供热基地及管路分布平面图；

(5)大型仓储基地主要设施及物资存放布置图。

第九章　房屋建筑工程施工组织设计

第一节　概　　述

一、房屋建筑工程施工组织设计的分类

施工组织设计是一个总的概念，根据建设项目的类别、工程规模、编制阶段、编制对象和范围的不同，在编制深度和广度上也有所不同。

房屋建筑工程施工组织设计根据设计阶段和编制对象的不同，大致可分为三类，即施工组织总设计、单位工程施工组织设计和分部分项工程施工组织设计。其详细的分类见第一章第四节。

二、房屋建筑工程施工组织设计的内容

(一)施工组织总设计的内容

(1)工程概况和施工特点分析；

(2)施工部署和主要项目施工方案；

(3)全场性施工准备工作计划；

(4)施工总进度计划；

(5)各项资源量需要计划；

(6)全场性施工总平面图设计；

(7)各项技术经济指标。

应予指出，由于建设项目的规模、性质、建筑和结构的复杂程度、特点不同，建筑施工场地的条件差异和施工复杂程度不同，其内容也不完全一样。

(二)单位工程施工组织设计的内容

(1)工程概况及其施工特点的分析；

(2)施工方案的选择；

(3)单位工程施工准备工作计划；

(4)单位工程施工进度计划；

(5)各项资源需要量计划；

(6)单位工程施工平面图设计；

(7)保证质量、安全、降低成本和冬雨季施工的技术组织措施；

(8)主要技术经济指标。

以上内容中，其中以施工方案、施工进度计划和施工平面图设计最为关键，它们分别规划了单位工程施工的技术组织、时间、空间三大要素。因此，在编制单位工程施工组织设计时，应下大力量进行重点研究和筹划。

(三)分部分项工程施工组织设计的内容

(1)分部分项工程概况及其施工特点的分析；

(2)施工方法及施工机械的选择；
(3)施工准备工作计划；
(4)施工进度计划；
(5)劳动力、材料和机具等需要量计划；
(6)质量、安全和节约等技术组织保证措施；
(7)作业区施工平面布置图设计。

第二节 施工组织总设计

一、施工组织总设计及其作用

施工组织总设计是以整个建设项目或建筑群体为对象，用以指导施工全过程中各项施工活动的综合性技术经济文件。它一般是由建设总承包公司或大型工程项目经理部的总工程师主持，根据初步设计或扩大初步设计图纸及其他有关资料和现场施工条件组织有关人员编制的。其主要作用有：

(1)从全局出发，为整个项目的施工阶段做出全面的战略部署；
(2)为做好施工准备工作，保证资源供应；
(3)确定设计方案的可行性和经济合理性；
(4)为业主编制基本建设计划提供依据；
(5)为施工单位编制生产计划和单位工程施工组织设计提供依据；
(6)为组织全工地性施工提供科学方案和实施步骤。

二、施工组织总设计的编制程序

施工组织总设计的编制程序如图9—1。

三、施工组织总设计的编制

(一)工程概况和施工特点分析

施工组织总设计中的工程概况和施工特点分析，是对整个建设项目的总说明和分析。一般应包括以下内容：

1. 建设项目主要情况

建设项目主要情况包括：工程性质、建设地点、建设规模、总占地面积、总建筑面积、总工期、分期分批投入使用的项目和工期；主要工种工程量、设备安装及其吨数；总投资额、建筑安装工作量、工厂区和生活区的工作量；生产流程和工艺特点；建筑结构类型、新技术、新材料的复杂程度和应用情况等。

2. 建设地区的自然条件和技术经济条件

它包括：气象、地形地貌、水文、工程地质和水文地质情况；地区的施工能力、资源供应情况、交通和水电等条件。

3. 建设单位或上级主管部门对施工的要求

4. 其他如土地征用范围居民搬迁情况等

(二)施工布署

施工布置是对整个建设项目全局作出的统筹规划和全面安排，并对工程施工中的重大战

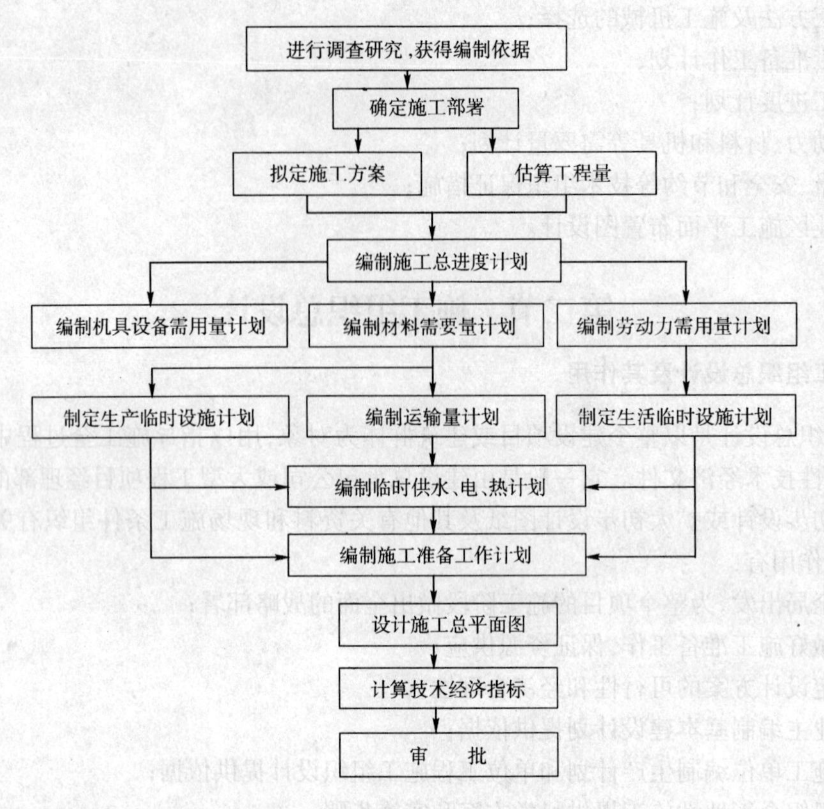

图 9—1　施工组织总设计的编制程序

略问题进行决策。

施工布署由于建设项目的性质、规模和客观条件不同，其内容和侧重点会有所不同。一般应包括以下内容：确定工程开展程序、主要工程项目施工方案的制定、明确施工任务划分与组织安排、编制施工准备工作计划等。

1．确定工程开展顺序

(1)在满足合同工期的前提下，分期分批施工。合同工期是施工的时间总目标，不能随意改变。有些工程在编制施工组织总设计时没有签订合同，则应保证总工期控制在定额工期之内。在这个大前提下，进行合理的分期分批并进行合理搭接。例如，施工期长的、技术复杂的、施工困难多的工程，应提前安排施工；急需的和关键的工程应先期施工和交工；应提前施工和交工可供施工使用的永久性工程和公用基础设施工程(包括：水源及供水设施、排水干线、铁路专用线、卸货台、输电线路、配电变压所、交通道路等)；按生产工艺要求，起主导作用或须先期投入生产的工程应尽先安排；在生产上应先期使用的机修、车库、办公楼及家属宿舍等工程应提前施工和交工，等等。

(2)一般应按先地下、后地上，先深后浅，先干线、后支线的原则进行安排；路下的管线先施工，后筑路。

(3)安排施工程序时要注意工程交工的配套，使建成的工程能迅速投入生产或交付使用，尽早发挥该部分的投资效益。这一点对于工业建设项目尤其重要。

(4)在安排施工程序时还应注意使已完工程的生产或使用和在建工程的施工互不妨碍，使生产、施工两方便。

(5)施工程序应当与各类物资、技术条件供应之间的平衡以及合理利用这些资源相协调，促进均衡施工。

(6)施工程序必须注意季节的影响,应把不利于某季节施工的工程,提前到该季节来临之前或推迟到该季节终了之后施工,但应注意这样安排以后应保证质量,不拖延进度,不延长工期。大规模土方工程和深基础土方施工,一般要避开雨季;寒冷地区的房屋施工尽量在入冬前封闭,使冬季可进行室内作业和设备安装。

2. 主要工程项目施工方案的制定

施工组织总设计中要拟定一些主要工程项目的施工方案。这些项目通常是建设项目中工程量大、施工难度大、工期长,对整个建设项目的完成起关键性作用的建筑物(或构筑物),以及全场范围内工程量大、影响全局的特殊分项工程。拟定主要工程项目的施工方案目的是为了进行技术和资源的准备工作,同时也为了施工进程的顺利开展和现场的合理布置。其内容包括确定施工方法、施工工艺流程、施工机械设备等。对施工方法的确定要兼顾技术工艺的先进性和经济上的合理性;对施工机械的选择,应使主导机械的性能既能满足工程的需要,又能发挥其效能。在各个工程上能够实现综合流水作业,减少其拆、装、运的次数;对于辅助配套机械,其性能应与主导施工机械相适应,以充分发挥主导施工机械的工作效率。

3. 施工任务划分与组织安排

在明确施工项目管理体制、机构的条件下,划分各参与施工单位的工作任务,明确总包与分包的关系,建立施工现场统一的组织领导机构及职能部门,确定综合的和专业化的施工组织,明确各单位之间分工与协作的关系,划分施工阶段,确定各单位分期分批的主攻项目和穿插项目。

4. 施工准备工作总计划

根据施工开展程序和主要工程项目施工方案,编制好施工项目全场性的施工准备工作计划。

(三)施工总进度计划

编制施工总进度计划就是根据施工部署中的施工方案和工程项目的开展程序,对全工地的所有工程项目做出时间上的安排。其作用在于确定各个施工项目及其主要工种工程、准备工作和全工地性工程的施工期限及其开工和竣工的日期,从而确定建筑施工现场上劳动力、材料、成品、半成品、施工机构的需要数量和调配情况。以及现场临时设施的数量、水电供应数量和能源、交通的需要数量等等。因此,正确地编制施工总进度计划是保证各项目以及整个建设工程按期交付使用、充分发挥投资效益,降低建筑工程成本的重要条件。

编制施工总进度计划的基本要求是:保证拟建工程在规定的期限内完成;迅速发挥投资效益;保证施工的连续性和均衡性;节约施工费用。

根据施工部署中建设工程分期分批投产顺序,将每个交工系统的各项工程分别列出,在控制的期限内进行各项工程的具体安排;如建设项目的规模不太大,各交工系统工程项目不很多时,亦可不按分期分批投产顺序安排,而直接安排总进度计划。

施工总进度计划编制的步骤如下:

1. 列出工程项目一览表并计算工程量

施工总进度计划主要起控制总工期的作用,因此项目划分不宜过细。通常按照分期分批投产顺序和工程开展程序列出,并突出每个交工系统中的主要工程项目,一些附属项目及小型工程、临时设施可以合并列出工程项目一览表。

在工程项目一览表的基础上,按工程的开展顺序,按单位工程计算主要实物工程量,此时计算工程量的目的是:①为了选择施工方案和主要的施工、运输机械;②初步规划主要施工过程的流水施工;③估算各项目的完成时间;④计算劳动力和技术物资的需要量。因此,工程量只需粗略地计算即可。

计算工程量,可按初步或扩大初步设计图纸并根据各种定额手册进行计算。常用的定额、资料有以下几种。

(1)万元、十万元投资工程量、劳动力及材料消耗扩大指标。这种定额规定了某一种结构类型建筑,每万元或十万元投资中劳动力、主要材料等消耗数量。根据设计图纸中的结构类型,即可估算出拟建工程分项需要的劳动力和主要材料的消耗数量。

(2)概算指标或扩大结构定额。这两种定额都是预算定额的进一步扩大。概算指标是以建筑物每100 m^3体积为单位;扩大结构定额则以每100 m^2建筑面积为单位。查定额时,首先查找与本建筑物结构类型、跨度、高度相类似的部分,然后查出这种建筑物按定额单位所需要的劳动力和各项主要材料消耗量,从而推算出拟计算建筑物所需要的劳动力和材料的消耗数量。

(3)标准设计或已建房屋、构筑物的资料。在缺少上述几种定额手册的情况下,可采用标准设计或已建成的类似工程实际所消耗的劳动力及材料加以类比,按比例估算。但是,由于和拟建工程完全相同的已建工程是极为少见的,因此在采用已建工程资料时,一般都要进行折算、调整。除房屋外,还必须计算主要的全工地工程的工程量,如场地平整、铁路及道路和地下管线的长度等,这些可以根据建筑总平面图来计算。

2. 确定各单位工程的施工期限

建筑物的施工期限,由于各施工单位的施工技术与管理水平、机械化程度、劳动力和材料供应情况等不同,而有很大差别。因此应根据各施工单位的具体条件,并考虑施工项目的建筑结构类型、体积大小和现场地形、工程与水文地质、施工条件等因素加以确定。此外,也可参考有关的工期定额来确定各单位工程的施工期限。工期定额或指标是根据我国各部门多年来的施工经验,经统计分析对比后制定的。

3. 确定各单位工程的开竣工时间和相互搭接关系

在施工部署中已经确定了总的施工期限、施工程序和各系统的控制期限及搭接时间,但对每一个单位工程的开竣工时间尚未具体确定。通过对各主要建筑物的工期进行分析,确定了每个建筑物或构筑物的施工期限后,就可以进一步安排各建筑物或构筑物的搭接施工时间。通常应考虑以下各主要因素:

(1)保证重点,兼顾一般。在安排进度时,要分清主次,抓住重点,同时期进行的项目不宜过多,以免分散有限的人力物力。主要工程项目指工程量大、工期长、质量要求高、施工难度大,对其他工程施工影响大、对整个建设项目的顺利完成起关键性作用的工程子项。这些项目在各系统控制期限内应优先安排。

(2)满足连续、均衡施工要求。在安排施工进度时,应尽量使各工种施工人员、施工机械在全工地内连续施工,同时尽量使劳动力、施工机具和物资消耗量在全工地上达到均衡,避免出现突出的高峰和低谷,以利于劳动力的调度、原材料供应和充分利用临时设施。为达到这种要求,应考虑在工程项目之间组织大流水施工,即在相同结构特征的建筑物或主要工种工程之间组织流水施工,从而实现人力、材料和施工机械的综合平衡。另外,为实现连续均衡施工,还要留出一些后备项目,如宿舍、附属或辅助车间、临时设施等,作为调节项目,穿插在主要项目的流水中。

(3)满足生产工艺要求。工业企业的生产工艺系统是串联各个建筑物的主动脉。要根据工艺所确定的分期分批建设方案,合理安排各个建筑物的施工顺序,使土建施工、设备安装和试生产实现"一条龙",以缩短建设周期,尽快发挥投资效益。

(4)认真考虑施工总进度计划对施工总平面、空间布置的影响。工业企业在建设项目的建设总平面设计,应在满足有关规范要求的前提下,使各建筑物的布置尽量紧凑,这可以节省占地面积,缩短场内各种道路、管线的长度,但同时由于建筑物密集,也会导致施工场地狭小,使场内运输、材料构件堆放、设备组装和施工机构布置等产生困难。为减少这方面的困难,除采取一定的技术措施外,对相邻各建筑物的开工时间和施工顺序予以调整,以避免或减少相互影响也是重要措施之一。

(5)全面考虑各种条件限制。在确定各建筑物施工顺序时,还应考虑各种客观条件的限制。如施工企业的施工力量,各种原材料、机械设备的供应情况,设计单位提供图纸的时间、各年度建设投资数量等,对各项建筑物的开工时间和先后顺序予以调整。同时,由于建筑施工受季节、环境影响较大,因此,经常会对某些项目的施工时间提出具体要求,从而对施工的时间和顺序安排产生影响。

4.编制施工总进度计划表

在进行上述工作之后,施工总进度计划表便可着手编制。施工总进度计划可以用横道图表达,也可以用网络图表达。由于施工总进度计划只是起控制性作用,因此不必搞得过细。

(四)资源需要量计划

施工总进度计划编制好之后,就可以编制各种主要资源的需要量计划。各种资源需要量计划的编制可参考第八章第四节。

(五)全场性临时工程

为了满足工程项目的施工需要,在正式工程开工之前,应按照工程项目施工准备工作计划的要求,修建相应的临时工程,为工程项目创造良好的施工条件。临时工程类型和规模因工程而异,主要内容有:工地加工厂组织、工地仓库组织、办公及福利设施组织、工地供水与供电组织和工地运输组织。其中工地加工厂组织、工地仓库组织、办公及福利施工组织、工地供水与供电组织可参考第八章第五节确定,工地运输组织参考第八章第六节确定。

(六)施工总平面图

施工总平面图是拟建项目施工场地的总布置图。它按照施工方案和施工进度的要求,对施工现场的道路交通、材料仓库、附属企业、临时房屋、临时水电管线等做出合理的规划布置,从而正确处理全工地施工期间所需各项设施和永久建筑、拟建工程之间的空间关系。

1.施工总平面图设计的内容

(1)建设项目施工总平面图上的一切地上、地下已有的和拟建的建筑物、构筑物以及其他设施的位置和尺寸;

(2)施工用地范围,施工用的各种道路;

(3)加工厂、制备站及有关机构的位置;

(4)各种建筑材料、半成品、构件的仓库和生产工艺设备主要堆场、取土弃土位置;

(5)行政管理房、宿舍、文化生活福利建筑等;

(6)水源、电源、变压器位置,临时给排水管线和供电、动力设施;

(7)机械站、车库位置;

(8)一切安全、消防设施位置;

(9)永久性测量放线标桩位置。

许多规模巨大的建筑项目,其建设工期往往很长。随着工程的进展,施工现场的面貌将不断改变。在这种情况下,应按不同阶段分别绘制若干张施工总平面图,或者根据工地的变化情况,及时对施工总平面图进行调整和修正,以便符合不同时期的需要。

2. 施工总平面图设计的依据

(1)各种设计资料,包括建筑总平面图、地形图地貌图、区域规划图、建筑项目范围内有关的一切已有和拟建的各种设施位置;

(2)建设地区的自然条件和技术经济条件;

(3)建设项目的建筑概况、施工方案、施工进度计划,以便了解各施工阶段情况,合理规划施工场地;

(4)各种建筑材料、构件、加工品、施工机械和运输工具需要量一览表,以便规划工地内部的储放场地和运输线路;

(5)各构件加工厂规模、仓库及其他临时设施的数量和外廓尺寸。

3. 施工总平面图的设计步骤

引入场外交通道路→布置仓库→布置加工厂和混凝土搅拌站→布置内部运输道路→布置临时房屋→布置临时水电管网和其他动力设施→绘正式施工总平面图。

(1)场外交通的引入。设计全工地性施工总平面图时,首先应从研究大宗材料、成品、半成品、设备等进入工地的运输方式入手。当大宗材料,由铁路运来时,首先要解决铁路的引入问题;当大批材料是由水路运来时,应首先考虑原有码头的运用和是否增设专用码头问题;当大批材料是由公路运入工地时,由于汽车线路可以灵活布置,因此,一般先布置场内仓库和加工厂,然后再布置场外交通的引入。

(2)仓库与材料堆场的布置。通常考虑设置在运输方便、位置适中、运距较短并且安全防火的地方。区别不同材料、设备和运输方式来设置。

①当采用铁路运输时,仓库通常沿铁路线布置,并且要留有足够的装卸前线。如果没有足够的装卸前线,必须在附近设置转运仓库。布置铁路沿线仓库时,应将仓库设置在靠近工地一侧,以免内部运输跨越铁路。同时仓库不宜设置在弯道外或坡道上。

②当采用水路运输时,一般应在码头附近设置转运仓库,以缩短船只在码头上的停留时间。

③当采用公路运输时,仓库的布置较灵活。一般中心仓库布置在工地中央或靠近使用的地方,也可以布置在靠近于外部交通连接处。砂石、水泥、石灰、木材等仓库或堆场宜布置在搅拌站、预制厂和木材加工厂附近;砖、瓦和预制构件等直接使用的材料应该直接布置在施工对象附近,以免二次搬运。工业项目建筑工地还应考虑主要设备的仓库(或堆场),一般笨重设备应尽量放在车间附近,其他设备仓库可布置在外围或其他空地上。

(3)加工厂布置。各种加工厂布置,应以方便使用、安全防火、运输费用最少、不影响建筑安装工程施工的正常进行为原则。一般应将加工厂集中布置在同一个地区,且多处于工地边缘。各种加工厂应与相应的仓库或材料堆场布置在同一地区。

①混凝土搅拌站。根据工程的具体情况可采用集中、分散或集中与分散相结合的三种布置方式。当现浇混凝土量大时,宜在工地设置混凝土搅拌站;当运输条件好时,以采用集中搅拌或选用商品混凝土最有利;当运输条件较差时,以分散搅拌为宜。

②预制加工厂。一般设置在建设单位的空闲地带上,如材料堆场专用线转弯的扇形地带或场外临近处。

③钢筋加工厂。区别不同情况,采用分散或集中布置。对于需进行冷加工、对焊、点焊的钢筋网,宜设置中心加工厂,其位置应靠近预件构件加工厂;对于小型加工件,利用简单机具成型的钢筋加工,可在靠近使用地点的分散的钢筋加工棚里进行。

④木材加工厂。要视木材加工的工作量、加工性质和种类决定是集中设置还是分散设置几个临时加工棚。一般原木、锯材堆场布置在铁路专用线、公路或水路沿线附近;木材加工亦应设置在这些地段附近;锯木、成材、细木加工和成品堆放,应按工艺流程布置。

⑤砂浆搅拌站。对于工业建筑工地,由于砂浆量小分散,可以分散设置在使用地点附近。

⑥金属结构、锻工、电焊和机修等车间。由于它们在生产上联系密切,应尽可能布置在一起。

(4)布置内部运输道路。根据各加工厂、仓库及各施工对象的相对位置,研究货物转运图,区分主要道路和次要道路,进行道路规划。规划厂区内道路时,应考虑以下几点:

①合理规划临时道路与地下管网的施工程序。在规划临时道路时,应充分利用拟建的永久性道路,提前修建永久性道路或者先修路基和简易路面,作为施工所需的道路,以达到节约投资的目的。若地下管网的图纸尚未出全,必须采取先施工道路,后施工管网的顺序时,临时道路就不能完全建造在永久性道路的位置。而应尽量布置在无管网地区或扩建工程范围地段上,以免开挖管道沟时破坏路面。

②保证运输通畅。道路应有两个以上进出口,道路末端应设置回车场地,且尽量避免临时道路与铁路交叉。厂内道路干线应采用环形布置,主要道路宜采用双车道,宽度不小于6 m,次要道路宜采用单车道,宽度不小于3.5 m。

③选择合理的路面结构。临时道路的路面结构,应当根据运输情况和运输工具的不同类型而定。一般场外与省、市公路相连的干线,因其以后会成为永久性道路,因此,一开始就建成混凝土路面;场区内的干线和施工机械行驶路线,最好采用碎石级配路面,以利修补。场内支线一般为土路或砂石路。

(5)行政与生活临时设施布置。行政与生活临时设施包括:办公室、汽车库、职工休息室、开水房、小卖部、食堂、俱乐部和浴室等。根据工地施工人数,可计算出这些临时设施的建筑面积。应尽量利用建设单位的生活基地或其他永久建筑,不足部分另行建造。

一般全工地性行政管理用房宜设在全工地入口处,以便对外联系;也可设在工地中间,便于全工地管理。工人用的福利设施应设置在工人较集中的地方,或工人必经之处。生活基地应设在场外,距工地 500~1 000 m为宜。食堂可布置在工地内部或工地与生活区之间。

(6)临时水电管网及其他动力设施的布置。当有可以利用的水源、电源时,可以将水电从外面接入工地,沿主要干道布置干管、主线,然后与各用户接通。临时总变电站应设置在高压电引入处,不应放在工地中心,临时水池应放在地势较高处。

上述布置应采用标准图例绘制在总平面图上,比例一般为1∶1 000或1∶2 000。应该指出,上述各步骤不是截然分开,各自孤立进行的,而是互相联系、互相制约的,需要综合考虑,反复修正才能确定下来。当有几种方案时,尚应进行方案比较。

第三节 单位工程施工组织设计

一、单位工程施工组织设计及其作用

单位工程施工组织设计是以单位工程为对象编制的用以指导单位工程施工准备和现场施

工的全局性技术经济文件。它的主要作用有以下几点:

(1)贯彻施工组织总设计,具体实施施工组织总设计对该单位工程的规划精神;

(2)编制该工程的施工方案,选择其施工方法、施工机械,确定施工顺序,提出实现质量、进度、成本和安全目标的具体措施,为施工项目管理提出技术和组织方面的指导性意见;

(3)编制施工进度计划,落实施工顺序、搭接关系,各分部分项工程的施工时间,实现工期目标。为施工单位编制作业计划提供依据;

(4)计算各种物质、机械、劳动力的需要量,安排供应计划,从而保证进度计划的实现;

(5)对单位工程的施工现场进行合理设计和布置,统筹合理利用空间;

(6)具体规划作业条件方面的施工准备工作。

总之,通过单位工程施工组织设计的编制和实施,可以在施工方法、人力、材料、机械、资金、时间、空间等方面进行科学合理地规划,使施工在一定的时间、空间和资源供应条件下,有组织、有计划、有秩序地进行,实现质量好、工期短、消耗少、成本低的良好效果。

二、单位工程施工组织设计编制依据及程序

单位工程施工组织设计的编制依据有以下几个方面:

(1)主管部门的批示文件及建设单位的要求。如上级主管部门或发包单位对工程的开竣工日期、土地申请和施工执照等方面的要求,施工合同中的有关规定等。

(2)施工图纸及设计单位对施工的要求。其中包括:单位工程的全部施工图纸、会审记录和标准图等有关设计资料,对于结构复杂的建筑工程还要有设备图纸和设备安装对土建施工的要求,及设计单位对新结构、新材料、新技术和新工艺的要求。

(3)施工企业年度生产计划对该工程的安排和规定的有关指标。如进度、其他项目穿插施工的要求等。

(4)施工组织总设计或大纲对该工程的有关规定和安排。

(5)资源配备情况。如施工中需要的劳动力、施工机具和设备、材料、预制构件和加工品的供应能力和来源情况。

(6)建设单位可能提供的条件和水、电供应情况。如建设单位可能提供的临时房屋数量,水、电供应量,水压、电压能否满足施工要求等。

(7)施工现场条件和勘察资料。如施工现场的地形、地貌、地上与地下的障碍物、工程地质和水文地质、气象资料、交通运输道路及场地面积等。

(8)预算文件和国家规范等资料。工程的预算文件等提供了工程量和预算成本。国家的施工验收规范、质量标准、操作规程和有关定额是确定施工方案、编制进度计划等的主要依据。

单位工程施工组织编制程序如图 9—2。

三、单位工程施工组织设计的编制

(一)工程概况及施工特点分析

单位工程施工组织设计中的工程概况,是对拟建工程的工程特点、地点特征和施工条件等所作的一个简要的、突出重点的文字介绍。为弥补文字叙述的不足,一般需附以拟建工程的平、立、剖面简图,图中注明轴线尺寸、总长、总宽、总高及层高等主要建筑尺寸。

工程概况和施工特点分析的主要内容包括:

1. 工程建设概况

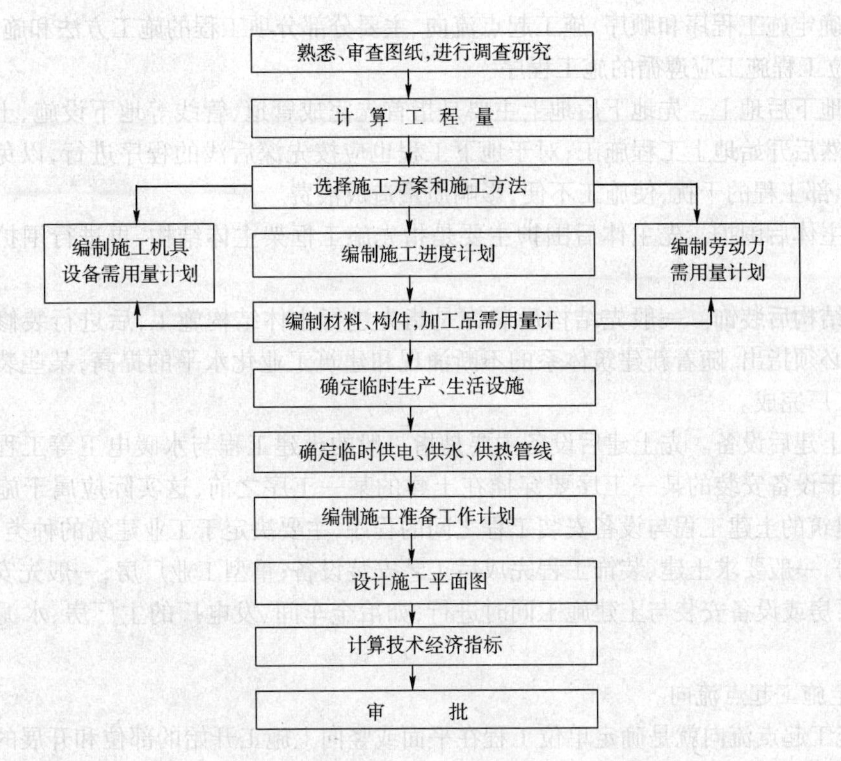

图 9—2 单位工程施工组织设计编制程序框图

主要说明:拟建工程的建设单位,工程名称、性质、用途、作用和建设的目的,资金来源及工程投资额、开竣工日期、设计单位、施工单位、施工图纸情况,施工合同、主管部门的有关文件和要求,以及组织施工的指导思想等。

2. 工程施工概况

这部分主要是根据施工图纸、结合调查资料,简练地概括全貌、综合分析,突出重点问题。对新材料、新技术、新工艺及施工的难点尤其应重点说明。具体内容如下:

(1)建筑设计特点。主要说明拟建工程的建筑面积、平面形状和平面组合情况、层高、层数、总高、总宽、总长等尺寸及室内外装修的情况。

(2)结构设计特点。主要说明基础类型、埋置深度、设备基础的形式,主体结构的类型,预制构件的类型及安装位置等。

(3)建设地点的特征。主要说明拟建工程的位置、地形、工程与水文地质条件、不同深度土壤的分析、冻结期间与冻层厚度、地下水位、水质、气温、冬雨季起止时间、主导风向、风力等。

(4)施工条件。主要说明水、电、道路及场地平整的"三通一平"情况,施工现场及周围环境情况,当地交通运输条件,预制构件生产及供应情况,施工企业机械、设备、劳动力的落实情况,内部承包方式,劳动组织形式及施工管理水平,现场临时设施、供水供电问题的解决等。

3. 工程施工特点

通过上述分析,应指出单位工程的施工特点和施工中的关键问题,以便在选择施工方案、组织资源供应和技术力量配备,以及施工准备工作上采取有效措施,使解决关键问题的措施落实于施工之前,使施工顺利进行,提高施工企业的经济效益和管理水平。

(二)施工方案的设计

施工方案设计是单位工程施工组织设计的核心问题。它是在对工程概况和施工特点分析的基础上，确定施工程序和顺序、施工起点流向、主要分部分项工程的施工方法和施工机械。

1. 单位工程施工应遵循的施工程序

(1)先地下后地上。先地下后地上主要是指首先完成管道、管线等地下设施、土方工程和基础工程，然后开始地上工程施工；对于地下工程也应按先深后浅的程序进行，以免造成施工返工或对上部工程的干扰，使施工不便，影响质量造成浪费。

(2)先主体后围护。先主体后围护主要是指先施工框架主体结构，再进行围护结构的施工。

(3)先结构后装饰。一般先结构后装饰是指先进行主体结构施工，后进行装修工程的施工。但是，必须指出，随着新建筑体系的不断涌现和建筑工业化水平的提高，某些装饰与结构构件均在工厂完成。

(4)先土建后设备。先土建后设备主要是指一般的土建工程与水暖电卫等工程的总体施工顺序，至于设备安装的某一工序要穿插在土建的某一工序之前，这实际应属于施工顺序问题。工业建筑的土建工程与设备安装工程之间的程序，主要决定于工业建筑的种类，如对于精密仪器厂房，一般要求土建、装饰工程完成后工艺安装设备；重型工业厂房，一般先安装工艺设备后建设厂房或设备安装与土建施工同时进行，如冶金车间、发电厂的主厂房、水泥厂的主车间等。

2. 确定施工起点流向

确定施工起点流向就是确定单位工程在平面或竖向上施工开始的部位和开展的方向。对单位建筑物，如厂房按其车间、工段或跨间，分区分段地确定出在平面上的施工流向外，还须确定其层或单元在竖向上的施工流向。例如多层房屋的现场装饰工程是自下而上，还是自上而下地进行。它牵涉到一系列施工活动的开展和进程，是组织施工活动的重要环节。

确定单位工程施工起点流向时，一般应考虑如下因素：

(1)车间的生产工艺流程，往往是确定施工流向的关键因素。因此，从生产工艺上考虑影响其他工段试车投产的工段应该先施工。如 B 车间生产的产品需受 A 车间生产的产品影响，A 车间划分为三个施工段，因此，Ⅱ、Ⅲ段的生产受Ⅰ段的约束，故其施工起点流向应从 A 车间的Ⅰ段开始。如图 9—3 所示。

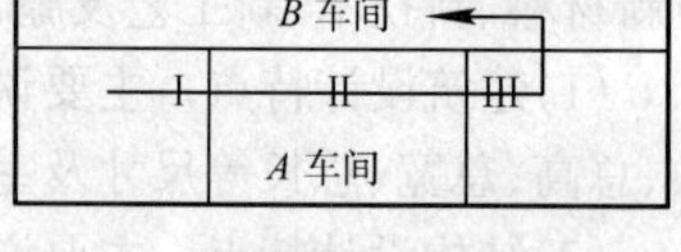

图 9—3 施工起点流向示意图

(2)建设单位对生产和使用的需要。一般应考虑建设单位对生产或使用急的工段或部位先施工。

(3)施工的繁简程度。一般技术复杂、施工进度较慢、工期较长的区段或部位应先施工。

(4)房屋高低层或高低跨。如柱子的吊装应从高低跨并列处开始；屋面防水层施工应按先高后低的方向施工，同一屋面则由檐口到屋脊方向施工；基础有深浅时，应按先深后浅的顺序施工。

(5)工程现场条件和施工方案。施工场地的大小，道路布置和施工方案中采用的施工方法和机械是确定施工起点和流向的主要因素。如土方工程边开挖边余土外运，则施工起点应确定在离道路远的部位和由远及近的进展方向。

(6)分部分项工程的特点及其相互关系。如室内装修工程除平面上的起点和流向以外，在竖向上还要决定其流向，而竖向的流向确定更显得重要。密切相关的分部分项工程的流水，一但前导施工过程的起点流向确定，则后续施工过程也便随其而定了。如单层工业厂房的挖土工程的起点流向决定柱基础施工过程和某些预制、吊装施工过程的起点流向。

应当指出,在流水施工中,施工起点流向决定了各施工段的施工顺序。因此确定施工起点流向的同时,应当将施工段的划分和编号也确定下来。

3. 确定施工顺序

施工顺序是指分部分项工程施工的先后次序。合理地确定施工顺序是编制施工进度的需要。确定施工顺序时,一般应考虑以下因素:

(1)遵循施工程序。

(2)符合施工工艺,如预制钢筋混凝土柱的施工顺序为支模板、绑钢筋、浇混凝土,而现浇钢筋混凝土柱的施工顺序为绑钢筋、支模板、浇混凝土。

(3)与施工方法一致。

(4)按照施工组织的要求。如一般安排室内外装饰工程施工顺序时,可按施工组织规定的先后顺序。

(5)考虑施工安全和质量。屋面采用三毡四油防水层施工时,外墙装饰一般安排在其后进行;为了保证质量,楼梯抹面最好安排在上一层的装饰工程全部完成之后进行。

(6)考虑当地气候的影响。如冬季室内施工时,先安装玻璃,后做其他装修工程。

4. 施工方法和施工机械的选择

正确地拟定施工方法和选择施工机械是施工组织设计的关键,它直接影响施工进度,施工质量和安全,以及工程成本。

一个工程的施工过程、施工方法和建筑机械均可采用多种形式。施工组织设计的任务是在若干个可行方案中选取适合客观实际的较先进合理又最经济的施工方案。

施工方法的选择,应着重考虑影响整个单位工程的分部分项工程如工程量大、施工技术复杂或采用新技术、新工艺及对工程质量起关键作用的分部分项工程,对常规做法和工人熟悉的项目,则不必详细拟定,只可提具体要求。

选择施工方法必须涉及施工机械的选择。机械化施工是改变建筑工业生产落后面貌,实现建筑工业化的基础,因此施工机械的选择是施工方法选择的中心环节,在选择时应注意以下几点:

(1)首先选择主导工程的施工机械,如地下工程的土方机械,主体结构工程的垂直、水平运输机械,结构吊装工程的起重机械等。

(2)各种辅助机械中运输工具应与主导机械的生产能力协调配套,以充分发挥主导机械效率。如土方工程在采用汽车运土时,汽车的载重量应为挖土机斗容量的整倍数,汽车的数量应保证挖土机连续工作。

(3)在同一工地上,应力求建筑机械的种类和型号尽可能少一些,以利于机械管理;尽量使机械少,而配件多,一机多能,提高机械使用率。

(4)机械选择应考虑充分发挥施工单位现有机械的能力,当本单位的机械能力不能满足工程需要时,则应购置或租赁所需新型机械或多用机械。

5. 施工方案的技术经济比较

同一个工程其施工方案不同,会产生不同的经济效果。因此需同时设计多种施工方案进行选择。其依据是要进行技术经济比较。它分定性比较和定量比较两种方式。定性比较是结合施工实际经验,对若干个施工方案的优缺点进行比较,如技术上是否可行、施工复杂程度和安全可靠性如何、劳动力和机械设备能否满足需要、是否能充分发挥现有机械的作用、保证质量的措施是否完善可靠、季节施工情况如何等。定量比较一般是计算不同施工方案所消耗的人力、物力、财力和工期等指标进行数量比较。其主要指标是：

(1)工期指标。在确保工程质量和施工安全的条件下，以国家有关规定及建设地区类似建筑物的平均工期为参考，以合同工期为目标来满足工期指标或尽量缩短工期。

(2)单位建筑面积造价。它是人工、材料、机械和管理费的综合货币指标，可按下式计算：

$$单位建筑面积造价=\frac{施工实际费用}{建筑总面积}$$

(3)主要材料消耗指标，反映若干施工方案的主要材料节约情况。

$$主要材料节约量=预算用量-施工组织设计计划用量$$

$$主要材料节约率=\frac{主要材料节约量}{主要材料预算用量}\times 100\%$$

(4)降低成本指标。它可综合反映单位工程或分部分项工程在采用不同施工方案时的经济效果。可按下式计算：

$$降低成本率=\frac{预算成本-计划成本}{预算成本}\times 100\%$$

式中预算成本是以施工图为依据按预算价格计算的成本；计划成本是按采用的施工方案确定的施工成本。

对于计算的各种指标要全面衡量，选取最佳方案，作为施工方案选择的依据。

6.技术组织措施的设计

技术组织措施是指在技术、组织方面对保证质量、安全、节约和季节施工所采用的方法。确定这些方法是施工组织设计编制者带有创造性的工作。

(1)保证质量措施。保证质量的关键是对施工组织设计的工程对象经常发生的质量通病制订防治措施，要从全面质量管理的角度，把措施订到实处，建立质量保证体系，保证“PDCA循环”的正常运转，全面贯彻执行国家质量认证标准(ISO 9000)。对采用的新工艺、新材料、新技术和新结构，须制定有针对性的技术措施，以保证工程质量。认真制定放线正确无误的措施，确保地基基础特别是特殊、复杂地基基础的措施，保证主体结构中关键部位质量的措施及复杂特殊工程的施工技术措施等。

(2)安全施工措施。安全施工措施应贯彻安全操作规程，对施工中可能发生安全问题的环节进行预测，提出预防措施。安全施工措施主要包括：

①对于采用的新工艺、新材料、新技术和新结构，制定有针对性的、行之有效的专门安全技术措施，以确保安全；

②预防自然灾害(防台风、防雷击、防洪水、防地震、防暑降温、防冻、防滑等)的措施；

③高空及立体交叉作业的防护和保护措施；

④防火防爆措施；

⑤安全用电和机电设备的保护措施。

(3)降低成本措施。降低成本措施的制定应以施工预算为尺度，以企业(或基层施工单位)年度、季度降低成本计划和技术组织措施计划为依据进行编制。要针对工程施工中降低成本潜力大的(工程量大、有采取措施的可能性、有条件的)项目，充分开动脑筋把措施提出来，并计算出经济效果和指标，加以评价决策。这些措施必须是不影响质量的，能保证施工的，能保证安全的。降低成本措施应包括节约劳动力、节约材料、节约机械设备费用、节约工具费、节约间接费、节约临时设施费、节约资金等措施。一定要正确处理降低成本、提高质量和缩短工期三者的关系,对措施要计算经济效果。

(4)季节性施工措施。当工程施工跨越冬季和雨季时,就要制定冬期施工措施和雨期施工措施。制定这些措施的目的是保质量、保安全、保工期、保节约。

雨期施工措施要根据工程所在地的雨量、雨期及施工工程的特点(如深井基础、大量土方,使用的设备,施工设施,工程部位等)进行制定。要在防淋、防潮、伤泡、防淹、防拖延工期等方面,分别采用"疏导"、"堵挡"、"遮盖"、"防雷"、"合理储存"、"改变施工顺序"、"避雨施工"、"加固防陷"等措施。

冬季因为气温、降雪量不同,工程部位及施工内容不同,施工单位的条件不同,则应采取不同的冬期施工措施。北方地区冬期施工措施必须严格、周密。要按照《冬期施工手册》或有关资料(科研成果)选用措施,以达到保温、防冻、改善操作环境、保证质量、控制工期、安全施工、减少浪费的目的。

(5)防止环境污染的措施。为了保证环境,防止污染,尤其是防止在城市施工中造成污染,在编制施工方案时应提出防止污染的措施。主要应对以下方面提出措施:

①防止施工废水污染的措施,如搅拌机冲洗废水、油漆废液、灰浆水等;

②防止废气污染的措施,如熬制沥青、熟化石灰等;

③防止垃圾粉尘污染的措施,如运输土方与垃圾,白灰堆放,散装材料运输等;

④防止噪声污染的措施,如打桩、搅拌混凝土、混凝土震捣等。

为防止污染,必须遵守有关施工现场及环境保护的有关规定,设计出防止污染的有效办法,列进施工组织设计之中。

(三)施工进度计划编制

编制施工进度计划是在选定的施工方案基础上,确定单位工程的各个施工过程的施工顺序,施工持续时间,相互配合的衔接关系。它编制的是否合理、优化,反映了投标单位施工技术水平和施工管理水平的高低。因此,它的作用首先表现在投标阶段,在若干个投标竞争对手报价基本接近时,能否中标就看谁编制的施工方案及进度计划合理。其次,它的作用表现在中标后施工阶段,控制单位工程进度,保证在规定工期内完成质量要求的工程任务,能尽可能缩短工期 ,降低成本,取得较高的经济效益。

1. 编制的依据

(1)业主提供的总平面图,单位工程施工图及地质、地形图、工艺设计图、采用的各种标准图等图纸及技术资料;

(2)施工工期要求及开、竣工日期;

(3)施工条件、劳动力、材料、构件及机械的供应条件、分包单位情况;

(4)确定的重要分部分项工程的施工方案包括施工顺序、施工段划分、施工起点流向、施工方法及质量安全措施;

(5)劳动定额及机械台班定额;

(6)招标文件中的其他要求。

2. 编制施工进度计划的一般步骤

(1)划分施工过程。编制施工进度计划时,首先应按照施工图和施工顺序将各个施工过程列出,项目包括从准备工作直到交付使用的所有土建,设备安装工程。

划分施工过程的粗细程度,要根据进度计划的需要进行。对控制性进度计划,其划分可较粗,列出分部工程即可;对实施性进度计划,其划分较细,特别是对主导工程和主要分部工程,要详细具体。除此外，施工过程的划分还要结合施工条件，施工方法和劳动组织等因素。凡在同一时期可由同一施工队完成的若干施工过程可合并，否则应单列。对次要零星项目，可合并为“其他工程”。水暖电卫和设备安装工程通常由专业队负责施工，在施工进度计划中只反映这些工程与土建工程的配合关系，即只列出项目名称并标明起止时间。

(2)计算工程量、查出相应定额。计算工程量应根据施工图和工程量计算规定进行，计算时应注意以下问题：

①计算工程量的单位与现行定额手册中所规定单位相一致；

②结合选定的施工方法和安全技术要求计算工程量；

③结合施工组织要求，分区、分段、分层计算工程量。

根据所计算工程量的项目，在定额手册中查出相应的定额。

(3)确定劳动量和机械台班数量。根据计算出的各分部分项的工程量 Q 和查出的时间定额或产量定额计算出各施工过程的劳动量或机械台班数 P。若 S、H 分别为该分项工程的产量定额和时间定额，则有

$$P=\frac{Q}{S}(\text{工日、台班})$$

或

$$P=Q\times H(\text{工日、台班})$$

(4)确定各施工过程的天数。计算各分项工程施工天数的方法有两种：

①根据合同规定的总工期和本企业的施工经验，确定各分部分项工程的施工时间，然后按各分部分项工程需要的劳动量或机械台班数量，确定每一分部分项工程每个工作班所需要的工人数或机械台班数。

②按计划配备在各分部分项工程上的施工机械数量和各专业工人数确定。即

$$t=\frac{P}{RN}=\frac{Q}{S\cdot R\cdot N}$$

式中 t——完成某分部分项工程的施工天数；

R——某分部分项工程所配置的工人人数或机械台数；

N——每天工作班次。

在安排每班工人数和机械台数时，应综合考虑各分项工程各班组的每个工人都应有足够的工作面，以发挥高效率并保证施工安全；在安排班次时宜采用一班制；如工期要求紧时，可采用二班制或三班制，以加快施工速度充分利用施工机械。

(5)编制施工进度计划的初步方案。各分部分项工程的施工顺序和施工天数确定，应按照流水施工的原则，力求主导工程连续施工；在满足工艺和工期要求的前提下，尽可能使最大多数工作能平行地进行，使各个工作队的工作最大可能地搭接起来。

(6)施工进度计划的检查与调整。对于初步编制的施工进度计划要进行全面检查，看各个施工过程的施工顺序，平行搭接和技术间歇是否合理；编制的工期能否满足合同规定的工期要求；劳动力及物资方面是否能满足连续、均衡施工；在这些方面进行检查并初步调整，使不满足变为满足，使一般满足变成优化满足。调整的方法一般有：增加或缩短某些分项工程的施工时间；在施工顺序允许的条件下将某些分项工程的施工时间向前或向后移动；必要时可以改变施工方法或施工组织。总之，通过调整，在工期能满足要求的条件下，使劳动力、材料、设备需要趋于均衡，主要施工机械利用率比较合理。

(四)施工平面图

施工平面图是布置施工现场的依据，也是施工准备工作的一项重要依据，是实现文明施

工,节约土地,减少临时设施费用的先决条件。其绘制比例一般为1∶500～1∶2 000。如果单位工程施工平面图是拟建建筑群的组成部分,它的施工平面图就是全工地总施工平面图的一部分,应受到全工地总施工平面图的约束,并应具体化。

1．单位工程施工平面图的内容

施工平面图是按一定比例和图例,按照场地条件和需要的内容进行设计的。单位工程施工平面图的内容包括:

(1)建筑平面图上已建和拟建的地上和地下的一切建筑物、构筑物和管线的位置与尺寸;

(2)测量放线标桩、地形等高线和取弃土地点;

(3)移动式超重机的开行路线及垂直运输设施的位置;

(4)材料、半成品、构件和机具的堆场;

(5)生产、生活临时设施,如搅拌站、高压泵站、钢筋棚、木工棚、仓库、办公室、供水管、供电线路、消防设施、安全设施、道路以及其他需搭建或建造的设施;

(6)必要的图例、比例尺、方向及风向标记。

上述内容可根据建筑总平面图、施工图、现场地形图、现有水源和电源、场地大小、可利用的已有房屋和设施等情况、施工组织总设计、施工方案、施工进度计划等,经过科学的计算,并遵照国家有关规定来进行设计。

2．单位工程施工平面图的设计步聚

单位工程施工平面图的一般设计步骤是:

确定超重机的位置→确定搅拌站、仓库、材料和构件堆场、加工厂的位置→布置运输道路→布置行政管理、文化、生活、福利用临时设施→布置水电管线→计算技术经济指标。

3．单位工程施工平面图的设计要点

(1)起重机械布置。井架、门架等固定式垂直运输设备的布置,要结合建筑物的平面形状、高度、材料、构件的重量,考虑机械的负荷能力和服务范围,做到便于运送,便于组织分层分段流水施工,便于楼层和地面的运输,运距要短。

塔式起重机的布置要结合建筑物的形状及四周的场地情况布置。起重高度、幅度及起重量要满足要求,使材料和构件可达建筑物的任何使用地点。路基按规定进行设计和建造。

履带吊和轮胎吊等自行式起重机的行驶路线要考虑吊装顺序,构件重量,建筑物的平面形状、高度、堆放场位置以及吊装方法。

还要注意避免机械能力的浪费。

(2)搅拌站、加工厂、仓库、材料、构件堆场的布置。它们要尽量靠近使用地点或在起重机起重能力范围内,运输、装卸要方便。

搅拌站要与砂、石堆场及水泥库一起考虑,既要靠近,又要便于大宗材料的运输装卸。

木材棚、钢筋棚和水电加工棚可离建筑物稍远,并有相应的堆场。

仓库、堆场的布置,应进行计算,能适应各个施工阶段的需要。按照材料使用的先后,同一场地可以供多种材料或构件堆放。易燃、易爆品的仓库位置,须遵守防火、防爆安全距离的要求。

石灰、淋灰池要接近灰浆搅拌站布置。沥青的熬制地点要离开易燃品库,均应布置在下风向。在城市施工时,应使用沥青厂的沥青,不准在现场熬制。

构件重量大的,要在起重机臂下,构件重量小的,可远离起重机。

(3)运输道路的布置。应按材料和构件运输的需要,沿着仓库和堆放场进行布置,使之畅行无阻。宽度要符合规定,单行道不小于 3~3.5 m,双车道不小于 5.5~6 m。路基要经过设计,转弯半径要满足运输要求。要结合地形在道路两侧设排水沟。总的说来,现场应设环形路,在易燃品附近也要尽量设计成进出容易的道路。木材场两侧应有6 m宽通道,端头处应有12 m×12 m回车场。消防车道宽度不小于3.5 m。

(4)行政管理、文化、生活、福利用临时设施的布置。应使用方便,不妨碍施工,符合防火、安全的要求。要努力节约,尽量利用已有的设施或正式工程,必须修建时要经过计算确定面积。

(5)供水设施的布置。临时供水首先要经过计算、设计,然后进行设置,其中包括水源选择,取水设施,贮水设施,用水量计算(生产用水,生活用水,消防用水),配水布置,管径的计算等。

(6)临时供电设施。临时供电设计,包括用电量计算,电源选择,电力系统选择和配置。用电量包括电动机用电量、电焊机用电量,室内和室外照明容量。如果是扩建的单位工程,可计算出施工用电总数供建设单位解决,不另设变压器。独立的单位工程施工,要计算出现场施工用电和照明用电的数量,选用变压器和导线截面及类型。变压器应布置在现场边缘高压线接入处,离地应高于30 cm,在2 m以外四周用高度大于1.7 m铁丝网围住以保安全,但不要布置在交通要道口处。

4.单位工程施工平面图的评估指标

为评估单位工程施工平面图的设计质量,可以计算下列技术指标并加以分析,以有助于施工平面图的最终合理定案。

(1)施工用地面积及施工占地系数

$$施工占地系数=\frac{施工占地面积(m^2)}{建筑面积(m^2)}\times 100\%$$

(2)施工场地利用率

$$施工场地利用率=\frac{施工设施占用面积(m^2)}{施工用地面积(m^2)}\times 100\%$$

(3)施工用临时房屋面积、道路面积,临地供水线长度及临时供电线长度。

(4)临时设施投资率 $=\frac{临时设施费用总和(元)}{工程总造价(元)}\times 100\%$

这个指标用以衡量临时设施包干费的支出情况。

第十章　施工组织设计实例

第一节　硅酸盐砌块多层住宅楼施工组织设计

一、工程概况

某工程为八幢 6 层住宅楼(图 10—1)。其中 1 号～3 号楼为六开间三单元组合;4 号、5 号楼为六开间二单元组合;6 号～8 号楼为五开间三单元组合。总建筑面积为23 084 m^2。

基地北面是已建中学,东面是拟建菜场和商场,西面和南面均为已建多层住宅。基地内 5 号楼南面,在 1 号、2 号楼和 7 号、8 号楼中间的是拟建的幼儿园(属后期工程),东北面有未填河沟,北面在沿马路边有10 kV高压电源。西马路下面有市自来水管道。本基地原为农田,自然地势北高南低。平整后地面与室外设计标高大致相等。地基土属Ⅱ类土,地基内无暗沟。设计基础埋深为1.15 m,地耐力 $P=80\ kN/m^2$。

住宅楼呈条状,开间3.35 m,进深9.0 m,层高2.8 m,室内外高差0.6 m。底层南面均有小围墙和独用院子,钢筋混凝土条形基础。一、三、五和顶层以及每层的 A 轴线和扶梯间均设置现浇钢筋混凝土圈梁。基础墙采用普通砖。承重墙采用240 mm 厚蒸养粉煤灰硅酸盐密实砌块(以下简称"砌块")。砌块厚240 mm,高380 mm,长度有四种配套尺寸,即(C_1—880 mm;C_2—580 mm;C_3—430 mm;C_4—280 mm)。隔墙用 20 孔空心砖。底层为架空板。楼层及屋面用120 mm厚预应力空心板。厨房卫生间和阳台采用预制实心混凝土板。预制冲压式直跑楼梯。平屋面,外天沟。每个单元在屋面设置10 t钢筋混凝土水箱一只。

楼地面是在预制板上做30 mm厚细石混凝土面层。内墙及平顶采用 1∶3 石灰砂浆打底,纸筋石灰罩面,刷白二度。外装修先抹 1∶1∶6 混合砂浆,随后刷外墙涂料二度。木门,钢窗,预制混凝土阳台拦板,现浇钢筋混凝土阳台扶手(压顶),楼梯设预制铁栏杆,阳台设预制铁晒衣架。所有外露钢、木构件均做一底二漆。

屋面空心板上做2 cm厚 1∶3 水泥砂浆找平层,上做二毡三油防水层,盖3 cm 厚预制架空钢筋混凝土隔热板。

二、施工现场平面布置

1. 现场主要施工机械配备和布置

主要吊件规格及安装位置见表 10—1。

根据表中数据,结合工程需要,决定选用 TD-40 型塔吊作为现场主要吊装机械。每两幢楼安排 1 台塔吊,共 2 台。TD-40 型塔吊负责施工时的水平运输和垂直运输,有时兼作砌块和构件装卸。塔吊使用高峰时,利用汽车吊或履带吊进行地面装卸。

砌块吊装就位,主要采用台灵架。台灵架的转移和就位由 TD-40 型塔吊来完成。

基础挖土采用 YW501 全液压反铲挖掘机。

现场设置 2 台混凝土搅拌机和 2 台砂浆拌和机。位置安排在幼儿园南面操场上。搅拌机

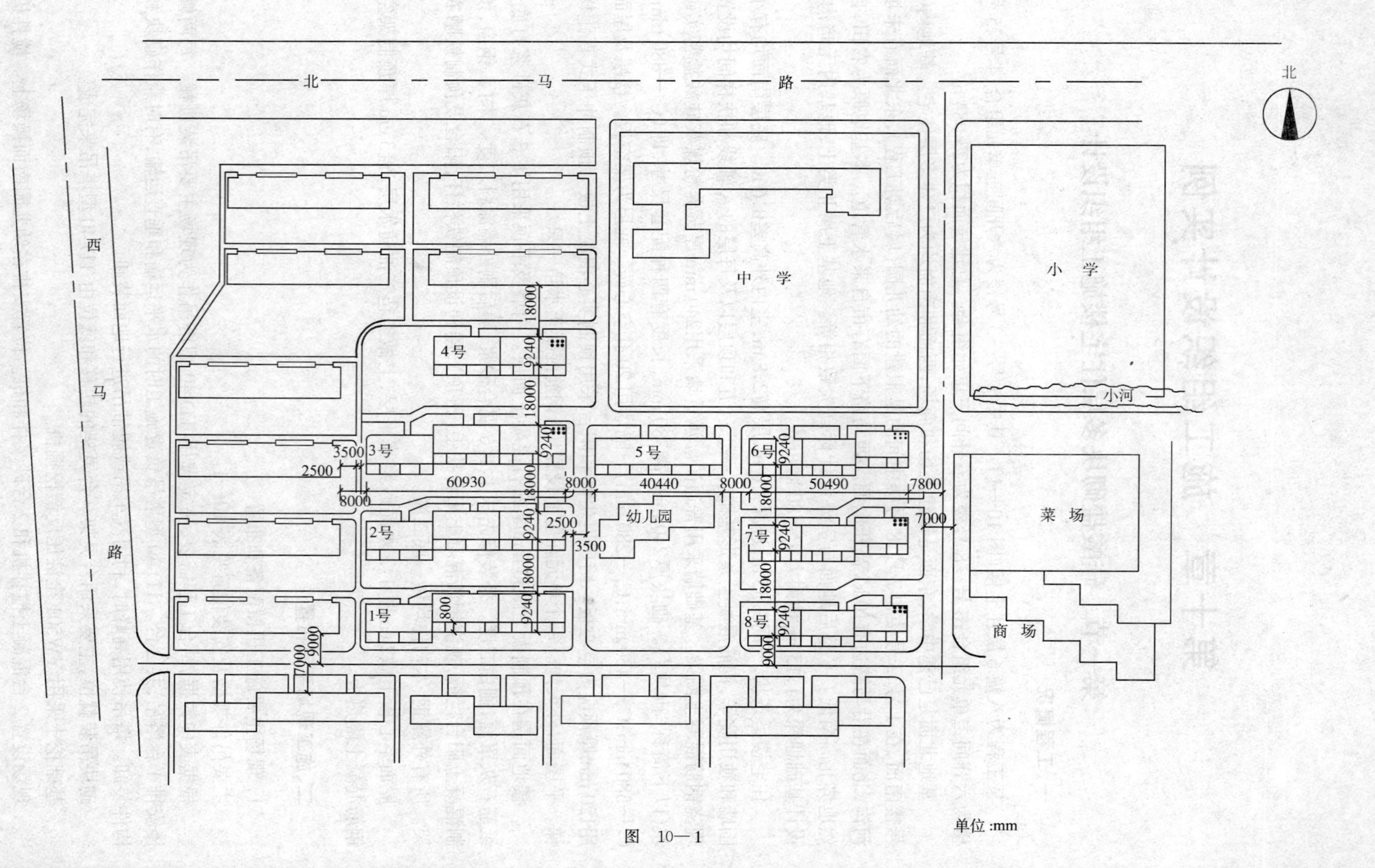
北
北马路
西马路
中学
小学
小河
菜场
商场
幼儿园
1号
2号
3号
4号
5号
6号
7号
8号
60930
40440
50490
18000
9240
8000
7800
7000
9000
3500
2500
800
单位:mm

图 10—1

和砂浆机的出料口应高出地面1.5 m,使其能将混凝土或砂浆直接倾卸到机动翻斗车或吊斗内。搅拌机和砂浆机的上料斗下面附设滑槽,滑槽直通地坑。上料斗放进地坑后,料斗上口应与地面齐平,便于后台操作人员加料。搅拌机后台用钢材做成斜坡状。砂子和石子分别用拉铲往上拉到落料口,从高处落下,经过磅秤称量后进入搅拌机的料斗内。

表 10—1

名　　称	型　　号	几何尺寸(mm)	自　重(kg)	起吊高度(m)	就位半径(m)
预制直跑楼梯	YTB_{11}	4 830×1 220×250	1 938	14.50	18
阳 台 板	$YYB_{24\text{-}33}$	3 320×2 390×120	2 030	14.50	20
砌　块	$8\times C_1$	880×380×2 000	1 000	18.00	20
屋面水箱顶板		1 800×2 900×80	1 044	21.00	18
预应力空心楼板	$YKB_{12\text{-}33\text{-}2}$	3 280×1 190×120	792	18.00	20
预应力天沟板	YWB_{38}	3 780×1 190×120	1140	18.00	20
预制设备板	$SYB_{12\text{-}33}$	3 280×1 190×120	1140	18.00	18

紧临搅拌机左、右两侧设置存放水泥40 t的水泥筒仓各 1 只。水泥筒仓下面配备水泥传送带。水泥从筒仓落下,经传送带提升到漏斗处,经称量后直接进入搅拌机的料斗内。以上称量均由磅秤内的接触开关控制。

高台砂浆机后台由人工用翻斗车加料。

2. 施工道路设置

现场施工道路按永久道路走向设置,为保证施工现场内卡车的流向合理,应布置成环状车行道路,以免进料集中时出现车辆堵塞现象。

3. 施工用电计算

主要用电设备见表 10—2。

表 10—2

序号	名　　称	台数	功率(kW)	序号	名　　称	台数	功率(kW)
1	挖 掘 机	1	17	9	台 灵 架	2	12
2	TD-40 型塔吊	2	40	10	砌块切割机	1	3
3	蛙式打夯机	1	3	11	电 焊 机	1	20
4	泥 浆 泵	2	4.4	12	插入式平板振动器	2	4.4
5	400 L搅拌机	2	15	13	井架卷扬机	4	30
6	砂浆搅拌机	2	6	14	粉刷组装车	2	33
7	砂石拉铲	3	9	15	电　锯	1	3
8	水泥传送带	2	6	16	水管切割机	1	2.2

$$\sum P_1 = 188\ \text{kW}, P_2 = 20\ \text{kVA}$$

$$K_1 = 0.6, K_2 = 0.6, \cos\varphi = 0.7$$

照明用电按总用量的 10%考虑,则

$$P = 1.1\times\left(\frac{0.6\times188}{0.7}+0.6\times20\right)\times1.1$$

$$=209.5\ \text{kVA}$$

当地高压供电为10 kV,现用选用三相变压器 SJ-240/10,额定容量240 kVA>209.5 kVA

满足要求。

4. 施工临时用水计算

主要分项工程用水量计算见表 10—3。

(1)施工工程用水量

$$q_1 = k\frac{\sum Q_1 N_1 K_2}{8\times 3\ 600} = 1.15\times\frac{100\ 800\times 1.5}{8\times 3\ 600} = 6.04(\text{L/s})$$

表 10—3

分项工程名称	工　程　量 (m^3/台班)	用水定额 N_1(L/m^3)	用　水　量 Q_1N_1(L)
条形基础混凝土	50	300	15 000
砌块吊装	60	400	24 000
楼地面细石混凝土	300	190	57 000
粉　　刷	16	300	4 800
合　　计			100 800

(2)施工现场生活用水量

$$q_2 = \frac{P_1 N_2 K_3}{t\times 8\times 3\ 600} = \frac{250\times 60\times 1.5}{1\times 8\times 3\ 600} = 0.78(\text{L/s})$$

(3)生活区生活用水

$$q_3 = \frac{P_2 N_3 K_4}{24\times 3\ 600} = \frac{250\times 70\times 2}{24\times 3\ 600} = 0.40(\text{L/s})$$

(4)消防用水

$$q_4 = 10(\text{L/s})$$

$$q_1 + q_2 + q_3 = 6.04 + 0.78 + 0.4 = 7.22 < q_4 = 10$$

故

$$Q = q_4 = 10(\text{L/s})$$

(5)水管管径计算

$$D = \sqrt{\frac{4Q\times 1\ 000}{\pi V}} = \sqrt{\frac{4\times 10\times 1\ 000}{3.14\times 2.5}} = 71\ \text{mm}$$

故 AB、BC 段选用 ϕ75 白铁管,CD 段选用 ϕ50 白铁管,其余用黑铁管。施工用水依靠沿外墙面安装的 ϕ40 竖铁管供给。竖管数一般是二单元装 1 根,三单元装 2 根,每层楼设置水龙头。竖管随结构施工而逐层接高。

5. 临时设施

临时设施见表 10—4。

表 10—4

名　　称	面积(m^2)	名　　称	面积(m^2)
搅拌机棚	150	男、女厕所	30
变压器配电间	6	男、女浴室	30
门卫、办公室、更衣室	3×6×15＝270	半成品仓库	150
职工食堂	3×6×10＝180	围　　墙	620 m(长度)

6. 现场排水

现场排水利用南面道路原有下水管道。在现场临时道路两侧开挖250 mm×250 mm明沟,明沟过道路地段埋设 ϕ 200 mm生铁管,明沟与下水道污水井相连。利用泥浆泵将基坑内积水抽入明沟,再流入下水道生活用房处的废水排入附近河沟,施工平面布置见图 10—2。

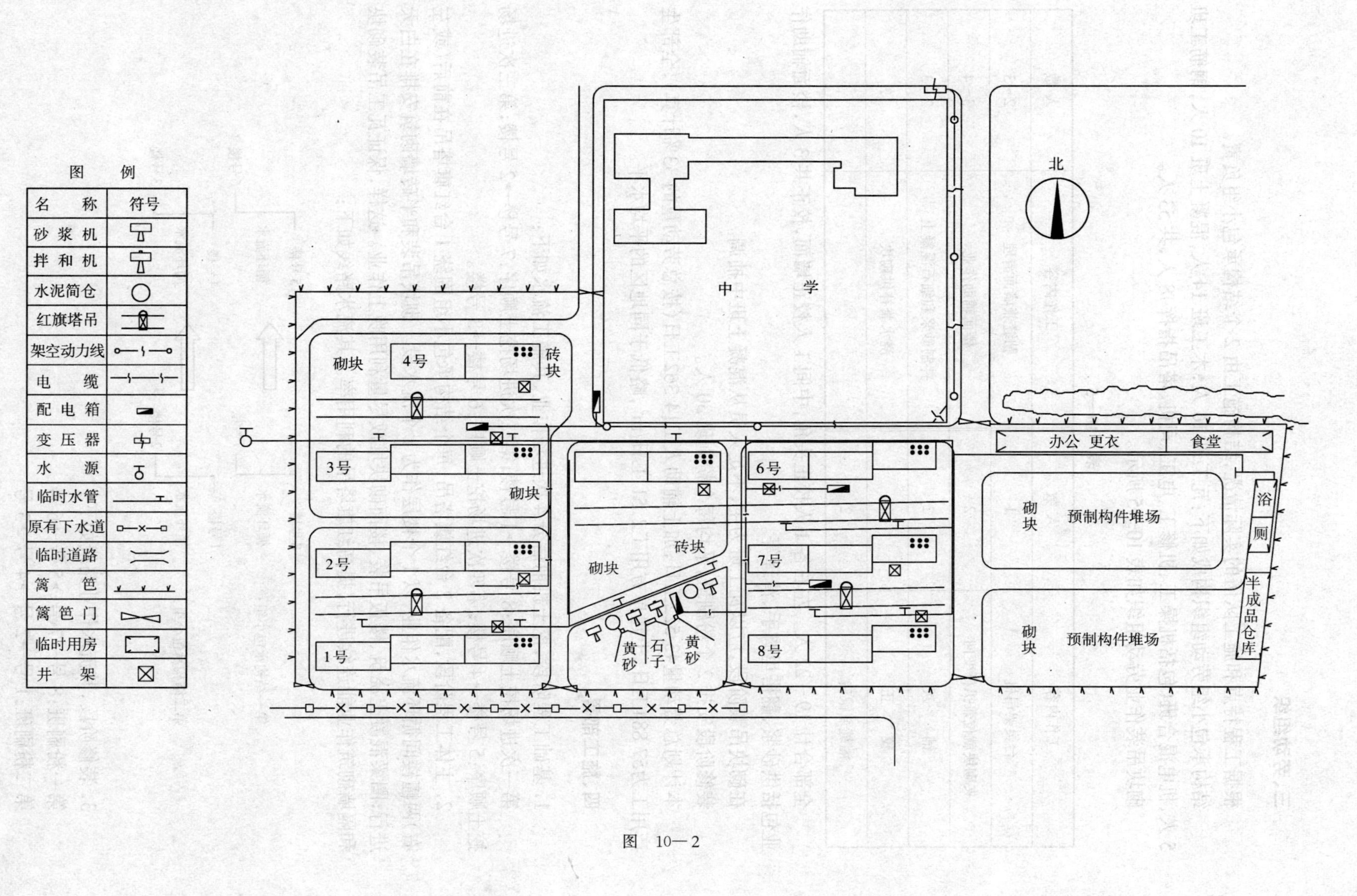
图例
名称
符号
砂浆机
拌和机
水泥简仓
红旗塔吊
架空动力线
电缆
配电箱
变压器
水源
临时水管
原有下水道
临时道路
篱笆
篱笆门
临时用房
井架
中学
北
砌块
4号
砖块
3号
砌块
2号
1号
砌块
砖块
黄砂
石子
黄砂
6号
7号
8号
办公 更衣
食堂
砌块
预制构件堆场
砌块
预制构件堆场
浴
厕
半成品仓库

图 10—2

三、劳动组织

根据工程特点和施工队伍的实际情况，结构施工由 2 个结构承包小组负责。

结构承包小组劳动组织构成如下：瓦工班 16 人，木工班 14 人，混凝土班 10 人，钢筋工班 5 人，机电混合班（包括机操工、机修工、电工、司机、塔吊指挥）8 人，共 53 人。

砌块吊装作业劳动组织如表 10—5 所示。

表 10—5

工作内容	人 数	工作内容	人 数
台灵架司机	1	勒缝兼墙面清理	2~3
夹砌块就位兼扒杆变向	2	楼面辅助作业	3~4
铺　　灰	2	拌制砂浆和细石混凝土	2~3
校　　正	3	浇水兼补供砌块	2
灌缝兼镶砖	2		

全部合计 19~22 人。左右各 1 人校正头角，中间 1 人校正墙面，校正共 3 人，楼面辅助作业包括供砂浆、翻搭里脚手、清理等。

在砌块吊装阶段，应以瓦工班为主，不足人员从混凝土班中抽调。

装修阶段安排 2 个粉刷班，平均每个粉刷班 30 人。

本计划总劳动量43 522工日，加上辅助人工14 362工日（按总劳动量的 33%计算），全部生产用工为57 884工日，土建单方用工2.51 工日/m^3，略低于同地区的平均水平。

四、施工部署

1. 基础工程阶段，挖土机前后分 4 次进场作业，其施工流水如下：

第一次进场挖土顺序：8 号楼→1 号楼；第二次进场挖土顺序：7 号楼→2 号楼；第三次进场挖土顺序：5 号楼→4 号楼；第四次进场挖土顺序：6 号楼→3 号楼。

2. 主体工程阶段，配备 2 台红旗塔吊，每个结构承包小组围绕 1 台红旗塔吊在前后（或左右）两幢楼间循环流水作业，以 1 个楼层作为 1 个流水段。砌块吊装和半砖墙砌筑安排在白天进行；圈梁混凝土浇筑、楼板吊装、楼面砌块堆放尽量利用晚上作业。这样，保证瓦工吊装砌块和隔墙砌筑作业能连续进行，提高红旗塔吊的利用率。其流水路线如下：

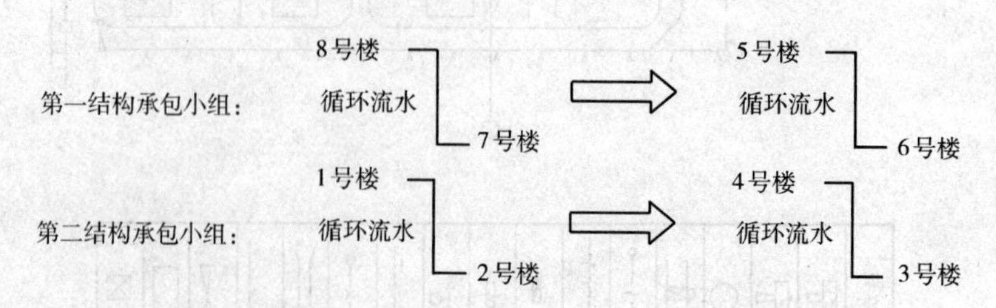

3. 装修阶段，其流水作业路线如下：

第一粉刷班：8 号→7 号→5 号→6 号

第二粉刷班：1 号→2 号→4 号→3 号

五、施工进度计划

1. 单栋施工网络图,见图 10—3

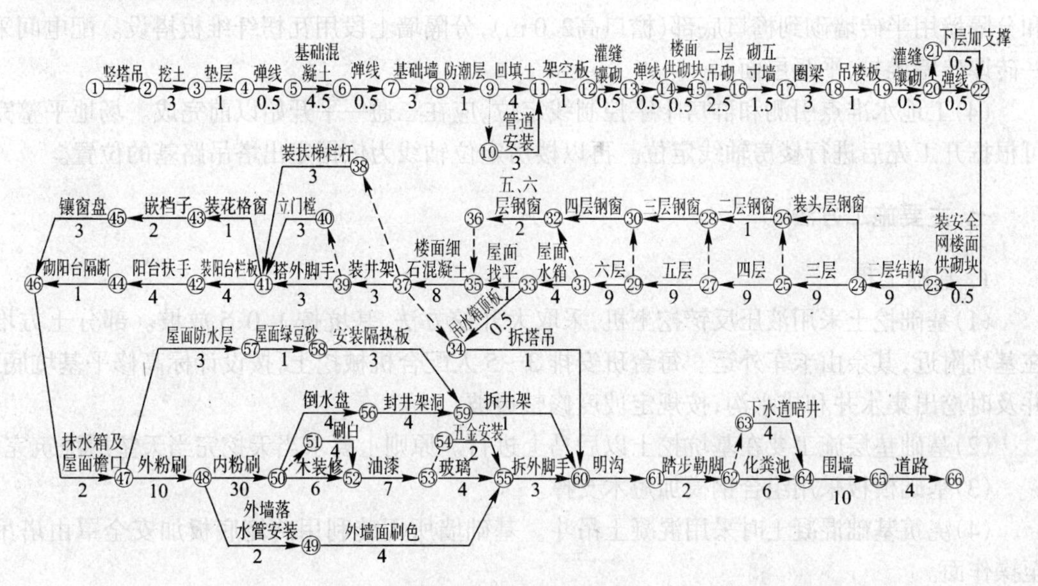

图 10—3　单栋施工网络图

(1)工期:基础阶段19 d,结构阶段83.5 d,装修阶段62 d,附属工程阶段24 d,共计188.5 d。

(2)水电安装配合

①结构施工期间,电工派专人在现场圈梁处留置穿墙管子。当结构即将结束,开始安装总管及避雷带,拆外脚手架前,避雷带要安装完毕,粉刷完,安装照明线路。

②三层结构期间,开始安装给水煤气管道,内粉刷以前给水煤气管道及粉刷基本做完,开始安装室内部分污水,废水塑料管,装修阶段开始安装卫生设备。

2. 施工总进度计划

总工期380 d(工作天),推算成日历天应为455 d,按照群体住宅工期定额应该是473 d(日历天),即本工程总工期比定额工期缩短18 d。

总用工量:43 522工日。

每天最大用工量:206 人。

每天平均用工量:115 人,劳动不均匀系数 $K_1=\dfrac{206}{115}=1.79$

六、施工准备

(1)三通一平。采用推土机将现场推平。车行道上先满铺大石块,再铺道碴,用压路机压实。临时道路路面应比设计路基低 5～10 cm。

按平面图要求接通水源、电源。起重机进场配合搭设搅拌机车台。搅拌机车台和拉萨操作台下面,应预先用压路机压实。其地面标高应比周围高10 cm左右,以防雨天积水。靠近搅拌机出口处,应设置集水井和沉淀池,并与明沟相通。搅拌机出口处地面做10 cm厚混凝土面层,以利于机动翻斗车进出。

(2)红旗塔吊组装。塔吊路基先由压路机压实或用打夯机夯实,然后铺15 cm厚道碴,再铺设塔吊专用路基箱。红旗塔吊机身和扒杆分别由拖车牵引进场,再由汽车吊或履带吊配合进行组装。

(3)其他临时设施搭设。所有临建(配电房除外)均采用毛竹骨架,瓦楞纤维板屋面;外墙和分隔墙用半砖墙砌到檐口底部(檐口高2.0 m),分隔墙上段用瓦楞纤维板搭设。配电间采用一砖厚砖墙维护,平瓦屋面。

(4)工地水准点引测和群房十字控制线定位,应在三通一平开始以前完成。场地平整完即可根据开工先后进行楼房轴线定位。再以楼房定位轴线为依据定出塔吊路基的位置。

七、主要施工方法

1. 基础工程

(1)基础挖土采用液压反铲挖土机,采取大开挖方法,基坑按1:0.5放坡。部分土方堆置在基坑附近,其余由卡车外运。每台班安排3~5人配合机械挖土,按设计标高修平基坑底面,并及时挖出集水井和排水沟,按规定坡度修整边坡。

(2)基础垫层施工要在基坑挖土以后马上进行。原则上要求当天挖完当天垫层浇筑完毕。

(3)基础模板采用组合钢模加短木支撑。

(4)浇筑基础混凝土时采用混凝土吊斗。基础墙所用砖利用砖笼底板加安全罩由塔吊运至操作面。

(5)防潮层浇筑完毕,即可进行回填土。但此时防潮层混凝土强度很低,为防止回填土时损坏防潮层,此时防潮层模板不拆除。回填土主要利用挖土机,同时以红旗塔吊加专用铁簸箕配合。为加快施工进度,回填土机械实行两班作业。

挖土机每次进场连续安排两栋楼的基础挖土。下一次进场开挖时间安排在先开工栋号基础土方开始回填的时候,边挖边填,以减少土方装运和机械进场次数。

2. 主体工程

(1)以塔吊作为砌块垂直和水平运输的主要机械,并配以8块一套的鹰爪式夹具。起重量1.5 t的台灵架用作楼面上砌块吊装和就位,并配以单块摩擦夹具。台灵架高4.5 m,扒杆长9~12 m,总重800 kg,扒杆倾角30°~75°。

(2)砌块吊装完毕后即安排半砖内隔墙砌筑,可充分利用塔吊的有利条件,并可与圈梁模板安装搭接进行。但要注意半砖墙顶面标高不得高出板底标高,否则吊装楼板时易使隔断墙移动。上层楼板吊装完毕后,应派专人及时镶嵌隔墙顶部,以免产生移位。

(3)圈梁模板采用组合钢模板,过梁底部用工具式顶撑。圈梁钢筋先绑扎成型,后由塔吊分段安放。

(4)浇筑圈梁混凝土时应设置操作平台,平台的四脚分别支承在相邻两道承重墙上。混凝土由红旗塔吊用吊斗送到操作地点,直接进行浇捣。

(5)常温下圈梁混凝土浇筑12h后可拆除侧模,然后在梁上进行找平。常温条件下,混凝土浇筑24 h后(强度达到2 MPa以上)进行楼板吊装,接着进行灌缝镶砌作业。

(6)屋面水箱采用大模板(底模仍旧用组合钢模、短木支撑),水箱顶板则分成两块,在现场预制吊装。水箱模板拆除后,立即做屋面找平层。

3. 楼地面工程

屋面找平层完成后,楼地面工程即可自上而下逐层进行,仍利用红旗塔吊作垂直运输。为运送混凝土,需要在外墙窗洞或井架洞外设一混凝土溜槽,使混凝土可以经溜槽落到等候在楼地面的手推车内,再送到楼面各个部位。

4．装饰工程

屋面、楼地面工程和门、窗安装完毕后即可沿外墙四周搭设外脚手架;拆除红旗塔吊,安装井架,组织抹灰组进场。大面积抹灰均利用机械喷灰。落地灰回收后经井架送回后台再利用。抹灰粉刷应按照先外后内,先上后下,内粉刷逐层完成的原则进行。

八、保证工程质量措施

(1)机械挖土时,必须控制好标高。随挖随打水平桩。机械挖土坑底应预留10 cm,由人工修平至设计标高。遇到暗沟时,应挖到老土,然后用毛石混凝土加固处理,严禁用浮土回填。

(2)基坑内要设置集水井。集水井的数量视地下水情况而定。基坑四周设置排水沟,断面尺寸为20 cm×20 cm。排水沟通向集水井,坡度为 2‰。集水井内设泥浆泵,昼夜抽水,使地下水位保持在基坑底面以下,直至基础混凝土浇筑24 h以后为止。

(3)基础混凝土浇筑时,采用套板控制断面尺寸。两端拉铅丝校正上口宽度,保证轴线位置正确。

(4)基础墙砌筑采用小皮数杆控制灰缝厚度和顶面标高。要求内外墙同时砌筑,不留接槎。如必须留槎,则应留斜槎。基础墙应采用 MU10 普通黏土砖。常温下砖块应隔夜浇水湿润。砌筑时应做到墙面平整,接槎通顺,砂浆饱满。

(5)基础回填土要在基础墙两边同时进行,以防基础墙体受到单面侧向压力而损坏。

(6)安装预制梁板前,必须根据设计标高找平。吊装前板底要预先坐灰。楼板之间离缝不得大于2 cm。灌缝用移动式圆管支架封底。先用 1∶3 水泥砂浆灌半缝高,再用 C20 细石混凝土灌满,上口用圆套抽平。灌缝前必须将板缝浇水湿润,以利表面与浇筑材料结合牢固。细石混凝土和砂浆灌缝凝固前,不得在板面上走动或堆放重物。

(7)搁置预制楼板的山墙外口半砖部分一律采用 C20 细石混凝土整浇,以防渗漏。

(8)在每一楼层砌体中,同一等级的砂浆或细石混凝土至少应制作 1 组试块(每组砂浆试块为 6 块,细石混凝土试块为 3 块)。如砂浆或细石混凝土等级或配合比变更时,也应制作试块,以便检查。

(9)抹灰前,砌块墙面必须清理,并隔夜浇水湿润。对外墙面,应派专人提前对预制梁、板和砌块缝隙进行修补嵌实。机喷 1∶1∶6 铺底灰浆,应基本上将灰缝覆盖,第二次铺灰浆要薄,并掌握好用木抹子洒水打毛的时间;防止出现收缩裂缝。

(10)为防止抹灰起壳、开裂,要求砂子必须是中砂,含泥量控制在 3% 以下,同时必须严格控制砂浆中的水泥用量。

九、安全生产措施

(1)塔吊使用中应严格遵守有关塔式起重机的安全操作规程。

(2)第二层砌块吊装前,应沿建筑物四周装设安全网。结构施工阶段,外墙应设两道安全网,其中一道随墙体逐层上升,另一道固定在三层楼面位置上,阳台外未设安全网的部位应及时搭设安全栏杆。

(3)阳台板就位、校正完毕、挑出部分下面应立即加设临时支撑,以防倾覆。

(4)砌块堆放场地应预先平整夯实,不得有积水。砌块堆放要稳定,以防倒塌伤人。地面堆放应上下皮交叉放置,顶层二皮应叠成阶梯形,高度不得超过3 m,楼面堆放不得超过二皮。

(5)砌块切割机不得放在楼面上加工砌块。

(6)台灵架不得超载起吊,不准斜拉斜吊,不准起吊台灵架前支柱后方的构件。台灵架拔杆必须设置保险钢丝绳,以防拔杆下坠伤人。台灵架的钢丝绳、葫芦片、拔杆销子、联结法兰螺丝等应定时检查,及时排除隐患。

(7)不得起吊有破裂、脱落危险的砌块,起重拔杆回转时,要禁止将砌块停留在操作人员上方或在空中修整、加工砌块。吊装较长构件时应加稳绳。

(8)安装砌块时,不准站在墙上操作并不得在墙上设置受力支撑、缆绳等。

(9)遇到下列情况应停止吊装工作:

①六级及六级以上大风,砌块和构件在空中摆动不稳;

②噪音过大,不能听清指挥信号;

③起吊设备,索具有不安全因素而没有排除;

④大雾天或照明不足。

(10)粉刷前,先拆除外墙安全网,接着搭设外脚手架。脚手架地基必须填平夯实,不得有积水。外脚手从第三排开始,外挡应设置安全栏杆,外脚手应按规定设置专用登高扶梯,供施工人员上下。

十、节约技术措施

(1)合理安排开工顺序,减少大型机械进场次数。

(2)塔吊路基道碴回收后用作永久道路的道碴垫层。

(3)采用"低灰高砂"工艺进行楼地面施工,即将每立方米混凝土中的水泥用量从原来的400 kg减少到323 kg。操作时将混凝土摊铺在楼面上,用滚筒滚压出浆,随后在面上均匀地撒上一层干水泥(用量为0.3 kg/m^2),最后用铁板多次压光成活。这种新工艺可节约水泥2.1 kg/m^2。

十一、季节性施工技术措施

1. 夏季施工

砌块要充分湿润,砌筑砂浆的稠度由通常的7 cm增大到9 cm。铺灰长度应相应减小。屋面工程应安排在下午3点后进行,避开高温时间。

2. 台风季节

稳定性较差的窗间墙,独立柱吊砌完毕后应立即加设临时支撑或及时浇筑圈梁,以增加墙体稳定性。

3. 雨期施工

不得使用过湿砌块,以免砂浆流淌,使墙体发生滑移。雨后继续施工,须复核已完砌体的垂直度和标高。

4. 冬期施工要点

(1)冬期施工时,砌块不得浇水,也不得使用浸水后已冻结的砌块。施工前,应清除砂子、石灰膏和砌块上的冰、霜和雪。不准使用已冻结的石灰膏,对砂子、石灰膏应采取有效的防冻措施。

(2)抗冻砂浆的配制,可按规定掺入拌和用水量3%的食盐。

(3)负温下施工,对已完砌体在下班前用草帘覆盖,以免受冻。

(4)冬期混凝土施工采用蓄热法。

(5)冬期施工时,外饰面应安排在正温和有日照时进行。室内抹灰应采用草帘和油布遮挡门窗洞口,必要时生火炉以提高室内温度,使操作和养护均在正温下进行。

(6)冬期施工时,对备有水箱的现场施工机械,每天下班前,要把水箱内存水及时放掉。现场水管可用草绳包扎,外面再抹水泥纸筋灰或用泥土覆盖保温。

(7)楼地面混凝土和屋面找平层施工前应密切注意近期内天气变化趋势,正式安排施工应尽量避开负温天气。

第二节　湖南省湘潭—邵阳高速公路某段施工组织设计

一、工程概况

1. 概　　述

上瑞国道主干线湖南省湘潭—邵阳高速公路,起点位于107国道株易路口,接长潭高速公路殷家坳立交,经湘潭市、湘潭县、湘乡市、邵阳市,止于邵阳市周旺铺,和320国道相接,全长217.763 km。

本路段全长11.7 km,起讫里程K56+300～K68+000,双向四车道,高速全封闭全立交。

2. 主要技术指标

本工程按山岭重丘区高速公路技术标准进行设计。全线采用四车道高速公路标准,路基宽度26.0 m,行车道宽4×3.75 m;设计荷载为汽车—超20级、挂车—120;计算行车速度为100 km/h;最小平曲线半径为7 000 m,最大纵坡3.4%。

3. 主要工程数量(表10—6)

表10—6　主要工程数量表

项　　目			数　　量	单　　位
路　　基	挖　　方	土　　方	793 155	m^3
		石方	571 697	m^3
填　　方			1 107 792	m^3
大　　桥			118.4/1	m/座
小　　桥			62.2/2	m/座
互通立交			1	处
分离式立交			462.28/9	m/座
人行天桥			71/2	m/座
通　　道			589/21	m/道
涵　　洞			1 675.64/43	m/道
路面			219 000	m^2
防护及排水圬工			31 700	m^3

4. 沿线自然条件

工程处在我国地势由西向东降低的第二级阶地与第三级阶地的交接地区,地形上呈西高东低,K56+300～K64+000为平原微丘区,K64+000～K68+000为重丘区。

路线所经区域属华南准台地构造单元,本路段为湘乡盆地构造,地质构造运动微弱,构造形迹明显,从河流阶地发育情况和河床变化特征来看,整体上表现为缓慢的上升运动。

沿线地质复杂,经受了从前震旦纪至第四纪以来的多次运动,出露地层较多,由新至老主要有新生界第四系、第三系、中生界白垩系、古生界二叠系、石炭系、泥盆系等。

根据《中国地震烈度区划图(1990)》,全线均小于坡区,构造物仅做简单抗震设防即可。

本区位于北回归线以北,属亚热带暖温季风性气候。春季天气变化大,阴晴不定,夏季炎热,常有高温出现,秋季凉爽,冬季阴冷。年平均气温16.1 ℃～17.4 ℃,最高温度36 ℃～40 ℃,最低气温－10.1 ℃。年降雨量1 100～1 437 mm。全年无霜期270 d左右。

本路段经过石狮江东干流等河流,流域内降水量充沛,雨量多集中在 4～6 月份,河水位受降雨量影响明显。地下水按其埋藏条件和含水特征可分为上层滞水、第四系孔隙水、基岩孔隙裂隙水、岩溶裂隙水等。地表水和地下水对混凝土、钢筋均无侵蚀性。

5. 沿线筑路材料和运输条件

(1)砂料:主要集中在湘乡市石狮江,储量丰富,砂质坚硬,开采条件好,运输方便。

(2)石料:工程所在地湘乡段石料储量大,沿途已开采的石料场较多。较大的灰岩料场主要有湘乡水泥厂采石场,运输条件好。

(3)水泥:湘乡市有国家大型水泥厂,质量可靠,品种齐全。

(4)交通运输条件及水电供应。

本路段沿线有 320 国道,湘棋公路与其平行,南北方向有省道 S1816 线,另外沿途地方道路较密集,只需稍做改造即可作为临时便道,交通条件方便。

该地区电力供应充足,工程用电可与当地供电部门协商解决;沿线通讯条件较好,乡镇均有国内直拨通讯设施。

二、施工组织机构及机构配置

1. 施工组织机构

实行项目经理负责制,按照项目法组织施工。组织机构框图见图 10—4。

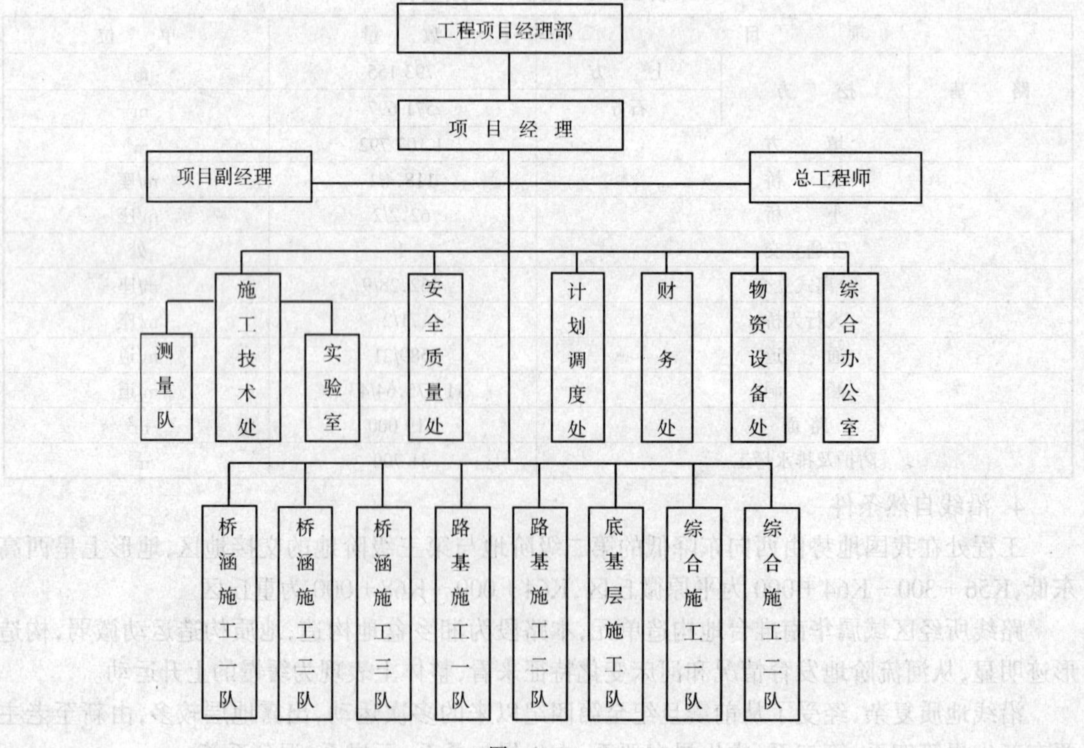

图 10—4

2. 机构配置

项目经理部下设8个业务部室,共计58人,下辖8个施工队,以项目工期、安全、质量、效益为目标,以高效精干的组织机构人员为指挥核心,统筹兼顾、快速运作、平行流水交叉作业相结合,强化组织管理职能。各部室人员分配见表10—7。

表 10—7

部室名称	人　数	部室名称	人　数
项目经理	1	项目副经理	1
总工程师	1	施工技术处	14
测　量　队	5	试　验　室	2
安全质量处	4	计划调度处	21
财　务　处	3	物质设备处	3
综合办公室	3	合　　计	58

三、资源配置计划

1. 机械及试验仪器配置

本路段桥涵工程多,测量试验工作量大,因此必须合理组织分配施工机械。为了充分满足工程任务的需求,确保施工工期,需要一批性能优良、生产率高、故障率低的桥梁安装设备、混凝土施工设备、土石方施工设备及各种测试器材。机械设备和测试仪器见表10—8和表10—9。

表 10—8　主要施工机械表

序号	设备名称	型　号	数量(台)	序号	设备名称	型　号	数量(台)
一	路基、路面机械			4	双导梁架桥机		1
1	推 土 机	TY220	10	5	卷 扬 机	2 t	4
2	挖 掘 机	CAT320	10	6	潜 水 泵		6
3	装 载 机	ZL40B	6	7	水　泵	48A-12	18
4	压 路 机	YZ14B	6	8	凿 岩 机	7655型	9
5	自行式羊足碾压机	825B	2	9	钢筋调直机	CT4/14	9
6	压 路 机	ZY8/10	4	10	钢筋弯曲机	GWB40	9
7	稳定土路拌机	WB230	2	11	钢筋切断机	GJ40-1	9
8	稳定土厂拌机	TD-100	1	12	电 焊 机		9
9	沥青混合料摊铺机	MABG423	1	13	对 焊 机		3
10	平 地 机	PY160B	4	三	运输机械		
二	桥梁机械			1	自卸汽车	东 风 牌	8
1	搅 拌 机	JS500	15	2	载 重 机	东 风 牌	10
2	旋转钻机		1	3	洒 水 车	15CA141	3
3	吊　车	40 t	2	4	油 罐 车	8 t	1

2. 主要施工力量

根据本路段工程内容、数量及工期要求,共需劳动力781 811万个工天,平均投入劳力

1 000个,高峰期人数达1 150人。将组织 8 个施工队进行施工,其中 3 个桥涵队,2 个路基施工队,1 个底基层队,2 个综合施工队,随着工程的进展和情况变化,各施工队实行弹性编制,动态管理。

表 10—9 材料试验、测量、质检仪器设备表

序号	仪器设备名称	型号	数量(台)	序号	仪器设备名称	型号	数量(台)
1	液塑限联合测定仪	PG-Ⅲ	1	16	数显控温仪	OD 100 ℃	1
2	土壤重型击实仪	SJLDI 型	1	17	水泥稠度及凝结时间测定仪		1
3	平板载荷测试仪	智能型 K30	2	18	砂浆稠度仪	SC145	1
4	土壤压实控制含水量测定仪	TSCDI 型	2	19	针片状规准仪		1
5	核子密湿度计	MCD3	2	20	塌落度筒		4(个)
6	土壤比重计	TMD85	2	21	雷氏夹测定仪	LDD50	1
7	轻型动力触探仪	10K	1	22	混凝土回弹仪	HTD225	2
8	平整度检测尺	2.5m	4(把)	23	混凝土拔出仪	TYLD2	1
9	压力试验机	YAD2000	1	24	岩石切割机	DQD4	1
10	万能材料试验机	WED600	1	25	工程试验检测车	10210	1
11	雷氏沸煮箱	FZD31	1	26	全站式测量仪	SCKKIA	1
12	水泥胶砂试件抗折机	RIJ5000D	1	27	经 纬 仪	WILD72	7
13	数显维勃稠度仪	TCSD1	1	28	水 准 仪	NS3	4
14	电热干燥箱	101D2	2	29	土壤含水量快速测定仪	TWC-1 型	2
15	水泥混凝土标准养护箱	YHD40B	1				

3. 主要施工材料用量

根据对各种料源、施工现场、周围环境、市场等的调查,本路段主要施工材料要求数量及供应方法见表 10—10。

表 10—10 主要材料需求数量及供应方法

材料名称	单位	数量	来源	运到现场的方法
325# 水泥	t	22 161	湘乡	汽运
425# 水泥	t	11 535	湘乡	汽运
525# 水泥	t	1 439	湘乡	汽运
钢筋	t	1 965	涟源	汽运
钢绞线	t	62	涟源	汽运
其他钢材	t	186	涟源	汽运
木材	m^3	663	湘乡	汽运
砂	m^3	80 090	湘乡	汽运
石料	m^3	224 175	湘乡	汽运

四、施工准备与临时工程

1. 场地清理

按照图纸所示及现场实际情况，清理工程征地界限范围内阻碍施工的各种构筑物、障碍物以及灌木、树墩、树根等杂物，为临时工程和主体工程施工创造条件。

2. 技术准备

(1)内业技术准备工作主要包括：①认真阅读、审核施工图纸，学习施工规范，编写审核报告；②进行临时工程设计；③编写实施性施工组织设计及质量计划；④编写各种施工工艺标准、保证措施及关键工序作业指导书；⑤结合工程施工特点，编写技术管理办法和实施细则；⑥对施工人员进行必要的岗前培训。

(2)外业技术准备工作主要包括：①现场详细调查与地质水文踏勘；②与设计单位办理现场交桩手续并进行复测与护桩；③各种工程材料料源的调查与合格性测试分析并编写试验报告；④组织进行设计路基横断面复测；⑤施工作业中所涉及的各种外部技术数据搜集。

3. 临时工程设施建设

(1)施工道路。本路段线路与既有 320 国道大致平行，与省道 S1816 线路相交，线路附近乡间道路密集，施工便道需改造既有道路和贯通全管区的乡村道路，以满足施工需要。新建沿主线的纵向及引入便道12 km，便涵360 m。

(2)施工用电。采用电网与自发电相结合，大桥及用电量集中地段采用电网供电，其余用电均以自发电解决。

本路段安装变压器 5 台，总容量1 000 kVA，架设临时高压输电线路1 000 m，另备 4 台120 kW、4 台75 kW的发电机以供施工使用和备用，生活用电均由附近村庄接入驻地，就近解决。

(3)通讯联络。本路段拟利用当地的通讯设施，项目部与建设单位采用程控电话沟通，与主要工点亦采用程控电话联系，全路段共设程控电话 6 部。

(4)生产、生活用房。根据“就地取材，节约用地，布局合理，减少干扰，方便施工，结构安全，经济实用”的原则修建临时房屋。

本路段施工高峰期人数高达1 150人，共需修建生活房屋4 000 m^2，并租用部分民房，修建生产房屋3 000 m^2，房屋结构采用空心砖墙、石棉瓦屋面及活动房两种。

(5)生产、生活用水设施。本路段沿线附近河流较多，地下水和地表水丰富，施工时可自行抽水或从当地村庄接入，供施工生产用水、生活用水。旱季时可从当地灌溉系统取水。

(6)工地卫生、保健设施。为保证施工人员和现场监理的身体健康，在工地设一个卫生保健室，配备常用的药品和急救设备，以便在人员出现伤病的情况下，及时得到医治，同时加强同附近当地医院或卫生所的联系，必要时取得其帮助。

(7)工地文化、体育娱乐设施。在工地附近设文化、体育娱乐室，配置电视房、报刊杂志阅览室，同时配备一些健身器材，丰富广大施工人员的业余生活。

(8)工地临时排水设施。建造工地生活用房及生产房屋，应选择在雨季期间不受洪水影响的地方，并且地基高出原地面，在房屋四周设置排水沟，以便将场地内积水排入原有水系；同时在线路及施工便道两侧(或单侧)设置临时排水系统，以保证工程的正常进行。

(9)工地污水和垃圾处理。在生活区和施工区域内设垃圾池，将其区域内的粪便、污水、垃圾弃置在垃圾池内并定期喷洒消毒药水，待池满后用密封的垃圾罐车运到监理工程师指定的地点。

(10)工地防火、防风、防爆及防洪安全设施。工地临建房屋加设缆绳,并采用一些不易下滑的重物压顶以防大风天气损坏房屋,危及人员安全,在施工现场采取一切有效的防火与消防措施,配备一定数量的灭火器材,并在施工机械车辆上也配备适当数量的手持灭火器。

在施工现场人员居住区、材料堆放区、机械设备存放区周围备足沙袋,以备洪水来临时修筑围堰进行挡护、爆炸物品设专人昼夜看护,在其存放区设栅栏或铁丝网进行围护。

五、施工总平面布置

1. 施工总平面布置说明

施工现场总体规划原则:布局合理,节省投资,减少用地,节省劳力,因地制宜,就地取材,方便施工,尽量利用既有设施。

平面规划主要内容:项目部及施工队驻地、施工便道、供电路线、施工用水、生产生活用房、料场、混凝土拌合站、预制厂等。

2. 施工总平面布置图

见图 10—5。

六、施工安排与布置

1. 施工组织安排原则及总体施工方案

(1)施工组织安排原则。本路段包括桥涵、通道、路基土石方、防护排水等工程,本着先重点后一般的原则,在保证施工安全、工程质量的基础上,优化资源配置,挖掘机械施工潜力,确保在工期内完成施工任务。

(2)总体施工方案概要

① 桥梁工程。钻孔桩基础使用循环回转钻机,扩大基础采用人工配合挖掘机开挖,石方采用浅眼松动爆破,自卸汽车运输;水中墩采用钢板桩围堰、墩及台身外模采用整体大块组合钢模板,特殊部位使用木模内钉铁皮;混凝土采用自动计量拌合机拌合,采用机械提升混凝土或起重机吊运,插入式振捣器振捣,洒水养护。普通空心板梁和 T 梁采用现场预制,40 t汽车吊装,大桥的宽幅空心板梁采用双导梁架桥机架设,箱梁采用满堂支架现浇。

②路基土石方施工。机械化作业,即开挖、装运、摊铺、平整,碾压均采用配套机械设备,严格控制土壤含水量,运用试验检测手段,确保土壤最终密实度。

③涵洞和通道。涵洞和通道基础采用人工配合挖掘机开挖,石方采用浅眼机动爆破、浆砌片石砌筑采用挤浆法施工,盖板在预制场集中预制,梁就地预制,吊车安装。

④防护与排水。防护与排水工程必须同路基填筑和路堑开挖相配合施工,防护与排水工程采用人工和机械协同作业。所有小型混凝土构件集中预制,混凝土边沟用的预制块和空心方块采用机制。

2. 施工总程序安排

(1)本路段土石方数量较大,高填方路基段应提前安排、突击施工,以保证路基的预留沉落期。

(2)涵洞工程应尽早安排施工,以保证路基土石方得到较长的施工段,维持排洪和灌溉的使用。

(3)空心板梁和 T 梁桥头路基应尽早施工,以便做为梁体预制场地。

(4)做好桥台后渗水土填筑、锥坡填土、台后缺口填土和路基填土等的衔接。

(5)涵洞、桥台提前施工，洞顶填土和台后填土施工完毕后，方可进行大规模的土方填筑。防止涵洞洞身和台身、耳墙等的开裂。

3．总工期及进度安排

本路段合同工期为20个月。拟计划2000年5月1日开工，2001年11月30日竣工，总工期为19个月，较合同工期提前1个月，施工总体进度见图10—6。

年度 / 月份 / 主要工程项目	2000年												2001年											
	1	2	3	4	5	6	7	8	9	10	11	12	1	2	3	4	5	6	7	8	9	10	11	12
1．施工准备																								
2．地基处理																								
3．路基填筑																								
4．涵　洞																								
5．通　道																								
6．防护及排水																								
7．路面基层																								
(1)底基层																								
8．桥梁工程																								
(1)基础工程																								
(2)墩台工程																								
(3)梁体预制																								
(4)梁体安装																								
(5)桥面铺装及人行道																								
9．其　他																								

图10—6　进度图

七、主要工程施工方案、施工方法及施工工艺

(一)路基工程

1．工程概述

本路段路基土石方约2 472 644 m^3，其中挖土793 155 m^3(含借土开挖)，挖石571 697 m^3，填土1 107 792 m^3(含土石混填)；最高填方12 m，最高挖方15 m左右，对于零填路堤和土质浅挖路段，对上路床30 cm内及下路堤采用掺3%石灰土进行处理，对沟间溺谷及水塘段淤泥层，通过清淤换填法进行处理，对路基横向半填半挖较长路段及路基纵向填挖较大时，交界处路基顶面以下60 cm、90 cm分层铺设两层CE131土工格栅。

2．施工方案、方法及施工工艺

本路段路基土石方总体施工方案为先开工各桥两端的路基及高填方路段，为桥梁施工尽早平出场地及高填方留出足够的沉落时间，施工前恢复线路中桩，复测横断面，测设出开挖边线。开挖前，先做好路堑顶截水沟，为施工做好准备。路基施工以机械施工为主，人力施工为辅。

(1)路堑施工

①土方开挖：以机械施工为主，分层开挖，并及时用人工配合挖掘机整刷边坡，对不便于机

械施工的地段，采用人力施工。运距小于80 m时采用推土机推土，运距大于80 m时，采用挖掘机(或装载机)配合自卸汽车装运。

施工前仔细调查自然状态下山体稳定情况，分析施工期间的边坡稳定性，发现问题及时加固处理。同时做好地下设备的调查和勘察工作。施工测量控制，保持边坡平顺，做好边坡施工防护。路堑基床开挖接近堑底时，鉴别核对土质，然后按基床设计断面测量放样，开挖整修；或按设计采取压实、换填等措施。

②石方开挖：软石采用挖掘机开挖。次坚石、坚石采用凿岩机或潜孔钻机钻孔爆破开挖。对于开挖深度小于4 m的路堑和自然坡度较大，开挖量较小的石方区段，采用浅孔爆破施工；对于开挖深度大于4 m的地段，采用中、深孔微差爆破施工；为控制边坡成型，减小爆破震动、保证边坡稳定、控制飞石，采用光面爆破和微差爆破技术。

(2)路堤施工

①路堤填筑施工方法。填筑前首先对路堤基底进行处理，清除所有非适用材料及其他腐植土，并做好局部基底回填压实工作，当地面横坡小于 1∶10 时，直接填筑路堤；地面横坡大于 1∶10 且小于 1∶5 时，先将表面翻松，再进行填筑；地面横坡大于 1∶5 时，应将原地面挖成不小于1 m宽度的台阶，台阶顶面作成 2%～4%的内倾斜坡，再行填筑，对填筑高度小于80 cm及零填挖的路段，在挖除表土后，再翻挖30 cm，而后分层整平压实。

路堤经过水田、池塘、洼地时，先挖沟排水疏干，挖除淤泥及腐质根茎后，才可进行路堤填筑。

②路堤填方施工工艺流程(图 10—7)

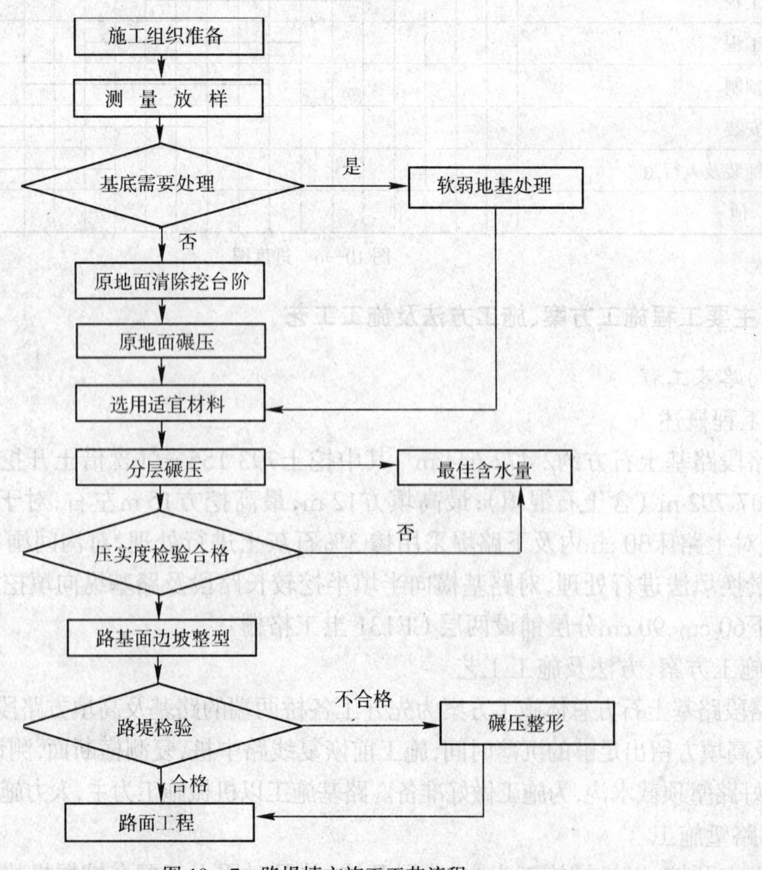

图 10—7 路堤填方施工工艺流程

③压实工艺流程(图 10—8)

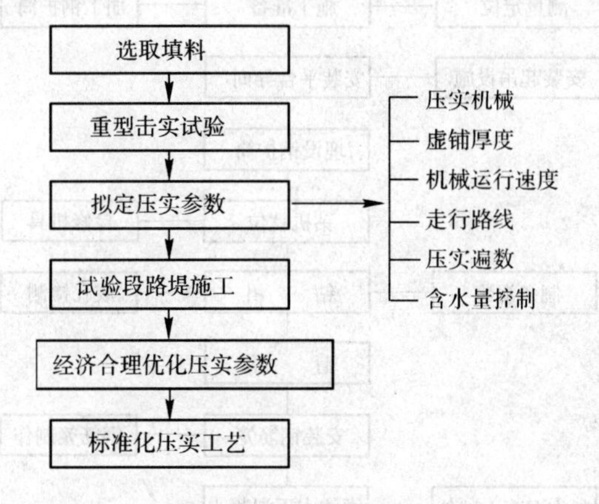

图 10—8 压实工艺流程

(3)路基整修成型

土质路基应用人工或机械切土、补土,配合机械碾压的方法整修成型;深路堑边坡应按设计要求的坡度,自上而下进行刷坡,对于坡面上松动或突出的石块,应及时清除;填石路堤边坡表面,用小石块嵌缝紧密,平整,不得有坑槽和松石;对填土路堤超填部分应予切除,欠填部分,必须分层填补夯实。见图 10—8。

(二)特殊地区路基处理

1. 工程概述

本路段软土地基总长459 m,排除淤泥39 736 m^3,换填砂8 437 m^3,土工格栅19 648 m^2,路基补强土工格栅52 828 m^2,路基换填 3%灰土657 023 m^3。

2. 施工方案、方法及施工工艺

本路段软土地基主要是线路经过的池塘地段,采用人工配合机械清除全部淤泥后,回填碎石土分层压实,上铺20 cm厚砂垫层后,再铺土工格栅和30 cm厚砂砾。施工时应注意:

(1)开工后先铺筑试验段,符合要求并经批准后方可大规模施工。

(2)砂砾料应具有良好的透水性,不含有机质、黏土块和其他有害物质。砂的最大粒径不得大于53 mm,含泥量不得大于 5%;土工格栅应符合《公路土工合成材料应用技术规范》(JTJ/T 019—98)之规定。

(3)按设计要求,将淤泥挖除换填符合规定要求的材料,应分层铺筑、分层压实,使之达到规定的密实度。

(4)施工时注意排水工作。

(三)桥梁工程

1. 工程概述

本路段有大桥 1 座118.4 m,小桥 2 座62.2 m。互通立交 1 座,分离式立交 9 座462 m,人行天桥 2 座71 m。除 K66 + 743 人行天桥的基础为钻孔灌注桩外(ϕ 1.0 m钻孔桩 6 根,全长 90 m),其余均为明挖扩大基础,墩身采用桩柱式(单排双柱、三柱)和薄壁墩,桥台采用 U 型和肋板式台,上部结构分别为空心板梁、T 梁、连续箱梁及连续刚构箱梁。

2. 施工方案、方法及施工工艺

(1)基　　础

①钻孔灌注桩基础施工工艺流程图(图 10—9)

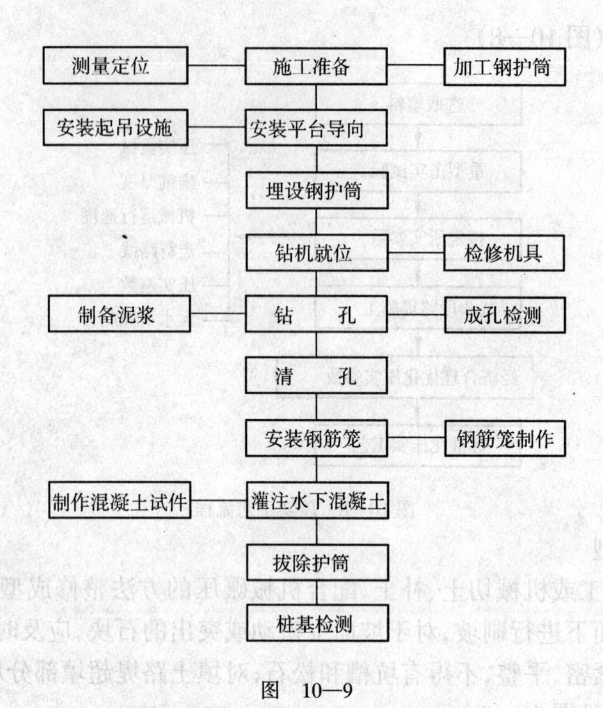

图　10—9

②钻孔灌注桩成桩质量标准。桩基础混凝土达到一定强度后，对桩进行无破损检测，必要时沿桩长钻取大于70 mm直径的芯样检测。见表10—11。

表10—11　钻孔灌注桩成桩质量标准

序号	项　　目	允许偏差或规定值	备　　注
1	混凝土抗压强度	不低于设计强度	无断层，严重夹层
2	孔的中心位置	≤5 cm	用经纬仪查纵、横方向
3	孔　　径	不小于设计桩径	
4	倾 斜 度	$H/100$	H为桩长
5	钢筋钢架底标高	±5 cm	
6	孔内沉淀土厚度	≤5 cm	
7	清孔后泥浆指标	相对密度1.0～1.2，黏度17～20 s，含砂＜4％	
8	孔　　深	达嵌岩要求	

③明挖扩大基础。采用人工配合机械开挖。依据水文地质资料，结合具体情况制定开挖方案；开挖前应检查测量基础平面位置和现有地面标高，以便于开挖后的检查校核；基础挖方的进度安排应使坑壁的暴露时间不超过30 d；水中墩基础采用钢板桩围堰，人工开挖。

(2)墩　　台

①墩台施工工艺

a．凿除基础混凝土表面浮浆，整修连接钢筋；测定基顶中线、水平、划出桥墩底面轮廓线；凿除桩顶浮浆，整修钢筋。

b．清洗模板内侧，涂刷脱模剂，安装墩身模板，接缝严密，支撑连接牢固，确保模板不变形和移动。

c．钢筋骨架在工地制作，现场焊接，确保骨架竖直。

d. 灌注混凝土时采用卷扬机或提升塔架提升，通过串筒入模，插入式振捣器分层振捣密实，串筒底距混凝土面高度不大于2 m，分层厚度不大于45 cm。

e. 灌注混凝土时，经常检查模板、钢筋及预埋件的位置和保护层厚度，确保其位置不发生变形。

②墩台施工工艺流程见图 10—10。

(3)梁体预制及架设见图 10—11。

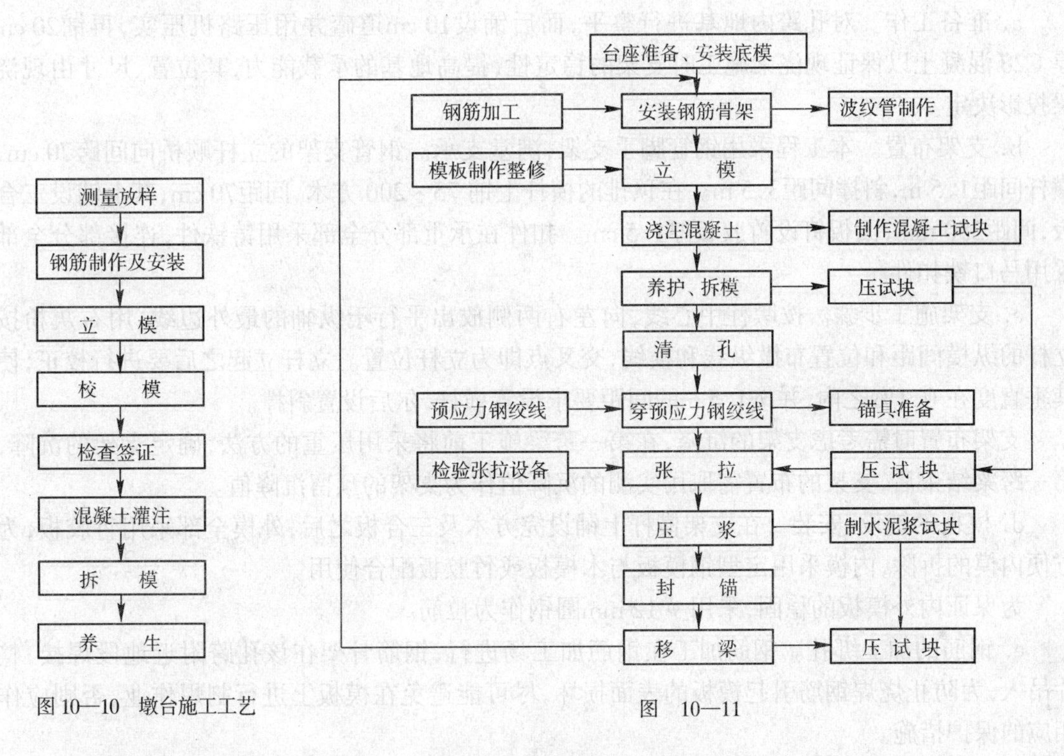

图 10—10 墩台施工工艺

图 10—11

①T 梁预制及架设。本路段 T 梁为后张法预应力钢筋混凝土结构，25 mT 梁 24 片，配备模板 2 套，在 4 个月内预制完毕。其施工工艺流程见图 10—11。

a. 台座准备。施工前先进行场地压实和台座基底处理，台座采用 15 号混凝土浇注，其间隔要同模板竖带相对应，上铺5 mm钢板作为底模。

b. 模板制作与固定。模板采用钢板和角钢定做加工，模板接缝用海绵条填塞密贴，防止漏浆，模板采用拉撑结合的方法进行固定。

c. 钢筋骨架制作。钢筋按设计在加工间下料、弯制，再在台座上绑扎成型，按照设计布置并固定预应力孔道和各种预埋件。

d. 混凝土拌制和浇注。混凝土采用自动计量拌和机拌和，从梁两端向中间对称、分层浇注，采用附着式振捣器辅以插入式振动器进行振捣，不得漏捣和振捣过度，也不得损伤波纹管。混凝土浇注完毕后按要求进行养护和拆模。

e. 张拉。拆模后，待混凝土强度达到设计要求值时，检查清理预应力孔道并穿入钢绞线，装好锚具进行张拉，张拉顺序按设计图的张拉顺序张拉。

张拉时采用张拉力和伸长量双控制，当实际伸长量与设计伸长量相差超过 6%时，应重新检验张拉配套机具，重新张拉。整个预应力张拉施工过程中，千斤顶、油泵、油表等要定期检验，并编号使用。

f. 压浆、封端。张拉完成后及时进行压浆、以防钢绞线锈蚀、松弛造成预应力损失。压浆前先用清水冲洗孔道，再从一端向另一端压浆，待压出浓浆即用木塞堵塞压浆孔，压浆完成后用与梁体同标号混凝土进行封端。

g. 移梁。采用钢垫板和滚钢配合倒链将梁移出台座，并沿移梁轨道顺序存放。

h. 梁的架设。拼装式双导梁架桥机用 64 式军用梁拼装而成。

②现浇钢筋混凝土箱梁施工

a. 准备工作。对孔跨内地基进行整平，而后铺设10 cm道碴并用压路机压实，再铺20 cm厚 C20 混凝土以保证现浇梁施工时支架的稳定性，提高地基的承载能力，其位置、尺寸由现浇梁投影决定。

b. 支架布置。本工程采用钢管脚手支架，满堂支承。钢管支架的立杆顺桥向间跨70 cm，横杆间距1.5 m，斜撑间距3.5 m。在顶排的横杆上铺 75×200 方木，间距70 cm，其上铺设三合板，间距250 mm，面板钉设竹胶板厚1.5 cm。扣件在承重部分全部采用铸铁件，连接部分全部采用马口铁扣件。

c. 支架施工步骤。按墩柱中心线，向左右两侧放出平行于纵轴的最外边线，用石灰粉按立杆的纵横间距和位置布撒纵线和横线，交叉点即为立杆位置。立杆立起之后要进行校正，使其垂直度在 0.1%之内，并按1.5 m的间距要求设置横杆，尔后设置斜撑。

支架布置时需考虑支架的沉降，在第一跨梁施工前将采用压重的方法，确定支架的沉降，第一跨梁结束后，支架的布置需取用实测的沉降值作为支架的预留沉降值。

d. 模板的铺设、安装。在支架横杆上铺设完方木及三合板之后，外模全部采用竹胶板，为方便内模的拆除，内模采用定型钢模板与木模板或竹胶板配合使用。

为保证内外模板的稳固，采用 ϕ12 mm圆钢作为拉筋。

e. 钢筋的加工绑扎。钢筋加工在钢筋加工场进行，钢筋骨架在该孔跨附近地段焊接，整片吊入，为防止烧焊钢筋引起模板的表面损坏，尽可能避免在模板上进行割焊作业，否则应作相应的保护措施。

绑扎钢筋时，要优先保证预应力钢筋的位置正确，非预应力钢筋的位置可适当加以修正调整。

f. 混凝土施工。箱梁混凝土浇注顺序为底板和腹板，最后浇注顶板部分。连续梁沿纵向浇注顺序必须严格按施工流程的要求分段进行，每段先浇注跨中部分，由跨中向两侧支点扩展，以减少支架沉降的影响。

（四）涵洞及通道工程

1. 工程概述

本路段有涵洞 43 座，其中盖板涵 41 座，1 571.54横延米，倒虹吸 2 座，104.1 横延米；通道共 10 座，532.22 横延米，均为明挖扩大基础，涵台基础及台身均为混凝土。

2. 施工方案、方法及施工工艺

(1)施工方案、方法。基坑开挖土方采用人工配合挖掘机进行，石方开挖采用风枪打眼，浅眼松动爆破开挖，砌体采用挤浆法施工，钢筋混凝土盖板通道盖板均在预制场集中预制，汽车吊吊装。通道施工前应做好既有道路改移，保证道路的畅通。

(2)施工工艺

①准确测设基坑开挖中心线、方向、高程；

②针对地质情况和开挖深度定出开挖坡度及开挖范围，并做好地表防排水工作；

③无水基坑底面比设计平面尺寸每边坡放宽不小于50 cm,有水基坑底面每边放宽不小于80 cm;

④基坑开挖安排在枯水和少雨季节施工,挖到设计标高经监理工程师检验合格,立即进行浆砌片石基础施工。

(3)浆砌圬工

①石质应色泽均匀,质地坚硬,无缝隙、开裂及结构缺陷,片石厚度不应小于15 cm,块石应大致方正,上下面基本平整,厚度不小于20 cm;

②石块在砌筑前浇水湿润,表面泥土、水锈应清洗干净,片石分层砌筑,块石应平砌,竖缝相互错开,不得贯通;

③砌体采用挤浆法施工,在砂浆初凝后,覆盖养生7～14 d,期间避免碰撞,振动和承重;

④沉降缝应里外宽度一致,垂直整齐,不得互相咬合。

(五)路面底基层

1. 工程概述

本路段的路面底基层主要有20 cm厚的水泥稳定碎石基层265 449 m^2。

2. 施工方案、方法及施工工艺

(1)工艺原理。将松散的具有一定级配的碎石,掺加一定数量的水泥,通过机械拌和、机械摊铺、整形、碾压、养生等一系列施工程序,使水泥、碎石结成为整体,从而达到所需的抗压强度和稳定性要求,起到稳定基层的作用。

(2)工艺流程见图 10—12。

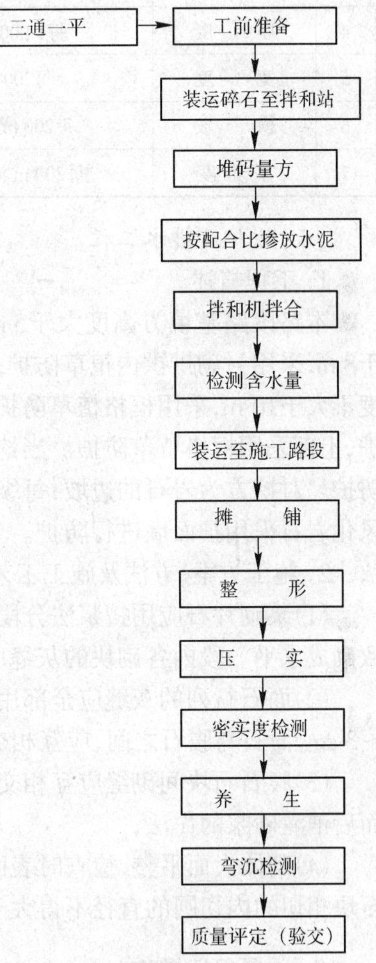

图　10—12

(3)质量要求及控制措施

①基本要求

a. 碎石应选择质地坚硬,杂质少,干净的石料,各项试验指标满足规范要求,颗粒级配组成在规定的曲线范围之内;

b. 水泥要选用较低标号的普通硅酸盐水泥,终凝时间在6 h以上,禁止使用快硬,早强及受潮变质的水泥,水泥用量按设计要求控制准确;

c. 如施工时气温较高,用水量应略大于最佳含水量,以补偿施工过程中的水分蒸发,一般宜高于最佳含水量 0.5%～1.0%;

d. 预先放好中线边桩,确保摊铺有效宽度,掌握好枮铺厚度,每层压实厚度不宜超过20 cm;

e. 水泥稳定碎石施工,采用分段流水作业,从加水至碾压终了时间不宜超过 2～3 h;

f. 经碾压并检查合格后,即覆盖或洒水养生,养生期不少于7 d;

②验收质量标准及施工控制方法(表 10—12)

表 10—12

序号	项　　目	频　　度	质量标准	控制和处理方法
1	压实度	1 000 m²取样 3 次	≥98%	用密度法,未达到标准者继续碾压,不良地点返工重填
2	抗压强度	分批拌和料取 6 个,面积不大于 2 000 m²	3.0～4.0 MPa	拌和场制取试件
3	纵断面高程	每200 m测 4 处	5～10 mm	用水准仪检查
4	厚　　度	每1 000 m²取 3 点	±10 mm	钢尺检查
5	宽　　度	每200 m测 4 处	不小于设计值	钢尺检查
6	横　　坡	每200 m测 4 个断面	±0.3%	水准仪检查
7	平整度	每200 m 测 2 处×10 d	10 mm	3 m直尺量

(六)防护及排水工程

1. 工程概述

本路段路基填方高度大于5 m小于8 m,采用路堤浆砌片石肋带内植草护坡;填方高度大于8 m,采用衬砌拱拱内植草防护;填方高度小于5 m,采用坡面全植草防护。土质挖方边坡高度不大于10 m,采用框格植草防护;挖方边坡高度大于 10 m时,一般下部采用衬砌拱内植草防护,上部采用框格植草防护。当挖方地段为松散砂砾土层且边坡高度较大时,采用护面墙进行防护。对挖方为岩石的边坡,每级高度不大于10 m,每级间设2 m宽平台。一般挖方边坡的强风化岩石采用护面墙进行防护。

2. 施工方案、方法及施工工艺

(1)浆砌片石应用挤浆法分段砌筑,每段砌筑高度不得大于120 cm,段与段间的砌缝应大致砌成水平。段内各砌块的灰缝应互相错开,灰缝饱满,并捣插密实;

(2)面石行列的灰缝应全部用砂浆充满,不得镶嵌碎石或小石子混凝土,施工时灰缝宽 2～3 cm,面石与腹石之间,应互相交错连成一体;

(3)腹石石块间砌缝应互相交错,咬搭密实,不得使石块无砂浆直接接触,严禁先干填石料而后铺灌砂浆的作法;

(4)砌体大面平整,检查时表面灰缝宽不超过4 cm。在砌体表面的任何部位,与三块相邻石块相切的内切圆的直径不得大于7 cm。两层间错缝不得小于8 cm。

八、质量保证措施

施工过程中,自觉接受监理单位及监理人员的监理和建设单位的质量监督,进行自检、互检、交接检,定期不定期地组织质量大检查,严格奖惩制度,奖优罚劣,优质优价,确保创优目标的全面实现。

1. 组织保证措施

配齐专职质检工程师、质检员、施工安全质量监察员,制定相应的对策和质量岗位责任制,推行全面质量管理和目标责任管理,从组织措施上使创优计划落到实处。

2. 思想保证措施

党、政、工、团密切配合,宣传优质高效。把创优工作列入各级工程会、观摩会、总结会的重要议程,及时总结创优经验,分析解决存在问题,引导创优工作健康发展。

3. 技术保证措施

(1)完善各类工艺、工序技术质量标准细则。结合工程特点,进一步细化制定各类工艺标准和作业指导书。

(2)坚持设计文件图纸分级会审和技术交底制度,重点工程由总工程师、主管工程师审核;一般工程由专业工程师审核。同时,应认真核对现场,并与建设单位一道优化设计。

(3)深化全面质量管理,认真贯彻 ISO 9002 质量管理标准。在施工中做到每个作业环节都处于受控状态,每个过程都有《质量记录》,施工全过程有可追溯性、技术质量管理、施工控制资料详实,能够反映施工全过程并和施工同步,满足竣工验交的要求。

(4)加强专业技术工种岗前培训,提高实际操作工艺水平。

4. 施工保证措施

选择重点工序、关键工艺作为质量控制点,进行动态管理,定期抽检量测或检查,确保不出质量问题。并在以下工作、工序、部位建立质量管理点:(1)图纸复核、技术交底、变更设计;(2)测量、试验、计量;(3)路基基底处理、涵侧填土、换填深度、填料选择、填土的分层和碾压;(4)模板制作,钢筋绑扎;(5)浆砌选料、组砌方法;(6)混凝土工程配合比计量施工。

九、安全保证措施

1. 保证安全施工生产的检查程序

(1)广泛开展安全教育,对采用新设备、新技术、新工艺及调换工种的人员,必须进行岗前培训、持证上岗;

(2)加强施工管理人员的教育培训,确定"安全第一,预防为主"的指导思想;

(3)对特种作业人员,必须进行严格的培训,由有关部门组织其安全技术理论考试与实际操作考核,发给特种作业操作证书后方可上岗;

(4)强化施工现场的安全教育,对桥梁、高路堑及防护施工现场必须设立醒目的安全标语口号,施工人员驻地必须设立安全揭示牌,作业场所,库房要设置安全警示牌。

2. 安全保障措施

(1)在施工中对开挖爆破、车辆运输、机械操作、用电、用风、用水等建立作业规章制度。

(2)认真实施标准化作业,搞好文明施工。施工中严格执行操作规程和劳动纪律,杜绝违章指挥与违章操作,保证施工现场安全防护设施的投入。

(3)实施好各种保险措施。在施工时进行工程防护保险、设备保险、第三方保险和工伤事故保障,对用于本工程的机械设备和施工人员投保。

十、工期保证措施

1. 保证工期的一般措施

(1)狠抓分项工程工期,突出重点、难点,确保总工期。

(2)强化施工管理。

(3)应用新技术,采用先进设备。

(4)坚持管理人员跟班作业制度。

2. 施工进度动态信息处理和工期控制

(1)施工现场设专职计划检查人员,每日检查施工计划的执行情况,并根据工程实际进度情况及时对原施工计划予以调整、修正和充实,以确保分项工程的工期。

(2)严密注视关键线路各工程项目的进展情况,对各项目施工过程中出现的各类问题及时处理,避免停工、窝工现象的发生。以保证关键线路上各工程项目按计划完工。

(3)运用计算机网络计划技术对整个工程项目实施动态管理,工地动态监测队密切监视、跟踪现场的动态变化,及时把变化的情况归纳为计算机参数,经计算机运算,立即得出各种处理数据,主要为人员、设备台班、工作时间、材料供应等,运用其计算结果指导施工。

(4)同当地气象预报部门保持密切联系,随时掌握水文气象等自然因素的动态信息,有效利用,发挥对施工现场的超前能动指导作用。

十一、环境保护措施

1. 妥善处理取土场

(1)在取土场开挖排水通道,确保碴土稳定不流失。

(2)及时施工防护工程,防止雨季对边坡的冲刷,杜绝因此造成的水土流失。

(3)对使用后的取土场要进行适当的绿化和防护。

2. 保持河流的畅通和河水的清洁无污染

(1)大桥施工时要设置专用的泥浆循环池,不得向河中倾倒废碴和泥浆。

(2)施工完毕后要及时疏通河道,进行施工场地的清理和恢复。

十二、其他保证措施

(一)夏季施工

由于高温灌筑混凝土在不同程度上对其强度、抗渗性、稳定性、磨损和抗化学侵蚀性均有一定影响,因此必须采取措施,在用水量、水泥热量、搅拌工艺、灌筑、振捣和湿润养护等方面严加控制。

1. 外加剂的控制

使用缓凝剂可降低混凝土的用水量,并使其具有适当的稠度。使用外加剂需得到监理工程师同意。

2. 操作时间的控制

施工宜在夜间温度低时进行。高温下的搅拌时间应力求缩短,运输应在最短时间内完成。

3. 注意养护

高温下必须连续养护,以洒水法为宜,防止构件表面干燥,使覆盖物在24 h内保持湿润状态。

4. 夏季施工其他注意事项

夏季施工中,应和监理工程师商定施工时间,避开高温浇捣,尽量利用下午6时至次日上午10时之间浇筑。

(二)雨季施工措施

1. 雨季施工应保持现场排水设施的畅通,禁止在雨天进行非渗水填料的填筑施工。

2. 雨季填筑路堤时,挖、运、填、压应连续进行,每层填土表面筑成2%~3%的横坡,并在雨前和收工前将铺填的松土碾压密实,另外筑好挡水埂,疏通边沟,做好路基防护。

3. 截水沟、排水沟、边沟、急流槽等排水设施尽量安排在雨季前施工完。

4. 桥涵基础施工,应于坑顶外侧预留一道土埂,防止雨水倒灌,已开挖的基坑应及时施工,并配备排灌用的抽水机,以防止基坑被水浸泡。

5. 雨季施工,要对水泥、炸药仓库等进行重点加固,并做好防潮处理。

(三)农忙季节施工措施

1. 农忙季节农业用电量增大,造成施工用电紧张,故需配备发电机具,备足油料,以备自发电保障施工。

2. 农忙季节部分施工便道的非施工机具流量增大,对施工运输形成干扰,应组织好车辆运输,并在易形成堵塞的位置派专人执勤,并加强对便道的维修养护。

(四)防火灾措施

1. 消除一切可能造成火灾、爆炸事故的根源,严格控制火源,易燃物和助燃物的贮放。

2. 生活区及施工现场配备足够的灭火器材,加强安全防范工作,在施工区设置防火标志,加强平时警戒巡逻。

3. 生活区及工地重要电器设施周围,要设置接地或避雷装置,防止雷击起火引起火灾。

4. 对工地及生活区的照明系统要派人随时检查维护养护,防止漏电失火引起火灾。

(五)防风、防洪渡汛措施

1. 合理安排工序、防止大风和汛期洪水而影响施工。

2. 修渠筑坝,浆砌防护,合理布局,消除事故隐患。

3. 配置必须的抢险器材,随时应急处理突发事件。

4. 健全通讯系统,保证各工地与指挥部,与外界之间联络畅通。

5. 大风来临前要对各种高空施工结构及住地进行全面检查加固。

第三节　广州北部地区(新国际机场)高速公路三元里立交工程施工组织设计

一、工程概况

1. 概　　述

广州市新国际机场高速公路三元里立交桥位于广州市区北部,南起广园西路,北至新市镇,在机场立交和广园西路立交桥之间。新国际机场高速公路在新市至三元里段分左右两条线布设,每线按单向三车道设计,与北环高速公路及内环放射线连接。

三元里立交桥共有3条主线,8条匝道。主线A,B,ZL—2线为南下线(即左线),沿广花路布设,右转至广园西路;B线为北上线(即右线),从广园西路起沿广园西路跨北环高速公路,顺机场航标灯方向到达机场路。8条匝道分别是C、E、F、G、H、I、K、M线。

2. 主要设计技术指标

(1)主线高架桥

①设计行车速度。北环以北行车速度:80 km/h;北环以南行车速度:50 km/h。

②平面线形。最小平曲线半径:R = 150 m;不设超高的最小平曲线半径为2 500 m;停车视距为110 m。

③纵断面线形。主线最大纵坡 5%,最小坡长190 m;最小竖曲线半径:凸型极限值,2 000 m,凹型极限值:2 000 m。

④横断面形式。该段左右线分开单向三车道无紧急停车带共宽13.25 m,即防撞栏 + 机动车道 + 防撞栏(0.5 + 12.25 + 0.5)。

⑤路面标准横坡:2%

⑥设计荷载:汽超—20,挂车—120

(2)立交匝道

①匝道设计行车速度:立交枢纽为80 km/h,一般匝道为40～50 km/h。

②匝道平面线形:最小平曲线半径:一般值为100 m,极限值为52 m;匝道视距110～113 m;停车视距为110 m。

③匝道纵断面线形。匝道最大纵坡5.7%,最小坡长110 m;在设有超高的平曲线上,合成坡最大不超过10%,最小不应小于0.5%。

④匝道横断面形式

单向单车道宽8 m,即防撞栏+机动车道+防撞栏(0.5+7+0.5);

单向双车道宽9 m,即防撞栏+机动车道+防撞栏(0.5+8+0.5);

单向三车道宽12.5 m,即防撞栏+机动车道+防撞栏(0.5+11.5+0.5)。

⑤匝道横坡2%,上路肩横坡4%。

⑥净空,地面道路上的高架桥为7.5 m。

北环高速路上的跨线桥为5 m。

3. 主要工程量

(1)桥型通常采用钢筋混凝土箱形梁,梁体根据桥宽的不同采用单箱单室或单箱多室结构。各桥翼缘板宽15 cm,板端部厚至40 cm。桥跨分别为21.5、22、28、32、34、40、56 m等多种跨径形式,22 m以下均采用40号普通钢筋混凝土;22 m以上采用变截面预应力连续箱梁,跨越北环高速公路段采用预制吊装钢箱梁,桥面采用叠合预应力混凝土。

(2)三元里立交地面道路的路基宽度及分幅:主线旧广花路规划路基宽度分别为50 m和48 m两种,北环高速公路以南为50 m宽,以北为48 m宽。设6个机动车道,两侧设置人行道及非机动车道,并在中间及两侧设置绿化带。路面结构采用双层式或三层式沥青混凝土路面,表面层拟采用中粒式改性沥青混凝土,中间层采用粗粒式沥青混凝土,下面层采用黑色碎石,或粗粒式沥青混凝土,基层拟采用水泥稳定石屑。

(3)机场高速公路为高架路,桥上排水原则上是分别在桥墩的两侧桥边缘设泄水孔,并在泄水孔下设集水管引入地面道路的排水系统;立交匝道下地段由于纵坡较大,一般是在匝道两侧每隔一定距离设一集水井,收集桥面雨水然后通过地下排水管接入地面道路排水系统。地面道路排水系统采用雨污分流制,雨水管的埋设位置,按规划局要求的位置埋设,路面边缘设侧、平石,每30 m设一进水井,收集路面及两侧的雨水,通过路下面的雨水管就近排入河涌;污水则通过污水管网收集送到污水处理厂进行处理。

4. 现场调查

(1)本工程位于白云区新市镇,沿线为密集的商铺,酒楼宾馆及居民住宅区,既有建筑物较多,因此施工红线范围需拆迁的建筑物数量大,多是楼房、平房以及多组管线。由于拆迁量大,将对工期构成较大的影响。

(2)本工程有一部分高架桥沿旧广花路中线布设,并跨过北环高速公路。因此在施工过程中要妥善地组织好交通疏导工作,以减少施工对当地单位、商店、居民及原有交通量的影响。

(3)本工程沿线遍布酒楼、宾馆和居民点,如进行夜间施工,对附近居民干扰较大。因此,应尽量避免夜间施工。

(4)为避免附近居民区的小孩或小学里的学生进入工地内玩耍而发生危险。除将工地围蔽外,要求工地范围内所有的桩孔必须有盖顶遮盖,开挖的基坑四周要有围护设施,而且在工地内设有专人巡查。

(5)现场地下,地面的管线错综复杂,必须做好标志、严密防护。

二、组织机构

本工程具有项目任务重、工期紧、在市内繁华路段施工等特点,工程所分布地域宽阔,所涉及的拆迁量大,同时部分线路在民航飞机降落航道上,给施工带来了巨大的困难。为了保证工程质量,成立了在总公司指挥组领导下的项目经理部。

1. 机构框图(图10—13)

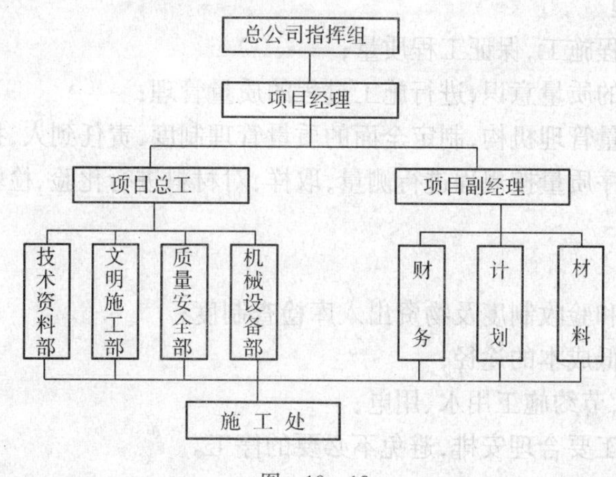

图 10—13

2. 各职能部门工作内容

(1)技术资料部。对整个工程的技术方案进行全方位的监控。具体内容包括图纸会审、编制施组文件、向生产部进行技术交底,编制各阶段施工计划,负责同业主与设计院的技术联系等。

对工程进行的全过程进行调度组织。在合理的施工方案指导下,组织各生产班组完成任务。具体工作包括测量放线,内业资料整理等。

(2)文明施工部。主要负责施工现场的文明施工和对外联系,文明施工管理包括管线的拆迁及保护、现场围蔽的管理、交通疏导、噪音控制的监督管理;对外联系包括协助业主进行拆迁、受理投诉、与交通管理部门及城监和市容环境卫生管理部门的联系。

(3)质量安全部。负责对工程作业的质量控制自检及配合监理工程师工作,负责施工人员的人身安全,防范工程事故的发生。

(4)机械、设备部。调度组织施工所需的机械设备进场,保证施工机械的正常运转,最大限度发挥每一台机械设备的工作能力。

(5)计划部。保障工程资金的使用及控制,做到专款专用,开源节流,使工程投入产出资金收支合理。

(6)材料部。负责各施工班组所需施工材料的供应。

3. 施工管理

(1)技术管理

①建立健全的技术管理制度;

②对施工重点难点,组织技术人员进行攻关,编写先进的合理的施工方案,确保施工安全

进行；

③制定奖励制度，鼓励施工人员对施工方案提出合理化建议，对经过实践证明确定可以提前工期，保证质量，降低工程成本的给予奖励。

(2)计划管理

①组织连续均衡的施工，及时发现问题，提出解决措施，不至拖慢后面的工序；

②全面完成各阶段的各项任务和指标，对实际施工中出现的计划偏差，积极进行调整，保证施工计划在实际施工中的严肃性；

③以最低的能耗，取得最大的效益。

(3)施工质量管理

①严格按技术规程施工，保证工程质量；

②强化施工人员的质量意识，进行施工过程的质量管理；

③建立健全的质量管理机构，制定全面的质量管理制度，责任到人，把好质量关；

④注意对每道工序质量按规程进行测量，取样，对材料进行化验、检验，用充足的数据说明工程的质量水平。

(4)成本管理

①建立健全计量和验收制度及物资出入库检查制度；

②分析和研究降低成本的途径；

③加强现场管理，节约施工用水、用电；

④各分部工程施工要合理安排，避免不必要的停工。

三、施工布署

1. 施工总体安排

本工程为大型互通立交工程，共有主线及匝道 11 条，纵横交错，其中有多处跨越或并入现有的北环高速公路，而且还涉及现有的路面改造及交通疏导。在施工组织安排上，针对本工程的线路特点将其划分为六大工区，做到既能全面铺开施工，又能错落有序，避免交叉作业和施工面过于集中而造成地面交通混乱。

六个工区同时以每 5～8 跨为单位作平行流水作业，其中考虑主线 A、B 的引道同时落在广园西路上，若同时铺开施工则难以疏导地面原有的大量车流，因此施工安排上有意识错开该路段上的施工时间。此外本工程多处采用钢叠合梁，钢梁采用工厂预制、现场拼装的方法施工，钢叠合梁的施工安排随各工区推进进度分线分批进行。

2. 施工计划

(1)编制依据

①本工程施工计划的开工日期暂定为 1999 年 12 月 8 日，总工期为 9 个月。具体开工时间以业主批复的开工报告为准，总工期不变。

②本工程历时 10 个月，当中含有元旦、春节等节假日，但为了更好地完成该项重点工程，施工全过程将取消所有节日休假，全体员工实行轮休制，以确保施工的连续性。

(2)编制方法

①根据施工安排整个工程划分为六个工区，各工区同时以每 5～8 跨为单位作平行流水作业。

②各工区中以一、三工区线路最长，工程量最大，因此以一、三工区的计划安排为关键线路对总工期进行控制。

③钢叠合梁施工随各所在工区分线进行。钢梁采取提前在工厂进行预制，当本工区施工至钢叠合梁部位时运至现场吊装拼接并进行相关施工。

④桥面系施工按工区分线进行，当每工区箱梁施工完成60%工程量时插入施工。

⑤道路排水改造工程前期结合施工改道先期作部分施工，余下部分分线结合桥面系的施工穿插进行。

3．劳动力需用量计划表（表10—13）

表10—13　劳动力需用量计划表

工种名称	1999年			2000年							
	10	11	12	1	2	3	4	5	6	7	8
管理人员	40	80	80	80	80	80	80	80	80	80	40
测量人员	50	50	50	50	50	50	50	50	50	50	50
木　　工	40	120	150	150	240	240	240	240	240	180	120
瓦　　工	50	80	80	100	100	100	100	100	100	100	100
水 电 工	50	60	60	60	60	60	60	60	60	60	50
混凝土工	40	80	100	120	120	120	120	120	120	120	120
桩　　工	0	240	240	240	240	0	0	0	0	0	0
机 修 工	20	50	50	50	50	50	50	50	50	50	20
司　　机	60	90	90	90	90	90	90	90	90	90	90
架 子 工	0	250	250	250	250	250	250	250	250	250	150
吊 装 工	20	40	40	40	40	40	40	40	40	40	20
钢 筋 工	100	300	300	300	300	300	300	300	300	250	100
焊　　工	60	80	80	90	90	90	90	90	90	80	60
杂　　工	100	150	300	350	350	350	350	350	350	250	200
合　　计	630	1 670	1 870	1 970	2 060	1 820	1 820	1 820	1 820	1 600	1 120

4．主要机械、设备需用量计划表（表10—14）

5．施工进度表（表10—15）

表10—14　主要机械、设备需用量计划表

序号	机械名称	1999年			2000年							
		10	11	12	1	2	3	4	5	6	7	8
1	冲孔桩机	0	0	0	45	45	45	45	0	0	0	0
2	履带挖掘机	2	2	6	6	6	6	6	6	6	6	6
3	轮式装载机	4	4	10	12	12	12	12	12	12	12	12
4	自卸车(15 t)	6	6	10	10	10	10	10	10	10	10	10
5	自卸车(8 t)	10	10	13	13	13	13	13	13	13	13	13
6	振动压路机(15 t)	4	4	5	5	3	3	3	3	3	3	3
7	空气压缩机	10	10	10	10	10	10	10	10	10	10	10
8	汽车起重机(40 t)	2	4	8	10	10	10	10	10	10	10	10
9	汽车起重机(50 t)	3	3	3	3	3	3	3	3	3	3	3
10	汽车起重机(90 t)	0	0	0	0	0	0	2	2	0	0	0
11	混凝土输送泵	4	4	6	6	6	6	6	6	6	6	6
12	混凝土输送汽车	15	15	15	15	15	15	15	15	15	15	15
13	发电机(100 kW)	2	7	10	10	10	6	6	6	6	6	6
14	发电机(200 kW)	1	1	2	6	6	4	4	4	4	4	4
15	沥青摊铺机	0	0	2	2	2	2	2	2	2	2	2
16	YCW250千斤顶	0	0	0	4	4	4	4	0	0	0	0
17	YDC240Q千斤顶	0	0	0	3	3	3	3	0	0	0	0

表 10—15　施工进度表

三元里立交工程施工进度

标识号	任务名称	工期	开始时间	完成时间
1	施工前期准备工作	76 d	1999/10/18	2000/01/05
2	施工水电	63 d	1999/11/04	2000/01/05
3	测量放线	40 d	1999/10/18	1999/11/30
4	施工临设	56 d	1999/10/18	1999/12/16
5	施工围蔽	56 d	1999/11/05	1999/12/30
6	管线探察	66 d	1999/10/22	1999/12/30
7	拆迁调查	24 d	1999/10/22	1999/11/18
8	H线	155 d	1999/12/08	2000/05/11
9	桩基础施工	53 d	1999/12/08	2000/01/29
10	墩柱、帽梁施工	66 d	1999/12/22	2000/02/26
11	上部结构施工	76 d	2000/01/22	2000/04/07
12	防撞栏施工	43 d	2000/03/05	2000/04/16
13	桥面铺装	29 d	2000/04/06	2000/05/04
14	伸缩缝的安装	10 d	2000/05/02	2000/05/11
15	A线	226 d	1999/12/08	2000/07/21
16	桩基础施工	126 d	1999/12/08	2000/04/12
17	墩柱、帽梁施工	102 d	2000/01/22	2000/05/03
18	上部混凝土结构施工	99 d	2000/03/03	2000/06/09
19	钢结构施工	122 d	1999/12/28	2000/04/28
20	跨北环钢结构吊装	21 d	2000/05/23	2000/06/12

甘特图时间轴：十月　十一月　十二月　一月　二月　三月　四月　五月　六月　七月　八月　九月（2000）

项目:三元里立交工程施工进度
日期:一九九九年十一月

任务进度——　项目进度▬▬

续上表

三元里立交工程施工进度

标识号	任务名称	工期	开始时间	完成时间	十月	十一月	十二月	2000 一月	二月	三月	四月	五月	六月	七月	八月	九月
21	防撞栏施工	101 d	2000/03/28	2000/07/06												
22	桥面铺装施工	62 d	2000/05/18	2000/07/18												
23	伸缩缝的安装	43 d	2000/06/09	2000/07/21												
24	ZL 线	171 d	1999/12/20	2000/06/08												
25	桩基础施工	74 d	1999/12/20	2000/03/03												
26	墩柱、帽梁施工	74 d	2000/01/20	2000/04/03												
27	上部混凝土结构施工	47 d	2000/03/18	2000/05/03												
28	防撞栏施工	24 d	2000/04/30	2000/05/23												
29	桥面铺装施工	13 d	2000/05/18	2000/05/30												
30	伸缩缝的安装	12 d	2000/05/28	2000/06/08												
31	G 线	171 d	1999/12/30	2000/06/18												
32	桩基础施工	84 d	1999/12/30	2000/03/23												
33	墩柱、帽梁施工	79 d	2000/01/12	2000/03/31												
34	上部混凝土结构施工	56 d	2000/03/23	2000/05/17												
35	防撞栏施工	42 d	2000/04/18	2000/05/29												
36	桥面铺装施工	29 d	2000/05/18	2000/06/15												
37	伸缩缝的安装	18 d	2000/06/01	2000/06/18												
38	K 线	197 d	1999/12/28	2000/07/12												
39	桩基础施工	85 d	1999/12/28	2000/03/22												
40	墩柱、帽梁施工	50 d	2000/02/29	2000/04/18												

项目：三元里立交工程施工进度
日期：一九九九年十一月

任务进度—— 项目进度▬▬

续上表

三元里立交工程施工进度

标识号	任务名称	工期	开始时间	完成时间	十月	十一月	十二月	2000 一月	二月	三月	四月	五月	六月	七月	八月	九月
41	上部混凝土结构施工	54 d	2000/04/10	2000/06/02												
42	钢结构加工	66 d	2000/02/22	2000/04/27												
43	跨北环钢结构吊装	10 d	2000/06/03	2000/06/12												
44	防撞栏施工	231 d	2000/06/01	2000/06/23												
45	桥面铺装施工	21 d	2000/06/16	2000/07/06												
46	伸缩缝的安装	21 d	2000/06/22	2000/07/12												
47	M线	199 d	2000/01/06	2000/07/23												
48	桩基础施工	63 d	2000/01/06	2000/03/09												
49	墩柱、帽梁施工	31 d	2000/02/23	2000/03/24												
50	上部混凝土结构施工	43 d	2000/03/22	2000/05/03												
51	防撞栏施工	26 d	2000/05/01	2000/05/26												
52	桥面铺装施工	25 d	2000/05/23	2000/06/16												
53	伸缩缝的安装	20 d	2000/07/04	2000/07/23												
54	I线	164 d	2000/02/16	2000/07/28												
55	桩基础施工	55 d	2000/02/16	2000/04/10												
56	墩柱、帽梁施工	20 d	2000/03/31	2000/04/19												
57	上部混凝土结构施工	55 d	2000/04/15	2000/06/08												
58	桥面系施工	50 d	2000/06/09	2000/07/28												
59	C线	159 d	2000/02/12	2000/07/19												
60	桩基础施工	61 d	2000/02/12	2000/04/12												

项目：三元里立交工程施工进度
日期：一九九九年十一月

任务进度—— 项目进度━━

续上表

三元里立交工程施工进度

标识号	任务名称	工期	开始时间	完成时间	十月	十一月	十二月	2000 一月	二月	三月	四月	五月	六月	七月	八月	九月
61	墩柱、帽梁施工	22 d	2000/04/09	2000/04/30												
62	上部混凝土结构施工	51 d	2000/04/26	2000/06/15												
63	桥面系施工	55 d	2000/05/26	2000/07/19												
64	B线	251 d	1999/12/08	2000/08/15												
65	桩基础施工	144 d	1999/12/08	2000/04/30												
66	墩柱、帽梁施工	94 d	2000/02/12	2000/05/15												
67	引道、桥台施工	78 d	1999/12/20	2000/03/07												
68	上部混凝土结构施工	131 d	2000/03/06	2000/07/14												
69	桥面系施工	121 d	2000/04/17	2000/08/15												
70	F线	193 d	1999/12/31	2000/07/11												
71	桩基础施工	76 d	1999/12/31	2000/03/16												
72	墩柱、帽梁施工	64 d	2000/02/18	2000/04/21												
73	上部混凝土结构施工	58 d	2000/03/21	2000/05/17												
74	桥面系施工	83 d	2000/04/20	2000/07/11												
75	G线	153 d	2000/01/05	2000/06/06												
76	桩基础施工	63 d	2000/01/05	2000/03/08												
77	墩柱、帽梁施工	53 d	2000/02/21	2000/04/13												
78	上部混凝土结构施工	47 d	2000/03/13	2000/04/28												
79	桥面系施工	58 d	2000/04/10	2000/06/06												
80	E线	133 d	2000/01/17	2000/05/29												

项目:三元里立交工程施工进度
日期:一九九九年十一月

任务进度—— 项目进度▬▬

续上表

三元里立交工程施工进度

标识号	任务名称	工期	开始时间	完成时间	十月	十一月	十二月	一月	二月	三月	四月	五月	六月	七月	八月	九月
								2000								
81	桩基础施工	39 d	2000/01/17	2000/02/25												
82	墩柱、帽梁施工	26 d	2000/02/28	2000/03/24												
83	上部混凝土结构施工	42 d	2000/03/21	2000/05/01												
84	桥面系施工	35 d	2000/04/25	2000/05/29												
85	退场	26 d	2000/07/28	2000/08/22												

项目:三元里立交工程施工进度
日期:一九九九年十一月

任务进度——　项目进度▬▬

四、施工方案

(一)桩基施工

1. 概　　述

(1)工程量:本工程主线桥共有桩基459根,桩径为$\phi120$、$\phi150$、$\phi180$。

(2)工艺选择:考虑本工程桩基以$\phi120$、$\phi150$、$\phi180$桩为主,且本工程地段地质较为复杂,岩层埋深较厚,地下可能有溶洞存在,因此采用冲孔桩为主进行施工较为合理。局部地段,由于受交通和地貌地物等影响,无法设置桩机的将改为人工挖孔桩施工。

(3)计划安排。主线及匝道桩基采用冲孔全面铺开,共投入40个班组,每个班组1台桩机和6个工作人员,单桩成桩控制工期为6天,全部桩基控制总工期为100天。

2. 施工流程图(图10—14)

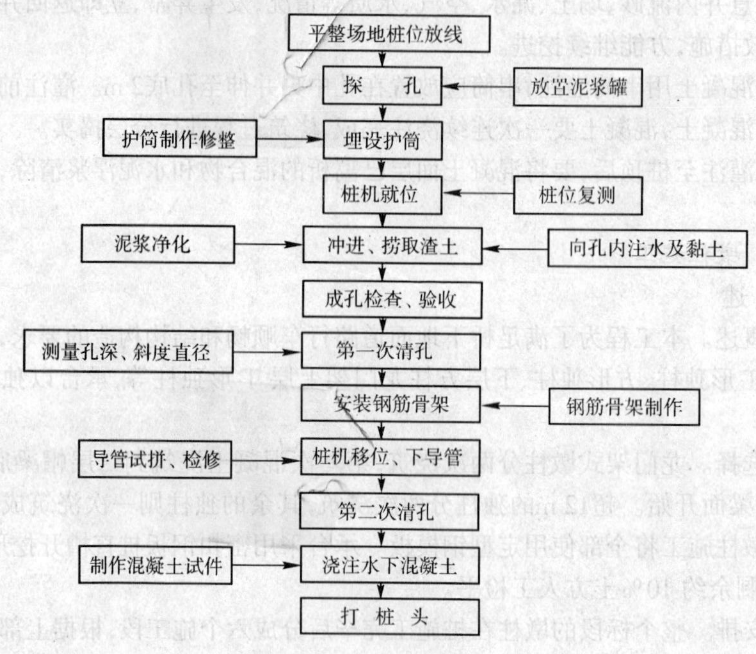

图10—14　桩基施工流程图

3. 施工要点及方法

(1)冲孔桩施工要点及方法

①开孔前根据测量放线的中心及设计的桩径或护筒孔径的大小进行探孔。先用管线探测器探测地下管线,再用人工开挖探孔,探孔深度不小于2 m。

②在冲孔过程中,进尺快慢根据土质情况来控制,并经常对冲孔泥浆的相对密度和浆面等检查观察,在易坍塌或流砂地段宜用小冲程,并应提高泥浆的黏度和比重,以确保泥浆护壁的形成。

③当孔深已达到设计标高,但岩芯承载力仍未达到设计要求时,则仍继续冲孔,并同时会知业主及设计人员,变更该孔的终孔标高。

④成孔验收第一次清孔后,利用吊车将骨架吊入桩孔,下落速度要均匀,骨架要居中,并竭力避免碰撞孔壁。

⑤骨架落到设计标高后,将其校正在桩中心位置并固定,防止下混凝土时发生浮笼。

⑥灌注应连续进行，边灌注混凝土边提升导管，提升速度不能过快，提升后导管埋于混凝土内的深度不宜小于 1 m。提升导管要保持导管垂直及居中，不使倾侧和牵动钢筋骨架。

⑦混凝土灌注到桩顶上部5 m以内时特别注意加大拔管与反插的密度，以确保混凝土密实度。

⑧混凝土浇筑高度应比桩顶设计标高高出50 cm以上，承台施工前应先将桩头混凝土凿除，使桩头露出级配均衡的纯净混凝土。

(2)人工挖孔桩

①成孔过程中，应及时排除孔内的地下水，建立地面截水系统，防止地表水渗入桩孔造成孔壁的影响，开挖后要及时支护，以避免发生坍孔。

②井周设高80 cm左右的防护栏，井口周围2 m范围内不准堆放杂物、余泥，并禁止车辆通行。

③随时注意井内流砂、塌土、漏水、空气、水质等情况，发生异常，立即返回井面，报告，查明情况，采取有效措施，方能继续挖进。

④桩基础混凝土用串筒灌注，串筒应放置在孔中央并伸至孔底2 m。灌注前要抽干孔内的积水方可灌注混凝土，混凝土要一次连续浇注完成，浇筑过程进行分层捣实。

⑤混凝土灌注至桩顶后，要将混凝土面层已离析的混合物和水泥浮浆清除，以减少凿桩头的工作量。

(二)承台、墩柱施工

1. 概　　述

(1)工程概述。本工程为了满足桥下地面道路行车顺畅和结构构造的要求，采用了多种形式的墩柱，有 T 形独柱、方形独柱、下层方柱龙门架上层 T 形独柱等，承台以独柱下方形单系台为主。

(2)工艺选择。龙门架式墩柱分两次浇筑，第一次混凝土浇筑到二层帽梁底上5 cm处，第二次从二层帽梁面开始。超12 m的独柱分两次浇筑，其余的独柱则一次浇筑成形。为确保墩柱外形美观，墩柱施工将全部使用定型钢模板。承台采用密扣钢板桩直槽开挖形式，机械开挖以 90％土方，剩余约 10％土方人工检平。

(3)计划安排。整个标段的墩柱在桩施工完毕后分成六个施工段，根据上部结构施工先后顺序配合作流水施工。

2. 施工工艺流程图

(1)普通混凝土承台(图 10—15)。

(2)普通混凝土墩柱(图 10—16)。

(3)预应力混凝土墩柱(图 10—17)。

3. 施工要点及方法

①土方开挖采用大型反铲挖掘机开挖，边开挖边支护，加设横撑。

②用钢门式支架搭设脚手架，当脚手架高于4 m时，要用拉杆加强其整体稳固性，并设上落梯，工作平台设置护栏，高度不少于1.2 m。

③竖向预应力钢束在承台浇筑时预埋。龙门架的横向预应力钢束在浇筑第一节柱混凝土后安装。

④根据柱模的模数，调节承台的标高(要与设计人员协商)，通过承台面的标高直接控制墩顶的标高。

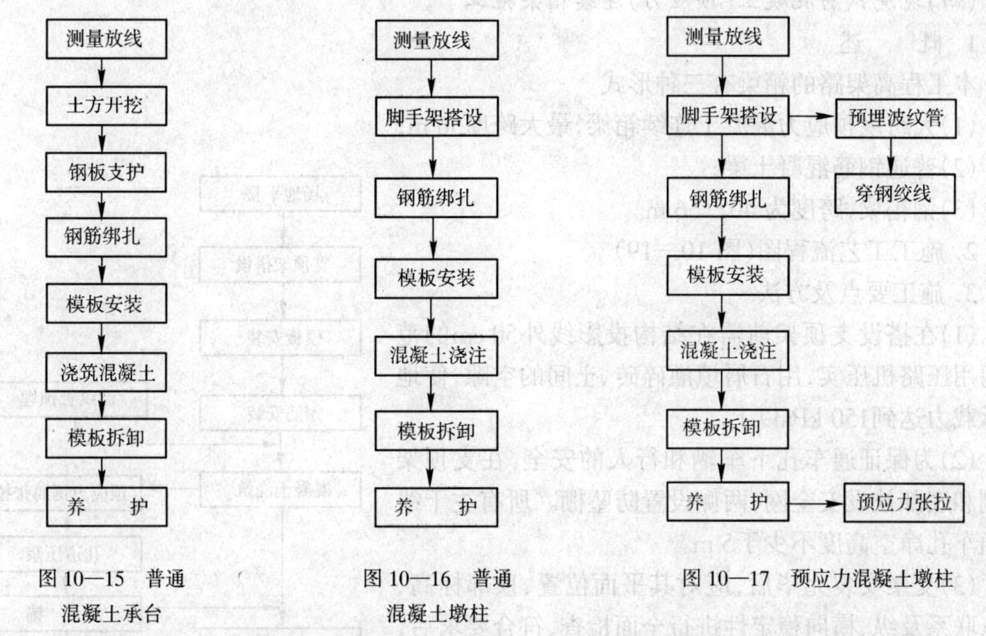

图 10—15　普通混凝土承台　　图 10—16　普通混凝土墩柱　　图 10—17　预应力混凝土墩柱

⑤浇筑混凝土时,使用插入式振捣器,当柱高大于插入式振捣器的长度时,操作人员进入柱模内进行振捣。注意进行模内通风。

⑥墩柱顶有预埋件时,在混凝土未达到初凝前安装完毕,并做到尺寸准确无误。

⑦拆模后,混凝土柱身缠绕海绵板保水养护。对于暂时不进行上部结构施工的墩柱要用编织布包裹,以防雨水锈蚀预留钢筋和锈水污染柱面。

(三)框架式帽梁施工

1.概　　述

本工程位于交通繁忙地段,因地面交通组织需要部分墩柱横梁设计成框架式帽梁,帽梁高2.0 m,框架行车净高大于8.5 m。为确保框架帽梁的外形美观,框架帽梁施工基本使用钢化支顶体系及大块定型钢模板。

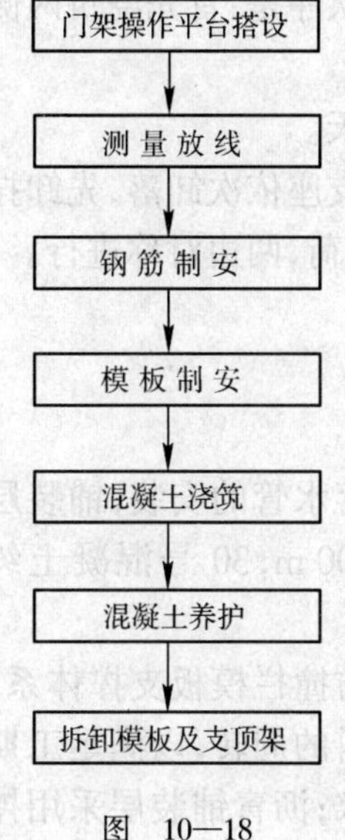

图　10—18

2.施工工艺流程图(图 10—18)

3.施工要点和方法

(1)独立框架式帽梁的操作平台,由贝雷架和 ϕ 600 mm钢筋柱搭设而成,钢管柱间距≥8 m,以便门架下车辆通行,贝雷架面铺设槽钢成操作平台,并铺设底模。

(2)钢筋在安装过程中要注意及时放置保护层垫块,控制好保护层厚度。

(3)模板安装过程中要着重帽梁棱角处模板拼装的严密性,模板的支撑要有足够的刚度和稳定性,严防跑模和漏缝。

(4)框架式帽梁厚度大,混凝土散热量大,因此,在混凝土初凝后要立即覆盖麻包袋淋湿养护。

(5)混凝土达到拆模强度后即可拆除模板,在拆板时避免重砸硬撬,注意帽梁棱角混凝土的保护。

(四)现浇钢筋混凝土(预应力)连续箱梁施工

1.概　　述

本工程高架路的箱梁有三种形式。

(1)大跨度预应力混凝土连续箱梁,最大跨度56 m;

(2)普通钢筋混凝土梁;

(3)钢箱梁,跨度为 40～56 m。

2.施工工艺流程图(图 10—19)

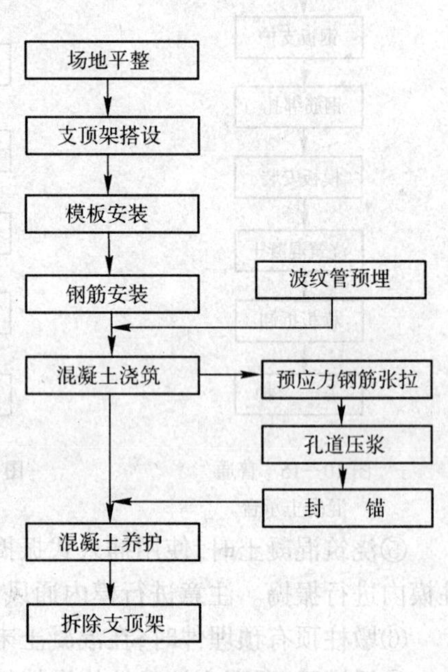

图　10—19

3.施工要点及方法

(1)在搭设支顶架前需在结构投影线外50 cm的范围内用压路机压实,用石屑填灌碎砖、土间的空隙,使地基承载力达到150 kPa以上。

(2)为保证通车孔下车辆和行人的安全,在支顶架两侧和底部挂设安全网,两侧设置防坠棚。所有主干线的通车孔净空高度不少于5 m。

(3)支架安装完毕后,应对其平面位置、顶部标高、节点联系及纵、横向稳定性进行全面检查,符合要求后,方可进行下一工序。

(4)所有见光部分的模板全部采用大块酚醛胶合板,以保证梁体的外观质量优良,几何尺寸准确。内模板则全部采用木模。

(5)模板安装完毕后,应对其平面位置、顶部标高、节点联系及纵、横向稳定性进行检查后才能浇筑混凝土。

(6)钢筋绑扎安装时做好预埋件的预埋,将预应力段的波纹管准确安装定位,安装过程注意波纹管的保护。

(7)箱梁底板和腹板的混凝土采用斜层法由低端向高端浇筑。浇筑次序是:首先浇筑两侧腹板 3～5 m,然后转回均匀按控制标高浇筑底板,如此循环向前推进。

(8)混凝土终凝后立即用海绵蓄水覆盖养护,养护时间不得小于 14 天。

(9)模板、支顶架拆卸采用可调顶托下调的方法卸荷,从跨中向两端支座依次卸落,先卸挂梁及悬臂的支架,再卸跨内的支架。每跨拆卸时,先从翼板端部向箱中卸荷,两边对称进行。

(10)预应力张拉等工序严格按施工规程执行。

(五)桥面系施工

1.概　　述

(1)工程概述。本路段标面系工程包括防撞护栏混凝土浇筑、桥上落水管的安装,铺装层沥青混凝土摊铺和伸缩缝安装等分项工程。其中防撞栏长约有16 000 m,30 号混凝土约5 300 m^3,铺装层57 000 m^2,桥上落水管2 770 m(ϕ200 mm塑料水管)。

(2)工艺选择。在防撞护栏施工方面,用台车滑动模板取代常用的防撞栏模板支撑体系,减少模板的安装时间,缩短施工周期,同时也有利于相关梁体支顶架材料的周转,以满足工期的要求。台车滑动模板不占用地面空间的优点完全符合城市施工的要求;沥青铺装层采用摊铺机进行摊铺施工;落水管安装利用门式架搭设工作平台,人工进行安装。

(3)计划安排。桥面系在梁体卸荷工作完成后穿插进行。防撞护栏钢筋绑扎,台车拼装和轨道安装完成后,从模板定位到混凝土浇筑、模板分离、台车移位,以3 d为一个周期,循环施工。

防撞护栏完成后穿插进行落水管安装。

沥青铺装层待梁体达到足够的强度时插入施工。

2. 施工工艺流程图

(1)桥面系分项工程总流程图

防撞栏混凝土浇筑→铺装层沥青混凝土摊铺→伸缩缝安装。

(2)防撞护栏施工流程图(图 10—20)

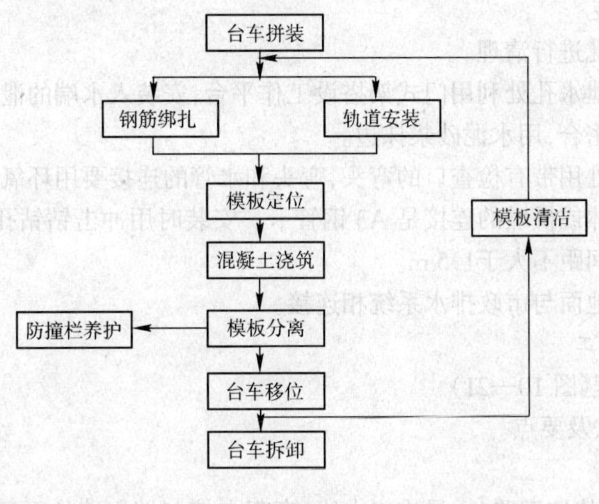

图 10—20

3. 防撞护栏施工要点及方法

(1)防撞护栏施工前应先对该段箱梁进行卸荷,并做好卸荷前后的沉降观测,为设置施工预拱提供实测数据。

(2)防撞护栏钢筋绑扎时完成预埋管线的工作,对预留钢筋进行调直、除锈去污的工作,防撞护栏与桥面的接触面进行凿毛处理。

(3)根据防撞护栏的内侧脚线安装台车滑行的轨道,用焊接的方式固定在梁体预埋的钢筋上,并将两条轨道调至由防撞护栏顶标高推算出的标高位置上,使两条轨道处于同一个水平面上。在匝道口等平曲线较大的地方用橡胶轨道过渡。

(4)把台车放到轨道上进行单元拼装,将每个单元的钢模板用螺栓连接,模板连接处放入橡胶垫片,防止拼缝漏浆,提高防撞护栏表面的光洁度。

(5)防撞护栏混凝土用混凝土泵输送,用人工配合分层浇筑,分层厚度不超过30 cm,时间不超出初凝时间,混凝土浇筑的操作程序按施工规范要求进行。

(6)防撞护栏混凝土终凝后24 h后便可以拆模,模板分离后,立即在轨道上涂润滑油,用人力推动台车进入下一施工段,并清理修整模板,重新刷上脱模剂,准备进入下一个施工循环。

4. 沥青施工要点及方法

(1)沥青混凝土要求用干净的专用散体物料运输车运送。为了防止尘埃污染和热量过分损失,运输车辆应有覆盖设备。要求沥青混凝土,集料的颗粒都应涂上结合料,不得带有花白斑点,离析和结块现象。

(2)沥青混凝土摊铺前应做好基层的检查与清理工作,保证基层表面干净、干燥无脱皮松散现象,若有不符合要求的必须采取有效措施补救。

(3)尽量采用全幅路面摊铺,做好供料等后勤工作,使摊铺机能连续作业,保证混合料平整并均匀地摊铺在整个摊铺宽度上,不产生拖痕、断层和离析现象。

(4)根据初压、复压和终压三个不同碾压阶段,合理选择不同类型的压路机,按“先重后轻、从低至高、由边到中”的原则进行碾压。

(5)在整个沥青混凝土路面铺筑过程中,做好接缝的工作。纵缝宜设置在行车轮迹之外,且与下卧层的接缝至少错位15 cm。当接缝处不能满足压实温度要求时,要采取加热器将温度提高到压实要求的温度。

5. 落水管的安装

(1)对预留泄水孔进行清理。

(2)在桥下正对泄水孔处利用门式架搭设工作平台,安装入水端的泄水管。入水端要与安装轴线重合,和周边密合,用水泥砂浆抹边。

(3)泄水管转弯处用带有检查口的弯头,弯头和水管的连接要用环氧树脂,以防止其漏水。

(4)泄水管与梁体或桥墩的连接是 A3 钢管卡。安装时用冲击钻钻孔后,用膨胀螺丝固定于梁体或桥墩,管卡间距不大于1.5 m。

(5)泄水管接到地面与市政排水系统相连接。

(六)引道工程施工

1. 施工工艺流程(图 10—21)

2. 主要施工方法及要点

(1)挡土墙工程

①测量放线。严格按道路、桥梁施工中线、高程点控制挡土墙的平面位置和纵断面高程,在测量过程中,尤其重视对挡墙纵断面高程的控制,防止基底超挖。

②基槽开挖。根据挡墙的断面尺寸及其他的埋深情况,为保证地下管线安全,决定采用人工开挖基槽,并做好排水措施,保持基底干槽施工。若发现基底为软弱土层,不能满足承载力要求时,对基底进行清理及检平,经监理工程师验收合格后,方可进行垫层的施工。

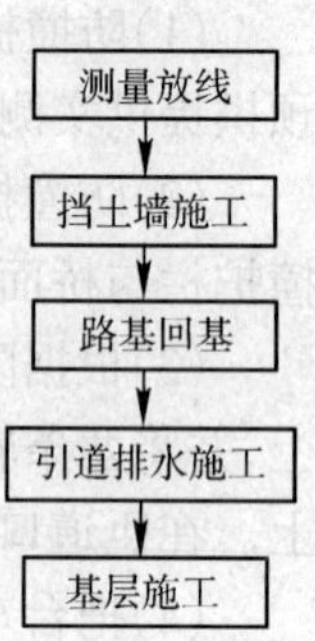

图 10—21

③模板安装。为保证挡土墙的外观质量,挡土墙工程的模板采用酚醛板,必须有足够的强度及刚度。模板拼缝严密,平整不漏浆。泄水孔按设计规定留设,管口与墙体接触的部位,应用水泥砂浆抹密,尽量避免墙后水渗入墙体。墙后按设计沿墙高用粗石和粗砂设置反滤层,防止泥沙随水流出。

④沉降缝按设计图纸每15 m进行留设,其接缝面必须垂直贯通,缝宽为2 cm,缝间用包装泡沫填塞,缝内外用沥青麻丝抹口。

(2)路基回填

①因回填土有沉降期,应考虑把引道的填土时间前推,以利填土沉降稳定后,方可进行路面的施工。

②挡土墙后的填土必须在墙体的混凝土强度达到设计强度的 70%以上方可进行。墙背填土应分层压实,其密实度要求按道路标准执行。

③桥台台后填土的工序和要求严格按照设计图纸和施工规程进行。一般应在架梁后才全部填完,在此之前填土高不宜大于2 m。

五、施工安全及工程防护措施

(一)安全管理组织机构示意图(图 10—22)

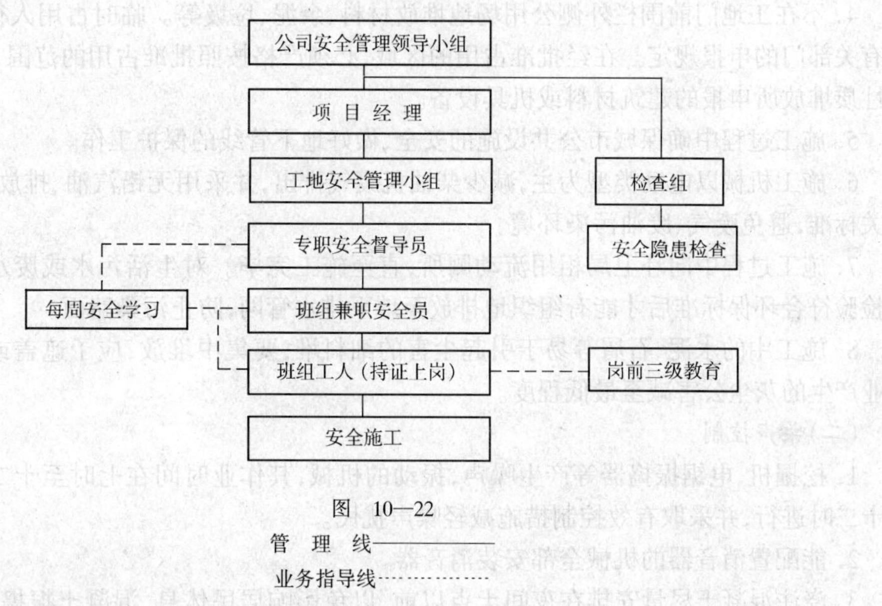

图 10—22

(二)安全管理措施

1. 桩、墩柱施工的安全措施

由于本工程位于交通繁忙路段,在进行桩、墩柱施工时,用镀锌铁皮将施工范围围蔽起来,设一木门用于施工时的进出。围蔽处挂有醒目的警示牌,夜间挂警示灯,以防撞击及行人进入。

桩施工前,必须确认桩位下无管线和地铁隧道,车站等隐蔽建筑物。

2. 防高空坠落及坠物打击

本工程的施工多为高空作业,为防高空坠落及坠物打击,在支顶架的底面及侧面必须设置全封闭的安全挡板并张挂全封闭的安全网,并挂醒目的警示牌、夜间挂警示灯,以防行车撞击。

3. 防高支顶坍塌

支顶架是施工中的一个重要部分,为确保支架顶在施工过程中的安全,从设计、施工到验收均应严格把关。加强现场监督管理,并有专人在支顶架的投影范围外监控支顶架的变形情况,做好详细记录,发现异常必须及时向有关人员汇报,以获得及时处理。

4. 现场交通安全

本工程所处地段,人流、车流量大,交通安全必须高度重视,与交警及有关部门联系,采取强制交通管理,认真搞好交通疏解工作。

交通改道方案要经交警部门审批同意方可进行。悬挂交通导向标志,并派专人协助交警指挥交通。

六、环保措施

(一)场地环境保护

1. 施工工地应严格遵守文明施工规定,自觉遵守城市环保、环境卫生条例。

2. 施工期间应以最大限度降低对周围环境的干扰为原则,施工现场尽量避免使用自备发电机组,尽量减少强烈光源的使用并作好防护工作。

3. 做好施工过程中对地下文物的保护工作。

4. 不在工地门前围栏外侧公用场地堆放材料、余泥、垃圾等。临时占用人行道,须严格执行有关部门的申报规定。在经批准占用的区域,必须严格按照批准占用的范围、占用期限及使用性质堆放所申报的建筑材料或机具设备。

5. 施工过程中确保城市公共设施的安全,做好地下管线的保护工作。

6. 施工机械以电动类型为主,减少柴油机废气排出,并采用无铅汽油、排放的废气要符合有关标准,避免废气、废油污染环境。

7. 施工过程中向环卫局租用流动厕所,直至施工完毕。对生活污水或废水应集中处理,经检验符合环保标准后才能有组织地排放至地下排水管网,防止污染路面。

8. 施工中的水泥、石屑等易于引起尘害的细料堆,要集中堆放,应予遮盖或洒水,使施工作业产生的灰尘公害减至最低程度。

(二)噪声控制

1. 挖掘机、电锯振捣器等产生噪声,振动的机械,其作业时间在七时至十二时,十四时至二十二时进行,并采取有效控制措施减轻噪声扰民。

2. 能配置消音器的机械全部安装消音器。

3. 浇注混凝土尽量安排在夜间十点以前,以免影响居民休息,混凝土振捣器采用插入式振捣器和平板式振捣器,不采用附着式振动器。

(三)夜间施工

1. 施工范围设置施工标志,尽可能采用围蔽施工。对场地内的坑、沟、挖掘路面、桩孔、泥浆池等危险部位必须设置护栏,加盖等防护设施。施工所占地段应设交通导向标志,保证现场道路通畅。

2. 施工现场设置保证施工安全的夜间照明,设置行人,车辆交通安全的路灯照明,并注意保护好用电设备,保证安全。

3. 夜间施工期间采用高亮度灯照明和进行电焊时,设置挡板,避免照明和电焊时的强光刺射司机夜间行车安全。

第四节 ××桥梁施工组织设计

一、工程概况

(一)工程项目的特征

该桥位于某市以西20 km处的郊区县境内,是一条县级公路上的新建桥梁。桥长104 m,桥面净宽(7×2×1.0)m,全桥混凝土1 055 m^3,钢材72.47 t,水泥429 t,投资总额 58 万元。

该桥设计为 5×20 m的钢筋混凝土简支 T 梁桥,基础采用桩基础,桩径1.5 m,桩长24 m,桥墩为双柱式桥墩,桩径为1.2 m,墩高10 m。预计于 10 月初开始施工前准备工作,次年 2 月底全面开工,6 月底主体工程完工,7 月底全部竣工通车。

(二)建设地区特征

工程所处地区为平原区,地势平坦。河流水位按年周期性变化,枯水期几乎断流,洪水期流量可达1 200 m^3/s。桥位处河岸顺直,西岸植被较好,东岸砂层外露,河槽稳定。河床地质在

42 m深度范围内由粗砂、亚黏土、细砂和砂砾层组成。河床冲刷较为严重,最大冲刷深度高达6 m。气候温和,雨量适中,冬季最低气温 -7 ℃左右,夏季气温可达40 ℃左右。冬季多西北风,一般风力Ⅱ、Ⅲ级。

(三)施工条件

当地劳动力供应充足,水源充足,水质良好。电力供应方便,交通状况较发达。由于地势平坦,场地平整及临时便道工程量小。当地砂、石料资源丰富,砂子可就地采集,石料产地10 km左右。水泥、钢材供应充足,采购,运输方便。施工单位技术力量雄厚,管理水平较高,为国家一级企业。总之,施工条件非常优越。

二、施工方案的确定及施工部署

(一)施工流向的确定

该桥的施工流向由西岸1号桥台桩基础开始,顺序施工到东岸6号桥台桩基础完成。桥墩升高,盖梁混凝土浇注,T梁安装均按此顺序进行。

(二)施工顺序的确定

1. 基础施工顺序

由于该桥基础工程数量较少,工程量不大,仅采用一台钻机,一组施工专业人员进行施工。如图10—23所示进行桩基施工。

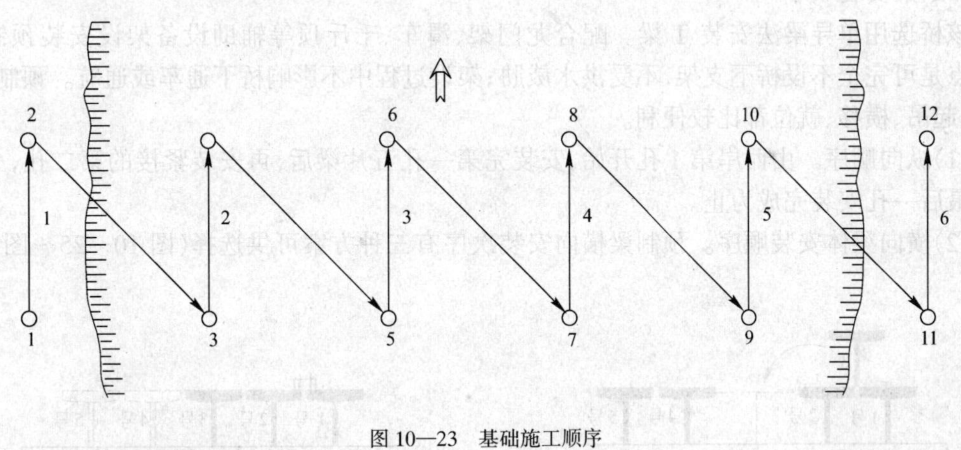

图10—23　基础施工顺序

2. 桥墩施工顺序

桥墩的墩柱、盖梁采用定型钢模三套,建立三个专业队:扎筋、支模、浇注混凝土,组织流水施工,其顺序如图10—24所示。

3. T梁预制

T梁预制场设置四个底座。四套定型模板,根据梁体预制的工艺过程,分解为四道工序:支模、扎筋、浇注混凝土及养生拆模整修。建立四个相应的专业队,组织流水施工。

同时,梁体预制与桩基础安排平行施工,其目的是为缩短工程的总工期。最理想的安排方式是:预制的最后一片梁体混凝土强度刚达到吊装强度要求时,就开始起吊并安放在东岸6号桥台上,此时6号桥台混凝土强度也刚达到设计要求的强度。这种安排方式,平行作业多,工期最短,但并不经济合理。劳动力、机具、材料需要量过分集中,占地面积大,临时设施过多,不仅增加工程成本,更重要的是施工现场容易出现混乱,工程质量和施工安全难以保证,管理难

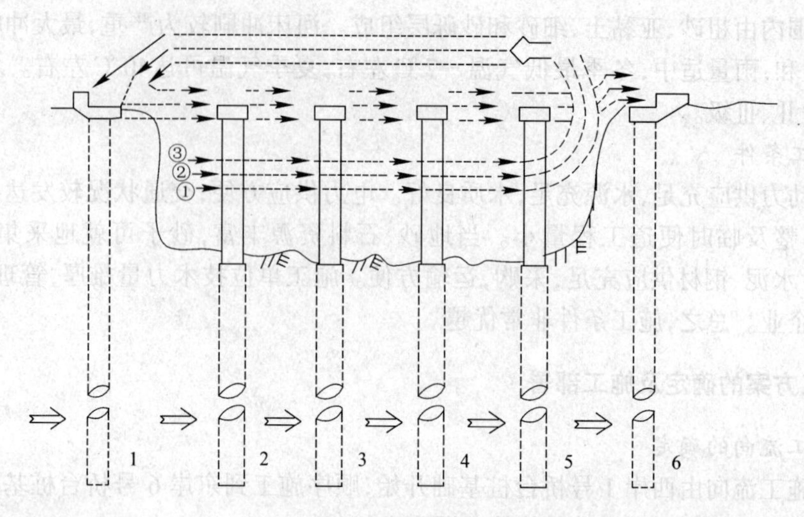

图 10—24　墩柱、盖梁施工顺序

图中：①代表扎筋专业队；②代表支模专业队；③代表浇注混凝土专业队。

度大大增加。

预制场和堆放场应设置有与底座相适应的移梁轨道和安装时的纵向运梁轨道，以便于横向堆放和纵向运梁安装。T 梁预制时，应考虑安装顺序，将边梁与中梁间隔放置。

4. T 梁安装顺序

该桥选用单导梁法安装 T 梁。配合龙门架、滑车、千斤顶等辅助设备架设安装预制梁。其优点是可完全不设桥下支架，不受洪水威胁；架设过程中不影响桥下通车或通航。预制梁的纵移、起吊、横移、就位都比较便利。

(1)纵向顺序。由西岸第 1 孔开始，安装完第一孔五片梁后，再安装紧接的第二孔，……，直至最后一孔安装完成为止。

(2)横向梁体安装顺序。预制梁横向安装次序有三种方案可供选择(图 10—25～图 10—27)。

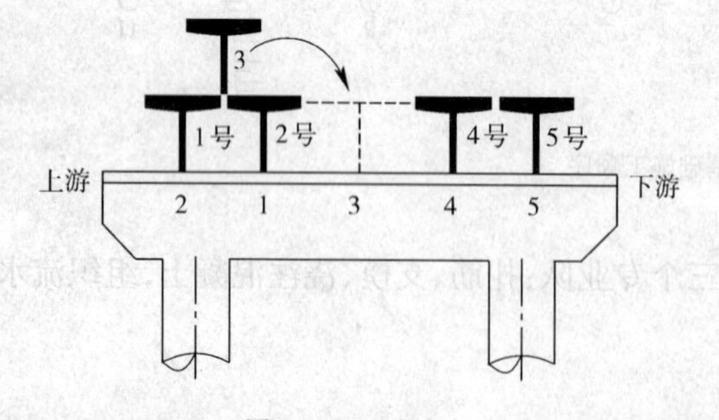

图 10—25　方案Ⅰ

图中：1 号，2 号，…，5 号表示梁号；

1，2，…，5 表示梁的安装顺序。

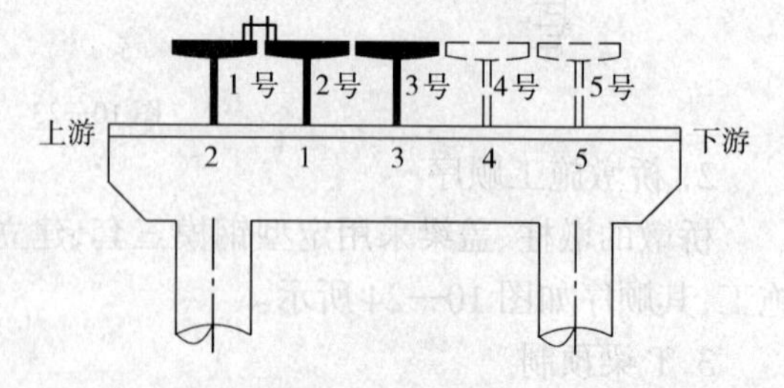

图 10—26　方案Ⅱ

图中：1 号，2 号，…，5 号表示梁号；

1，2，…，5 表示梁的安装顺序。

方案 1：第一步，安装 2 号、1 号梁后，将 3 号梁运进并置于 2 号、1 号梁上；

第二步，再安装 4 号、5 号梁，尔后前移导梁架。

第三步，前移导梁让开 3 号梁的位置，吊落 3 号梁就位。

方案 2：第一步，安装 2 号、1 号梁后 ，前移导梁。

第二步，在 1 号、2 号梁上铺轨代替导梁，继续安装 3 号、4 号、5 号梁。

方案3:第一步,将导梁置于3号梁位置上,安装2号、1号梁,运进3号梁置于2号、1号梁上,并垫好垫木。

第二步:导梁前移,吊落3号梁就位联结,在2号、3号梁上铺轨代替导梁。

第三步:依次安装4号、5号梁。

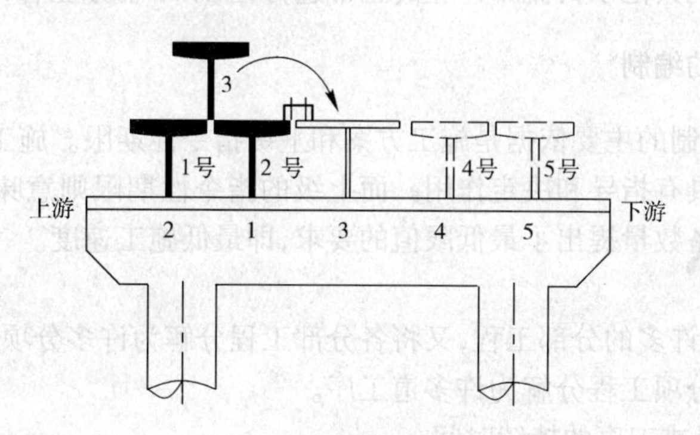

图10—27 方案Ⅲ

图中:1号,2号,…,5号表示梁号;1、2、…,5表示梁的安装顺序。

总之,在确定施工顺序时,要坚持以下原则:先地下,后地上;先主体,后附属;地下由深到浅,地下地上尽量平行,交叉进行;尽量组织流水作业,在保证工人连续工作的前提下,充分合理利用工作面。在具体安排施工顺序时,要在上述原则指导下,结合施工条件、施工的自然地理环境及各种影响施工顺序的因素统筹规划,全盘考虑。

(三)施工方法与施工机械的选择

施工方法与施工机械的选择是施工方案的核心。施工方法的选择脱离不开施工机械,而施工机械的选择也涉及到施工方法的确定,二者之间存在着密切的关系。

1. 基础工程施工方法与施工机械的确定

该桥基础为桩基础,桩径为1.5 m,桩长为24 m,每个基础设计为两根桩。目前桩基础施工的方法和机械很多,各种成孔方法,施工机械对不同地质构造具有不同效应,主要反映在成孔的速度,质量以及桩基础的工程成本方面。

该桥位处地质构造层主要是砂砾层,最后根据各种钻孔方法在砂层中的成孔速度、成本及安全可靠性,确定钻孔方法采用正循环回旋钻机。

2. 桥墩升高施工方法与施工机械的选择

该桥为双柱式桥墩,混凝土数量少,分二次浇注。柱用钢模板,盖梁用现成木模板。混凝土的水平及垂直运输可供选择的方法很多,但由于混凝土的数量小,桥墩又不高,最后选用木扒杆作垂直运输,配以小四轮斗车作水平运输,施工简便,成本世低。

3. T梁安装施工方法与施工机械的选择

装配式钢筋混凝土T梁桥的安装,可根据不同的施工现场条件和吊装设备,采用不同的方法进行。不论采用何种方法,都应符要以下要求:

(1)在全部安装阶段中,应采取临时固定措施,使桥梁已安好的各部分有足够的稳定性、坚固性和最小的变形。

(2)当安装条件与设计所规定的条件不同时,应对构件在安装时所产生的内力加以复核。

(3)应充分发挥起重设备的能力,并保证安装施工安全。

根据技术经济比较,最后确定的安装方案是单导梁法,该法不仅成本较低,而且具有成熟的施工经验,安全可靠。

（四）尽量采用科学地流水作业方法

该桥由于考虑了其他原因，在桩基施工过程中未组织流水施工，而在梁体预制、墩柱升高及盖梁浇注中均采用了流水作业方式进行施工。但由于桩基水下混凝土浇注过程对拌和机的需求数量较多，不时干扰其他项目流水作业的正常进行，效果不十分显著，故决定交叉施工。

三、施工进度计划的编制

施工进度计划的编制的主要依据是施工方案和上级指令性期限。施工方案对估算施工速度、编制施工进度计划具有指导和决定作用。而上级的指令性期限则意味着对已定施工方案前提下的劳力、机具设备数量提出了最低限值的要求，即最低施工速度。

1. 划分施工项目

将单位工程分解为许多的分部工程，又将各分部工程分解为许多分项工程，根据计划要求的类型不同，甚至要将分项工程分解为许多道工序。

2. 确定各施工项目或工序的持续时间

确定各施工项目或工序的持续时间有两种方法：

其一，是定额法，计算公式如下：$t=\dfrac{Q}{R\cdot S}$

式中　t——工序持续时间；

Q——工序的工程量；

R——人力或机械数量；

S——产量定额。

其二，是经验估计法，即根据过去的施工经验或资料估计。有时为提高估计的准确程度，而采用“三时估计法”，即先估计出最长、最短、最可能的三种持续时间，然后据以求出期望的持续时间作为该工序的持续时间。

3. 确定各施工项目或工序之间的逻辑关系

各施工项目或工序之间的逻辑关系包括工艺关系和组织关系，工艺关系取决于施工方法和施工机械，当施工方法和施工机械确定之后，工艺关系就固定下来，不能改变。而组织关系则是人为关系，也受许多因素的制约，但可以改变，存在着优化问题。

4. 编制初始网络计划

根据施工方案、项目或工序的划分、各项目或工序之间逻辑关系的分析以及工序的持续时

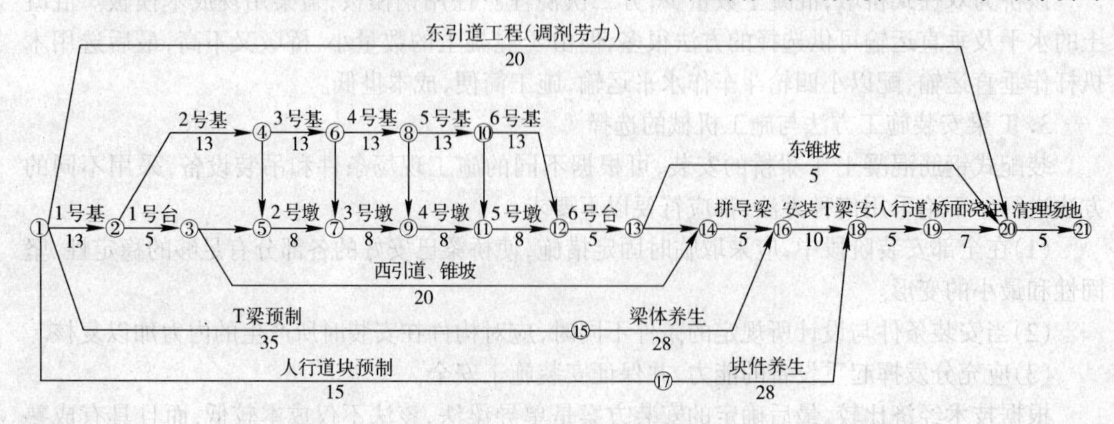

图 10—28　网络计划初始方案

间，就可以编制出初始网络计划方案。该桥初始网络计划方案如图示(图 10—28)。

5. 计划时间参数、寻找关键线路、转换为网络横道图

计算时间参数的目的，是从时间安排角度去考虑网络计划的初始方案是否合乎要求，以便对网络计划进行优化。为了考察时更明显、直观起见，将计算过时间参数的网络计划转换为网络横道图，如图 10—29 所示。

分部工程	分项工程	作业时间	施工进度计划(d)（5 10 15 20 25 30 35 40 45 50 55 60 65 70 75 80 85 90 95 100 105 110 115 120 125）
下部结构	施工准备		
	1 号基础	13	(23)
	1 号桥台	5	(31)
	2 号基础	13	(23)
	2 号桥墩	8	(34)
	3 号基础	13	(23)
	3 号桥墩	8	(34)
	4 号基础	13	(23)
	4 号桥墩	8	(34)
	5 号基础	13	(23)
	5 号桥墩	8	(34)
	6 号基础	13	(23)
	6 号桥台	5	(31)
上部结构	梁体预制	35	(61)
	人行道块件预制	15	(28)
	拼装导梁架	5	(10)
	梁体安装	10	(39)
	人行道安装	5	(18)
	桥面铺装	7	(63)
附属工程	东引道	20	(16)
	东锥坡	5	(5)
	西引道锥坡	20	(20)
	清理场地	5	(58)

图 10—29 网络横道图(按最早时间)

图中：━━表示关键工序；———— - - - - - -表示非关键工序；括号内数字为平均每天需要劳动力数。

6. 对计划进行审查与调整

对网络计划的初始方案进行审查，是要确定它是否符合工期要求与资源限制的条件。

首先，要分析网络计划的总工期是否超过规定的要求。如果超过，就要调整关键工序持续时间，使总工期符合要求。

其次，要对资源需要量进行审查，检查劳动力和物资供应是否满足计划要求，如不符合，就

要进行调整,以使计划切实可行。

7. 正式绘制可行的工程网络计划

网络计划的初始通过调整,就成为一个可行的计划,可把它绘制成正式的网络横道计划,如图 10—30 所示。这样的网络计划还不是一个最优的网络计划,要得到一个令人满意的计划,还必须进行优化。但过分的优化会使计划的弹性愈来愈小,在执行过程中由于管理水平的限制,实际进度与计划进度偏离,即使进行不断调整,其结果还是达不到预定目标,因此,优化应给计划留有充分的余地。

分部工程	分项工程	作业时间	施工进度计划(d) 5 10 15 20 25 30 35 40 45 50 55 60 65 70 75 80 85 90 95 100 105 110 115 120 125
下部结构	1 号基础	13	(23)
	1 号桥台	5	(31)
	2 号基础	13	(23)
	2 号桥墩	8	(34)
	3 号基础	13	(23)
	3 号桥墩	8	(34)
	4 号基础	13	(23)
	4 号桥墩	8	(34)
	5 号基础	13	(23)
	5 号桥墩	8	(34)
	6 号基础	13	(23)
	6 号桥台	5	(31)
上部结构	梁体预制	35	(61)
	人行道块件预制	5	(28)
	拼装导梁架	5	(10)
	梁体安装	10	(39)
	人行道安装	5	(18)
	桥面铺装	7	(63)
附属工程	东引道	20	(16)
	东锥坡	5	(5)
	西引道锥坡	20	(20)
	清理场地	5	(58)

图 10—30 调整后的施工进度计划

图中:━━表示关键工序;———— - - - - -表示非关键工序;括号内数字为平均每天需要劳动力数。

根据可行的施工进度总计划,可进一步把这个总目标计划进行纵向切割成许多子目标计划,即年度、季度、月度及旬作业计划;当横向切割时,可形成许多分部、分项工程的子目标计划。在计划执行中,时刻抓紧子目标计划按期实现,则必须保证总目标计划的按期完成。

四、资源需要量计划

当施工进度计划确定之后,各分项工程施工所需用的劳力、材料及机具设备、资金的数量和时间也就确定,然后按年度、季度、月汇总就得到劳力、主要材料、机具设备和资金的使用计划。

1. 劳动力需要量计划

根据施工进度计划可计算出劳动力资源动态曲线如图示(图 10—31),然后按季度、月和旬填写劳动力计划表即可。

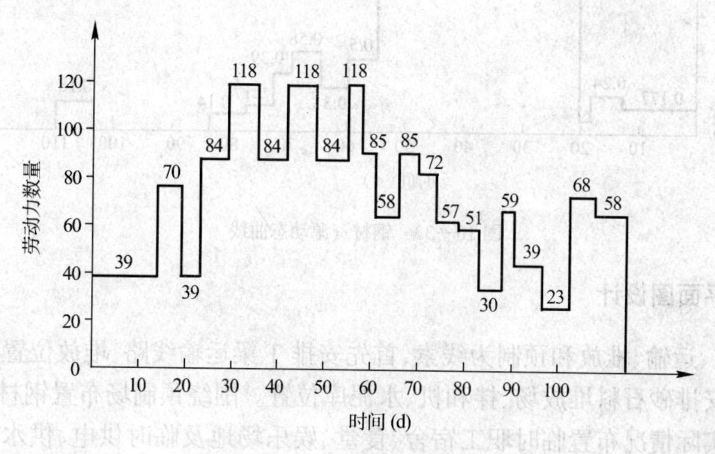

图 10—31　劳动力动态曲线

2. 主要材料需要量计划

根据施工进度计划也可绘出主要材料如水泥、钢材的资源动态曲线,如图所示(图 10—32、图 10—33),然后按季度、月填写主要材料计划表即可。

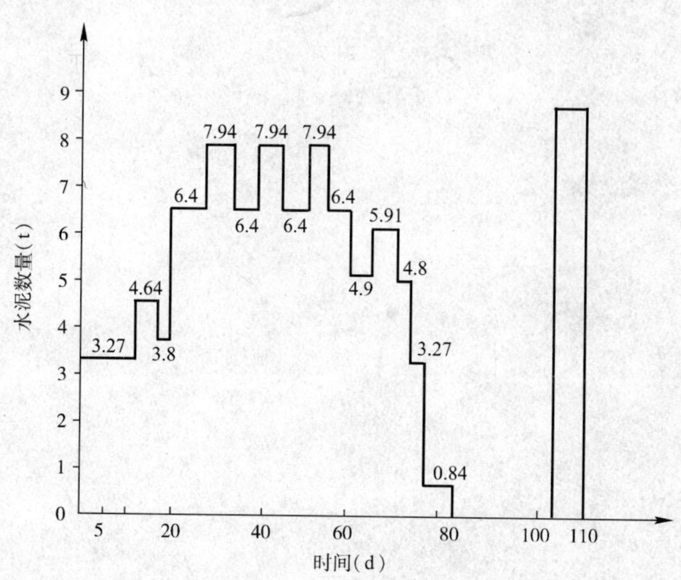

图 10—32　水泥资源动态曲线

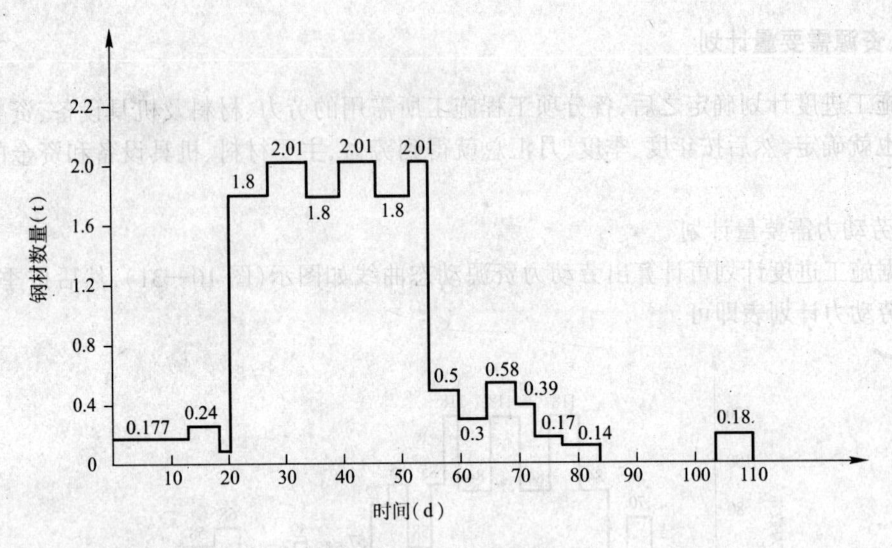

图 10—33　钢材资源动态曲线

五、施工总平面图设计

以 T 梁安装、运输、堆放和预制为线索，首先安排 T 梁运输线路、堆放位置，再确定 T 梁的预制场地，接着安排砂石料堆放场、拌和机、水泥库位置。围绕预制场布置钢材、木材加工制作场地，根据现场实际情况布置临时职工宿舍、食堂、娱乐场地及临时供电、供水线路、临时便道等等。在具体设计布置时，还应遵循方便工人的生产和生活、水路电路运输道路最短、临时生产生活设施费用最低，各种设施布置位置发挥效能最高及符合卫生、防火及安全规定。本桥施工总平面图如图 10—34 所示。

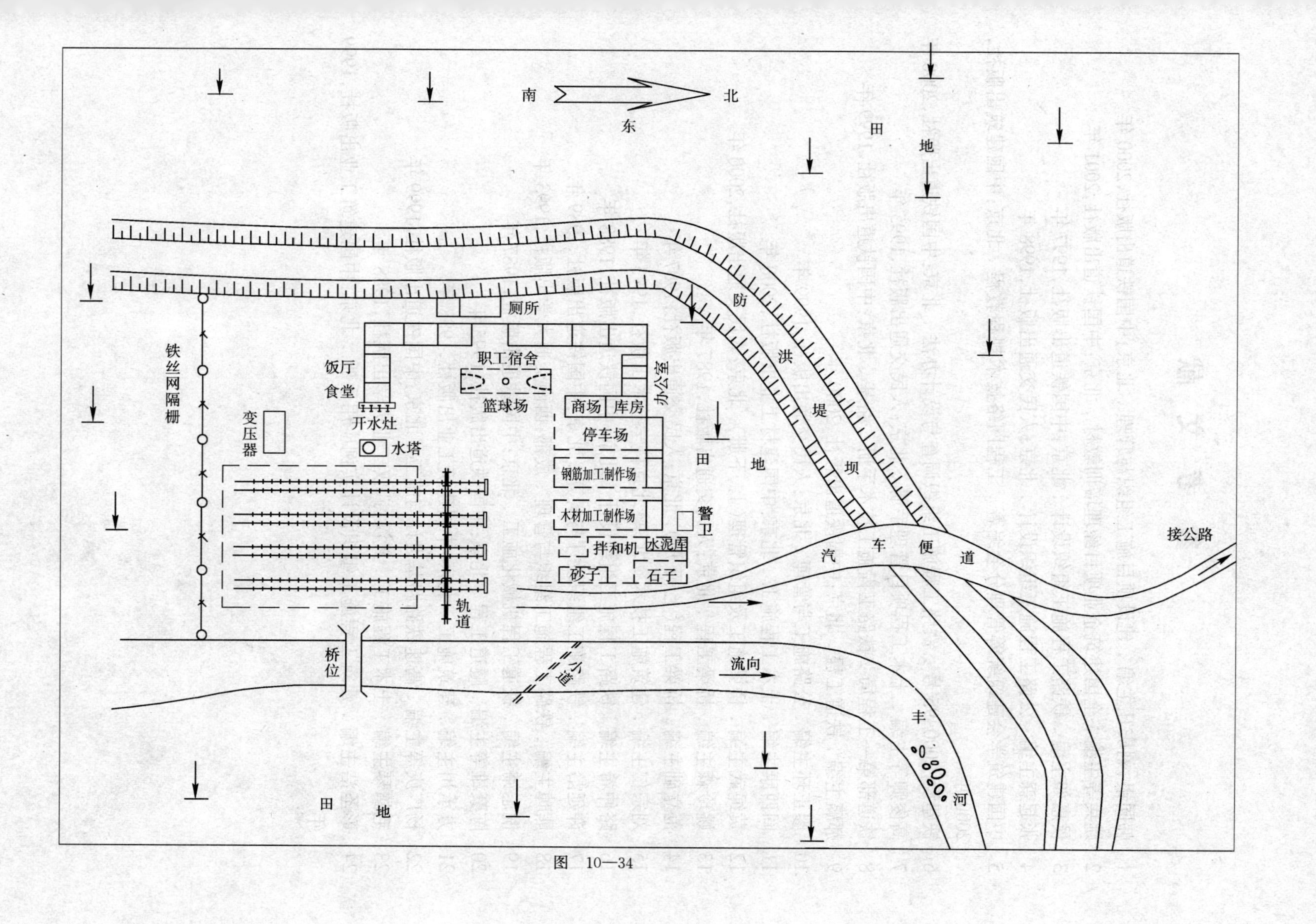

南
北
东
田地
防洪堤坝
厕所
职工宿舍
办公室
饭厅
食堂
篮球场
铁丝网隔栅
变压器
开水灶
水塔
商场
库房
停车场
田地
钢筋加工制作场
木材加工制作场
警卫
拌和机
水泥库
砂子
石子
汽车便道
接公路
轨道
桥位
小道
流向
丰河
田地

图 10—34

参 考 文 献

1 韩同银,刘庆凡主编．建设项目施工组织与管理．北京:中国铁道出版社,2000 年
2 姚兵等主编．全国建筑企业项目经理培训教材．北京:中国铁道出版社,2001 年
3 侯惠如主编．铁路工程施工组织设计．北京:中国铁道出版社,1997 年
4 张起森主编．公路工程施工组织设计．北京:人民交通出版社,1998 年
5 中国建筑学会建筑统筹管理分会编著．工程网络技术规程教程．北京:中国建筑出版社,2000 年
6 铁建设[2000]95 号．铁路工程施工组织调查与设计办法．北京:中国铁道出版社,2000 年
7 高俊卿等主编．土木工程项目管理手册．北京:人民交通出版社,1995 年
8 铁道部第一工程局．铁路工程施工技术手册．路基．北京:中国铁道出版社,1999 年
9 郝瀛主编．铁道工程．北京:中国铁道出版社,2000 年
10 廖正环主编．公路施工与管理．北京:人民交通出版社,1999 年
11 阎西康主编．土木工程施工．北京:中国建材工业出版社,2000 年
12 黄绳武主编．桥梁施工及组织管理(上、下册)．北京:人民交通出版社,2000 年
13 姚玲森主编．桥梁工程．北京:人民交通出版社,1987 年
14 范立础主编．桥梁工程(上、下册)．北京:人民交通出版社,1987 年
15 刘宗仁主编．建筑施工技术．北京:北京科学技术出版社,1993 年
16 路仲希主编．铁路工程施工组织设计．北京:中国铁道出版社,1988 年
17 许延龄主编．铁路施工组织设计与概算．北京:中国铁道出版社,1989 年
18 熊晫主编．铁路工程施工组织与管理．成都:西南交通大学出版社,1993 年
19 倪志锵主编．铁道工程机械化施工．北京:中国铁道出版社,1987 年
20 陈豪雄等主编．隧道工程．北京:中国铁道出版社,1995 年
21 方承川主编．建筑施工．北京:中国建筑工业出版社,1988 年
22 杨广庆等主编．高速铁路路基设计与施工．北京:中国铁道出版社,1999 年
23 毛鹤琴主编．土木工程施工．武汉:武汉工业大学出版社,1988 年
24 彭圣浩主编．建筑工程施工组织设计实例应用手册．北京:中国建筑工业出版社,1999 年